"十二五"普通高等教育本科国家级规划教材
普通高等教育"十一五"国家级规划教材
建设工程管理系列教材

建筑施工组织与管理

第 4 版

主　编　李忠富
参　编　张　红　李惠玲　王　丹　李良宝
　　　　杨晓林　李小冬　齐锡晶　冉立平

机械工业出版社

本书全面、系统地阐述了建筑施工组织与管理的理论、方法和实例，主要内容包括建筑施工组织概论，流水施工基本原理，网络计划技术基础与优化，单位工程施工组织设计和施工组织总设计，建筑施工项目管理组织，建筑施工目标管理，建筑施工生产要素管理，施工现场技术与业务管理，建筑施工商务管理，建筑施工管理中的信息技术应用等。本书在上一版的基础上，吸收建筑技术、管理科学和信息技术的新成果，结合我国建筑施工企业和工程建设的实际，对传统内容进行了更新，并编入了部分工程实例。

本书主要作为土木建筑类和工程管理类相关专业的本科教材，也可以作为工程项目经理、工程技术人员和管理人员学习施工管理知识、进行施工组织管理工作的参考书。

图书在版编目（CIP）数据

建筑施工组织与管理/李忠富主编. —4 版. —北京：机械工业出版社，2021.3（2024.8 重印）

"十二五"普通高等教育本科国家级规划教材　普通高等教育"十一五"国家级规划教材　建设工程管理系列教材

ISBN 978-7-111-68020-8

Ⅰ.①建…　Ⅱ.①李…　Ⅲ.①建筑工程－施工组织－高等学校－教材②建筑工程－施工管理－高等学校－教材　Ⅳ.①TU7

中国版本图书馆 CIP 数据核字（2021）第 068367 号

机械工业出版社（北京市百万庄大街 22 号　邮政编码 100037）
策划编辑：冷　彬　责任编辑：冷　彬
责任校对：张　力　责任印制：单爱军
天津嘉恒印务有限公司印刷
2024 年 8 月第 4 版第 7 次印刷
184mm×260mm·21.75 印张·544 千字
标准书号：ISBN 978-7-111-68020-8
定价：65.00 元

电话服务　　　　　　　　　　网络服务
客服电话：010-88361066　　　机　工　官　网：www.cmpbook.com
　　　　　010-88379833　　　机　工　官　博：weibo.com/cmp1952
　　　　　010-68326294　　　金　书　网：www.golden-book.com
封底无防伪标均为盗版　　　机工教育服务网：www.cmpedu.com

前　言

　　建筑施工组织与管理是土木建筑类专业的一门重要专业课，是对工程实践中应用广泛的管理技术与方法的总结提炼。经过几十年的研究与发展，其体系和内容基本成熟。虽然仍带有浓重的传统学科的意味，但大部分理论方法，如流水施工、网络计划、施工组织设计、工程计划与控制等，已被广泛理解和接受，并在实际工作中成为标准和习惯。因此本书的编写和修订从尊重现实和习惯出发，确定了基本内容，主要包括建筑施工组织概论，流水施工基本原理，网络计划技术基础与优化，单位工程施工组织设计和施工组织总设计，建筑施工项目管理组织，建筑施工目标管理，建筑施工生产要素管理，施工现场技术与业务管理，建筑施工商务管理，建筑施工管理中的信息技术应用等。

　　本书自 2004 年出版以来，受到各大专院校和建筑业内人士的欢迎，15 年来近 20 次重印，并分别于 2007 年、2013 年两次修订后，出版了第 2 版和第 3 版。经国家教育部评审，2006 年本书第 1 版入选普通高等教育"十一五"国家级规划教材，2012 年本书第 2 版入选"十二五"普通高等教育本科国家级规划教材，可见本书的撰写与出版得到了业内专家和专业人士的认可及高度评价。

　　为使本书跟上时代发展的步伐，并适应高等教育改革与发展的形势和需求，在读者的鼓励和出版社的支持下，编者对本书进行了此次第 4 版修订。在不增加篇幅、保留大部分成熟的理论和方法的同时，调整了个别章节的次序，订正了存在的错误，增加了部分新内容。

　　本次修订的重点是施工组织设计、流水施工的组织程序、PERT 网络计划模型、施工方案的比较分析等，尤其是增加了对 BIM 放样机器人、三维激光扫描仪、3D 打印机等新兴BIM 硬件的介绍，以及 RFID 电子标签、无人机、自动化施工机械设备等的相关内容，使读者能全面了解和掌握新兴信息技术在施工中的应用状况，为未来提高建筑施工管理水平，参与智慧工地建设及发展建设项目智能化建造打下基础。

　　党的二十大为新一代信息技术产业指明未来发展方向，提出坚持以推动高质量发展为主题，构建新一代信息技术新的增长引擎。为贯彻落实党的二十大精神，本书在重印过程中结合本课程具体内容，特别加强了先进信息化技术的应用于发展等相关内容，旨在树立学生科技自强自立意识，提高开拓创新的科学素养。同时，以二维码的形式引入了"中国创造：大跨径拱桥技术""青藏铁路精神"等视频素材，融入相关思政元素，助力培养学生作为未来国家建设者勇于担当、互助协作的美好品质，以及追求卓越的工匠精神。

　　本书第 4 版由李忠富担任主编并负责统稿，具体编写分工如下：

　　李忠富（大连理工大学建设工程学部）编写绪论、第 1 章、第 2 章、第 8 章、第 9 章9.3 节、第 10 章，以及第 3 章、第 4 章、第 5 章、第 12 章的部分内容。

张红（哈尔滨工业大学土木工程学院）编写第3章（部分）、第9章9.4节。

李惠玲（沈阳建筑大学管理学院）编写第5章（部分）、第6章。

王丹（哈尔滨工业大学土木工程学院）编写第7章。

李良宝（哈尔滨工业大学土木工程学院）编写第12章（部分）。

杨晓林（哈尔滨工业大学土木工程学院）编写第4章（部分）。

李小冬（清华大学土木工程学院）编写第11章11.1节、11.4节和11.5节。

齐锡晶（东北大学资源与土木工程学院）编写第9章9.1节和9.2节。

冉立平（哈尔滨工业大学土木工程学院）编写第11章11.2节和11.3节。

感谢部分读者在选用本书作为教材之后提出的使用意见和修改建议。

由于时间和编者水平所限，本书难免存在不足之处，敬请读者和专家批评指正。

编　者

目　录

绪　论

1. 固定资产投资、建筑业与建筑施工

固定资产投资是对固定资产扩大再生产的新建、改建、扩建和恢复工程及其与之连代的工作，是客观的经济活动，有其固有的经济规律。固定资产投资是发展我国经济，满足人民群众日益增长的物质文化需要的重要保证。固定资产投资着重在投资角度研究对投资的使用与管理。固定资产投资领域可划分为基本建设投资、更新改造投资、房地产开发投资和其他固定资产投资四个部分。基本建设投资大多用于大型城乡基础设施和公用设施的建设，通常由政府投资建设，近些年私人资本和外资进入城乡基本设施建设的项目逐步增多，基本建设投资趋于多元化。房地产开发投资基本上是企业或私人投资。固定资产投资的具体工作包括建筑工程、安装工程、设备购置及其他工作。固定资产投资程序大致可划分为计划、设计、施工和竣工验收四个阶段。

建筑业是完成基本建设建筑安装工程的行业，由从事土木建筑工程活动的规划、勘察、设计、咨询、施工的单位和企业构成。目前建筑业的范围已经逐步发展到土地的开发及房屋的改造、维修、管理及拆除等全部生产活动。建筑业的任务主要是进行工程建设，在基本建设投资中，建筑安装工作量占有很大比重，一般占到60%以上。建筑业的生产除了基本建设投资中的土木建筑活动以外，还包括技术改造和维修、房地产开发投资及城乡个人或集体投资而形成的建筑生产活动。

建筑施工是通过有效的组织方法和技术途径，按照设计图和说明书的要求建成供使用的建筑物的过程，也就是建筑物由计划变为现实的实现过程。建筑施工所完成的工作量达到建筑业全部工作量的80%以上。因此建筑施工阶段是建设项目实施的关键阶段，也是持续时间最长，消耗人力、财力、物力最大的一个阶段。

2. 现代工程建设的特点

随着社会经济的发展和建筑技术的进步，现代建设工程日益向着大规模、高技术的方向发展。一个大型建设项目的施工建设，需要投入成千上万各种专业的工人和种类繁多的建筑材料、建筑机械设备，耗资几十亿元甚至上百亿元。因此，不仅要组织人力、材料、机械设备在施工对象上进行施工建造，而且要组织种类繁多、数量巨大的建筑材料、制品和构配件的生产、运输、储存和供应工作，以及组织施工机具的供应、维修和保养，组织施工现场临

时供水、供电，安排生产和生活所需要的各种临时设施等，还要在施工过程中，对各专业、各部门的工作进行协调，对工期、成本、质量进行有效控制等，这些都充分体现了现代工程建设的复杂性和综合性。如果忽视或放松对工程建设的组织与管理，势必造成工程不能按期完工、损失浪费严重、质量达不到要求等结果，给国家造成巨大损失。因此，对工程建设全过程实施有效的组织管理，对于提高经济效益，保质保量完成建设任务，具有极其重要的意义。这也是建筑施工组织与管理所要解决的基本问题。

另外，由于现代工程建设的复杂性和综合性，以及国家改革开放和建筑业改革的不断深入，工程实践中又出现了不少新情况、新问题，传统的管理方式和方法已经不能适应新形势的要求，因此，必须在实践中研究和采用现代化的新理论、新方法和先进的手段，不断总结经验教训，提高建筑施工组织与管理的现代化水平。

3. 建筑施工组织与管理的研究对象和任务

建筑施工组织与管理是研究建筑产品生产过程中各生产要素统筹安排与系统管理客观规律的学科。建筑产品的生产活动就是建筑施工。建筑产品则是建筑施工企业向社会提供的各种建筑物或构筑物。建筑产品按使用功能可分为生产性建筑和非生产性建筑两大类；按工程规模可分为单位工程和建设项目两大类。建筑施工组织与管理的研究对象就是整个建筑产品，既研究单体的单位工程，又研究总体的建设项目。

建筑施工的全过程是投入劳动力、建筑材料、机械设备和技术方法，生产出满足要求的建筑产品的过程，同时也是建筑产品各生产要素的组织过程。显然，建筑施工组织与管理的任务是研究生产力的组织问题，而且是只研究一个具体的建筑产品施工全过程中各生产要素的组织问题。

建筑施工组织与管理是以建筑经济与管理的理论为指导，以施工技术和现场管理作为基础。

建筑施工组织与管理的基本任务有两个方面：

第一，根据建筑产品及其生产的技术经济特点，遵照国家基本建设方针和各项具体技术政策，探索和总结建设项目施工组织与管理的客观规律，研究如何根据建设地区自然条件和技术经济条件，因地制宜地确定工程建设的总方针，统筹规划，合理安排，积极协调控制，从而高速度、高质量、高效益地完成建设项目的建筑安装任务，为社会提供优质的建筑产品，尽快地充分发挥国家建设投资的经济效益。

第二，研究和探索建筑施工企业如何以最少的消耗来组织承包工程的建筑安装活动，以使企业获得最大的经济效益。建设项目的建筑安装工程任务最终要由建筑安装施工企业来完成，作为企业，必须要考虑自身的经济效益。因此，施工单位必须根据承包合同或协议，精打细算，精心施工，加强管理，以达到少投入、多产出、高效益的目标。为此，施工单位必须结合本企业的情况和工程特点，解决好以下几方面问题：①优化选择施工方法和施工机械；②合理确定工程开展顺序和进度安排；③计算劳动力、机械设备、材料的需要量及供应时间与方式；④确定施工现场各种机械设备、仓库、材料堆场、道路、水电管网及各种临时设施的合理布置；⑤明确各项施工准备工作；⑥在建筑施工过程中，对工程的工期、质量、成本进行有效的控制，积极协调不同专业部门之间的关系，使施工活动始终处于良好的管理和控制状态，达到工期短、质量好、成本低的项目管理目标。

4. 建筑施工组织与管理的课程内容和特点

建筑施工组织与管理包括建筑施工组织与施工管理两部分内容。建筑施工组织是指施工前对生产各要素的计划安排，包括施工条件的调查研究、施工方案的制定与优选等；施工管理是指工程具体实施过程中进行的控制、协调、指挥等活动，也包括施工过程中对各项工作的检查、监督、调节等工作。当然，就广义上讲，施工管理也包括了施工组织的各项内容。

本书全面系统地阐述了建筑施工组织与管理的基本理论与方法，包括建筑施工组织概论，流水施工基本原理，网络计划技术基础与优化，单位工程施工组织设计和施工组织总设计，建筑施工项目管理组织，建筑施工目标管理，建筑施工生产要素管理，施工现场技术与业务管理，建筑施工商务管理，建筑施工管理中的信息技术应用等内容。

本课程的显著特点之一是内容广泛，涉及建筑技术、经济管理与计算机技术等多方面的内容，是房屋建筑、结构、力学、建筑材料、建筑机械、施工技术、工程定额与预算、建筑经济与管理、运筹学、系统科学及计算机科学的综合应用。因此，学习本课程之前需要具备相当的基础知识。

本课程的另一个显著特点是实践性强。一方面，任何一项工程的施工，都必须从建筑产品生产的技术经济特点、工程特点和施工条件出发，才能编制出符合实际的施工组织设计，并且通过实施中的协调控制使之得以顺利执行；另一方面，可以通过实践经验的积累与总结，丰富、发展和完善本学科的内容和体系。

由于本课程的以上特点，要求本课程的学习一定要注意理论联系实际。强调对其中大量定性内容的理解和消化，克服教条式的背诵概念和生搬硬套，提倡在理解的基础上进行归纳和概括，从而培养独立思考问题、分析问题和解决问题的能力。另外，在学习本课程之后，应通过施工组织设计工作和生产实习，加深对本课程的理解和认识，掌握并运用学过的方法和技能，增强实际工作能力。

新中国成立以来，我国工程建设领域有众多开创性的工程和辉煌的业绩，"中国创造"正在被全世界认可，作为未来国家的建设者，为了能更好地学习掌握本课程的内容，深刻领悟建筑施工组织的内涵，有必要了解我国工程建设领域不同阶段的相关历史和相关业绩。

中国创造：大跨径
拱桥技术

火神山、雷神山医院

青藏铁路精神

1

第1章
建筑施工组织概论

1.1 建筑产品及其生产的特点

建筑产品是指建筑企业通过施工活动生产出来的最终产品。它主要分为建筑物和构筑物两大类。建筑产品与其他工业（制造业）产品相比较，其产品和生产都具有一系列不同的特点。

1.1.1 建筑产品的特点

（1）建筑产品在空间上的固定性　一般的建筑产品均由自然地面以下的基础和自然地面以上的主体两部分组成。基础承受其全部荷载，并传给地基，同时将主体固定在地面上。任何建筑产品都是在选定的地点上建造和使用的。一般情况，它与选定地点的土地不可分割，从建造开始直至拆除均不能移动。所以，建筑产品的建造和使用地点是统一的，在空间上是固定的。

（2）建筑产品的多样性　建筑产品不仅要满足复杂的使用功能的要求，而且建筑产品所具有的艺术价值还要体现出地方的或民族的风格、物质文明和精神文明程度、建筑设计者的水平和技巧，以及建设者的欣赏水平和爱好。同时也因受到地点的自然条件诸因素的影响，而使建筑产品在规模、建筑形式、构造结构和装饰等方面具有千变万化的差异。

（3）建筑产品的体积庞大性　无论是复杂的建筑产品，还是简单的建筑产品，均是为构成人们生活和生产的活动空间或满足某种使用功能而建造的。建造一个建筑产品需要大量的建筑材料、制品、构件和配件。因此，一般的建筑产品要占用大片的土地和高耸的空间，与其他工业产品相比较，其体形格外庞大。

1.1.2 建筑产品生产的特点

由于建筑产品本身的特点，决定了建筑产品生产过程具有以下特点：

（1）建筑产品生产的流动性　建筑产品地点的固定性决定了产品生产的流动性。在建筑产品的生产中，工人及其使用的机具和材料等不仅要随着建筑产品建造地点的不同而流动，而且还要在建筑产品的不同部位流动生产。施工企业要在不同地区进行机构迁移或流动施工。在施工项目的施工准备阶段，要编制周密的施工组织设计，划分施工区段或施工段，使流动生产的工人及其使用的机具和材料相互协调配合，使建筑产品的生产连续均衡地进行。

（2）建筑产品生产的单件性　建筑产品地点的固定性和类型的多样性决定了产品生产的单件性。每个建筑产品应在国家或地区的统一规划内，根据其使用功能，在选定的地点上单独设计和单独施工。即使是选用标准设计、通用构件或配件，由于建筑产品所在地区的自然、技术、经济条件的不同，其施工组织和施工方法等也要因地制宜，根据施工时间和施工条件而确定，使各建筑产品生产具有单件性。

（3）建筑产品生产的地区性　由于建筑产品的固定性决定了同一使用功能的建筑产品因其建造地点不同，也会受到建设地区的自然、技术、经济和社会条件的约束，从而使其建筑形式、结构、装饰设计、材料和施工组织等均不一样。因此建筑产品生产具有地区性。

（4）建筑产品生产周期长　建筑产品的固定性和体形庞大的特点决定了建筑产品生产周期长。因为建筑产品体形庞大，使得最终建筑产品的建成必然耗费大量的人力、物力和财力。同时，建筑产品的生产全过程还要受到工艺流程和生产程序的制约，使各专业、工种间必须按照合理的施工顺序进行配合和衔接。又由于建筑产品地点的固定性，使施工活动的空间具有局限性，从而导致建筑产品生产具有生产周期长、占用流动资金大的特点。

（5）建筑产品生产的露天作业多　建筑产品的地点固定性和体形庞大的特点，使建筑产品不可能在工厂里直接进行生产，即使建筑产品的生产达到高度的工业化水平的时候，仍然需要在施工现场内进行总装配后，才能形成最终建筑产品。

（6）建筑产品生产的高处作业多　由于建筑产品体形庞大，特别是随着城市现代化的进展，高层建筑物日益增多，建筑产品生产高处作业多的特点日益明显。

（7）建筑产品生产协作单位多　建筑产品生产涉及面广，从企业内部来说，要在不同时期和不同建筑产品上组织多专业、多工种的综合作业。从企业的外部来说，需要不同种类的专业施工企业，以及城市规划、土地征用、勘察设计、公安消防、公共事业、环境保护、质量监督、科研试验、交通运输、银行财务、物资供应等单位和主管部门协作配合。

1.2　建筑施工组织管理的基本原理

建筑施工是一个将建筑材料、设备、人工和技术、管理等要求有机组合在一起，按照计划要求完成一个工程项目建造的过程，因此可以将其视为一个投入产出系统，包括输入、转换、输出和反馈四个环节，如图 1-1 所示。

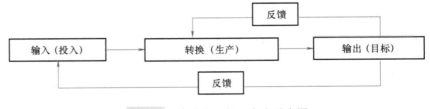

图 1-1　建筑施工投入产出示意图

建筑施工系统的输入是指将生产诸要素及信息投入生产的过程，这是生产系统运行的第一个环节。生产系统的转换就是建筑生产过程，这是生产系统运行的重要环节。生产系统的输出是转换的结果，它包括产品和信息两个方面的内容。生产系统的反馈是将输出的信息回收到输入端或建筑生产过程，其目的是与输入的信息进行比较，发现差异，查明原因，采取措施，加以纠正，保证预定目标的实现。由此可见，反馈执行的是控制职能，这一环节在生产系统中起着非常重要的作用。

任何一个工程项目施工均可作为一个多变量、多输入、多输出的系统。该系统通过"投入"（信息、资金、技术、能量等生产要素），经过"转换"（即项目的建设实施和生产经营过程）最终实现"产出"（产品和提供服务）。系统的"转换"过程受到环境条件的制约，通过反馈子系统进行调整控制，以达到系统运转的适应性。以上这一系列的过程就是现代工程项目管理理论的基础。

1.2.1 建筑施工项目的层次划分

建筑施工项目按照范围大小可分为建设项目、单项工程、单位工程、分部工程和分项工程，如图 1-2 所示。

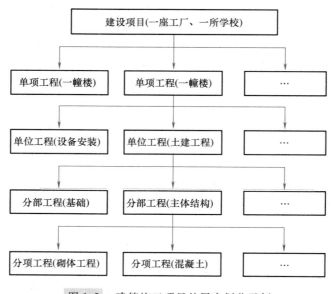

图 1-2 建筑施工项目的层次划分示例

（1）建设项目 建设项目是在一个总体设计范围内，由一个或多个单项工程组成，经济上统一核算、具有独立组织形式的建设单位。一座完整的工厂、矿山或一所学校、医院，都可以是一个建设项目。

（2）单项工程 单项工程是指具有独立的设计文件，竣工后能独立发挥生产能力或投资效益的工程。如工业建筑的一条生产线、市政工程的一座桥梁、民用建筑中的医院门诊楼、学校教学楼等。

（3）单位工程 单位工程是指具备单独设计条件，可独立组织施工，能形成独立使用功能，但完工后不能单独发挥生产能力或投资效益的建（构）筑物。如一栋建筑物的建筑与安装工程为一个单位工程，室外给水排水、供热、煤气等又为一个单位工程，道路、围墙为另一个单位工程。

（4）分部工程　分部工程是按专业性质或建筑部位划分确定的。一般建筑工程可划分为九大分部工程，即地基与基础、主体结构、装饰装修、屋面、给水排水及采暖、电气、智能建筑、通风与空调、电梯。分部工程较大或较复杂时，可按专业及类别划分为若干子分部工程，如主体结构可划分为混凝土结构、砌体结构、钢结构、木结构、网架或索膜结构等。

（5）分项工程　分项工程是按主要工种、材料、施工工艺、设备类别进行划分的。如混凝土结构可划分为模板、钢筋、混凝土、预应力、现浇结构、装配式结构；砌体结构可划分为砖砌体、混凝土小型空心砌块砌体、石砌体、填充墙砌体、配筋砖砌体等。

1.2.2　建筑施工的目标系统

建筑施工的目标系统是施工项目所要达到的最终状态的描述系统。通常施工项目都是具有明确目标的，这些目标包括进度、成本、质量、安全等，是由项目任务书、技术规范、合同文件等说明或定义的。这些目标之间是互相联系、互相制约的，因此通常不应该片面强调某一目标。工程进度、成本、质量三者关系如图 1-3 所示。

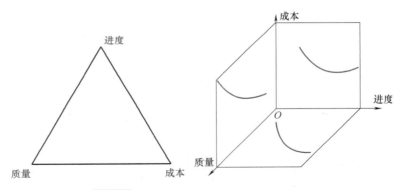

图 1-3　工程进度、成本、质量三者关系

1.2.3　建筑施工的资源投入

资源是生产的物质基础。建筑施工中要投入的资源有材料、机械、人力、资金和方法五种要素，简称 5M。整个建筑施工的过程就是将这五种生产要素通过优化配置和动态管理实现建筑产品的质量、成本、工期和安全的过程，如图 1-4 所示。

施工资源投入系统要解决两个主要问题：

（1）施工生产要素（5M）的优化配置　优化配置主要是通过施工项目的精细化的施工计划来实现的。它包括：

1）在满足工期要求的前提下，确定合理适度的施工规模，以减少现场临时设施的数量。

2）应用流水施工等组织方法，实现有节奏的连续均衡施工，尽力避免因组织不善造成窝工，提高作业效率和机械设备利用率。

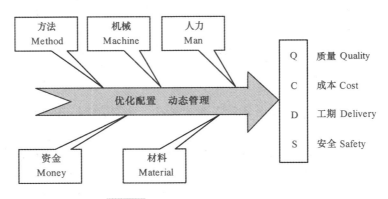

图 1-4　建筑施工的 5M-QCDS 图

3）主、辅机械、施工模具的配置，尽可能做到总体综合配套、先进适用、一机多能、周转使用。合理确定进退场时间，避免空置浪费。

4）以技术工艺和施工程序为中心，优化或不断改善施工方案，以保证工程质量，缩短工期和降低工程成本。

5）科学合理地进行施工平面图的规划设计、布置和管理，节约施工用地，减少材料物资场内二次运输量，保证现场文明规范、施工安全和降低成本。

6）建立健全精干高效的现场施工管理组织机构，完善管理制度，提高施工指挥协调能力，提倡一专多能、一职多岗，实行满负荷工作制度和激励机制。

（2）施工生产要素和项目目标的动态管理　主要是做好：

1）正常施工例会和协调制度，根据施工进展情况和实际问题及时协调施工各方关系。

2）以定期检查、抽查和施工日常巡视相结合方式，及时跟踪发现工程质量、施工安全等问题，采取有效措施予以解决。

3）按施工计划及实际进度发展变化，及时组织劳动力、材料、构配件及工程用品、施工机械设备、模具的供应，以及对已完工的劳动力、机械设备的及时清退工作。

4）工程成本核算，通过"三算对比"动态跟踪分析，及时做好成本纠偏控制。

5）做好动态管理的基础工作，即施工企业实行并完善项目经理负责制，施工作业层和管理层的两分离，以及施工生产要素的内部模拟市场运作机制的建立等，为项目目标的动态管理创造内部环境条件。

1.2.4　建筑施工的组织体系

施工项目组织体系是由项目的行为主体构成的系统。由于社会化大生产和专业分工，一个施工项目的参与方可能有几个、几十个甚至成百上千，包括业主、承包商、设计单位、监理单位、分包商、材料设备供应商等，他们之间通过行政的或合同的关系连接成一个庞大的组织系统，为了实现共同的项目目标分别承担不同的施工项目任务。施工项目的组织是一个目标明确的、开放的、动态的、自我完善的组织系统。图 1-5 所示为建设项目参与各方关系图，图 1-6 所示为一个典型的施工总承包方式的现场管理组织体系图。

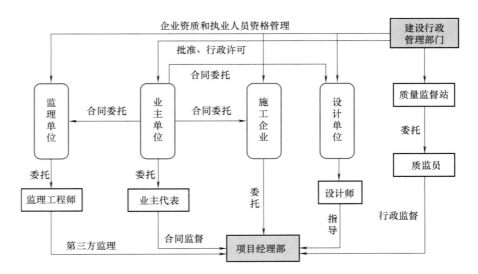

图 1-5　建设项目参与各方关系图

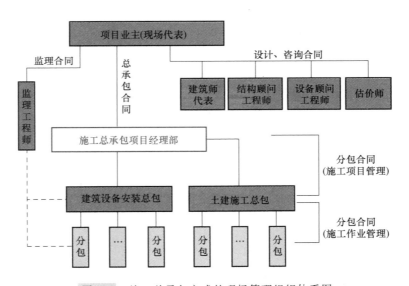

图 1-6　施工总承包方式的现场管理组织体系图

　　由于各方在组织体系中所处的地位和关系不同，从而形成了不同的工程项目管理模式。主要有设计施工分离式（传统模式）、设计-施工一体化模式（也称作"D＋B"模式）、EPC（Engineering-Procurement-Construction）模式、CM（Constucting Management）模式等。如图 1-7 所示。

　　1）设计施工分离式是设计、施工分离，以施工总承包商为基础的项目管理模式，是当今建筑业广泛采用的工程项目管理模式。

　　2）设计-施工一体化模式是业主将工程项目的设计和施工任务发包给一家具有工程项目总承包资质的承包商。设计建造总承包商可以是具备很强设计、施工、采购、科研等综合服务能力的建筑企业，也可以是由设计单位和施工单位共同组成的工程承包联合体。对于承包的工程，总承包企业可以自行完成部分设计与施工任务，其余部分适合分包的设计、施工任务，在取得业主认可后，再发包给分包单位完成。

3）EPC 模式通常是由一家大型建设企业或承包商联合体承担对大型和复杂工程的总体策划、设计、设备采购、工程施工，直至交付使用的承包模式。EPC 模式将承包范围进一步向建设工程的前期延伸，要求承包商为业主提供全面服务（一揽子服务），业主只要大致说明一下投资意图和要求，其余工作均由 EPC 承包单位来完成。EPC 项目多集中于资金投入量大、技术要求高、管理难度大的工业建筑，如制造业、石油化工、电力等项目和基础设施项目。

4）CM 模式是由业主委托一家 CM 公司以一个承包商的身份，从建设工程开始阶段就参与建设工程实施过程，采取设计与施工搭接的方式进行施工管理，直接承担或组织分包商施工，在一定程度上影响或参与设计的一种工程项目管理模式。CM 模式主要应用于美国。

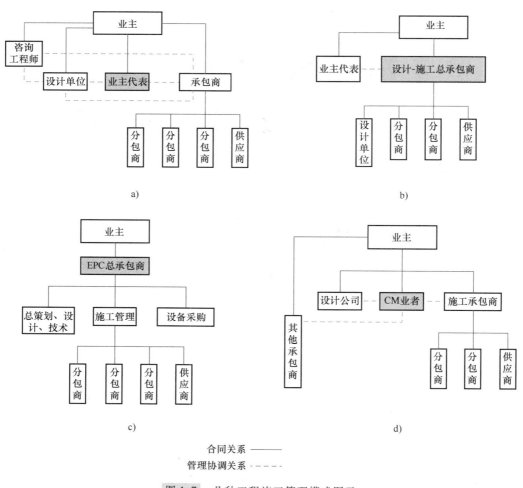

图 1-7　几种工程施工管理模式图示

a）传统分离模式　b）D＋B 模式　c）EPC 模式　d）CM 模式

在上述施工项目的组织系统外部，还存在一些不直接参与项目，但与项目的管理运作间接相关的单位，项目运作得好坏与这些单位的利益有一定关系。这些单位称作施工项目的利益相关者（Stakeholder）。这些利益相关者也会对项目的管理运作产生一定的影响。图 1-8 所示为某政府投资项目的利益相关者图。

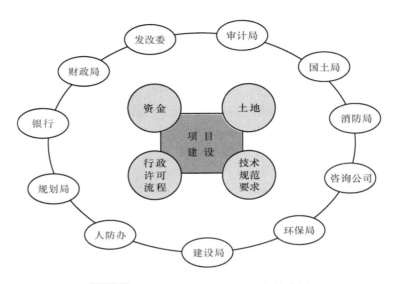

图 1-8　某政府投资项目的利益相关者图

1.2.5　建筑施工管理的特点

（1）总分包管理制度　施工总分包是项目业主将一项工程的施工安装任务，全部发包给一家资质符合要求的施工企业，他们之间签订施工总承包合同，以明确双方的责任义务和权限。而后总承包施工企业，在法律规定许可的范围内，可以将工程按部位或专业进行分解后再分别发包给一家或多家经营资质、信誉等条件经业主（发包方）或其（监理）工程师认可的分包商，如图 1-9 所示。

总分包关系合约过程主要有以下两种做法：

1）总承包施工单位在工程投标前，即找好自己的分包合作伙伴，或专业分包或按部位综合分包，根据业主方发放的招标文件，委托所联络的分包商提出相关部分的标书报价，经协商达成合作意向后，总包方将各分包商的相关报价进行综合汇总，编制总承包投标报价表。总承包方

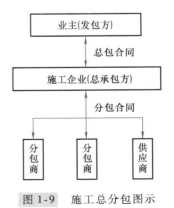

图 1-9　施工总分包图示

中标取得总承包合同后再根据双方事先的约定，在总承包合同条件的指导和约束下签订分包合同。

分包方和业主没有合同关系，但在分包合同的履行过程中，必须体现和服从总包合同条件的各项要求和约束，如工期、质量责任、遵守建设法规等。

　　总包取得合同之后，除了经营秘密部分，均应让分包商了解总包的合同条件，以便分包方能在总包的指导下制订施工计划，自主开展施工管理活动，更好地协调总、分包双方的责任和利益。

　　2）总承包方先自行参与投标，取得总承包合同之后，根据合同条件着手制定施工基本方针和管理目标，即质量（Quality）、成本（Cost）、工期（Delivery）和安全（Safety）目标，然后通过编制详尽的施工组织设计文件，按照最经济合理的施工方案编制施工预算，确定工程各部分目标成本的预算价值。

　　在此基础上，将拟分包的部分委托被联络的分包商（一般两家以上），提出分包价格，经过价格、能力、信誉等条件的比较，择优录用签订分包合同。当然这时总包方应将分包工程的质量、工期、安全等要求作为分包合同条件在分包合同中提出。

　　（2）两层分离制度　由于建筑工程的一次性、间断性和组织临时性的特点，建筑企业普遍采用的是管理层与劳务层分离的方式，施工总包企业只留有部分技术人员和管理人员，而将大量的操作人员从企业中剥离出来，单独成立分包公司或劳务公司。目前绝大部分大型施工企业都已完成了这一改革，为施工总分包体制的实施奠定了基础。

　　两层分离一方面可以充分发挥企业管理层在工程项目管理中的作用，使施工企业能够向施工总承包或工程总承包的方向发展，提高整体经营资质和综合管理能力；另一方面，使原有的固定工队伍，甚至连同伙伴关系的合同工、外包工队伍，能够按照建筑劳务市场的特点和规律，组建施工劳务机构，既可面向本企业所承包的工程项目，也可面向社会、行业招揽的作业任务。

　　两层分离的主要标志是组织分开、管理分开和经济核算分开。

　　所谓组织分开就是使企业经营管理和劳务作业队伍管理成为两个相互独立的企业管理子系统，并按照其任务的不同和特点，设置相应的组织机构、制度和运行机制。

　　管理分开主要体现在管理职能上的区别，管理层从事企业经营、工程承包、项目管理，劳务层从事劳务队伍建设、作业承包、作业管理。

　　经济核算分开是指在工程项目上，管理层实施以项目成本核算为主体的项目核算管理，劳务层实行施工作业成本（如人工费、设备租赁费等）核算为主体的施工作业核算。

　　（3）项目经理负责制　施工项目经理负责制是委托项目经理作为施工企业在项目上的全权代表负责工程的实施，是施工企业进行承建工程项目施工管理的基本组织制度和责任制度。它既符合按建筑产品或工程产品组织生产和管理的原则，也符合建筑业经营先交易后生产、按承发包合同要求组织生产和管理的原则。

　　施工企业派出的项目经理，是该企业为履行工程承包合同和具体落实本企业对工程的施工经营方针和目标而派出的企业法定代表人的代理者，也是全面组织现场施工和管理的直接指挥者和领导者。因此，施工企业建立和健全施工项目经理负责制，对于强化现场施工的组织管理和目标的控制有着重要的作用。

　　（4）滚动式施工计划管理　由于建筑工程的特点，建筑工程的施工计划采用的是依据上个阶段的完成情况来确定下一阶段工作进展的滚动计划管理方式。工程项目计划体系包括项目的施工组织设计和施工企业年、季、月、旬计划两大类。前者用于施工部署和施工进度的控制；后者用于作业管理和进度的控制。按照统筹安排、滚动实施的原理，将两者有机地结合，保证工程项目计划工期目标的实现。

除施工管理的时间计划，还应根据时间进度要求，编制相应的施工技术物资采购供应计划，以保证时间进度目标建立在有物资资源保证的基础上。

（5）全方位的施工监督管理

1）施工企业内部的监督。施工企业的各职能部门对施工项目相关业务工作的标准、程序等进行监督，以确保企业各项规章制度的贯彻执行，提高管理的标准化、规范化水平。特别是对现场施工的技术、质量和安全工作进行定期或例行的监督检查，包括分项工程施工质量检验、隐蔽工程验收、质量和安全事故的整改监督、施工质量检验评定、竣工验收检查等。

2）监理工程师的监督。在工程施工阶段，驻现场监理工程师依据建设法规、监理合同、施工承包合同等，按照监理规划和实施细则，对施工全过程进行投资、质量、进度和安全等目标控制和监督。施工单位必须接受监理工程师的监督管理。

3）工程质量监督站的监督。工程质量监督站主要是监督建设法规的执行、工程质量的可靠性与安全性、建设公害处理及环境保护措施的问题等。主要是做到基础、主体、竣工施工"三部到位"，施工单位必须严格配合质监站的"三部到位"检查监督，对提出的问题认真安排整改，以确保每一阶段的施工质量不留隐患。

1.2.6　建筑施工项目的分解与集成

（1）施工项目的分解　为了便于对施工项目进行计划和控制，需要在计划编制之前对建筑工程施工所需要完成的全部工作进行归类和分解，明确工作的内容和先后次序，这个过程称为"工作分解结构"（WBS）。图 1-10 为某房屋建筑工程项目施工过程的分解图。

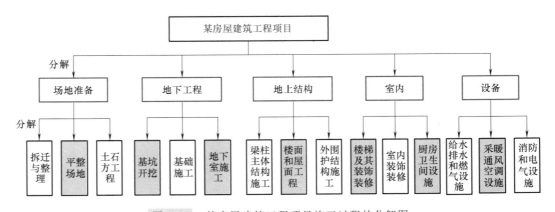

图 1-10　某房屋建筑工程项目施工过程的分解图

（2）施工项目的集成　集成是以系统思想为指导，创造性地将两个或两个以上的要素或系统整合为有机整体的过程。集成具有系统性、互补性、相容性、创造性和无序性等性质，因此集成还需要进行科学的管理才能向着集成的目标前进。施工项目为了进行计划和控制，不仅要进行分解，更要讲究集成和集成化管理。

施工项目集成管理是为确保施工各专项工作能够有机地协调和配合而开展的一种综合性和全局性的项目管理工作。它是以集成思想为指导，以高速发展的信息技术为基础，依据建设项目和管理特点，以质量、成本、进度三个要素组成的项目目标体系为核心，通过项目执行过程中各参与方之间的高效率信息交流沟通，实现参与方的协调和整体优化，并将集成思想贯穿于工程建设项目管理活动的全局和整个过程的项目管理模式。项目集成管理可分为四个部分：目标集成、过程集成、组织集成及信息系统集成，如图 1-11 所示。

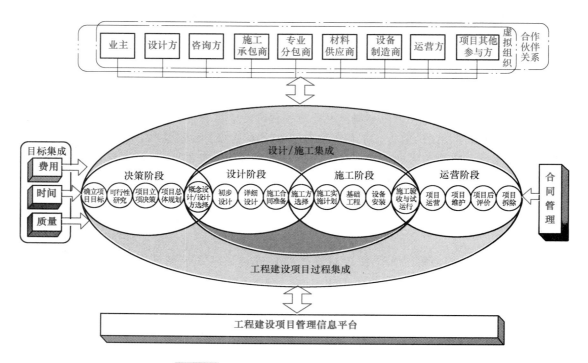

图 1-11　工程建设项目集成管理的概念模型

1.3　建筑施工程序

建筑施工程序是指工程项目整个施工阶段必须遵循的先后次序，它是经多年施工实践而总结出的客观规律。一般是指从接受施工任务直到交工验收所包括的主要阶段的先后次序。通常可分为五个阶段：确定施工任务阶段、施工规划阶段、施工准备阶段、组织施工阶段和竣工验收阶段。

1.3.1　落实施工任务，签订施工合同

建筑施工企业承接施工任务的方式主要有三种：一是国家或上级主管单位统一安排、直接下达的任务；二是建筑施工企业主动对外接受的任务或建设单位主动委托的任务；三是参加社会公开的投标而中标得到的任务。国家直接下达任务的方式已逐渐减少，在市场经济条件下，建筑施工企业和建设单位自行承接和委托的方式较多；实行招标投标的方式发包和承包建筑施工任务，是建筑业和基本建设管理体制改革的一项重要措施。

无论采用哪种方式承接施工项目，施工单位均必须与建设单位签订施工合同。签订了施工合同的施工项目，才算落实了的施工任务。当然，签订合同的施工项目，必须是经建设单位主管部门正式批准的，有计划任务书、初步设计和总概算，已列入年度基本建设计划，落实了投资的建设项目。否则不能签订施工合同。

施工合同是建设单位与施工单位根据《经济合同法》《建筑安装工程承包合同条例》及有关规定签订的具有法律效力的文件。双方必须严格履行合同，任何一方不履行合同，给对方造成经济损失，都要负法律责任，并进行赔偿。

1.3.2　统筹安排，做好施工规划

施工企业与建设单位签订施工合同后，施工总承包单位在调查分析资料的基础上，拟订施工规划、编制施工组织总设计、部署施工力量、安排施工总进度、确定主要工程施工方案、规划整个施工现场、统筹安排，做好全面施工规划，经批准后，便组织施工先遣人员进入现场，与建设单位密切配合，做好施工规划中确定的各项全局性施工准备工作，为建设项目全面正式开工创造条件。

1.3.3　做好施工准备工作，提出开工报告

施工准备工作是建筑施工顺利进行的基本保证。施工准备工作主要有：技术准备、物资准备、劳动组织准备、施工现场准备和施工场外准备。当一个施工项目进行了图纸会审，编制和批准了单位工程施工组织设计、施工图预算和施工预算，组织好材料、半成品和构配件的生产和加工运输，组织施工机具进场，搭设临时建筑物，建立了现场管理机构，调遣施工队伍，拆迁原有建筑物，做好"三通一平"，进行场区测量和建筑物定位放线等准备工作后，施工单位即可向主管部门提出开工报告。

1.3.4　组织全面施工

组织拟建工程的全面施工是建筑施工全过程中最重要的阶段。它必须在开工报告批准后才能开始。它是把设计者的意图、建设单位的期望变成现实的建筑产品的加工制作过程，必须严格按照设计图的要求，采用施工组织设计规定的方法和措施，完成全部的分部、分项工程施工任务。这个过程决定了施工工期、产品的质量和成本，以及建筑施工企业的经济效益。因此，在施工中要跟踪检查，进行进度、质量、成本和安全控制，保证达到预期的目的。

施工过程中，往往有多单位、多专业进行共同协作，要加强现场指挥、调度，进行多方面的平衡和协调工作。在有限的场地上投入大量的材料、构配件、机具和人力，应进行全面统筹安排，组织均衡连续的施工。

1.3.5　竣工验收，交付使用

竣工验收是对建筑项目的全面考核。建设项目施工完成了设计文件所规定的内容，就可以组织竣工验收。

建筑工程施工程序如图 1-12 所示。

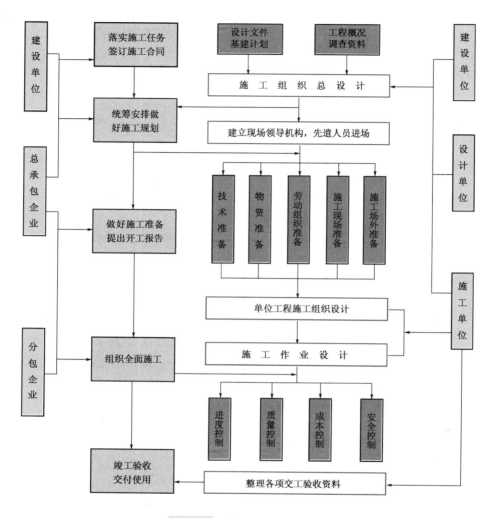

图 1-12　建筑工程施工程序

1.4　施工准备工作

为了保证工程项目顺利地施工，必须做好施工准备工作。施工准备工作是生产经营管理的重要组成部分，是对拟建工程目标、资源供应和施工方案的选择、空间布置和时间安排等诸方面进行施工决策的依据。

1.4.1　施工准备工作的重要性

基本建设工程项目的总程序是按照计划、设计和施工等几个阶段进行。施工阶段又分为施工准备、土建施工、设备安装和交工验收阶段。施工准备是建筑施工的重要阶段之一。

施工准备工作的基本任务是，为拟建工程的施工建立必要的技术和物资条件，统筹安排施工力量和施工现场。施工准备工作也是施工企业做好目标管理，推行技术经济承包的重要依据。同时施工准备工作还是土建施工和设备安装顺利进行的基本保证。因此，认真地做好施工准备工作，对于发挥企业优势、合理供应资源、加快施工速度、提高工程质量、降低工程成本、增加企业经济效益、赢得企业社会信誉、实现企业管理现代化等具有重要的意义。

"运筹于帷幄之中，决胜于千里之外"，这是人们对战略准备和战术决胜的科学概括。由于建筑产品及其生产的特点，施工准备工作的好与坏，将直接影响建筑产品生产的全过程。

实践证明，凡是重视施工准备工作，积极为拟建工程创造一切施工条件，其工程的施工就会顺利地进行；凡是不重视施工准备工作，就会给工程的施工带来麻烦和损失，甚至给工程施工带来灾难，其后果不堪设想。

1.4.2 施工准备工作的分类

1. 按工程项目施工准备工作的范围不同分类

按工程项目施工准备工作的范围不同，一般可分为全场性施工准备、单位工程施工条件准备和分部（项）工程作业条件准备。

（1）全场性施工准备 它是以一个建筑工地为对象而进行的各项施工准备。其目的、内容都是为全场性施工服务的。它不仅要为全场性的施工活动创造有利条件，而且要兼顾单位工程施工条件的准备。

（2）单位工程施工条件准备 它是以一个建筑物或构筑物为对象而进行的施工条件准备。其目的、内容都是为单位工程施工服务的。它不仅为该单位工程在开工前做好一切准备，而且要为分部（项）工程做好施工准备工作。

（3）分部（项）工程作业条件的准备 它是以一个分部（项）工程或冬、雨期施工为对象而进行的作业条件准备。

2. 按拟建工程所处的施工阶段不同分类

按拟建工程所处的施工阶段不同，一般可分为开工前的施工准备和各施工阶段前的施工准备两种。

（1）开工前的施工准备 它是在拟建工程正式开工之前所进行的一切施工准备工作，其目的是为拟建工程正式开工创造必要的施工条件。它既可能是全场性的施工准备，又可能是单位工程施工条件的准备。

（2）各施工阶段前的施工准备 它是在拟建工程开工之后，每个施工阶段正式开工之前所进行的施工准备工作，其目的是为施工阶段正式开工创造必要的施工条件。如混合结构的民用住宅的施工，一般可分为地下工程、主体工程、装饰工程和屋面工程等施工阶段，每个施工阶段的施工内容不同，所需要的技术条件、物资条件、组织要求和现场布置等也不同，因此在每个施工阶段开工之前，都必须做好相应的施工准备工作。

综上所述，不仅在拟建工程开工之前要做好施工准备工作，而且随着工程施工的进展，在各施工阶段开工之前也要做好施工准备工作。施工准备工作既要有阶段性，又要有连续性。因此，施工准备工作必须有计划、有步骤、分期和分阶段地进行，要贯穿拟建工程整个建造过程。

1.4.3 施工准备工作的内容

施工准备工作的内容通常包括技术准备、物资准备、劳动组织准备、施工现场准备和施工场外准备。

1. 技术准备

技术准备是施工准备工作的核心。由于任何技术的差错或隐患都可能引起人身安全和质量事故，造成生命、财产和经济的巨大损失，因此必须认真地做好技术准备工作。其内容主要有：熟悉与审查施工图、调查分析原始资料、编制施工图预算和施工预算、编制施工组织设计。

（1）熟悉与审查施工图

1）审查拟建工程的地点、建筑总平面图同国家、城市或地区规划是否一致，以及建筑物或构筑物的设计功能和使用要求是否符合卫生、防火及美化城市方面的要求。

2）审查施工图是否完整、齐全，以及施工图和资料是否符合国家有关基本建设的设计、施工方面的方针和政策。

3）审查施工图与说明书在内容上是否一致，以及设计图与其各组成部分之间有无矛盾和错误。

4）审查建筑图与结构图在几何尺寸、坐标、标高、说明等方面是否一致，技术要求是否正确。

5）审查工业项目的生产工艺流程和技术要求，掌握配套投产的先后次序和相互关系，以及设备安装图与其相配合的土建施工图在坐标、标高上是否一致，掌握土建施工质量是否满足设备安装的要求。

6）审查地基处理与基础设计同拟建工程地点的工程地质、水文地质等条件是否一致，以及**建筑物与地下构筑物**、管线之间的关系。

7）明确拟建工程的结构形式和特点；复核主要承重结构的强度、刚度和稳定性是否满足要求；审查施工图中的工程复杂、施工难度大和技术要求高的分部（项）工程或新结构、新材料、新工艺，明确现有施工技术水平和管理水平能否满足工期和质量要求，拟采取可行的技术措施加以保证。

8）明确建设期限，分期分批投产或交付使用的顺序和时间；明确工程所用的主要材料、设备的数量、规格、来源和供货日期。

9）明确建设、设计和施工单位之间的协作、配合关系；明确建设单位可以提供的施工条件。

熟悉与审查施工图的程序通常分为自审阶段、会审阶段和现场签证阶段三个阶段。

1）自审阶段。施工企业收到拟建工程的施工图和有关设计资料后，应尽快组织有关工程技术人员熟悉和自审施工图，写出自审记录。自审施工图的记录应包括对施工图的疑问和对设计图的有关建议。

2）会审阶段。一般由建设单位主持，由设计单位和施工单位参加，三方进行图纸会审。图纸会审时，首先由设计单位的工程主设计人向与会者说明拟建工程的设计依据、意图和功能要求，并对特殊结构、新材料、新工艺和新技术说明设计要求。然后施工单位根据自审记录及对设计意图的了解，提出对设计图的疑问和建议。最后在统一认识的基础上，对所研讨的问题逐一做好记录，形成图纸会审纪要，由建设单位正式行文，参加单位共同会签、盖章，作为与设计文件同时使用的技术文件和指导施工的依据，同时也是建设单位与施工单位进行工程结算的依据。

3）现场签证阶段。在拟建工程施工的过程中，如果发现施工的条件与设计图的条件不符，或者发现图中仍然有错误，或者因为材料的规格、质量不能满足设计要求，或者因为施工单位提出了合理化建议，需要对施工图进行修改时，应遵循技术核定和设计变更的签证制度，进行施工图的施工现场签证。如果设计变更的内容对拟建工程的规模、投资影响较大时，要报请项目的原批准单位批准。施工现场的施工图修改、技术核定和设计变更资料，都要有正式的文字记录，归入拟建工程施工档案，作为指导施工、竣工验收和工程结算的依据。

（2）调查分析原始资料　为了做好施工准备工作，除了要掌握有关拟建工程方面的资料外，还应该进行拟建工程的实地勘测和调查，获得有关数据的第一手资料，这对于拟订一个先进合理、切合实际的施工组织设计是非常必要的。因此，应该做好以下几个方面的调查分析：

1）调查分析自然条件。建设地区自然条件的调查分析主要内容有：地区水准点和绝对标高等情况；地质构造、土的性质和类别、地基土的承载力、地震级别和烈度等情况；河流流量和水质，最高洪水和枯水期的水位等情况；地下水位的高低变化情况，含水层的厚度及地下水的流向、流量、水质等情况；气温、雨、雪、风和雷电等情况；土的冻结深度和冬、雨期的期限等情况（表 1-1）。

表 1-1　自然条件调查表

序号	项目	调查内容	调查目的
1	气温	（1）年平均、最高、最低、最冷、最热月份的逐月平均温度 （2）冬、夏季室外计算温度 （3）不大于 -3℃、0℃、5℃ 的天数，起止时间	（1）确定防暑降温的措施 （2）确定冬期施工措施 （3）估计混凝土、砂浆强度
2	雨、雪	（1）雨季起止时间 （2）月平均降雨（雪）量、最大降雨（雪）量、一天最大降雨（雪）量 （3）全年雷暴天数	（1）确定雨期施工措施 （2）确定排水、防洪方案 （3）确定防雷设施
3	风	（1）主导风向及频率（风玫瑰图） （2）不小于 8 级风的全年天数、时间	（1）确定临时设施布置方案 （2）确定高处作业及吊装的技术安全措施
4	地形	（1）区域地形图 （2）工程位置地形图 （3）该地区城市规划图 （4）经纬坐标桩、水准基桩的位置	（1）选择施工用地 （2）布置施工总平面图 （3）场地平整及土方量计算 （4）了解障碍物及其数量
5	工程地质	（1）钻孔布置图 （2）地质剖面图：土层类别、厚度 （3）物理力学指标：天然含水率、孔隙比、塑性指数、渗透系数、压缩指标及地基土强度指标 （4）地层的稳定性：断层滑块、流砂 （5）最大冻结深度 （6）地基土破坏情况：枯井、古墓、防空洞及地下构筑物	（1）土方施工方法的选择 （2）地基土的处理方法 （3）基础施工方法 （4）复核地基基础设计 （5）拟订障碍物拆除计划
6	地震	地震等级、烈度大小	确定对施工影响、注意事项
7	地下水	（1）最高、最低水位及时间 （2）水的流向、流速及流量 （3）水质分析：水的化学成分 （4）抽水试验	（1）基础施工方案选择 （2）降低地下水的方法 （3）拟订防止侵蚀性介质的措施

（续）

序 号	项 目	调 查 内 容	调 查 目 的
8	地面水	（1）临近江河湖泊距工地的距离 （2）洪水、平水、枯水期的水位、流量及航道深度 （3）水质分析 （4）最大、最小冻结深度及结冻时间	（1）确定临时给水方案 （2）确定运输方式 （3）确定水工工程施工方案 （4）确定防洪方案

2）调查分析技术经济条件。建设地区技术经济条件调查分析的主要内容有：地方建筑施工企业的状况；水、电、气供应情况；施工现场的动迁状况；当地可利用的地方材料状况；材料供应状况；地方能源和交通运输状况；地方劳动力和技术水平状况；当地生活供应、教育和医疗卫生状况，当地消防、治安状况和参加施工单位的力量状况等（表 1-2、表 1-3、表 1-4）。

表 1-2　水、电、蒸汽条件调查

序 号	项 目	调 查 内 容	调 查 目 的
1	给水排水	（1）工地用水与当地现有水源连接的可能性，可供水量、接管地点、管径材料、埋深、水压、水质及水费，当地水源至工地的距离，沿途地形、地物状况 （2）自选临时江河水源的水质、水量、取水方式及至工地距离，沿途地形地物状况，自选临时水井的位置、深度、管径、出水量和水质 （3）利用永久性排水设施的可能性，施工排水的去向、距离和坡度，有无洪水影响，防洪设施状况	（1）确定生活、生产供水方案 （2）确定工地排水方案和防洪设施 （3）拟订给水排水设施的施工进度计划
2	供电	（1）当地电源位置，引入的可能性，可供电的容量、电压、导线截面和电费，引入方向，接线地点及其至工地距离，沿途地形、地物状况 （2）建设单位和施工单位自有的发、变电设备的型号、台数和容量 （3）利用邻近电信设施的可能性，电话、邮局等至工地的距离，可能增设电信设备、线路的情况	（1）确定供电方案 （2）确定通信方案 （3）拟订供电、通信设施的施工进度计划
3	蒸汽等	（1）蒸汽来源、可供蒸汽量，接管地点、管径、埋深及至工地距离，沿途地形、地物状况，蒸汽价格 （2）施工单位自有锅炉的型号、台数和能力，所需燃料及水质标准 （3）当地或建设单位可能提供的压缩空气、氧气的能力及至工地距离	（1）确定生产、生活用气的方案 （2）确定压缩空气、氧气的供应计划

表 1-3　参加施工单位情况调查表

序号	项目	调查内容	调查目的
1	工人	（1）工人的总数、各专业工种的人数、能投入本工程的人数 （2）专业分工及一专多能情况 （3）定额完成情况	
2	管理人员	（1）管理人员总数、各种人员比例及其人数 （2）工程技术人员的人数，专业构成情况	（1）了解总包、分包单位的技术、管理水平
3	施工机械	（1）名称、型号、规格、台数及其新旧程度（列表） （2）总装备程度：技术装备率和动力装备率 （3）拟增购的施工机械明细表	
4	施工经验	（1）历史上曾经施工过的主要工程项目 （2）习惯采用的施工方法，曾采用过的先进施工方法 （3）科研成果和技术更新情况	（2）选择分包单位 （3）为编制施工组织设计提供依据
5	主要指标	（1）劳动生产率指标：全员、建安劳动生产率 （2）质量指标：产品优良率及合格率 （3）安全指标：安全事故频率 （4）降低成本指标：成本计划实际降低率 （5）机械化施工程度 （6）机械设备完好率、利用率	

表 1-4　社会劳动力和生活设施调查表

序号	项目	调查内容	调查目的
1	社会劳动力	（1）少数民族地区的风俗习惯 （2）当地能支援的劳动力人数、技术水平和来源 （3）上述人员的生活安排	（1）拟订劳动力计划 （2）安排临时设施
2	房屋设施	（1）必须在工地居住的单身人数和户数 （2）可作为施工使用的现有的房屋位置、房屋栋数、每栋面积、结构特征、总面积，水、暖、电、卫设备状况 （3）上述建筑物的适宜用途：作宿舍、食堂、办公室的可能性	（1）确定原有房屋为施工服务的可能性 （2）安排临时设施
3	生活服务	（1）主副食品供应、日用品供应、文化教育、消防治安等机构能为施工提供的支援能力 （2）邻近医疗单位至工地的距离，可能就医的情况 （3）周围是否存在有害气体，污染情况，有无地方病	安排职工生活基地，解除后顾之忧

（3）编制施工图预算　施工图预算是技术准备工作的主要组成部分之一，它是按照施工图确定的工程量、施工组织设计所拟订的施工方法、建筑工程预算定额及其收费标准，由施工单位主持编制的确定建筑安装工程造价的经济文件。它是施工企业签订工程承包合同、工程结算、建设银行拨付工程价款、进行成本核算、加强经营管理等方面工作的重要依据。

（4）编制施工预算　施工预算是根据施工图预算、施工图、施工组织设计或施工方案、施工定额等文件进行编制的。它直接受施工图预算的控制，是施工企业内部控制各项成本支出、考核用工、"两算"对比、签发施工任务单、限额领料、基层进行经济核算的依据。

（5）编制施工组织设计　编制施工组织设计是施工准备工作的重要组成部分，是指导施工现场全部生产活动的技术经济文件。建筑施工生产活动的全过程是非常复杂的物质财富再创造过程。为了正确处理人与物、主体与辅助、工艺与设备、专业与协作、供应与消耗、生产与储存、使用与维修，以及它们与空间布置、时间排列之间的关系，必须根据拟建工程的规模、结构特点和建设单位的要求，在原始资料调查分析的基础上，编制出一份能切实指导该工程全部施工活动的施工组织设计。

2. 物资准备

材料、构（配）件、制品、机具和设备是保证施工顺利进行的物资基础，这些物资的准备工作必须在工程开工之前进行。根据各种物资的需要量计划，分别落实货源，组织运输和安排储备，使其保证连续施工的需要。

物资准备工作主要包括建筑材料的准备、构（配）件和制品的加工准备、建筑安装机具的准备、生产工艺设备的准备。

（1）建筑材料的准备　建筑材料的准备主要是根据施工预算的工料分析，按照施工进度计划的使用要求、材料储备定额和消耗定额，分别按材料名称、规格、使用时间进行汇总，编制出材料需要量计划，为组织备料、确定仓库、堆放场地所需的面积和组织运输等提供依据。

（2）构（配）件和制品的加工准备　根据施工预算提供的构（配）件和制品的名称、规格、质量和消耗量，确定加工方案和供应渠道及进场后的储存地点和方式，编制出其需要量计划，为组织运输、确定堆场面积等提供依据。

（3）建筑安装机具的准备　根据采用的施工方案和安排的施工进度，确定施工机械的类型、数量和进场时间，以及施工机具的供应办法和进场后的存放地点、方式，编制建筑安装机具的需要量计划，为组织运输、确定存放场地面积等提供依据。

（4）生产工艺设备的准备　按照拟建工程生产工艺流程及工艺设备的布置图，提出工艺设备的名称、型号、生产能力和需要量；按照设备安装计划确定分期分批进场时间和保管方式，编制工艺设备需要量计划，为组织运输、确定存放和组装场地面积提供依据。

物资准备工作的程序是做好物资准备的客观顺序，通常按图 1-13 所示程序进行。

3. 劳动组织准备

劳动组织准备的范围，既有整个建筑施工企业的劳动组织准备，也有大型综合建筑项目的工区级劳动组织准备，还有单位工程的工地级劳动组织准备。这里仅以一个单位工程为例，说明其劳动组织准备工作的内容。

（1）建立工地级劳动组织的领导机构　施工组织机构的建立应遵循以下的原则：根据工程的规模、结构特点和复杂程度，确定劳动组织的领导机构名额和人选，坚持合理分工与密切协作相结合的原则，把有施工经验、有创新精神、工作效率高的人选入领导机构；认真执行"因事设职、因职选人"的原则。

（2）建立精干的施工队组　施工队组的建立，要认真考虑专业工种的合理配合，技工和普工的比例要满足合理的劳动组织要求。按组织施工方式的要求，确定建立混合施工队组或是专业施工队组及其数量。组建施工队组要坚持合理、精干的原则，同时制订出该工程的劳动力需要量计划。

（3）集结施工力量和组织劳动力进场　工地的领导机构确定之后，按照开工日期和劳动力需要量计划，组织劳动力进场。同时要进行安全、防火和文明施工等方面的教育，并安排好职工的生活。

（4）向施工队组、工人进行施工组织设计和技术交底　进行施工组织设计和技术交底的目的是，把拟建工程的设计内容、施工

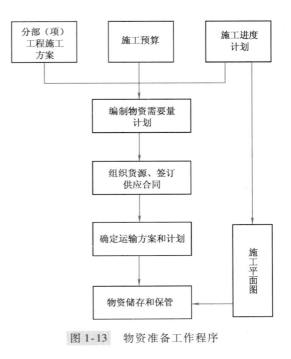

图 1-13　物资准备工作程序

计划和施工技术要求等，详尽地向施工队组和工人讲解说明，这是落实计划和技术责任制的必要措施。

施工组织设计和技术交底的时间应在单位工程或分部（项）工程开工前及时进行，以保证工程严格地按照施工图、施工组织设计、安全操作规程和施工验收规范等要求进行施工。

施工组织设计和技术交底的内容有：工程的施工进度计划、月（旬）作业计划；施工组织设计，尤其是施工工艺、质量标准、安全技术措施，降低成本措施和施工验收规范的要求；新结构、新材料、新技术和新工艺的实施方案和保证措施；图纸会审中所确定的有关部位的设计变更和技术核定等事项。交底工作应该按照管理系统逐级进行，自上而下直到工人队组。交底的方式有书面形式、口头形式和现场示范形式等。

在施工组织设计和技术交底后，队组工人要认真进行分析研究，弄清工程关键部位、操作要领、质量标准和安全措施，必要时应该根据示范交底进行练习，并明确任务，做好分工协作安排，同时建立、健全岗位责任制和保证措施。

（5）建立、健全各项管理制度　工地的各项管理制度是否建立、健全，直接影响着各项施工活动的顺利进行。无章可循是危险的，有章不循其后果也是不会好的。为此必须建立、健全工地的各项管理制度，通常包括施工图学习与会审制度、技术责任制度、技术交底制度、工程技术档案管理制度、材料与构配件和制品检查验收制度、材料出入库制度、机具使用保养制度、职工考勤和考核制度、安全操作制度、工程质量检查与验收制度、工地及班组经济核算制度等。

4. 施工现场准备

施工现场是施工的全体参加者为实现优质、高速、低消耗的目标，而有节奏、均衡连续

地进行施工的活动空间。施工现场的准备工作主要是为工程的施工创造有利的施工条件和物资保证，其具体内容如下：

（1）做好施工场地的控制网测量　按照设计单位提供的建筑总平面图及给定的永久性经纬坐标控制网和水准控制基桩，进行场区施工测量，设置场区的永久性经纬坐标位置、水准基点和建立场区工程测量控制网。

（2）做好"三通一平"　"三通一平"是指路通、水通、电通和平整场地。

1）路通。施工现场的道路是组织物资运输的动脉。工程开工前，必须按照施工总平面图的要求，修好施工现场的永久性道路（包括场区铁路、场区公路）及必要的临时性道路，形成完整畅通的运输道路网，为物资运进场地和堆放创造有利条件。

2）水通。水通是施工现场的生产和生活不可缺少的条件。工程开工之前，必须按照施工总平面图的要求，接通施工用水和生活用水的管线，使其尽可能与永久性的给水系统结合起来。做好地面排水系统，为施工创造良好的环境。

3）电通。电是施工现场的主要动力来源。工程开工前，要按照施工组织设计的要求，接通电力和电信设施，并做好蒸汽、压缩空气等其他能源的供应，确保施工现场动力设备和通信设备的正常运行。

4）平整场地。按照建筑施工总平面图的要求，首先拆除地上妨碍施工的建筑物或构筑物，然后根据建筑总平面图规定的标高和土方竖向设计图，计算土方工程量，确定平整场地的施工方案，进行平整场地的工作。

（3）做好施工现场的补充勘探　对施工现场做补充勘探是为了进一步寻找枯井、防空洞、古墓、地下管道、暗沟和枯树根等，以便及时拟订处理方案并实施，保证基础工程施工的顺利进行和消除隐患。

（4）搭设临时设施　按照施工总平面图的布置，建造临时设施，为正式开工准备生产、办公、生活和仓库等临时用房，以及设置消防保安设施。

（5）组织施工机具进场、组装和保养　按照施工机具需要量计划，组织施工机具进场。根据施工总平面图，将施工机具安置在规定的地点或仓库。对于固定的机具要进行就位、搭棚、组装、接电源、保养和调试等工作。对所有施工机具，都必须在开工之前进行检查和试运转。

（6）做好建筑材料、构（配）件和制品储存堆放　按照建筑材料、构（配）件和制品的需要量计划组织进场，根据施工总平面图规定的地点和方式进行储存和堆放。

（7）提供建筑材料的试验申请计划　按照建筑材料的需要量计划，及时提出建筑材料的试验申请计划，如钢材的力学性能和化学成分试验、混凝土或砂浆的配合比和强度试验等。

（8）做好新技术项目的试制和试验　对施工中新技术项目，按照有关规定和资料，认真进行试制和试验，为正式施工积累经验和培训人才。

（9）做好冬、雨期施工准备　按照施工组织设计的要求，落实冬、雨期施工的临时设施和技术措施。

5. 施工场外准备

施工准备除了施工现场内部的准备工作外，还有施工现场外的准备工作，其具体内容如下：

（1）材料设备的加工和订货　建筑材料、构（配）件和建筑制品大部分都必须外购，尤其工艺设备需要全部外购。这样，准备工作中必须与有关加工厂、生产单位、供销部门签订供货合同，保证及时供应。这对于施工单位的正常生产是非常重要的。此外，还应做好施工机具的采购和租赁工作，与有关单位或部门签订供销合同或租赁合同，也是必须做的准备工作。

（2）做好分包工作　由于施工单位本身的力量和施工经验所限，有些专业工程的施工，如大型土石方工程、结构安装工程及特殊构筑物工程的施工，必须实行分包，或分包给有关单位施工，效益更佳。这就必须在施工准备工作中，按原始资料调查中了解的有关情况，选定理想的协作单位。根据欲分包工程的工程量、完成日期、工程质量要求和工程造价等内容，与其签订分包合同，保证按时完成。

（3）向主管部门提交开工申请报告　在进行材料、构（配）件及设备的加工订货和进行分包工作、签订分包合同等施工场外准备工作的同时，应该及时地填写开工申请报告，并上报主管部门，等待批准。

1.4.4　施工准备工作计划

为了落实各项施工准备工作，加强检查和监督，必须根据各项施工准备工作的内容、时间和人员，编制出施工准备工作计划（表1-5）。

表 1-5　施工准备工作计划

序号	施工准备项目	简要内容	负责单位	负责人	开始时间	结束时间	备注

1.5　施工组织设计

施工组织设计是以施工项目为对象编制的，用以指导施工全过程各项活动的技术、经济和管理的综合性文件。施工组织设计是指导工程投标与签订承包合同、指导施工准备和施工全过程的全局性的技术经济文件，也是对施工活动的全过程进行科学管理的重要依据。

1.5.1　施工组织设计的分类

1. 按编制的目的和编制阶段分类

根据编制的目的与编制阶段的不同，施工组织设计可划分为两类：一类是投标前编制的施工组织设计（简称标前设计），另一类是签订工程承包合同后编制的施工组织设计（简称标后设计）。标前设计是为了满足编制投标书和签订承包合同的需要而编制的，是承包单位进行合同谈判、提出要约和进行承诺的根据和理由，是拟订合同文件中相关条款的基础资料。标后设计是为了满足施工准备和指导施工全过程的需要而编制的。两类施工组织设计的特性及区别见表1-6。

表 1-6　两类施工组织设计的特性及区别

种类	服务范围	编制时间	编制者	主要特性	主要目标
标前设计	投标与签约	经济标书编制前	经营管理层	规划性	中标和经济效益
标后设计	施工准备至验收	签约后开工前	项目管理层	作业性	施工效率和效益

2. 按编制对象不同分类

施工组织设计按照所针对的工程规模大小，建筑结构的特点，技术、工艺的难易程度及施工现场的具体条件，可分为施工组织总设计、单项（或单位）工程施工组织设计和分部（分项）工程施工组织设计三类。

（1）施工组织总设计　施工组织总设计是以整个建设项目或群体工程为对象编制的。它是对整个建设工程的施工过程和施工活动进行全面规划，统筹安排，据以确定建设总工期、各单位工程开展的顺序及工期、主要工程的施工方案、各种物资的供需计划、全工地性暂设工程及准备工作、施工现场的布置。同时它也是编制年度计划的依据。由此可见，施工组织总设计是总的战略部署，是指导全局性施工的技术、经济纲要。

（2）单项（单位）工程施工组织设计　单项（单位）工程施工组织设计是以单项（单位）工程为对象编制，用以指导单项（单位）工程的施工准备和施工全过程的各项活动；它还是施工单位编制作业计划和制定季、月、旬施工计划的依据。单位工程施工组织设计根据工程规模、技术复杂程度不同，其编制内容的深度和广度也有所不同；对于简单的单位工程，一般只编制施工方案并附以施工进度计划和施工平面图，即"一案、一图、一表"。

（3）分部（分项）工程施工组织设计　对于施工难度大或施工技术复杂的大型工业厂房或公共建筑物，在编制单项（单位）工程施工组织设计之后，还应编制主要分部工程（如复杂的基础工程、钢筋混凝土框架工程、钢结构安装工程、大型结构构件吊装工程、高级装修工程、大型土石方工程等）的施工组织设计，用来指导各分部工程的施工。分部（分项）工程施工组织设计突出作业性。其中针对某些特别重要的、专业性较强的、技术复杂的、危险性高的，或采用新工艺、新技术施工的分部（分项）工程（如深基坑开挖、无黏结预应力混凝土、特大构件的吊装、大量土石方工程、冬、雨期施工等），还应当编制专项安全施工组织设计（也称为专项施工方案），并采取安全技术措施，其内容具体、详细，可操作性强，是直接指导分部（分项）工程施工的依据。

1.5.2　施工组织设计的作用

标前施工组织设计的主要作用是指导工程投标与签订工程承包合同，并作为投标书的一项重要内容（技术标）和合同文件的一部分。实践证明，在工程投标阶段编好施工组织设计，充分反映施工企业的综合实力，是实现中标、提高市场竞争力的重要途径。

标后施工组织设计的主要作用是指导施工前的准备工作和工程施工全过程并作为项目管理的规划性文件，制订出工程施工中进度控制、质量控制、成本控制、安全控制、现场管理、各项生产要素管理的目标及技术组织措施，提高综合效益。实践证明，在工程施工阶段编好施工组织设计，是实现科学管理、提高工程质量、降低工程成本、加快工程进度、预防安全事故的可靠保证。施工组织设计编制应具有科学性、针对性、操作性，以保证工程质量、进度、安全并减少对施工现场周边环境的影响，对提升生产力、规避风险、减少工程建设投资，对提高企业经济效益具有重要意义。

1.5.3　施工组织设计的内容

施工组织设计的种类不同，其编制的内容也有所差异。但都要根据编制的目的与实际需要，结合工程对象的特点、施工条件和技术水平进行综合考虑，做到切实可行、经济合理。各种施工组织设计均需包含如下几项内容：

1. 工程概况

工程概况主要概括地说明工程的性质、规模、建设地点、结构特点、建筑面积、施工期限、合同的要求，本地区地形、地质、水文和气象情况，施工力量，劳动力、机具、材料、构件等供应情况；施工环境及施工条件等。

2. 施工部署及施工方案

全面部署施工任务，合理安排施工顺序，确定主要工程的施工方案；施工方案的选择应技术可行，经济合理，施工安全；应结合工程实际，拟定可能采用的几种施工方案，进行定性、定量的分析，通过技术经济评价，择优选用。

3. 施工进度计划

施工进度计划反映了最佳施工方案在时间上的安排。确定出合理可行的计划工期，并使工期、成本、资源等通过计算和调整达到优化配置，符合目标的要求；使工程有序地进行，做到连续和均衡施工。

4. 施工平面图

施工平面图是施工方案及进度计划在空间上的全面安排。它是把投入的各种资源，如材料、机具、设备、构件、道路、水电网路和生产、生活临时设施等，合理地排布在施工场地上，使整个现场能井然有序、方便高效、确保安全，实现文明施工。

5. 各种资源需要量计划

在进度计划编制后就要统计各种资源，如劳动力的工种、数量、时间，机械设备、材料、成品半成品的需要时间、数量、规格型号等，制成资源需要量计划表，为及时供应提供依据。

6. 主要技术经济指标

施工组织设计的技术水平和综合经济效益如何，需通过技术经济指标加以评价。一般用施工周期、劳动生产率、质量、成本、安全、机械化程度、工厂化程度等指标表示。

1.5.4　施工组织设计的编制、贯彻、检查和调整

1. 施工组织设计文件的编制与管理

施工组织设计文件编制与管理的流程如图 1-14 所示。

2. 施工组织设计文件的贯彻执行

施工组织设计的编制只是为实施拟建工程施工提供了一个可行的理想方案，要使这个方案得以实现，必须在施工实践中认真贯彻、执行。项目施工前应进行施工组织设计逐级交底，是使项目主要管理人员对建筑概况、工程重难点、施工目标、施工部署、施工方法与措施等方面有一个全面的了解，以便于在施工过程的管理及工作安排中做到目标明确、有的放矢。

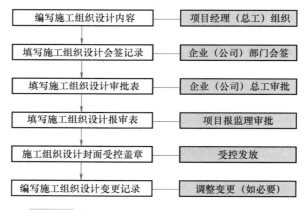

图 1-14 　施工组织设计文件编制与管理的流程

　　1）经过批准的施工组织设计文件，应由负责编制该文件的主要负责人，向参与施工的有关部门和有关人员进行交底，说明该施工组织设计的基本方针，分析决策过程、实施要点，以及关键性技术问题和组织问题。交底的目的在于使基层施工技术人员和工人心中有数，形成人人把关的局面。

　　2）项目施工组织设计经审批后，项目总工（技术负责人）应组织项目技术工程师等参与编制人员就施工组织设计中的主要管理目标、管理措施、规章制度、主要施工方案及质量保证措施等对项目全体管理人员及分包主要管理人员进行交底并编写交底记录。

　　3）施工方案经审批后，负责编制该方案的项目技术工程师或责任工程师应就方案中的主要施工方法、施工工艺及技术措施等向相关现场管理人员及分包方人员进行方案交底并编写方案交底记录。

　　4）经过审批的施工组织设计，项目计划部门应根据其具体内容制订切实可行且严密的施工计划，项目技术部门应拟定科学合理的、具体的技术实施细则，保证施工组织设计的贯彻执行。

　　5）交底应全面、及早进行。在交底中，应特别重视本单位当前的施工质量通病、安全隐患或事故，做到防患于未然。为预防可能发生的质量事故和安全事故，交底应做到全面、周到、完整；并且应及早进行，以使管理人员及施工工人有时间消化和理解交底中的技术问题，尽早做好准备，有利于完成施工活动。施工组织设计交底的内容及重点见表1-7。

表 1-7 　施工组织设计交底的内容及重点

项目	说　　　　明
内容	（1）工程概况及施工目标的说明 （2）总体施工部署的意图，施工机械、劳动力、大型材料安排与组织 （3）主要施工方法关键性的施工技术及实施中存在的问题 （4）施工难度大的部位的施工方案及注意事项 （5）"四新"技术的技术要求、实施方案、注意事项 （6）进度计划的实施与控制 （7）总承包的组织与管理 （8）质量、安全控制等方面内容
重点	施工部署、重难点施工方法与措施、进度计划实施及控制、资源组织与安排

3. 施工组织设计的调整与完善

施工组织设计应实行动态管理，及时进行修改或补充完善。项目施工中发生以下情况之一时，施工组织设计应及时进行修改或补充。

（1）工程设计有修改　当工程设计图发生重大修改时，如地基基础或主体结构的形式发生变化、装修材料或做法发生重大变化、机电设备系统发生大的调整等，需要对施工组织设计进行修改；对工程设计图的一般性修改，视变化情况对施工组织设计进行补充；对工程设计图的细微修改或更正，施工组织设计则不需调整。

（2）有关法律、法规、规范和标准实施、修订和废止　当有关法律、法规、规范和标准开始实施或发生变更，并涉及工程的实施、检查或验收时，施工组织设计需要进行修改或补充。

（3）主要施工方法有重大调整　由于主客观条件的变化，施工方法有重大变更，原来的施工组织设计已不能正确地指导施工，需要对施工组织设计进行修改或补充。

（4）主要施工资源配置有重大调整　当施工资源配置有重大变更，并且影响到施工方法或对施工进度、质量、安全、环境、造价等造成潜在的重大影响时，需要对施工组织设计进行修改或补充。

（5）施工环境有重大改变　当施工环境发生重大改变时，如施工延期造成季节性施工方法变化、施工场地变化造成现场布置和施工方式改变等，致使原来的施工组织设计已经不能正确地指导施工，需要对施工组织设计进行修改或补充。

经过修改或补充的施工组织设计原则上需按原审批流程重新审批。

根据施工组织设计执行情况检查发现的问题及其产生的原因，拟定改进措施或方案，及时对施工组织设计的有关部分进行调整，使施工组织设计在新的基础上实现新的平衡。实际上，施工组织设计的贯彻、检查和调整是一项经常性的工作，必须随着施工的进展情况，不断反复地进行，贯穿拟建工程项目施工过程的始终。施工组织设计贯彻、检查、调整程序如图 1-15 所示。

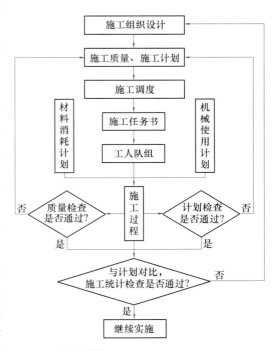

图 1-15　施工组织设计贯彻、检查、调整程序

1.6　组织施工的基本原则

根据我国建筑施工长期积累的经验和建筑施工的特点，编制施工组织设计及在组织建筑施工的过程中，一般应遵循以下几项基本原则。

1.6.1 认真执行基本建设程序

经过多年的基本建设实践，明确了基本建设的程序主要是计划、设计和施工等几个主要阶段，它是由基本建设工作客观规律所决定的。我国几十年的基本建设历史表明，凡是遵循上述程序时，基本建设就能顺利进行；当违背这个程序时，不但会造成施工的混乱，影响工程质量，而且还可能造成严重的浪费或工程事故。因此，认真执行基本建设程序是保证建筑安装工程顺利进行的重要条件。

1.6.2 做好施工项目统筹安排，分期排队，保证重点

建筑施工企业和建设单位的根本目的是尽快地完成拟建工程的建设任务，使其早日投产或交付使用，尽快发挥基本建设投资的效益。这样，就要求施工企业的计划决策人员，必须根据拟建工程项目的重要程度和工期要求等，进行统筹安排，分期排队，把有限的资源优先用于国家和建设单位急需的重点工程项目，使其早日建成，投产或使用。同时也应该安排好一般工程项目，注意处理好主体工程和配套工程，准备工程项目、施工项目和收尾项目之间施工力量的分配，从而获得总体的最佳效果。

1.6.3 遵循建筑施工工艺和技术规律，坚持合理的施工程序和施工顺序

建筑施工工艺及其技术规律，是建筑工程施工固有的客观规律。分部（项）工程施工中的任何一道工序也不能省略或颠倒。因此在组织建筑施工中必须严格遵循建筑施工工艺及其技术规律。

建筑施工程序和施工顺序是建筑产品生产过程中阶段性的固有规律和分部（项）工程的先后次序。建筑产品生产活动是在同一场地不同空间，同时交叉搭接地进行，前面的工作不完成，后面的工作就不能开始。这种前后顺序必须符合建筑施工程序和施工顺序。交叉则体现争取时间的主观努力。

在建筑安装工程施工中，一般合理的施工程序和施工顺序主要有以下几方面：

1）先进行准备工作，后正式施工。准备工作是为后续生产活动正常进行创造必要的条件。准备工作不充分就贸然施工，不仅会引起施工混乱，而且还会造成某些资源浪费，甚至中途停工。

2）先进行全场性工程，后进行各项工程施工。平整场地、敷设管网、修筑道路和架设线路等全场性工程先进行，为施工中供电、供水和场内运输创造条件，有利于文明施工，节省临时设施费用。

3）先地下后地上，地下工程先深后浅的顺序；主体结构工程在前，装饰工程在后的顺序；管线工程先场外后场内的顺序；在安排工种顺序时，要考虑空间顺序等。

1.6.4 采用流水施工方法和网络计划技术组织施工

国内外实践经验证明，采用流水施工方法组织施工，不仅能使拟建工程的施工有节奏、均衡和连续地进行，而且还会带来显著的技术、经济效益。

网络计划技术是当代计划管理的最新方法。它是应用网络图形表达计划中各项工作的相互关系，具有逻辑严密、层次清晰、关键问题明确，可以进行计划方案优化、控制和调整，

有利于计算机在计划管理中的应用等优点。它在各种计划管理中得到广泛的应用。实践证明，施工企业在建筑工程施工计划管理中，采用网络计划技术，可以缩短工期和降低成本。

1.6.5　科学地安排冬、雨期施工，保证全年生产的连续性和均衡性

建筑施工一般都是露天作业，易受气候影响，严寒和下雨的天气都不利于建筑施工的正常进行。如不采取相应的技术措施，冬季和雨季就不能连续施工。随着施工技术的发展，目前已经有成功的冬、雨期施工措施，保证施工正常进行，但会使施工费用增加。科学地安排冬、雨期施工项目，就是要求在安排施工进度计划时，根据施工项目的具体情况，留有必要的适合冬、雨期施工的、不会过多增加施工费用的储备工程，将其安排在冬、雨期进行施工，增加全年的施工天数，尽量做到全面均衡、连续地施工。

1.6.6　贯彻工厂预制和现场预制相结合的方针，提高建筑产品工业化程度

建筑技术进步的重要标志之一是建筑产品工业化。建筑产品工业化的前提条件是建筑施工中广泛采用预制装配式构件。扩大预制装配程度是走向建筑产品工业化的必由之路。

在选择预制构件加工方法时，应根据构件的种类、运输和安装条件及加工生产的水平等因素，进行技术经济比较，合理地决定工厂预制和现场预制构件的种类，贯彻工厂预制和现场预制相结合的方针，取得最佳的效果。

1.6.7　充分利用现有机械设备，提高机械化程度

建筑产品生产需要消耗巨大的体力劳动。在建筑施工过程中，尽量以机械化施工代替手工操作，这是建筑技术进步的另一重要标志。尤其是大面积的平整场地、大型土石方工程、大批量的装卸和运输、大型钢筋混凝土构件或钢结构构件的制作和安装等繁重施工过程的机械化施工，能显著改善劳动条件，减轻劳动强度，提高劳动生产率及经济效益。

目前我国建筑施工企业的技术装备程度还很不够，满足不了生产的需要。为此在组织工程项目施工时，要结合当地和工程情况，充分利用现有的机械设备。在选择施工机械过程中，要进行技术经济比较，使大型机械和中、小型机械结合起来，使机械化和半机械化结合起来，尽量扩大机械化施工范围，提高机械化施工程度。同时要充分发挥机械设备的生产率，保持其作业的连续性，提高机械设备的利用率。

1.6.8　尽量采用国内外先进的施工技术和科学管理方法

先进的施工技术与科学的施工管理手段相结合，是改善建筑施工企业和建筑施工项目经理部的生产经营管理状况、提高劳动生产率、保证工程质量、缩短工期、降低工程成本的重要途径。为此在编制施工组织设计时，应广泛地采用国内外先进施工技术和科学的施工管理方法。

1.6.9　尽量减少暂设工程，合理储备物资，减少物资运输量，科学布置施工平面图

暂设工程在施工结束之后就要拆除，其投资有效时间是短暂的，因此在组织工程项目施工时，对暂设工程和大型临时设施的用途、数量和建造方式等方面，要进行技术经济的可行

性研究，在满足施工需要的前提下，使其数量最少和造价最低。这对于降低工程成本和减少施工用地都是十分重要的。

建筑产品生产所需要的建筑材料、构（配）件、制品等种类繁多，数量庞大，各种物资的储存数量、方式都必须科学合理。采用 ABC 分类法和经济订购批量法，在保证正常供应的前提下，使物资储存数额尽可能地减少，可以大量减少仓库、堆场的占地面积，对于降低工程成本、提高工程项目的经济效益，都是事半功倍的好办法。

建筑材料的运输费在工程成本中所占的比重也是相当可观的，因此在组织工程项目施工时，要尽量采用当地资源，减少其运输量。同时应该选择最优的运输方式、工具和线路，使其运输费用最低。

减少暂设工程的数量和物资储备的数量，对于合理地布置施工平面图提供了有利条件。施工平面图在满足施工需要的情况下，尽可能使其紧凑与合理，减少施工用地，有利于降低工程成本。

综合上述原则，建筑施工组织既是建筑产品生产的客观需要，又是加快施工速度、缩短工期、保证工程质量、降低工程成本、提高建筑施工企业和工程项目建设单位的经济效益的需要，所以必须在组织工程项目施工过程中认真地贯彻执行。

复习思考题

1. 简述建筑产品及其生产的特点。
2. 建筑施工项目的层次如何划分？建筑施工的投入-产出都有哪些？
3. 工程项目管理模式有哪些？
4. 什么是施工项目的利益相关者？
5. 建筑施工管理有哪些特点？
6. 建筑施工程序可分为哪几个阶段？
7. 施工准备工作的内容有哪些？
8. 施工准备工作计划包括哪些内容？
9. 什么是施工组织设计？如何分类？
10. 施工组织设计的作用是什么？
11. 施工组织设计的基本内容有哪些？
12. 组织施工的基本原则有哪些？

第2章
流水施工基本原理

2.1 流水施工的基本概念

流水作业是组织产品生产的理想方法，一直被广泛地运用于各个生产领域中。实践证明，流水施工也是建筑安装工程施工中的最有效的科学组织方法。但由于建筑施工的技术经济特点及建筑产品本身的特点，其流水作业的组织方法与一般工业生产有所不同。主要差别在于，一般工业生产是工人和机械设备固定、产品流动，而建筑施工是产品固定，工人连同所使用的机械设备流动。

因此，建筑施工流水作业即流水施工，是指将建筑工程项目划分为若干施工区段，组织若干个专业施工队（班组），按照一定的施工顺序和时间间隔，先后在工作性质相同的施工区域中依次连续地工作的一种施工组织方式。流水施工能使工地的各种业务组织安排比较合理，充分利用工作时间和操作空间，保证工程连续和均衡施工，缩短工期，还可以降低工程成本和提高经济效益。它是施工组织设计中编制施工进度计划、劳动力调配、提高建筑施工组织与管理水平的理论基础。

流水施工的表示方法，一般有横道图、垂直图表和网络图三种，其中最直观且易于接受的是横道图。

2.1.1 横道图简介

横道图即甘特图（Gantt chart），是建筑工程中安排施工进度计划和组织流水施工时常用的一种表达方式。

1. 横道图的形式

横道图中的横向表示时间进度，纵向表示施工过程或专业施工队编号，带有编号的圆圈表示施工项目或施工段的编号。表中的横道线条的长度表示计划中的各项工作（施工过程、工序或分部工程、工程项目等）的作业持续时间，表中的横道线条所处的位置则表示各项工作的作业开始和结束时刻，以及它们之间相互配合的关系。图 2-1 是用横道图表示的某分项工程的施工进度计划。横道图的实质是图和表的结合形式。

2. 横道图的特点与存在的问题

1）能够清楚地表达各项工作的开始时间、结束时间和持续时间，计划内容排列整齐有序，形象直观，计划的工期一目了然。

2）不但能够安排工期，还可以在横道图中加入各分部、分项工程的工程量、机械需求量、劳动力需求量等，从而与资金计划、资源计划、劳动力计划相结合。

3）使用方便，制作简单，易于掌握。

4）不容易分辨计划内部工作之间的逻辑关系，一项工作的变动对其他工作或整个计划的影响不能清晰地反映出来。

5）不能表达各项工作的重要性，不能反映出计划任务的内在矛盾和关键环节。

6）不能利用计算机对复杂工程进行处理和优化。

序号	项目	工作日/天															
		1	2	3	4	5	6	7	8	9	10	11	12	13	14	15	16
1	A	①		②		③		④									
2	B			①		②		③		④							
3	C					①		②		③		④					
4	D							①		②		③		④			
5	E									①		②		③		④	

图 2-1　横道图示例

3. 应用范围

实质上，横道图只是计划工作者表达施工组织计划思想的一种简单工具。由于它具有简单形象、易学易用等优点，所以至今仍是工程实践中应用最普遍的计划表达方式之一。同时，它的缺点又决定了其应用范围的局限性。

1）可以直接运用于一些简单的较小项目的施工进度计划。

2）项目初期由于复杂的工程活动尚未揭示出来，一般都采用横道图做总体计划，以供决策。

3）作为网络分析的输出结果。现在，几乎所有的网络分析程序都有横道图输出功能，而且已被广泛使用。

2.1.2　建筑施工组织方式

建筑工程施工的组织方式是受其内部施工工序、施工场地、空间等因素影响和制约的，如何将这些因素有效地组织在一起，按照一定的顺序、时间、空间展开，是我们要研究的问题。

常用的施工组织方式有依次施工、平行施工和流水施工三种。这三种组织方式不同，工作效率有别，适用范围各异。

为了说明这三种施工组织方式的概念和特点，举例进行分析和对比。

例 2-1　有四个同类型宿舍楼，按同一施工图，建造在同一小区里。按每幢楼为一个施工段，现分为四个施工段组织施工，编号为Ⅰ、Ⅱ、Ⅲ和Ⅳ，每个施工段的基础工程都包括挖土方、做垫层、砌基础和回填土等四个施工过程。成立四个专业施工队，分别完成上述四个施工过程的任务，挖土方施工队由 10 人组成，做垫层施工队由 8 人组成，砌基础施工队由 22 人组成，回填土施工队由 5 人组成。每个施工队在各个施工段上完成各自任务的持续时间均为 5 天。以该工程为例说明三种施工组织方式的不同。

解　（1）依次施工。

依次施工是按照建筑工程内部各分项、分部工程内在的联系和必须遵循的施工顺序，不考虑后续施工过程在时间上和空间上的相互搭接，而依照顺序组织施工的方式。依次施工往往是前一个施工过程完成后，下一个施工过程才开始，一个工程全部完成后，另一个工程的施工才开始。如果按照依次施工组织方式组织示例中的基础工程施工，其施工进度、工期和劳动力需求量动态曲线如图 2-2 的 A 部分所示。

由图 2-2 的 A 部分可以看出，采用依次施工组织方式每天投入的劳动力少，材料供应单一，机具设备使用不集中，有利于资源供应的组织工作，现场的组织管理工作比较简单，适用于规模较小，工作面有限的工程。其突出的问题是由于各施工过程之间没有搭接进行，没有充分地利用工作面，所以必然拉长工期；各专业施工队不能连续作业，有时间间歇，若成立一个施工队独立完成所有施工过程，既不能实现专业化施工，又不利于提高工程质量和劳动生产率；在施工过程中，由于工作面的影响可能造成部分工人窝工。正是因为这些原因，使依次施工组织方式的应用受到限制。

（2）平行施工。

平行施工是将同类的工程任务，组织几个施工队，在同一时间、不同空间上，完成同样的施工任务的施工组织方式。一般在拟建工程任务十分紧迫、工作面允许及资源保证供应的条件下，可采用平行施工组织方式。如果按照平行施工组织方式组织示例中的基础工程施工，其施工进度、工期和劳动力需求量动态曲线如图 2-2 的 B 部分所示。

由图 2-2 的 B 部分可以看出，采用平行施工组织方式，可以充分地利用工作面，争取时间、缩短施工工期。但同时，单位时间内投入施工的劳动力、材料和机具数量成倍增长，不利于资源供应的组织工作；现场临时设施相应增加，施工现场组织、管理复杂；与依次施工组织方式相同，平行施工组织方式中，施工队也不能实现专业化生产，不利于提高工程质量和劳动生产率。

（3）流水施工。

流水施工是将拟建工程的整个建造过程分解为若干个不同的施工过程，也就是划分成若干个工作性质不同的分部、分项工程或工序；同时将拟建工程在平面上划分成若干个劳动量大致相等的施工段，在竖向上划分成若干个施工层；按照施工过程成立相应的专业施工队；各专业施工队按照一定的施工顺序投入施工，在完成一个施工段上的施工任务后，在专业施工队的人数、使用的机具和材料均不变的情况下，依次地、连续地投入到下一个施工段，在规定时间内，完成同样的施工任务；不同的专业施工队在工作时间上最大限度地、合理地搭接起来；一个施工层的全部施工任务完成后，专业施工队依次地、连续地投入到下一个施工层，保证施工全过程在时间上、空间上有节奏、连续、均衡地进行下去，直到完成全部施工任务。

　　这种将拟建工程的整个建造过程分解为若干个不同的施工过程，按照施工过程成立相应的专业施工队，采取分段流动作业，并且相邻两专业施工队最大限度地搭接平行施工的组织方式，称为流水施工组织方式。如果按照流水施工组织方式组织示例中的基础工程施工，其施工进度、工期和劳动力需求量动态曲线如图2-2的C部分所示。

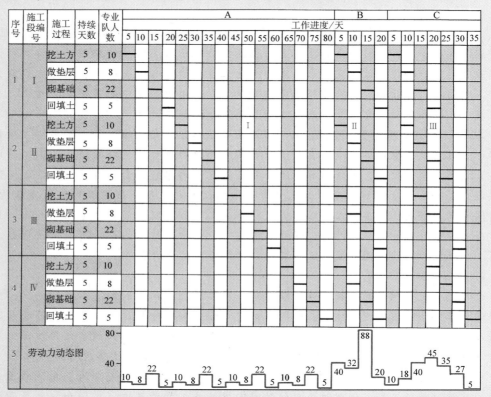

图 2-2　施工组织方式比较图

A—依次施工　　B—平行施工　　C—流水施工

　　由图2-2的C部分可以看出，采用流水施工组织方式综合了依次施工和平行施工组织方式的优点，克服了它们的缺点，与之相比较，流水施工组织方式科学地利用了工作面，争取了时间，工期比较合理；施工队实现了专业化生产，提高了劳动生产率，保证工程质量；相邻专业施工队之间实现了最大限度的、合理的搭接；资源供应较为均衡。

2.1.3　流水施工的技术经济效果

　　从三种施工组织方式的对比中，可以发现，流水施工组织方式是一种先进的、科学的施工组织方式。流水施工在工艺划分、时间安排和空间布置上的统筹计划，必然会带来显著的技术经济效果，具体可归纳为以下几点：

（1）施工工期比较理想　由于流水施工的连续性，加快了各专业施工队的施工进度，减少了施工间歇，充分地利用了工作面，因而可以缩短工期（一般能缩短 1/3 左右），使拟建工程尽早竣工。

（2）有利于提高劳动生产率　由于流水施工实现了专业化的生产，为工人提高技术水平、改进操作方法及革新生产工具创造了有利条件，因而改善了工人的劳动条件，促进了劳动生产率的不断提高（一般能提高 30% ~ 50%）。

（3）有利于提高工程质量　专业化的施工提高了工人的专业技术水平和熟练程度，为全面推行质量管理创造了条件，有利于保证和提高工程质量。

（4）有利于施工现场的科学管理　由于流水施工是有节奏的、连续的施工组织方式，单位时间内投入的劳动力、机具和材料等资源较为均衡，有利于资源供应的组织工作，从而为实现施工现场的科学管理提供了必要条件。

（5）能有效降低工程成本　由于工期缩短、劳动生产率提高、资源供应均衡，各专业施工队连续均衡作业，减少了临时设施数量，从而可以节约人工费、机械使用费、材料费和施工管理等相关费用，有效地降低了工程成本（一般能降低 6% ~ 12%），取得良好的技术经济效益。

2.1.4　流水施工的分类

根据流水施工的不同特征，可将流水施工进行如下分类。

1. 按照流水施工的组织范围划分

（1）分项工程流水施工　分项工程流水施工又称为"内部流水施工"，是指组织分项工程或专业工种内部的流水施工，即由一个专业施工队，依次在各个施工段上进行流水作业。例如，浇筑混凝土这一分项工程内部组织的流水施工。分项工程流水施工是范围最小的流水施工。

（2）分部工程流水施工　分部工程流水施工又称为专业流水施工，是指组织分部工程中各分项工程之间的流水施工，即由几个专业施工队各自连续地完成各个施工段的施工任务，施工队之间流水作业。例如，现浇混凝土工程中由安装模板、绑扎钢筋、浇筑混凝土、混凝土养护、拆除模板等专业工种组成的流水施工。

（3）单位工程流水施工　单位工程流水施工又称为综合流水施工，是指组织单位工程中各分部工程之间的流水施工。例如，土建工程中由土方工程、基础工程、主体结构工程、屋面工程、装饰工程等分部工程组成的流水施工。

（4）群体工程流水施工　群体工程流水施工又称为大流水施工，是指组织群体工程中各单项工程或单位工程之间的流水施工。例如，一个工程项目中由土建工程、设备安装工程、电气工程、暖通空调工程、给水排水工程等单位工程组成的流水施工。

2. 按照施工工程的分解程度划分

（1）彻底分解流水施工　彻底分解流水施工是指将工程对象分解为若干施工过程，每一施工过程对应的专业施工队均由单一工种的工人及机具设备组成。这种组织方式的特点在于各专业施工队任务明确，专业性强，便于熟练施工，能够提高工作效率，保证工程质量。但由于分工较细，对每个专业施工队的协调配合要求较高，给施工管理增加了一定的难度。

（2）局部分解流水施工　局部分解流水施工是指划分施工过程时，考虑专业工种的合理搭配或专业施工队的构成，将其中部分的施工过程不彻底分解而交给多工种协调组成的专业施工队来完成施工。局部分解流水施工适用于工作量较小的分部工程。

3. 按照流水施工的节奏特征划分

根据流水施工的节奏特征，流水施工可划分为有节拍流水施工和无节拍流水施工，有节拍流水施工又可分为等节拍流水施工和异节拍流水施工，相关内容在 2.3 节中具体介绍。

2.2 流水施工的基本参数

流水施工参数是影响流水施工组织的节奏和效果的重要因素，是用以表达流水施工在工艺流程、时间安排及空间布局方面开展状态的参数。在施工组织设计中，一般把流水施工的基本参数分为三类，即工艺参数、空间参数和时间参数。

2.2.1 工艺参数

工艺参数是用以表达流水施工在施工工艺方面的进展状态的参数，一般包括施工过程和流水强度。

1. 施工过程

一个建筑物的施工通常可以划分为若干个施工过程。施工过程所包含的施工内容，既可以是分项工程或者分部工程，也可以是单位工程或者单项工程。施工过程数量用 n 来表示，它的多少与建筑物的复杂程度及施工工艺等因素有关，通常工业建筑物的施工过程数量要多于一般混合结构的住宅的施工过程数量。如何划分施工过程，合理地确定 n 的数值，是组织流水施工的一个重要工作。

根据工艺性质不同，施工过程可以分为三类：

（1）制备类施工过程　制备类施工过程是指为制造建筑制品或为提高建筑制品的加工能力而形成的施工过程，如钢筋的成型、构配件的预制，以及砂浆和混凝土的制备过程。

（2）运输类施工过程　运输类施工过程是指把建筑材料、制品和设备等运输到工地仓库或施工操作地点而形成的施工过程。

（3）砌筑安装类施工过程　砌筑安装类施工过程是指在施工对象的空间上，进行建筑产品最终加工而形成的施工过程，如砌筑工程、浇筑混凝土工程、安装工程和装饰工程等施工过程。

在组织施工现场流水施工时，砌筑安装类施工过程占有主要地位，直接影响工期的长短，因此必须列入施工进度计划。属于这一类的施工过程很多，且在施工中的作用、工艺性质和内容复杂程度不同，因此在编制施工进度计划时，要结合工程的自身特点，科学地划分施工过程，正确安排其在进度计划上的位置。由于制备类施工过程和运输类施工过程一般不占用施工对象的工作面，不影响工期，因此不列入流水施工进度计划表。只有当它们与砌筑安装类施工过程之间发生直接联系，占用工作面，对工期造成一定影响时，才列入流水施工进度计划表。例如，单层装配式钢筋混凝土结构的工业厂房施工中的大型构件的现场预制施工过程，以及边运输边吊装的构件运输施工过程。

施工过程数 n 是指参与该阶段流水施工的施工过程的数目。施工过程数 n 是流水施工的主要参数之一，对于一个单位工程，n 并不一定等于计划中包括的所有施工过程数。因为并不是所有的施工过程都能够按照流水方式组织施工，可能只有其中的某些阶段可以组织流水施工。

2. 流水强度

流水强度是指流水施工的每一施工过程在单位时间内完成工程量的数量，又称为"生产能力"，用 σ 表示。它主要与选择的施工机械或参与作业的人数有关，可以分为两种情况来计算。

（1）机械作业施工过程的流水强度

$$\sigma = \sum_{i=1}^{\lambda} R_i S_i \tag{2-1}$$

式中　R_i——某种主导施工机械的台数；

　　　S_i——该种主导施工机械的产量定额；

　　　λ——该施工过程所用主导施工机械的类型数。

（2）人工作业施工过程的流水强度

$$\sigma = RS \tag{2-2}$$

式中　R——参加作业的人数；

　　　S——人工产量定额。

流水强度关系到专业工作队的组织，合理确定流水强度有利于科学地组织流水施工，对工期的优化有重要的作用。

2.2.2　空间参数

空间参数是指在组织流水施工时，用以表达流水施工在空间上开展状态的参数，主要包括工作面、施工段和施工层。

1. 工作面

工作面是指安排专业工人进行操作或者布置机械设备进行施工所需要的活动空间。工作面根据专业工种的计划产量定额和安全施工技术规程确定，反映了工人操作、机械运转在空间布置上的具体要求。施工过程不同，所对应的描述工作面的计量单位也不同。表 2-1 列出了主要专业工种工作面参考数据。

表 2-1　主要专业工种工作面参考数据

工 作 项 目	每个技工的工作面		说　　　明
砖基础	7.6	m/人	以 $1\frac{1}{2}$ 砖计 2 砖乘以 0.8 3 砖乘以 0.5
砌砖墙	8.5	m/人	以 $1\frac{1}{2}$ 砖计 2 砖乘以 0.71 3 砖乘以 0.57
砌毛石墙基	3	m/人	以 60cm 计
砌毛石墙	3.3	m/人	以 40cm 计
浇筑混凝土柱、墙基础	8	m³/人	机拌、机捣
浇筑混凝土设备基础	7	m³/人	机拌、机捣
现浇钢筋混凝土柱	2.5	m³/人	机拌、机捣

（续）

工 作 项 目	每个技工的工作面		说　　明
现浇钢筋混凝土梁	3.20	m³/人	机拌、机捣
现浇钢筋混凝土墙	5	m³/人	机拌、机捣
现浇钢筋混凝土楼板	5.3	m³/人	机拌、机捣
预制钢筋混凝土柱	3.6	m³/人	机拌、机捣
预制钢筋混凝土梁	3.6	m³/人	机拌、机捣
预制钢筋混凝土屋架	2.7	m³/人	机拌、机捣
预制钢筋混凝土平板、空心板	1.91	m³/人	机拌、机捣
预制钢筋混凝土大型屋面板	2.62	m³/人	机拌、机捣
浇筑混凝土地坪及面层	40	m²/人	机拌、机捣
外墙抹灰	16	m²/人	
内墙抹灰	18.5	m²/人	
做卷材屋面	18.5	m²/人	
做防水水泥砂浆屋面	16	m²/人	
门窗安装	11	m²/人	

在流水施工中，有的施工过程在施工一开始，就在整个操作面上形成了施工工作面，如人工开挖基槽；有的工作面是随着前一个施工过程的结束而形成的，如现浇钢筋混凝土的支模板、绑钢筋和浇筑混凝土。工作面有一个最小数值的规定，最小工作面对应能够安排的施工人数和机械数的最大数量，它决定了专业施工队人数的上限。因此，工作面确定的合理与否，将直接影响专业施工队的生产效率。

2. 施工段

施工段是指将施工对象在平面上划分为若干个劳动量大致相等的施工区段，在流水施工中，用 m 来表示施工段的数目。

划分施工段是组织流水施工的基础。建筑工程产品具有单件性，不像批量生产的工业产品那样适于组织流水生产。但是，建筑工程产品的体积庞大，如果在空间上划分为多个区段，形成"假想批量产品"，就能保证不同的专业施工队在不同的施工段上同时进行施工，一个专业施工队能够按一定的顺序从一个施工段转移到另一个施工段依次连续地进行施工，实现流水作业的效果。

在同一时间内，一个施工段只容纳一个专业施工队施工，不同的专业施工队在不同的施工段上平行作业。所以，施工段数量的多少，将直接影响流水施工的效果。合理划分施工段，一般应遵循以下原则：

1）为了保证流水施工的连续、均衡，划分的各个施工段上，同一专业施工队的劳动量应大致相等，相差幅度不宜超过 10% ~ 15%。

2）为了充分发挥机械设备和专业工人的生产效率，应考虑施工段对于机械台班、劳动力的容量大小，满足专业工种对工作面的空间要求，尽量做到劳动资源的优化组合。

3）为了保证结构的整体性，施工段的界限应尽可能与结构界限相吻合，或设在对结构整体性影响较小的部位，如温度缝、沉降缝、单元分界或门窗洞口处。

4）为便于组织流水施工，施工段数目的多少应与主要施工过程相协调，施工段划分过多，会增加施工持续时间，延长工期；施工段划分过少，不利于充分利用工作面。

3. 施工层

对于多层的建筑物、构筑物，应既分施工段，又分施工层。

施工层是指为组织多层建筑物的竖向流水施工，将建筑物划分为在垂直方向上的若干区段，用 r 来表示施工层的数目。通常以建筑物的结构层作为施工层，有时为方便施工，也可以按一定高度划分一个施工层，例如单层工业厂房砌筑工程一般按 $1.2 \sim 1.4\mathrm{m}$（即一步脚手架的高度）划分为一个施工层。

在多层建筑物分层流水施工中，总的施工段数等于 mr。为了保证专业工作队不但能够在本层的各个施工段上连续作业，而且在转入下一个施工层的施工段时，也能够连续作业，划分的施工段数目 m 必须大于或等于施工过程数 n，即

$$m \geqslant n \tag{2-3}$$

式中　m——分层流水施工时的施工段数目；

　　　n——流水施工的施工过程数或专业施工队数。

现举例说明施工段数目 m 与施工过程数 n 的关系对分层流水施工的影响。

某二层现浇钢筋混凝土工程，结构主体施工中对进度起控制性的有支模板、绑钢筋和浇筑混凝土三个施工过程，每个施工过程在一个施工段上的持续时间均为 2 天，当施工段数目不同时，流水施工的组织情况也有所不同。

1）取施工段数目 $m=4$，施工过程数 $n=3$，$m>n$。施工进展情况如图 2-3 所示，各专业施工队在完成第一施工层的四个施工段的任务后，都连续地进入第二施工层继续施工；从施工段上专业施工队的作业情况来看，从第一层第一施工段完成所有三个施工过程到第二层第一施工段开始作业之间存在一段空闲时间，相应的，其他施工段也存在这种闲置情况。

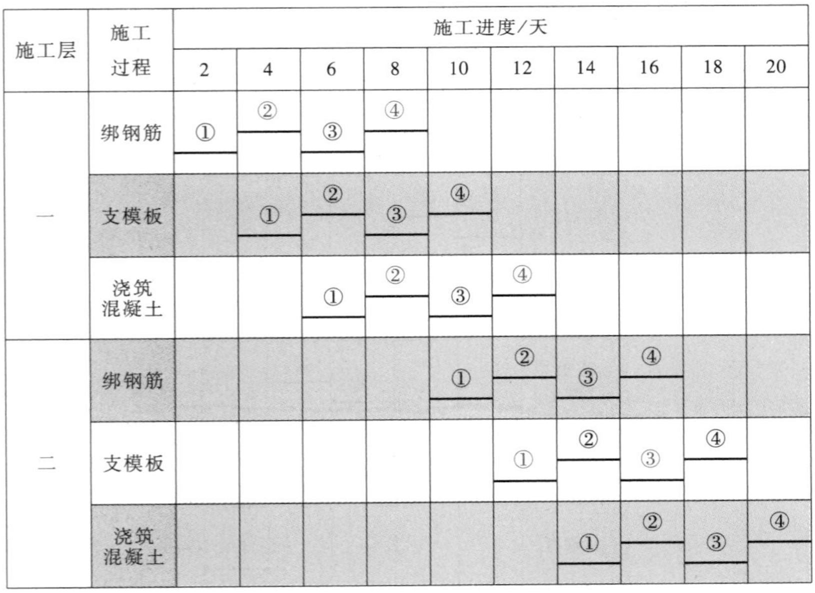

图 2-3　$m>n$ 时流水施工进展情况

由此可见，当 $m>n$ 时，流水施工呈现出的特点是：各专业施工队均能连续施工；施工段有闲置，但这种情况并不一定有害，它可以用于技术间歇时间和组织间歇时间。

2）取施工段数目 $m = 3$，施工过程数 $n = 3$，$m = n$。施工进展情况如图 2-4 所示，可以发现，当 $m = n$ 时，流水施工呈现出的特点是：各专业施工队均能连续施工；施工段不存在闲置的工作面。显然，这是理论上最为理想的流水施工组织方式，如果采取这种方式，必须提高施工管理水平，不能允许有任何时间的拖延。

施工层	施工过程	施工进度/天							
		2	4	6	8	10	12	14	16
一	绑钢筋	①	②	③					
	支模板		①	②	③				
	浇筑混凝土			①	②	③			
二	绑钢筋				①	②	③		
	支模板					①	②	③	
	浇筑混凝土						①	②	③

图 2-4　$m = n$ 时流水施工进展情况

3）取施工段数目 $m = 2$，施工过程数 $n = 3$，$m < n$。施工进展情况如图 2-5 所示，各专业施工队在完成第一施工层第二施工段的任务后，不能连续地进入第二施工层继续施工，这是

施工层	施工过程	施工进度/天						
		2	4	6	8	10	12	14
一	绑钢筋	①	②					
	支模板		①	②				
	浇筑混凝土			①	②			
二	绑钢筋				①	②		
	支模板					①	②	
	浇筑混凝土						①	②

图 2-5　$m < n$ 时流水施工进展情况

由于一个施工段只能给一个专业施工队提供工作面，所以在施工段数目小于施工过程数的情况下，超出施工段数的专业施工队就会因为没有工作面而停工；从施工段上专业施工队的作业情况来看，从第一层第一施工段完成所有三个施工过程到第二层第一施工段开始作业之间没有空闲时间，相应的，其他施工段也紧密衔接。

由此可见，当 $m < n$ 时，流水施工呈现出的特点是：各专业施工队在跨越施工层时，均不能连续施工而产生窝工；施工段没有闲置。当组织建筑群施工时，与现场同类建筑物形成群体工程流水施工，可以使专业施工队连续作业。

2.2.3　时间参数

时间参数是指在组织流水施工时，用以表达流水施工在时间上开展状态的参数。主要包括流水节拍、流水步距、间歇时间和搭接时间。

1. 流水节拍

流水节拍是指某一专业施工队，完成一个施工段的施工过程所必需的持续时间。一般用 t_j^i 来表示某专业施工队在施工段 i 上完成施工过程 j 的流水节拍。流水节拍表明流水施工的速度和节奏。流水节拍小，施工流水速度快、施工节奏快，而单位时间内的资源供应量大。它是流水施工的基本时间参数，是区别流水施工组织方式的主要特征。

影响流水节拍的主要因素包括所采用的施工方法，投入的劳动力、材料、机械，以及工作班次的多少。对于人们熟悉的施工过程，已有了劳动定额、补充定额或实际经验数据，其流水节拍可由下式确定

$$t_j^i = \frac{Q_j^i}{S_j^i R_j^i N_j^i} = \frac{Q_j^i H_j^i}{R_j^i N_j^i} = \frac{P_j^i}{R_j^i N_j^i} \tag{2-4}$$

式中　t_j^i——某专业施工队在施工段 i 上完成施工过程 j 的流水节拍；

　　　Q_j^i——施工过程 j 在施工段 i 上的工程量；

　　　R_j^i——施工过程 j 的专业施工队人数或机械台数；

　　　N_j^i——施工过程 j 的专业施工队每天工作班次；

　　　S_j^i——施工过程 j 人工或机械的产量定额；

　　　H_j^i——施工过程 j 人工或机械的时间定额；

　　　P_j^i——施工过程 j 在施工段 i 上的劳动量（工日或台班）。

在特定施工段上工程量不变的情况下，流水节拍越小，所需的专业施工队的工人或机械就越多。除了用公式计算，确定流水节拍还应该考虑下列要求：

1）专业施工队人数要符合施工过程对劳动组合的最少人数要求和工作面对人数的限制条件。

2）要考虑各种机械台班的工作效率或机械台班的产量大小。

3）要考虑各种建筑材料、构件制品的供应能力、现场堆放能力等相关限制因素。

4）要满足施工技术的具体要求。

5）数值宜为整数，最好为半个工作班次的整数倍。

2. 流水步距

流水步距是指两个相邻的专业施工队相继开始投入施工的时间间隔。一般用 $K_{j,j+1}$ 来表

示专业施工队投入第 j 个和第 $j+1$ 个施工过程之间的流水步距。流水步距是流水施工主要的时间参数之一。在施工段不变的情况下，流水步距越大，工期越长。若有 n 个施工过程，则有 $(n-1)$ 个流水步距。每个流水步距的值是由相邻两个施工过程在各施工段上的流水节拍值确定的。

确定流水步距时，一般要满足以下基本要求：

1）流水步距要满足相邻两个专业施工队在施工顺序上的制约关系。

2）流水步距要保证相邻两个专业施工队在各施工段上能够连续作业。

3）流水步距要保证相邻两个专业施工队在开工时间上实现最大限度和最合理的搭接。

流水步距在等节拍流水施工、成倍节拍流水施工和无节拍流水施工中呈现出不同的规律特征，计算方法也各不相同，在 2.3 节中进行详细介绍。

3. 间歇时间

间歇时间是指在组织流水施工时，由于施工过程之间工艺上或组织上的需要，相邻两个施工过程在时间上不能衔接施工而必须留出的时间间隔。根据原因的不同，又分为技术间歇时间和组织间歇时间。

技术间歇时间是指流水施工中，某些施工过程完成后要有合理的工艺间隔时间，一般用 t_g 表示。技术间歇时间与材料的性质和施工方法有关。

组织间歇时间是指流水施工中，某些施工过程完成后要有必要的检查验收时间或为下一个施工过程做准备的时间，一般用 t_z 表示。例如，基础工程完成后，在回填土前必须留出进行检查验收及做好隐蔽工程记录所需的时间。

4. 搭接时间

组织流水施工时，在某些情况下，如果工作面允许，为了缩短工期，前一个专业施工队在完成部分作业后，空出一定的工作面，使得后一个专业施工队能够提前进入这一施工段，在空出的工作面上进行作业，形成两个专业施工队在同一个施工段的不同空间上同时搭接施工。后一个专业施工队提前进入前一个施工段的时间间隔即为搭接时间，一般用 t_d 表示。

2.3　流水施工的基本组织方式

建筑工程流水施工的节奏是由流水节拍决定的，流水节拍的规律不同，流水施工的流水步距、施工工期的计算方法也有所不同，各个施工过程对应的需成立的专业施工队数目也可能受到影响，从而形成不同节奏特征的流水施工组织方式。按照流水节拍和流水步距，流水施工分类如图 2-6 所示。

流水施工分为无节奏流水施工和有节奏流水施工两大类。

有节奏流水施工是指在组织流水施工时，每一项施工过程在各个施工段上的流水节拍都各自相等，又可分为等节奏流水施工和异节奏流水施工。

等节奏流水施工是指有节奏流水施工中，各施工过程之间的流水节拍都各自相等，也称为固定节拍流水施工或全等节拍流水施工。

异节奏流水施工是指有节奏流水施工中，各施工过程的流水节拍各自相等而不同施工过程之间的流水节拍不尽相等。通常存在两种组织方式，即异步距成倍节拍流水施工和等步距成倍节拍流水施工。等步距成倍节拍流水施工是按各施工过程流水节拍之间的比例关系，成

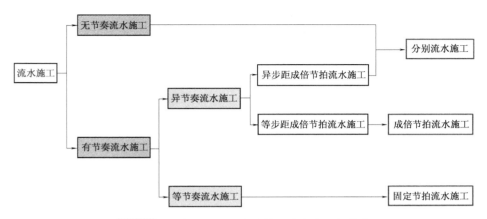

图 2-6　流水施工按流水节拍和流水步距的分类

立相应数量的专业施工队，进行流水施工，也称为成倍节拍流水施工。当异节奏流水施工，各施工过程的流水步距不尽相同时，其组织方式属于分别流水施工组织的范畴，与无节奏流水施工相同。

无节奏流水施工是指在组织流水施工时，全部或部分施工过程在各个施工段上的流水节拍各不相等。

在建筑工程流水施工中，常见的、基本的组织方式归纳为：固定节拍流水施工、成倍节拍流水施工和分别流水施工。

2.3.1　固定节拍流水施工

固定节拍流水施工是指各个施工过程在各个施工段上的流水节拍彼此相等的流水施工组织方式。这种组织方式一般是在划分施工工程时，将劳动量较小的施工过程进行合并，使各施工过程的劳动量相差不大，然后确定主要施工过程专业施工队的人数，并计算流水节拍；再根据流水节拍确定其他施工过程专业施工队的人数，同时考虑施工段的工作面和合理劳动组合，适当地进行调整。

1. 组织特点

1）各个施工过程在各个施工段上的流水节拍彼此相等，即 $t_j^i = t$（t 为常数）。

2）各个施工过程之间的流水步距彼此相等，且等于流水节拍，即 $K_{j, j+1} = K = t$。

3）每个施工过程在每个施工段上均由一个专业施工队独立完成作业，即专业施工队数目 n' 等于施工过程数 n。

4）专业施工队能够连续作业，没有闲置的施工段，使得流水施工在时间和空间上都连续。

5）各个施工过程的施工速度相等，均等于 mt。

固定节拍流水施工，一般只适用于施工对象结构简单，工程规模较小，施工过程数不多的房屋工程或线形工程，如道路工程、管道工程等。由于固定节拍流水施工的流水节拍和流水步距是定值，局限性较大，且建筑工程多数施工较为复杂，因而在实际建筑工程中采用这种组织方式的并不多见，通常只用于一个分部工程的流水施工中。

2. 工期计算

流水施工的工期是指从第一个施工过程开始施工，到最后一个施工过程结束施工的全部持续时间。对于所有施工过程都采取流水施工的工程项目，流水施工工期即为工程项目的施工工期。固定节拍流水施工的工期计算分为两种情况。

（1）不分层施工

$$T = (m + n - 1)t + \sum t_g + \sum t_z - \sum t_d \qquad (2-5)$$

式中　T——流水施工工期；

　　　t——流水节拍；

　　　m——施工段数目；

　　　n——施工过程数目；

　　　$\sum t_g$——技术间歇时间总和；

　　　$\sum t_z$——组织间歇时间总和；

　　　$\sum t_d$——搭接时间总和。

（2）分层施工　当固定节拍流水施工不分施工层时，施工段数目按照工程实际情况划分即可；当分施工层进行流水施工时，为了保证在跨越施工层时，专业施工队能连续施工而不产生窝工现象，施工段数目的最小值 m_{min} 应满足相关要求。

1）无技术间歇时间和组织间歇时间时，$m_{min} = n$。

2）有技术间歇时间和组织间歇时间时，为保证专业施工队能连续施工，应取 $m > n$，此时，每层施工段空闲数为 $m - n$，每层空闲时间则为

$$(m - n)t = (m - n)K$$

若一个楼层内各施工过程间的技术间歇时间和组织间歇时间之和为 Z，楼层间的技术间歇时间和组织间歇时间之和为 C，为保证专业施工队能连续施工，则

$$(m - n)K = Z + C$$

由此，可得出每层的施工段数目 m_{min} 应满足

$$m_{min} = n + \frac{Z + C}{K} \qquad (2-6)$$

式中　K——流水步距；

　　　Z——施工层内各施工过程间的技术间歇时间和组织间歇时间之和，即 $Z = \sum t_g + \sum t_z$；

　　　C——施工层间的技术间歇时间和组织间歇时间之和；

其他符号含义同前。

如果每层的 Z 并不均等，各层间的 C 也不均等时，应取各层中最大的 Z 和 C，式（2-6）改为

$$m_{min} = n + \frac{Z_{max} + C_{max}}{K} \qquad (2-7)$$

分施工层组织固定节拍流水施工时，其流水施工工期可按下式计算

$$T = (mr + n - 1)t + Z_1 \qquad (2-8)$$

式中　r——施工层数目；

Z_1——第一施工层内各施工过程间的技术间歇时间和组织间歇时间之和，即 $Z_1 = \sum_{r=1} (t_g + t_z)_r$；

其他符号含义同前。

从流水施工工期的计算公式中可以看出，施工层数越多，施工工期越长，技术间歇时间和组织间歇时间的存在，也会使施工工期延长，在工作面和资源供应能保证的条件下，一个专业施工队能够提前进入这一施工段，在空出的工作面上进行作业，这样产生的搭接时间可以缩短施工工期。

例 2-2　某分部工程由Ⅰ、Ⅱ、Ⅲ、Ⅳ四个施工过程组成，划分为 4 个施工段，流水节拍均为 3 天，施工过程Ⅱ、Ⅲ有技术间歇时间 2 天，施工过程Ⅲ、Ⅳ之间相互搭接 1 天，试确定流水步距，计算工期，并绘制流水施工进度计划表。

解　因流水节拍均等，属于固定节拍流水施工。

(1) 确定流水步距。

$$K = t = 3 \text{ 天}$$

(2) 计算工期。

$$\sum t_g = 2, \quad \sum t_d = 1$$

由式 (2-5)

$$T = (m + n - 1)t + \sum t_g + \sum t_z - \sum t_d$$
$$= ((4 + 4 - 1) \times 3 + 2 - 1) \text{ 天} = 22 \text{ 天}$$

(3) 绘制流水施工进度计划表 (图 2-7)。

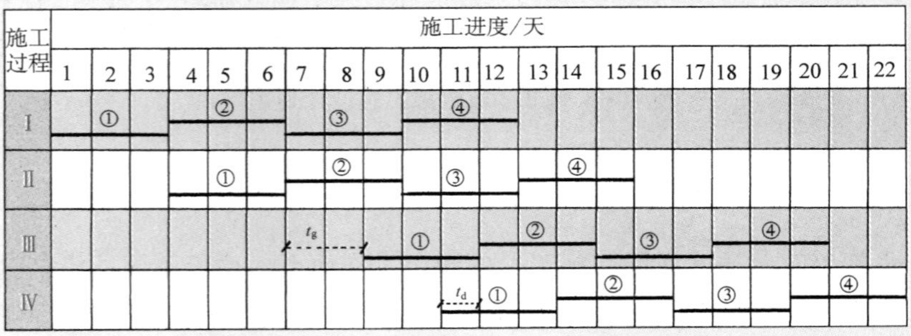

图 2-7　例 2-2 流水施工进度计划表

例 2-3　某工程项目由Ⅰ、Ⅱ、Ⅲ、Ⅳ四个施工过程组成，划分为两个施工层组织流水施工，施工过程Ⅰ完成后需养护 1 天，下一个施工过程才能开始施工，且层间技术间歇时间为 1 天，流水节拍均为 2 天，试确定施工段数目，计算工期，并绘制流水施工进度计划表。

解　因流水节拍均等，属于固定节拍流水施工。

(1) 确定流水步距。

$$K = t = 2 \text{ 天}$$

（2）确定施工段数目。因分层组织流水施工，各施工层内各施工过程间的间歇时间之和为 $Z_1 = Z_2 = 1$，一、二层之间间歇时间为 $C = 1$，则由式（2-6）得施工段数目最小

值 $m_{min} = n + \dfrac{Z + C}{K} = 4 + 2/2 = 5$

取 $m = 5$。

（3）计算工期。

$$T = (mr + n - 1)t + Z_1$$
$$= ((5 \times 2 + 4 - 1) \times 2 + 1) \text{天} = 27 \text{天}$$

（4）绘制流水施工进度计划表（图 2-8）。

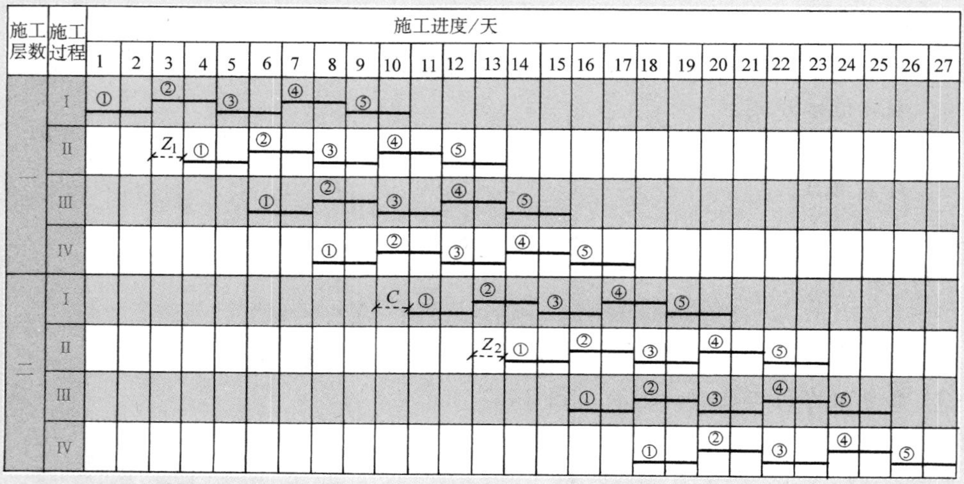

图 2-8　例 2-3 流水施工进度计划表

2.3.2　成倍节拍流水施工

在组织流水施工时，通常在同一施工段的固定工作面上，由于不同的施工过程的施工性质、复杂程度各不相同，从而使得其流水节拍很难完全相等，不能形成固定节拍流水施工。但是，如果施工段划分得恰当，可以使同一施工过程在各个施工段上的流水节拍均等。这种各施工过程的流水节拍均等而不同施工过程之间的流水节拍不尽相等的流水施工组织方式属于异节奏流水施工。

在异节奏流水施工中，当同一施工过程在各个施工段上的流水节拍彼此相等，且不同施工过程的流水节拍为某一数的不同整数倍时，每个施工过程均按其节拍的倍数关系成立相应数目的专业施工队，组织这些专业施工队进行流水施工的方式，即为等步距成倍节拍流水施工。

1. 组织特点

1）同一施工过程在各个施工段上的流水节拍彼此相等，即 $t_j^i = t_j$，不同施工过程在同一施工段上的流水节拍之间存在一个最大公约数，各流水节拍等于该最大公约数的不同整数倍，即 $k = $ 最大公约数 $\{t_1, t_2, \cdots, t_n\}$。

2）各专业施工队之间的流水步距彼此相等，且等于流水节拍的最大公约数 k。

3）专业施工队总数目 n' 大于施工过程数 n。

4）专业施工队能够连续作业，没有闲置的施工段，使得流水施工在时间和空间上都连续。

5）各个施工过程的持续时间之间也存在公约数 k。

成倍节拍流水施工适用于一般房屋建筑施工，也适用于线形工程（如道路、管道）的施工。

2. 专业施工队数目

成倍节拍流水施工的每个施工过程由不等的几个专业施工队共同完成施工，每个施工过程成立专业施工队数目可由下式确定

$$b_j = \frac{t_j}{k} \tag{2-9}$$

式中　t_j——施工过程 j 的流水节拍；

　　　b_j——施工过程 j 的专业施工队数目；

　　　k——各专业施工队之间的流水步距，k = 最大公约数 $\{t_1, t_2, \cdots, t_n\}$。

专业施工队总数目 n' 大于施工过程数 n，即

$$n' = \sum_{j=1}^{n} b_j > n \tag{2-10}$$

3. 工期计算

成倍节拍流水施工不分施工层时，对施工段数目，按照 2.2 节中相关要求确定即可，当分施工层进行流水施工时，施工段数目的最小值 $m_{\min}$ 应满足下式要求

$$m_{\min} = n' + \frac{Z_{\max} + C_{\max}}{k} \tag{2-11}$$

式中　n'——专业施工队总数；

　　　其他符号含义同式（2-7）。

成倍节拍流水施工工期可按下式计算

$$T = (mr + n' - 1)k + Z_1 - \sum t_d \tag{2-12}$$

式中　T——流水施工工期；

　　　m——施工段数目；

　　　r——施工层数目；

　　　n'——专业施工队总数；

　　　k——各专业施工队之间的流水步距；

　　　Z_1——第一施工层内各施工过程间的技术间歇时间和组织间歇时间之和；

　　　$\sum t_d$——搭接时间总和。

例 2-4　某分部工程由Ⅰ、Ⅱ、Ⅲ三个施工过程组成，划分为六个施工段，三个施工过程在每个施工段上的流水节拍各自相等，分别为 3 天、2 天和 1 天，试安排流水施工，并绘制流水施工进度计划表。

解　根据工程特点，按成倍节拍流水施工方式组织流水施工。

（1）确定流水步距。

$$k = 最大公约数\{3,2,1\} = 1 \text{ 天}$$

（2）计算专业施工队数目。

$$b_{\rm I} = \frac{3}{1} 个 = 3 \text{ 个}$$

$$b_{\rm II} = \frac{2}{1} 个 = 2 \text{ 个}$$

$$b_{\rm III} = \frac{1}{1} 个 = 1 \text{ 个}$$

计算专业施工队总数目 n'：

$$n' = \sum_{j=1}^{3} b_j = (3 + 2 + 1) 个 = 6 \text{ 个}$$

（3）计算工期。

$$T = (m + n' - 1)k$$
$$= (6 + 6 - 1) \times 1 \text{ 天} = 11 \text{ 天}$$

（4）绘制流水施工进度计划表（图 2-9）。

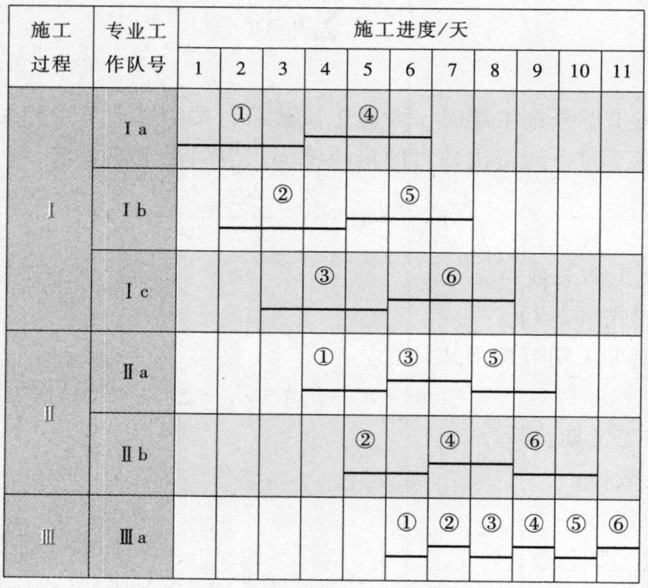

图 2-9　例 2-4 流水施工进度计划表

例 2-5　某两层现浇钢筋混凝土工程，施工过程分为安装模板、绑扎钢筋和浇筑混凝土三个施工过程。已知每个施工过程在每层每个施工段上的流水节拍分别为 $t_{模} = 2$ 天，$t_{扎} = 2$ 天，$t_{浇} = 1$ 天。当安装模板施工队转移到第二结构层的第一施工段时，需待第一层第一施工段的混凝土养护 1 天后才能进行施工。在保证各施工队连续施工的条件下，试安排流水施工，并绘制流水施工进度计划表。

解 根据工程特点，按成倍节拍流水施工方式组织流水施工。

(1) 确定流水步距。

$$k = 最大公约数\{2,2,1\} = 1 \text{ 天}$$

(2) 计算专业施工队数目。

$$b_横 = \frac{2}{1} \text{ 个} = 2 \text{ 个}$$

$$b_扎 = \frac{2}{1} \text{ 个} = 2 \text{ 个}$$

$$b_浇 = \frac{1}{1} \text{ 个} = 1 \text{ 个}$$

计算专业施工队总数目 n'：

$$n' = \sum_{j=1}^{3} b_j = (2 + 2 + 1) \text{ 个} = 5 \text{ 个}$$

(3) 确定每层的施工段数目。

$$m_{min} = n' + \frac{Z_{max} + C_{max}}{k}$$

$$= (5 + 1/1) \text{ 段} = 6 \text{ 段}$$

(4) 计算工期。

$$T = (mr + n' - 1)k_1$$

$$= (6 \times 2 + 5 - 1) \times 1 \text{ 天} = 16 \text{ 天}$$

(5) 绘制流水施工进度计划表（图 2-10）。

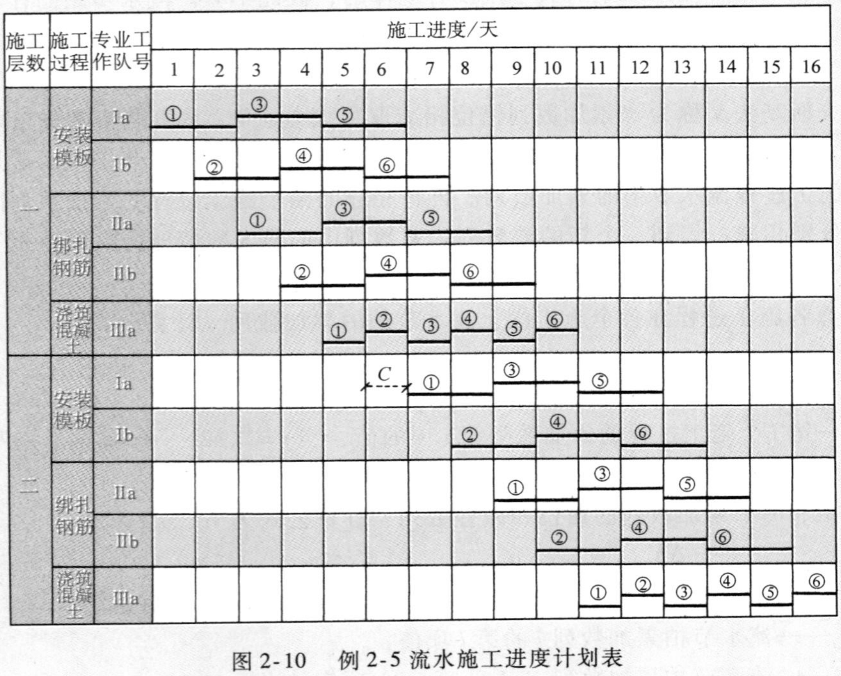

图 2-10 例 2-5 流水施工进度计划表

2.3.3 分别流水施工

分别流水施工是指无节奏流水施工或异节奏异步距流水施工的组织方式，各施工过程在各个施工段上的流水节拍无特定规律。由于没有固定节拍、成倍节拍的时间约束，在进度安排上比较自由、灵活，分别流水施工是实际工程中最常见、应用最普遍的一种流水施工组织方式。

组织分别流水施工时，先将拟建工程分解为若干个施工过程，每个施工过程成立一个专业施工队，然后按划分施工段的原则，在工作面上划分出若干施工段，用一般流水施工的方法组织流水施工。

1. 组织特点

1) 各个施工过程在各个施工段上的流水节拍彼此不等，也无特定规律。

2) 所有施工过程之间的流水步距彼此不等，流水步距与流水节拍的大小及相邻施工过程的相应施工段节拍差有关。

3) 每个施工过程在每个施工段上均由一个专业施工队独立完成作业，即专业施工队数目 n' 等于施工过程数 n。

4) 专业施工队能够连续作业，施工段可能有闲置。

5) 各个施工过程的施工速度不一定相等，也无特定规律。

一般来说，固定节拍、成倍节拍流水施工通常只适用于一个分部或分项工程中。对于一个单位工程或大型复杂工程，往往很难要求按照相同的或成倍的时间参数组织流水施工。而分别流水施工的组织方式没有固定约束，允许某些施工过程的施工段闲置，因此能够适应各种结构各异、规模不等、复杂程度不同的工程对象，具有更广泛的应用范围。

2. 确定流水步距

分别流水施工中，流水步距的大小是没有规律的，彼此不等。流水步距的计算方法有很多，主要有图上分析法、分析计算法和潘特考夫斯基法，其中潘特考夫斯基法比较简捷实用。

潘特考夫斯基法又称为"累加数列错位相减取最大差法"，是由潘特考夫斯基首先提出来的。这种方法概括为：首先把每个施工过程在各个施工段上的流水节拍依次累加，逐段求和，得出各施工过程流水节拍的累加数列。再将相邻的两个施工过程的累加数列的后者均向后错一位，分别相减，得到一个新的差数列。差数列中的最大数值即为这两个相邻施工过程的流水步距，其计算方法如下。

（1）计算各施工过程在各个施工段上流水节拍的累加数列　计算公式为

$$a_{j,i} = \sum_{i=1}^{m} t_j^i \ (1 \leq j \leq n, 1 \leq m) \tag{2-13}$$

式中　$a_{j,i}$——第 j 个施工过程的累加数列第 i 项的值，当 $j = 1$，2，$\cdots$，n 时，分别取 $i = 1$，2，$\cdots$，m，即可得施工过程 j 的累加数列。

（2）求相邻两个累加数列的错位相减差数列　计算公式为

$$\Delta a_{j,j+1}^i = a_{j,i} - a_{j+1,i-1} \quad (1 \leq j \leq n-1, 1 \leq m) \tag{2-14}$$

式中　$\Delta a_{j,j+1}^i$——流水节拍累加数列 j 和 $j+1$ 相减的差数列的第 i 项值；

$a_{j,i}$——流水节拍累加数列 j 的第 i 项值；

$a_{j+1,i-1}$——流水节拍累加数列 $j+1$ 的第 $i-1$ 项值，当 $i = 1$ 时，$a_{j+1,0} = 0$。

（3）确定相邻两个施工过程的流水步距 计算公式为

$$K_{j,j+1} = \max\Delta a^i_{j,j+1} \quad (1 \leqslant j \leqslant n-1, 1 \leqslant m)$$

式中 $K_{j,j+1}$——施工过程 j 和 $j+1$ 之间的流水步距；

$\Delta a^i_{j,j+1}$——流水节拍累加数列 j 和 $j+1$ 相减的差数列的第 i 项值。

例 2-6 某一分部工程划分为五个施工段组织流水施工，包括 I、II、III、IV 四个施工过程，分别由四个专业施工队负责施工，每个施工过程在各个施工段上的流水节拍见表2-2，试确定流水步距。

表 2-2 流水节拍表

施工过程	施工段				
	①	②	③	④	⑤
I	2	2	3	2	2
II	1	3	2	2	2
III	2	2	3	1	4
IV	3	2	2	3	2

解 根据已知的流水节拍，确定采取无节奏流水施工组织方式。

（1）计算各施工过程流水节拍的累加数列。

$$a_{I,i}: 2, 4, 7, 9, 11$$
$$a_{II,i}: 1, 4, 6, 8, 10$$
$$a_{III,i}: 2, 4, 7, 8, 12$$
$$a_{IV,i}: 3, 5, 7, 10, 12$$

（2）求两个相邻累加数列的差数列。

$$
\begin{array}{rrrrrr}
I \text{ 与 } II: & 2, & 4, & 7, & 9, & 11 \\
-) & & 1, & 4, & 6, & 8, & 10 \\
\hline
\Delta a^i_{I,II}: & 2, & 3, & 3, & 3, & 3, & -10
\end{array}
$$

$$
\begin{array}{rrrrrr}
II \text{ 与 } III: & 1, & 4, & 6, & 8, & 10 \\
-) & & 2, & 4, & 7, & 8, & 12 \\
\hline
\Delta a^i_{II,III}: & 1, & 2, & 2, & 1, & 2, & -12
\end{array}
$$

$$
\begin{array}{rrrrrr}
III \text{ 与 } IV: & 2, & 4, & 7, & 8, & 12 \\
-) & & 3, & 5, & 7, & 10, & 12 \\
\hline
\Delta a^i_{III,IV}: & 2, & 1, & 2, & 1, & 2, & -12
\end{array}
$$

（3）确定流水步距。

$$K_{1,II} = \max\{2, 3, 3, 3, 3, -10\} = 3$$

$$K_{II,III} = \max\{1, 2, 2, 1, 2, -12\} = 2$$

$$K_{III,IV} = \max\{2, 1, 2, 1, 2, -12\} = 2$$

3. 计算工期

分别流水施工的工期可按下式计算

$$T = \sum_{j=1}^{n-1} K_{j,j+1} + \sum_{i=1}^{m} t_n^i + \sum t_g + \sum t_z - \sum t_d \qquad (2\text{-}15)$$

式中　T——流水施工工期；

m——施工段数目；

n——施工过程数目；

$K_{j,j+1}$——施工过程 j 和 $j+1$ 之间的流水步距；

$\sum t_n^i$——最后一个施工过程在各个施工段上的流水节拍之和；

$\sum t_g$——技术间歇时间总和；

$\sum t_z$——组织间歇时间总和；

$\sum t_d$——搭接时间总和。

例 2-7　某工程包括 I、II、III、IV、V 五个施工过程，划分为四个施工段组织流水施工，分别由五个专业施工队负责施工，每个施工过程在各个施工段上的工程量、定额与专业施工队人数见表 2-3。按规定，施工过程 II 完成后，至少要养护 2 天才能进行下一个过程施工，施工过程 IV 完成后，其相应施工段要留 1 天的时间做准备工作。为了早日完工，允许施工过程 I、II 之间搭接施工 1 天。试编制流水施工组织方案，并绘制流水施工进度计划表。

表 2-3　某工程有关资料表

施工过程	劳动定额	各施工段的工程量					施工队人数
		单位	第一段	第二段	第三段	第四段	
I	$8m^2/\text{工日}$	m^2	238	160	164	315	10
II	$1.5m^3/\text{工日}$	m^3	23	68	118	66	15
III	$0.4t/\text{工日}$	t	6.5	3.3	9.5	16.1	8
IV	$1.3m^3/\text{工日}$	m^3	51	27	40	38	10
V	$5m^3/\text{工日}$	m^3	148	203	97	53	10

解　（1）计算每个施工过程在各施工段上的流水节拍。由式（2-4）有：

$$t^1_{\mathrm{I}} = \frac{Q^i_j}{S^i_j R^i_j N^i_j} = 238/(8 \times 10 \times 1) = 3$$

$$t^2_{\mathrm{I}} = \frac{Q^i_j}{S^i_j R^i_j N^i_j} = 160/(8 \times 10 \times 1) = 2$$

$$t^3_{\mathrm{I}} = \frac{Q^i_j}{S^i_j R^i_j N^i_j} = 164/(8 \times 10 \times 1) = 2$$

$$t^4_{\mathrm{I}} = \frac{Q^i_j}{S^i_j R^i_j N^i_j} = 315/(8 \times 10 \times 1) = 4$$

同理可求出所有的流水节拍（表2-4）。

表 2-4　流水节拍汇总

施工过程	施工段			
	第一段	第二段	第三段	第四段
	流水节拍/天			
I	3	2	2	4
II	1	3	5	3
III	2	1	3	5
IV	4	2	3	3
V	3	4	2	1

由此可知应组织分别流水施工。

（2）用潘特考夫斯基法求相邻施工过程的流水步距。每个施工过程的流水节拍累加数列如下：

$$a_{\mathrm{I},i}:\quad 3,\quad 5,\quad 7,\quad 11$$

$$a_{\mathrm{II},i}:\quad 1,\quad 4,\quad 9,\quad 12$$

$$a_{\mathrm{III},i}:\quad 2,\quad 3,\quad 6,\quad 11$$

$$a_{\mathrm{IV},i}:\quad 4,\quad 6,\quad 9,\quad 12$$

$$a_{\mathrm{V},i}:\quad 3,\quad 7,\quad 9,\quad 10$$

两个相邻累加数列的差数列如下：

$$\mathrm{I} \text{ 与 } \mathrm{II}:\qquad 3,\quad 5,\quad 7,\quad 11$$

$$-)\qquad\quad 1,\quad 4,\quad 9,\quad 12$$

$$\overline{\Delta a^i_{\mathrm{I},\mathrm{II}}:\qquad 3,\quad 4,\quad 3,\quad 2,\quad -12}$$

$$\mathrm{II} \text{ 与 } \mathrm{III}:\qquad 1,\quad 4,\quad 9,\quad 12$$

$$-)\qquad\quad 2,\quad 3,\quad 6,\quad 11$$

$$\overline{\Delta a^i_{\mathrm{II},\mathrm{III}}:\qquad 1,\quad 2,\quad 6,\quad 6,\quad -11}$$

$$\text{Ⅲ与Ⅳ：} \quad 2, \quad 3, \quad 6, \quad 11$$

$$-) \quad \quad 4, \quad 6, \quad 9, \quad 12$$

$$\Delta a_{\text{Ⅲ,Ⅳ}}^{i}: \quad 2, \quad -1, \quad 0, \quad 2, \quad -12$$

$$\text{Ⅳ与Ⅴ：} \quad 4, \quad 6, \quad 9, \quad 12$$

$$-) \quad \quad 3, \quad 7, \quad 9, \quad 10$$

$$\Delta a_{\text{Ⅳ,Ⅴ}}^{i}: \quad 4, \quad 3, \quad 2, \quad 3, \quad -10$$

确定流水步距如下：

$$K_{\text{Ⅰ,Ⅱ}} = \max\{3, 4, 3, 2, -12\} = 4 \text{ 天}$$

$$K_{\text{Ⅱ,Ⅲ}} = \max\{1, 2, 6, 6, -11\} = 6 \text{ 天}$$

$$K_{\text{Ⅲ,Ⅳ}} = \max\{2, -1, 0, 2, -12\} = 2 \text{ 天}$$

$$K_{\text{Ⅳ,Ⅴ}} = \max\{4, 3, 2, 3, -10\} = 4 \text{ 天}$$

（3）计算工期。由式（2-15）得：

$$T = \sum_{j=1}^{n-1} K_{j,j+1} + \sum_{i=1}^{m} t_{n}^{i} + \sum t_{g} + \sum t_{z} - \sum t_{d}$$

$$= [(4+6+2+4) + (3+4+2+1) + 2 + 1 - 1] \text{ 天}$$

$$= 28 \text{ 天}$$

（4）绘制流水施工进度计划表（图2-11）。

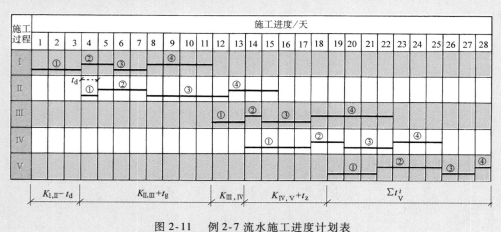

图2-11　例2-7流水施工进度计划表

2.4　流水施工的组织程序

流水施工是一种科学有效的施工组织方式，在建筑工程施工中应尽量采取流水施工的组织方式，尽可能连续地、均衡地进行施工，加快施工速度。实际上，每个建筑工程各有特色，不可能按同一定式进行施工组织。合理地组织流水施工，需要结合工程的不同特点，根据实际工程的施工条件和施工内容，合理确定流水施工的各项参数，按照合理的工作程序进行。

2.4.1　确定施工流水线，划分施工过程

施工流水线是指不同工种的施工队按照施工过程的先后顺序，沿着建筑产品的一定方向相继对其进行加工而形成的一条工作路线。由于建筑产品体型庞大和整体难分，施工流水线终端所生产出来的常常只是建筑产品一个或大或小的部分，即一个分部分项工程，因此包含在一条流水线中的施工过程（专业工作队）的数目并非固定的。通常是按分部分项工程这种假想的建筑"零件"分别组织多条流水线，然后再将这些流水线联系起来。例如，一般民用住宅的建筑施工中，可以组织基础、主体结构、内装修、外装修等几条流水线。流水线可以划分得更细一些，但各流水线要适当地连接起来，等前一条流水线提供了一定的工作面后，后一条流水线即可插入平行施工。

流水线中的所有施工活动，划分为若干个施工过程。制备类施工过程和运输类施工过程不占用施工对象的空间，不影响工期的长短，因此可以不列入施工进度计划。砌筑安装类施工过程占用施工对象的空间且影响工期，所以划分施工过程时主要按照砌筑安装类施工过程来划分。

在实际工程中，如果某一施工过程工程量较少，并且技术要求也不高时，可以将它与相邻的施工过程合并，而不单列为一个施工过程。例如，某些工程的垫层施工过程有时可以合并到挖土方施工过程中，由一个专业工作队完成，这样既可以减少挖土方和做垫层两个施工过程之间的流水步距，还可以避免开挖后基槽长时间的暴露、日晒雨淋，既缩短了工期，又保证了工程质量。

施工过程数目 n 的确定，主要的依据是工程的性质和复杂程度、所采用的施工方案、对建设工期的要求等因素。为了合理组织流水施工，施工过程数目 n 要确定得适当，施工过程划分得过于粗糙或过于细致，都达不到好的流水效果。

2.4.2　划分施工层，确定施工段

为了合理组织流水施工，需要按照建筑的空间情况和施工过程的工艺要求，确定施工层数量 r，以便在平面上和空间上组织连续均衡的流水施工。划分施工层时，要结合工程的具体情况，主要根据建筑物的高度和楼层来确定。例如，砌筑工程的施工高度一般为 1.2m，因此可按 1.2m 划分，而室内抹灰、木装饰、油漆和水电安装等，可按结构楼层划分施工层。

合理划分施工段的原则在 2.2 节已经介绍了。不同的施工流水线中，可以采取不同的划分方法，但在同一流水线中最好采用统一的划分方法。在划分施工段时，施工段数目要适当，过多或过少都不利于合理组织流水施工。跨层施工时，要求施工段数目 m 大于施工过程数 n。

2.4.3　计算各施工过程在各个施工段上的流水节拍

施工层和施工段划分以后，就可以计算各施工过程在各个施工段上的流水节拍了。流水

节拍的大小可以反映出流水施工速度的快慢、节奏的强弱和资源消耗的多少。若某些施工过程在不同的施工层上的工程量不尽相同，则可按其工程量分层计算。

除了 2.2 节已介绍的定额计算法，常用的方法还有经验估算法和工期倒排计算法。

（1）经验估算法 经验估算法是指依据以往的施工经验进行估算。一般为了提高其估算的准确程度，往往先估算出该流水节拍的最长、最短和正常（即最可能）时间，然后据此求出期望时间作为某专业工作队在某施工段上的流水节拍，此法又称为三种时间估算法。其计算公式为

$$t = \frac{a + 4c + b}{6} \tag{2-16}$$

式中　t——某施工过程在某施工段上的流水节拍；

　　　a——某施工过程在某施工段上的最短估算时间；

　　　b——某施工过程在某施工段上的最长估算时间；

　　　c——某施工过程在某施工段上的正常估算时间。

这种方法适用于采用新工艺、新方法和新材料等没有定额可循，但具有相近工程经验可借鉴的民用、工业建筑工程的流水施工。

（2）工期倒排计算法 工期倒排计算法是指依据已确定的施工工期，按照施工方案，倒排施工进度，确定流水节拍的方法。具体的步骤如下：

1）根据工期倒排进度，确定各施工过程的工作持续时间。

2）确定各施工过程在各施工段上的流水节拍。若同一施工过程的流水节拍不等，可用估算法；若相等，则按下式计算

$$t_j = \frac{T_j}{m} \tag{2-17}$$

式中　t_j——施工过程 j 的流水节拍；

　　　T_j——施工过程 j 的工作持续时间；

　　　m——施工段数目。

当施工段数目确定之后，流水节拍越大，工期就越长。因此，在理论上总是希望流水节拍越小越好。但实际上，流水节拍的确定受到工作面大小的限制，每一施工过程在各个施工段上都有其最小的流水节拍，其数值可按下式计算：

$$t_{min} = \frac{A_{min}\mu}{S} \tag{2-18}$$

式中　t_{min}——施工过程在某个施工段上的最小流水节拍；

　　　A_{min}——每个工人所需的最小工作面；

　　　μ——单位工作面的工程量含量；

　　　S——该施工过程的产量定额。

式（2-18）计算出的数值应取整数或半个工日的整数倍，根据式（2-17）计算出的流水节拍，必须大于等于最小流水节拍。

工期倒排计算法适用于工期紧迫、必须在规定日期内完成的工程项目。

2.4.4　确定流水施工组织方式和专业工作队数目

根据计算出的各个施工过程的流水节拍的特征、施工工期要求和资源供应条件，确定流

水施工的组织方式，究竟是固定节拍流水施工或成倍节拍流水施工，还是分别流水施工。

按照确定的流水施工组织方式，得出各个施工过程的专业工作队数目。固定节拍流水施工和分别流水施工这两种组织方式，均按每个施工过程成立一个专业工作队；成倍节拍流水施工中，各施工过程对应的专业工作队数目是按照其流水节拍之间的比例关系来确定的。一般而言，分工协作是流水施工的基础，因此各个施工过程都有其对应的专业工作队。但是在可能的条件下，同一专业工作队在同一条流水线中，可以担任两个或多个施工过程的施工任务。例如在普通砖基础工程的流水线中，承担挖土的专业工作队在时间上能够连续时，可以接着去完成回填土的施工任务，支模的木工队组也可以去完成拆模的工作。

在确定各专业工作队的人数时，可以根据最小施工段上的工作面情况来计算，一定要保证每一个工人都能够占据能充分发挥其劳动效率所必需的最小工作面（表 2-1），施工段上可容纳的工人数可用下式计算

$$施工段上可容纳的工人数 = \frac{最小施工段上的工作面}{每个工人所需的最小工作面} \tag{2-19}$$

需要注意的是，最小施工段上可能容纳的工人数并非是决定工作队组人数的唯一依据，它只决定了最多可以有多少人数，即使在劳动力不受限制的情况下，也还要考虑合理组织流水施工对每段作业时间的要求，从而适当分配人数。这样决定的人数可能会比最多人数少，但不能少到破坏合理劳动组织的程度，因为一旦破坏了这种合理的组织，就会大大降低劳动效率甚至根本无法正常工作。例如吊装工作，除了指挥以外，上下都需要摘钩和挂钩的工人，砌砖和抹灰除了技工以外，还必须配备供料的辅助工，否则就难以正常工作。

2.4.5　确定各施工过程之间的流水步距

根据施工方案和施工工艺的要求，按照不同流水施工组织方式的特点，采用相应的公式计算各施工过程之间的流水步距。

2.4.6　计算流水施工的工期

按照不同流水施工组织方式的特点和相关时间参数计算流水施工的工期。

2.4.7　绘制施工进度计划表

按照各施工过程的顺序、流水节拍、专业工作队数目、流水步距和相关时间参数，绘制施工进度计划表。实际工程中，应注意在某些主导施工过程之间穿插和配合的施工过程也要适时地、合理地编入施工进度计划表。例如，砖混结构主体砌筑流水施工中的安装门窗框、过梁和搭脚手架等施工过程，按砌筑施工过程的进度计划线，适时地将其编入施工进度计划表。

在组织流水施工时，其基本程序如图 2-12 所示。

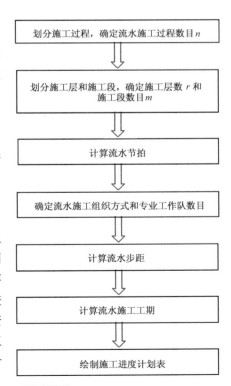

图 2-12　组织流水施工的基本程序

为了合理地组织好流水施工，还需要结合具体工程的特点，进行调整和优化，从而组织最为合理的流水施工计划。

复习思考题

1. 常见的施工组织方式有哪几种？各自有哪些特点？
2. 什么是流水施工？其特点有哪些？
3. 流水施工的表达方式有哪几种？
4. 什么是流水参数？包括哪几种参数？
5. 什么是施工段？其划分目的和原则是什么？
6. 什么是流水节拍、流水步距？确定流水节拍和流水步距的方法有哪些？
7. 流水施工的基本方式有哪几种？这些基本方式如何定义和计算？
8. 组织流水施工的程序及主要工作有哪些？

3 第3章
网络计划技术基础

3.1 概述

3.1.1 发展简史

网络计划技术是 20 世纪 50 年代后期发展起来的一种科学的计划管理方法。1956 年，美国的杜邦·来莫斯公司的摩根·沃克为寻求充分利用公司 Univac 计算机的方法，与赖明顿·兰德公司内部建筑计划小组的詹姆斯·E·凯利合作，开发了一种面向计算机描述工程项目的合理安排进度计划的方法。这种方法最初被称为沃克·凯利法，后来被称为关键线路法（CPM），自 1957 年起网络计划技术的关键线路法得以广泛应用。

1958 年，美国在进行大型工程项目时，又研究创造出一种网络计划方法——计划评审技术（PERT）。该方法不仅能有效控制计划，协调各方面关系，而且在成本控制上也取得了显著效果，因此得以推广。

稍后的一种方法是搭接网络计划法（OLN）和图示评审技术（GERT）。随着计算机技术的突飞猛进、边缘学科的不断发展、应用领域的不断拓宽，又产生多种网络计划技术，如决策网络计划法（DN）、风险评审技术（VERT）、仿真网络计划法和流水网络计划法等，使得网络计划技术作为一种现代计划管理方法，广泛应用于工业、农业、建筑业、国防和科学研究各个领域。

1965 年，网络计划技术由华罗庚教授介绍到我国，20 世纪 70 年代后期，在我国得到广泛的重视和研究，取得了一定的效果。随着计算机的普及，在我国建筑工程施工管理中，网络计划技术作为编制建筑安装工程生产计划和施工进度计划的一种有效方法得以广泛应用。

3.1.2 基本原理

网络图是表达工作之间相互联系、相互制约的逻辑关系的图解模型，由箭线和节点组成。常见的网络图分为单代号网络图和双代号网络图两种。在网络图上加注工作的时间参数而编制成的进度计划，称为网络计划。用网络计划对任务的工作进度进行安排和控制，以保证实现预定目标的科学的计划管理技术，称为网络计划技术。需要说明的是，这里所说的任务是指计划所承担的有规定目标及约束条件（时间、资源、成本、质量等）的工作总和，如规定有工期和投资额的一个工程项目即可称为一项任务。

在建筑工程计划管理中，可以将网络计划技术的基本原理归纳为：应用网络图表示出某项工程中各施工过程的开展顺序和相互制约、相互依赖的关系；通过网络图各种时间参数计算，找出关键工作和关键线路；利用最优化原理，改进初始方案，寻求最优网络计划方案；在网络计划执行过程中，进行有效监督与控制，以最少的消耗，获得最佳的经济效益。

3.1.3　网络计划技术的优缺点

与传统的横道图计划管理方法比较，网络计划技术具有如下优点：

1）从工程整体出发，统筹安排，明确表示工程中各个工作间的先后顺序和相互制约、相互依赖关系。

2）通过网络时间参数计算，找出关键工作和关键线路，显示各工作的机动时间，从而使管理人员胸中有数，抓住主要矛盾，确保控制计划总工期，合理安排人力、物力和资源，从而降低成本、缩短工期。

3）通过优化，可在若干可行方案中找出最优方案。

4）网络计划执行过程中，由于可通过时间参数计算预先知道各工作提前或推迟完成对整个计划的影响程度，管理人员可以采取技术组织措施对计划进行有效控制和监督，从而加强施工管理工作。

5）可以利用计算机进行时间参数计算和优化、调整。

但是，网络计划也存在一些缺点：如果不利用计算机进行计划的时间参数计算、优化和调整，则实际计算量大，调整复杂，对于无时间坐标网络图，绘制劳动力和资源需要量曲线较困难；此外，网络计划也不像横道图易学易懂，它对计划人员的素质要求较高。

3.1.4　网络计划的分类

按照不同的分类原则，可以将网络计划分成不同的类型。

1. 按性质分类

（1）肯定型网络计划　这是指工作、工作与工作之间的逻辑关系及工作持续时间都肯定的网络计划。在这种网络计划中，各项工作的持续时间都是确定的、单一的数值，整个网络计划有确定的计划总工期。

（2）非肯定型网络计划　工作、工作与工作之间的逻辑关系和工作持续时间三者中一项或多项不肯定的网络计划。在这种网络计划中，各项工作的持续时间只能按概率方法确定出三个值，整个网络计划无确定计划总工期。计划评审技术和图示评审技术就属于非肯定型网络计划。

2. 按表示方法分类

（1）单代号网络计划　以单代号表示法绘制的网络计划。网络图中，每个节点表示一项工作，箭杆仅用来表示各项工作间相互制约、相互依赖关系，如图示评审技术和决策网络计划等就是采用的单代号网络计划。

（2）双代号网络计划　双代号网络计划是以双代号表示法绘制的网络计划。网络图中，箭杆用来表示工作。目前，施工企业多采用这种网络计划。

3. 按目标分类

（1）单目标网络计划 只有一个终点节点的网络计划，即网络图只具有一个最终目标。如一个建筑物的施工进度计划只具有一个工期目标的网络计划。

（2）多目标网络计划 终点节点不止一个的网络计划。此种网络计划具有若干个独立的最终目标。

4. 按有无时间坐标分类

（1）时标网络计划 以时间坐标为尺度绘制的网络计划。网络图中，每项工作箭杆的水平投影长度，与其持续时间成正比。如编制资源优化的网络计划即为时标网络计划。

（2）非时标网络计划 不按时间坐标绘制的网络计划。网络图中，工作箭杆长度与持续时间无关，可按需要绘制。通常绘制的网络计划都是非时标网络计划。

5. 按层次分类

（1）总网络计划 以整个计划任务为对象编制的网络计划，如群体网络计划或单项工程网络计划。

（2）局部网络计划 以计划任务的某一部分为对象编制的网络计划，如分部工程网络图。

6. 按工作衔接特点分类

（1）普通网络计划 工作间关系均按首尾衔接关系绘制的网络计划，如单代号、双代号和概率网络计划。

（2）搭接网络计划 按照各种规定的搭接时距绘制的网络计划，网络图中既能反映各种搭接关系，又能反映相互衔接关系，如前导网络计划。

（3）流水网络计划 充分反映流水施工特点的网络计划，包括横道流水网络计划、搭接流水网络计划和双代号流水网络计划。

3.2 双代号网络图的组成及绘制

3.2.1 双代号网络图的组成

双代号网络图主要由工作、节点和线路三个要素组成。

1. 工作

工作（也可称为"工序"或"活动"）是指计划任务按需要粗细程度划分而成的一个消耗时间也消耗资源的子项目或子任务。它表示的范围可大可小，主要根据工程性质、规模大小和客观需要来确定。一般来说，建筑安装工程施工进度计划中的控制性计划，工作可分解到分部工程，而实施性计划分解到分项工程。

工作根据其完成过程中需要消耗时间和资源的程度不同可分为三种类型：

1）需要消耗时间和资源的工作。如砌筑安装、运输类、制备类施工过程。

2）需要消耗时间但不消耗资源的工作。如混凝土的养护。

3）既不消耗资源又不消耗时间的工作。

前两种工作称为"实工作"。而第三种是用来表达相邻前后工作之间逻辑关系而虚设的工作，故此称为"虚工作"。工作的表示方法如图 3-1 所示。

工作由两个标有编号的圆圈和箭杆表达，箭尾表示工作开始，箭头表示工作结束。在非时标网络计划中，箭杆长度按美观和需要而定，其方向尽可能由左向右画出。在时标网络计划中，箭杆长度的水平投影长度应与工作持续时间成正比例画出。

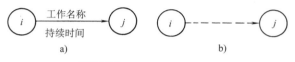

图 3-1　工作的表示方法

a）实工作　b）虚工作

按照网络图中工作之间的相互关系可将工作分为以下几种类型：

1）紧前工作：紧排在本工作之前的工作。

2）紧后工作：紧排在本工作之后的工作。

3）起始工作：没有紧前工作的工作。

4）结束工作：没有紧后工作的工作。

2. 节点

节点是指双代号网络图中工作开始或完成的时间点，即网络图中箭线两端标有编号的封闭图形，它表示前面若干项工作的结束，也表示后面若干项工作的开始。

对于一个完整的网络计划而言，标志着网络计划开始的节点，称为"起点节点"，是网络图的第一个节点，表示一项任务的开始。标志网络计划结束的节点，称为"终点节点"，是网络图的最后一个节点，表示一项任务的完成。节点关系如图 3-2 所示。

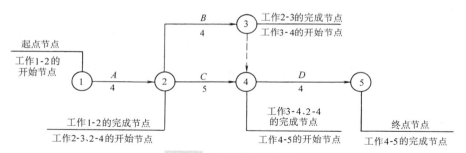

图 3-2　节点关系示意图

节点表示的是工作开始或完成的时刻，因此它既不消耗时间也不消耗资源，仅标志其紧前工作的结束或限制其结束，也标志着其紧后工作的开始或限制其开始。在双代号网络图中，为了检查和识别各项工作，计算各项时间参数，以及利用计算机，必须对每个节点进行编号，从而利用工作箭杆两端节点的编号来代表一项工作。

节点编号的方法如图 3-3 所示，按照编号方向可分为沿水平方向编号和沿垂直方向编号两种；按编号是否连续分为连续编号和间断编号两种。

3. 线路

网络图中从起点节点开始，沿箭线方向连续通过一系列箭线与节点，最后到达终点节点所经过的通路，称为线路。对于一个网络图而言，线路的数目是确定的。完成某条线路的全部工作所必需的总持续时间，称为线路时间，它代表该线路的计划工期，可按下式计算

$$T_s = \sum D_{i\text{-}j} \tag{3-1}$$

式中　T_s——第 s 条线路的线路时间；

$D_{i\text{-}j}$——第 s 条线路上某项工作 i-j 的持续时间。

根据时间的不同，可将线路分为关键线路和非关键线路两种，线路时间最长的线路称为关键线路，其余线路称为非关键线路。

关键线路具有如下的性质：

1）关键线路的线路时间，代表整个网络计划的总工期。

2）关键线路上的工作，称为关键工作，均无时间储备。

3）在同一网络计划中，关键线路至少有一条。

4）当计划管理人员采取技术组织措施，缩短某些关键工作持续时间，有可能将关键线路转化为非关键线路。

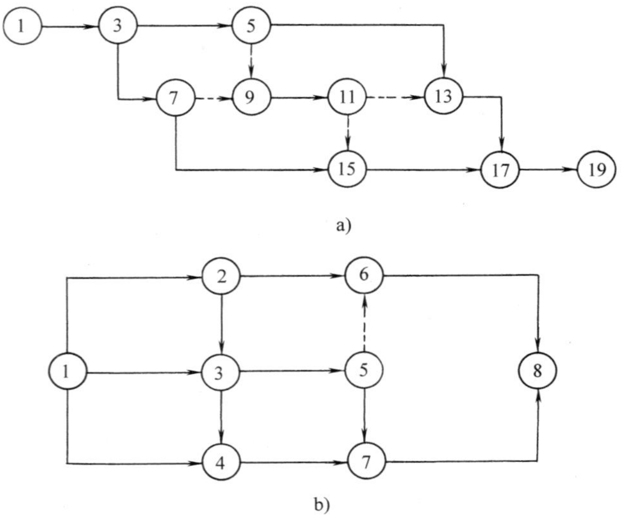

非关键线路具有如下的性质：

1）非关键线路的线路时间，仅代表该条线路的计划工期。

a)

b)

图 3-3　节点编号的方法示意图

a）水平编号（间断编号）　b）垂直编号（连续编号）

2）非关键线路上的工作，除关键工作外，其余均为非关键工作。

3）非关键工作均有时间储备可利用。

4）由于计划管理人员工作疏忽，拖延了某些非关键工作的持续时间，非关键线路可能转化为关键线路。

3.2.2　双代号网络图的绘制

1. 绘图基本规则

1）必须正确表达工作的逻辑关系，既简易又便于阅读和技术处理。工作间逻辑关系表示方法见表 3-1。

表 3-1　工作间逻辑关系表示方法

序号	工作之间的逻辑关系	双代号表示方法	单代号表示方法
1	A、B 两项工作，依次施工	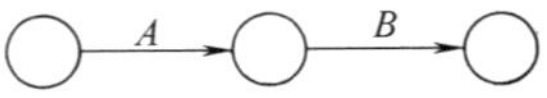	
2	A、B、C 三项工作，同时开始工作	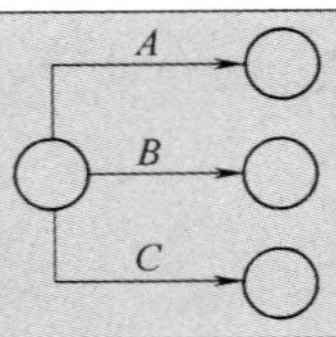	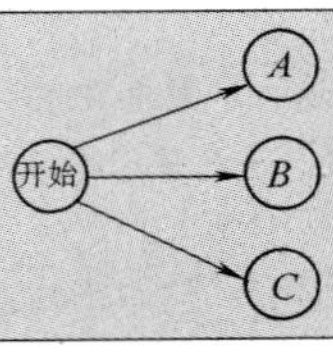
3	A、B、C 三项工作，同时结束工作	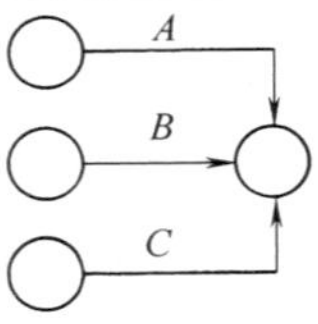	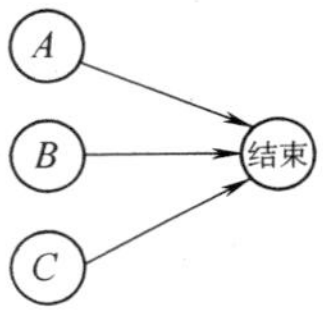

（续）

序号	工作之间的逻辑关系	双代号表示方法	单代号表示方法
4	A、B、C 三项工作，A 完成后，B、C 才能开始	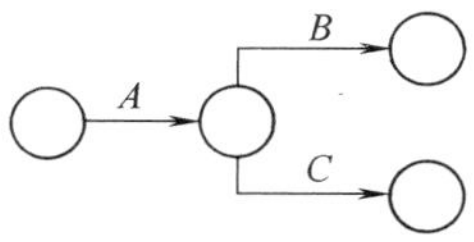	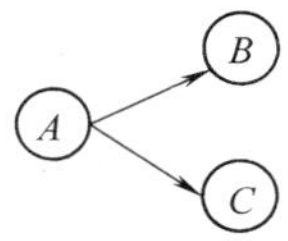
5	A、B、C 三项工作，C 只能在 A、B 完成后才能开始	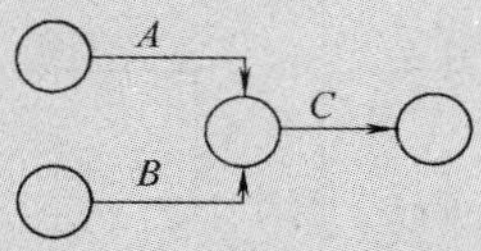	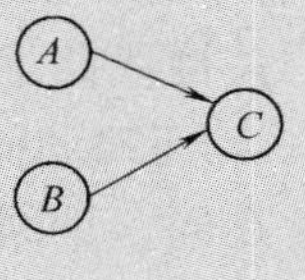
6	A、B、C、D 四项工作，A 完成后，C 才能开始，A、B 完成后，D 才能开始	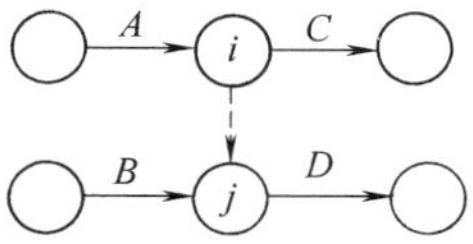	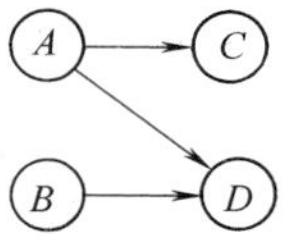
7	A、B、C、D 四项工作，只有 A、B 完成后，C、D 才能开始工作	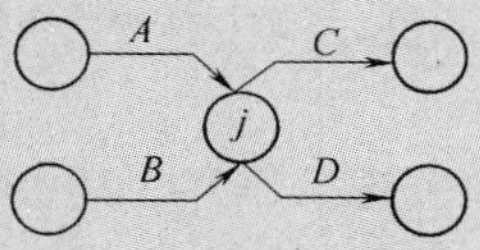	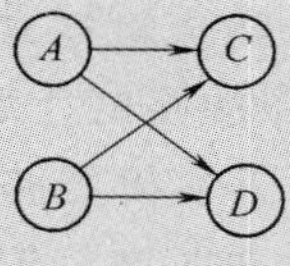
8	A、B、C、D、E 五项工作，A、B 完成后，C 才能开始，B、D 完成后，E 才能开始	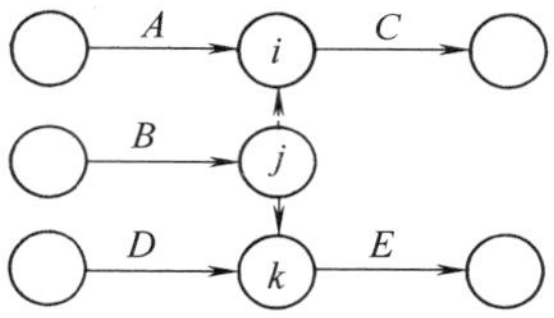	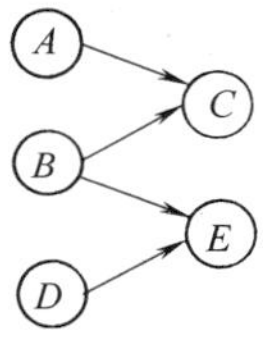
9	A、B、C、D、E 五项工作，A、B、C 完成后，D 才能开始工作，B、C 完成后，E 才能开始工作	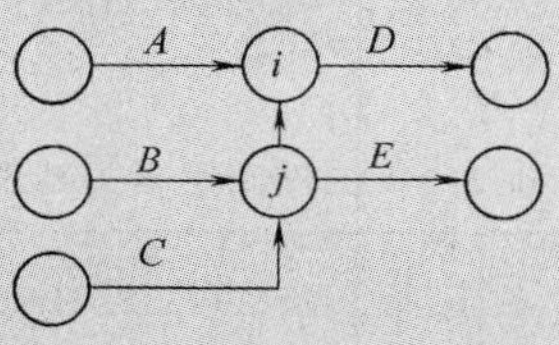	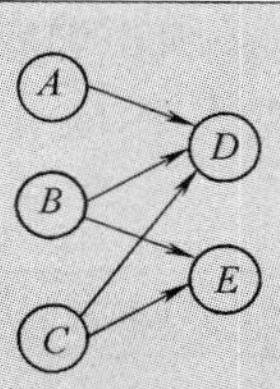
10	A、B 两项工作，分成三个施工段，进行平行搭接流水施工	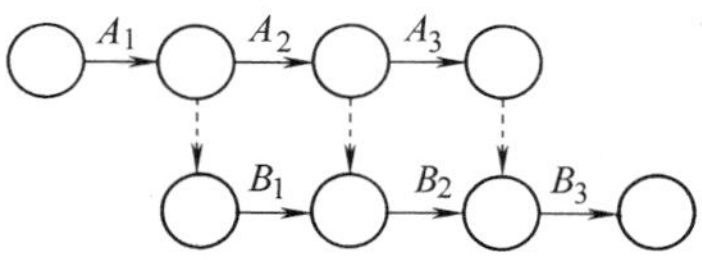	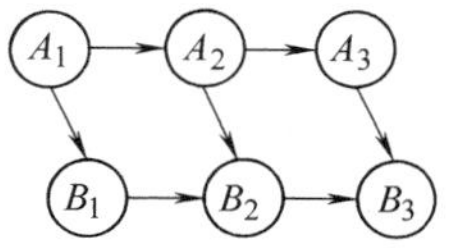

2）网络图必须具有能够表明基本信息的明确标识，数字或字母均可，如图 3-4 所示。

3）工作或节点的字母代号或数字编号，在同一项任务的网络图中，不允许重复使用，或者说，网络图中不允许出现编号相同的不同工作，如图 3-5 所示。

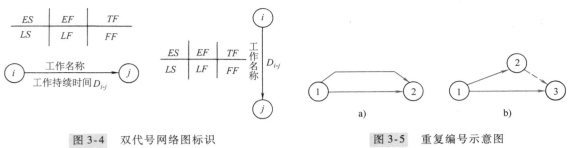

图 3-4　双代号网络图标识　　　　　　　图 3-5　重复编号示意图
a）错误　b）正确

4）在同一网络图中，只允许有一个起点节点和一个终点节点，不允许出现没有紧前工作的"尾部节点"或没有紧后工作的"尽头节点"，如图 3-6 所示。因此，除起点节点和终点节点外，其他所有节点，都要根据逻辑关系，前后用箭线或虚箭线连接起来。

5）在肯定型网络计划的网络图中，不允许出现封闭循环回路。所谓封闭循环回路是指从一个节点出发沿着某一条线路移动，又回到原出发节点，即在网络图中出现了闭合的循环路线，如图 3-7 所示。

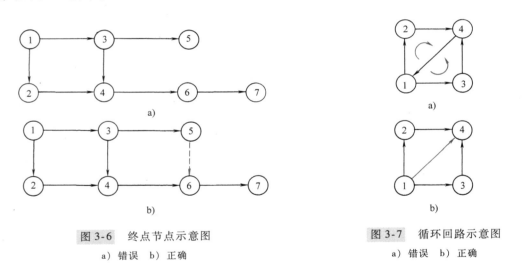

图 3-6　终点节点示意图　　　　　　　图 3-7　循环回路示意图
a）错误　b）正确　　　　　　　　　　a）错误　b）正确

6）网络图的主方向是从起点节点到终点节点的方向，在绘制网络图时应优先选择由左至右的水平走向。因此，工作箭线方向必须优先选择与主方向相应的走向，或选择与主方向垂直的走向，如图 3-8 所示。

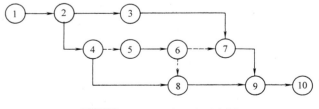

图 3-8　工作箭线画法示意图

7）代表工作的箭线，其首尾必须都有节点，即网络图中不允许出现没有开始节点的工作或没有完成节点的工作，如图3-9所示。

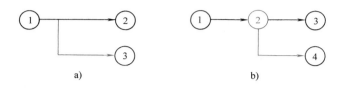

图 3-9　无开始节点示意图

a）错误　b）正确

8）绘制网络图时，应尽量避免箭线的交叉。当箭线的交叉不可避免时，通常选用"过桥"画法或"指向"画法，如图3-10所示。

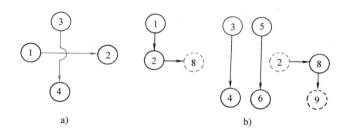

图 3-10　箭线交叉画法

a）过桥画法　b）指向画法

9）网络图应力求减去不必要的虚工作，如图3-11所示。

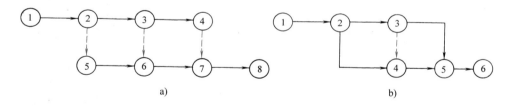

图 3-11　虚工作示意图

a）有多余虚工作　b）无多余虚工作

2. 绘图应注意问题

（1）**布图方法**　在保证网络图逻辑关系正确的前提下，要重点突出，层次清晰，布局合理。关键线路应尽可能布置在中心位置，用粗箭线或双箭线画出；密切相关的工作尽可能相邻布置，避免箭线交叉；尽量采用水平箭线或垂直箭线。

（2）**断路方法**　断路法有两种：在网络图的水平方向，采用虚工作将无逻辑关系的某相邻工作隔断的一种断路方法，称为"横向断路法"。在网络图的竖直方向，采用虚工作将没有逻辑关系的某些相邻工作隔断的一种方法，称为"纵向断路法"。一般来说，横向断路法主要用于非时标网络图，纵向断路法主要用于时标网络图。

例3-1　某工程由支模板、绑钢筋、浇混凝土三个分项工程组成，它在平面上划分为Ⅰ、Ⅱ、Ⅲ三个施工段，各分项工程在各个施工段上的持续时间依次为4天、4天和2天，已知其双代号网络图（图3-12），试判断该网络图的正确性。

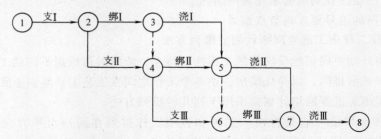

图3-12　某工程双代号网络图

解　判断网络图的正确与否，应从网络图是否符合工艺逻辑关系要求、是否符合施工组织程序要求、是否满足空间逻辑关系要求三个方面分析。图3-12符合前两个方面要求，但不满足空间逻辑关系要求，因为第Ⅲ施工段支模板不应受第Ⅰ施工段绑钢筋的制约，同样第Ⅲ施工段绑钢筋也不应受第Ⅰ施工段浇混凝土的制约，说明空间逻辑关系表达有误。这种情况下，就应采用虚工作在线路上隔断无逻辑关系的各项工作，即采用断路法。图3-12所示网络图可用两种断路方法修正（图3-13）。

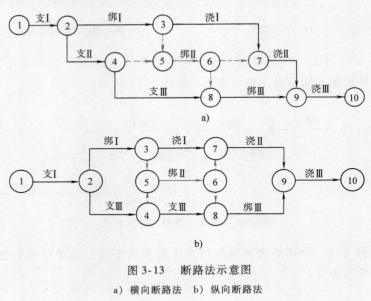

图3-13　断路法示意图
a）横向断路法　b）纵向断路法

（3）网络图的分解　当网络图的工作数目很多时，可将其分解为几块在一张或若干张图上来绘制。各块之间的分界点，宜设在箭杆和节点较少的部位，或按照施工部分、日历时间来分块。分界点的节点编号要相同，且该节点应画成双层圆圈。

3. 网络图的绘制步骤

1）按选定的网络图类型和已确定的排列方式，决定网络图的合理布局。

2）从起始工作开始，由左至右依次绘制，只有当先行工作全部绘制完成后，才能绘制本工作，直到结束工作全部绘制完为止。

3）检查工作和逻辑关系有无错漏并进行修正。

4）按网络图绘图规则的要求完善网络图。

5）按网络图的编号要求将节点编号。

4. 建筑安装工程施工进度网络计划的排列方法

为了使网络计划更确切地反映建筑工程施工特点，绘图时可根据不同的工程情况、施工组织和使用要求灵活排列，以简化层次，使各个工作之间在工艺上、组织上和逻辑关系上更清晰。建筑工程施工进度网络计划常采用下列几种排列方法。

（1）按工种排列法　它是将同一工种和各项工作排列在同一水平方向上的方法，如图 3-14 所示，此时网络计划突出表示工种的连续作业。

（2）按施工段排列法　它是将同一施工段的各项工作排列在同一水平方向上的方法，如图 3-15 所示，此时网络计划突出表示工作面的连续作业。

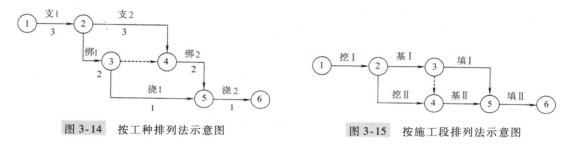

图 3-14　按工种排列法示意图　　　　　　图 3-15　按施工段排列法示意图

（3）按施工层排列法　它是将同一施工层的各项工作排列在同一水平方向上的方法，如内装修工程按楼层流水施工自上而下进行，如图 3-16 所示。

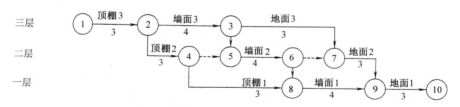

图 3-16　按施工层排列法示意图

（4）其他排列方法　网络图的其他排列方法有按施工或专业单位排列法、按栋号排列法、按分部工程排列法等。

3.3　双代号网络计划时间参数计算

3.3.1　概述

网络计算的目的在于确定各项工作和各个节点的时间参数，从而确定关键工作和关键线路，为网络计划的执行、调整和优化提供必要的时间概念。时间参数计算的内容主要包括工作持续时间；节点最早时间和最迟时间；工作最早开始时间和最早完成时间、最迟开始时间和最迟完成时间；工作的总时差、自由时差、相关时差和独立时差。

时间参数计算的方法有很多种，如分析计算法、图算法、矩阵法、表上计算法和电算法等。本书主要对分析计算法、图算法和电算法加以介绍。

3.3.2　分析计算法

分析计算法是根据各项时间参数计算公式，列式计算时间参数的方法。

1. 工作持续时间的计算

在肯定型网络计划中，工作的持续时间是采用单时计算法计算的，可按下式计算

$$D_{i\text{-}j} = \frac{Q_{i\text{-}j}}{S_{i\text{-}j}R_{i\text{-}j}N_{i\text{-}j}} = \frac{P_{i\text{-}j}}{R_{i\text{-}j}N_{i\text{-}j}} \tag{3-2}$$

式中　$D_{i\text{-}j}$——工作 $i\text{-}j$ 的持续时间；

　　　$Q_{i\text{-}j}$——工作 $i\text{-}j$ 的工程量；

　　　$S_{i\text{-}j}$——完成工作 $i\text{-}j$ 的计划产量定额；

　　　$R_{i\text{-}j}$——完成工作 $i\text{-}j$ 所需工人数或机械台数；

　　　$N_{i\text{-}j}$——完成工作 $i\text{-}j$ 的工作班次；

　　　$P_{i\text{-}j}$——工作 $i\text{-}j$ 的劳动量或机械台班数量。

在非肯定型网络计划中，由于工作的持续时间受很多变动因素影响，无法确定出肯定数值，因此只能凭计划管理人员的经验和推测，估计出三种时间，据以得出期望持续时间计算值，即按三时估计法计算，可按下式计算

$$D_{i\text{-}j}^{e} = \frac{a_{i\text{-}j} + 4m_{i\text{-}j} + b_{i\text{-}j}}{6} \tag{3-3}$$

式中　$D_{i\text{-}j}^{e}$——工作 $i\text{-}j$ 的期望持续时间计算值；

　　　$a_{i\text{-}j}$——工作 $i\text{-}j$ 的最短估计时间；

　　　$b_{i\text{-}j}$——工作 $i\text{-}j$ 的最长估计时间；

　　　$m_{i\text{-}j}$——工作 $i\text{-}j$ 的最可能估计时间。

由于网络计划中持续时间确定方法的不同，双代号网络计划就被分成了两种类型。采用单时估计法时属于关键线路法（CPM），采用三时估计法时则属于计划评审技术（PERT）。本节主要针对 CPM 进行介绍。

2. 节点时间参数的计算

节点时间参数包括节点最早时间 ET 和节点最迟时间 LT。

节点最早时间是指该节点所有紧后工作的最早可能开始时间。它应是以该节点为完成节点的所有工作最早全部完成的时间。

由于起点节点代表整个网络计划的开始，为计算简便，可令 $ET_1 = 0$，实际应用时，可将其换算为日历时间。其他节点的最早时间可用下式计算

$$ET_j = \max\{ET_i + D_{i\text{-}j}\} \qquad (i < j) \tag{3-4}$$

式中　ET_j——工作 $i\text{-}j$ 的完成节点 j 的最早时间；

　　　ET_i——工作 $i\text{-}j$ 的开始节点 i 的最早时间；

D_{i-j}——工作 i-j 的持续时间。

综上所述，节点最早时间应从起点节点开始计算，令 $ET_1 = 0$，然后按节点编号递增的顺序进行，直到终点节点为止。

节点最迟时间是指该节点所有紧前工作最迟必须结束的时间，它是一个时间界限。它应是以该节点为完成节点的所有工作最迟必须结束的时间。若迟于这个时间，紧后工作就要推迟开始，整个网络计划的工期就要延迟。

由于终点节点代表整个网络计划的结束，因此要保证计划总工期，终点节点的最迟时间应等于此工期。若总工期有规定，可令终点节点的最迟时间 LT_n 等于规定总工期 T，即 $LT_n = T$；若总工期无规定，则可令终点节点的最迟时间 LT_n 等于按终点节点最早时间计算出的计划总工期，即 $LT_n = ET_n$。而其他节点的最迟时间可用下式计算

$$LT_i = \min\{LT_j - D_{i-j}\} \tag{3-5}$$

式中　　LT_i——工作 i-j 开始节点 i 的最迟时间；

　　　　LT_j——工作 i-j 完成节点 j 的最迟时间；

　　　　D_{i-j}——工作 i-j 的持续时间。

综上所述，节点最迟时间的计算是从终点节点开始，首先确定 LT_n，然后按照节点编号递减的顺序进行，直到起点节点为止。

节点最早时间和节点最迟时间的计算规律可用图 3-17 来表示。

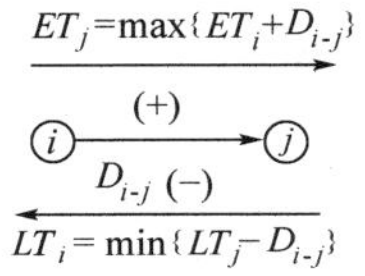

图 3-17　节点时间参数计算规律示意图

3. 工作时间参数的计算

工作的时间参数包括工作最早开始时间 ES 和最早完成时间 EF、工作最迟开始时间 LS 和最迟完成时间 LF。

对于任何工作 i-j 来说，其各项时间参数计算，均受到该工作开始节点的最早时间 ET_i、工作完成节点的最迟时间 LT_j 和工作持续时间 D_{i-j} 的控制。

由于工作最早开始时间 ES_{i-j} 和最早完成时间 EF_{i-j} 反映工作 i-j 与前面工作的时间关系，受开始节点 i 的最早时间限制，因此，ES_{i-j} 和 EF_{i-j} 的计算应以开始节点的时间参数为基础；工作的最迟开始时间 LS_{i-j} 和最迟完成时间 LF_{i-j} 反映 i-j 工作与其后面工作的时间关系，受完成节点 j 的最迟时间的限制。因此 LS_{i-j} 和 LF_{i-j} 的计算应以完成节点的时间参数为基础，其计算方法如下

$$\begin{cases} ES_{i-j} = ET_i \\ EF_{i-j} = ES_{i-j} + D_{i-j} \end{cases} \tag{3-6}$$

$$\begin{cases} LF_{i-j} = LT_j \\ LS_{i-j} = LF_{i-j} - D_{i-j} \end{cases} \tag{3-7}$$

4. 工作时差的确定

时差反映工作在一定条件下的机动时间范围，通常分为总时差、自由时差、相关时差和独立时差。

（1）工作的总时差　工作的总时差是指在不影响工期和有关时限的前提下，一项工作可以利用的机动时间，即在保证本工作以最迟完成时间完工的前提下，允许该工作推迟其最

早开始时间或延长其持续时间的幅度。$i\text{-}j$ 工作的总时差 $TF_{i\text{-}j}$ 可按下式计算

$$TF_{i\text{-}j} = LT_j - ET_i - D_{i\text{-}j}$$
$$= LF_{i\text{-}j} - EF_{i\text{-}j}$$
$$= LS_{i\text{-}j} - ES_{i\text{-}j} \tag{3-8}$$

由式（3-8）看出，对于任何一项工作 $i\text{-}j$，可以利用的最大时间范围为 $LT_j - ET_i$，其总时差可能有三种情况：

1）$LT_j - ET_i > D_{i\text{-}j}$，即 $TF_{i\text{-}j} > 0$，说明该项工作存在机动时间，为非关键工作。

2）$LT_j - ET_i = D_{i\text{-}j}$，即 $TF_{i\text{-}j} = 0$，说明该项工作不存在机动时间，为关键工作。

3）$LT_j - ET_i < D_{i\text{-}j}$，即 $TF_{i\text{-}j} < 0$，说明该项工作有负时差，计划工期长于规定工期，应采取技术组织措施予以缩短，确保计划总工期。

（2）工作的自由时差　工作的自由时差是指在不影响其紧后工作最早开始和有关时限的前提下，一项工作可以利用的机动时间，即在不影响紧后工作按最早开始时间开工的前提下，允许该工作推迟其最早开始时间或延长其持续时间的幅度。工作 $i\text{-}j$ 的自由时差 $FF_{i\text{-}j}$ 可按下式计算

$$FF_{i\text{-}j} = ET_j - ET_i - D_{i\text{-}j} = ET_j - EF_{i\text{-}j} \tag{3-9}$$

由式（3-9）看出，对于任何一项工作 $i\text{-}j$，可以自由利用的最大时间范围为 $ET_j - ET_i$，其自由时差可能出现下面三种情况：

1）$ET_j - ET_i > D_{i\text{-}j}$，即 $FF_{i\text{-}j} > 0$，说明工作有自由利用的机动时间。

2）$ET_j - ET_i = D_{i\text{-}j}$，即 $FF_{i\text{-}j} = 0$，说明工作无自由利用的机动时间。

3）$ET_j - ET_i < D_{i\text{-}j}$，即 $FF_{i\text{-}j} < 0$，说明计划工期长于规定工期，应采取措施予以缩短，以保证计划总工期。

（3）工作的相关时差　工作的相关时差是指可以与紧后工作共同利用的机动时间，即在工作总时差中，除自由时差外，剩余的那部分时差。工作 $i\text{-}j$ 的相关时差 $IF_{i\text{-}j}$ 可按下式计算

$$IF_{i\text{-}j} = TF_{i\text{-}j} - FF_{i\text{-}j} = LT_j - ET_j \tag{3-10}$$

（4）工作的独立时差　工作的独立时差是指为本工作所独有而其紧前、紧后工作不可能利用的时差，即在不影响紧后工作按照最早开始时间开工的前提下，允许该工作推迟其最迟开始时间或延长其持续时间的幅度，可按下式计算

$$DF_{i\text{-}j} = ET_j - LT_i - D_{i\text{-}j}$$
$$= FF_{i\text{-}j} - IF_{h\text{-}i} \qquad (h < i) \tag{3-11}$$

式中　$DF_{i\text{-}j}$——工作 $i\text{-}j$ 的独立时差；

　　　$IF_{h\text{-}i}$——紧前工作 $h\text{-}i$ 的相关时差。

对于任何一项工作 $i\text{-}j$，它可以独立使用的最大时间范围为 $ET_j - LT_i$，其独立时差可能有以下三种情况：

1）$ET_j - LT_i > D_{i\text{-}j}$，即 $DF_{i\text{-}j} > 0$，说明工作有独立使用的机动时间。

2）$ET_j - LT_i = D_{i\text{-}j}$，即 $DF_{i\text{-}j} = 0$，说明工作无独立使用的机动时间。

3）$ET_j - LT_i < D_{i\text{-}j}$，即 $DF_{i\text{-}j} < 0$，此时取 $DF_{i\text{-}j} = 0$。

综上所述，四种工作时差的形成条件和相互关系如图 3-18 所示。

1）工作的总时差对其紧前工作与紧后工作均有影响。总时差与自由时差、相关时差和独立时差之间具有如下关系

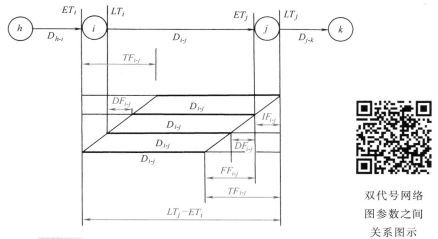

图 3-18　四种工作时差的形成条件和相互关系示意图

双代号网络
图参数之间
关系图示

$$TF_{i-j} = FF_{i-j} + IF_{i-j}$$
$$= IF_{h-i} + DF_{i-j} + IF_{i-j} \qquad (3-12)$$

2）一项工作的自由时差只限于本工作利用，不能转移给紧后工作利用，对紧后工作的时差无影响，但对其紧前工作有影响，如动用，将使紧前工作时差减少。

3）一项工作的相关时差对其紧前工作无影响，但对紧后工作的时差有影响，如动用，将使紧后工作的时差减少或消失。它可以转让给紧后工作，变为其自由时差被利用。

4）一项工作的独立时差只能被本工作使用，如动用，对其紧前工作和紧后工作均无影响。

5. 关键线路的确定

关键工作和关键线路的确定方法有如下几种：

1）通过计算所有线路的线路时间 T_s 来确定。线路时间最长的线路即为关键线路，位于其上的工作即为关键工作。

2）通过计算工作的总时差来确定。若 $TF_{i-j} = 0$（$LT_n = ET_n$ 时）或 $TF_{i-j} = $ 规定工期 – 计划工期（$LT_n = $ 规定工期时），则该项工作 i-j 为关键工作，所组成的线路为关键线路。

3）通过计算节点时间参数来确定。若工作 i-j 的开始节点时间 $ET_i = LT_i$，完成节点时间 $ET_j = LT_j$，且 $ET_j - LT_i = D_{i-j}$ 时，则该项工作为关键工作，所组成的线路为关键线路。

通常在网络图中用粗实线或双线箭杆将关键线路标出。

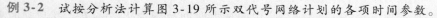

例3-2　试按分析法计算图 3-19 所示双代号网络计划的各项时间参数。

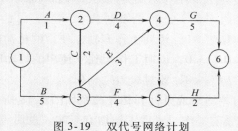

图 3-19　双代号网络计划

解　（1）计算 ET_j。令 $ET_1 = 0$，按式（3-4）可得：

$$ET_2 = ET_1 + D_{1\text{-}2} = 0 + 1 = 1$$

$$ET_3 = \max\begin{Bmatrix} ET_2 + D_{2\text{-}3} \\ ET_1 + D_{1\text{-}3} \end{Bmatrix} = \max\begin{Bmatrix} 1+2 \\ 0+5 \end{Bmatrix} = 5$$

$$ET_4 = \max\begin{Bmatrix} ET_2 + D_{2\text{-}4} \\ ET_3 + D_{3\text{-}4} \end{Bmatrix} = \max\begin{Bmatrix} 1+4 \\ 5+3 \end{Bmatrix} = 8$$

$$ET_5 = \max\begin{Bmatrix} ET_3 + D_{3\text{-}5} \\ ET_4 + D_{4\text{-}5} \end{Bmatrix} = \max\begin{Bmatrix} 5+4 \\ 8+0 \end{Bmatrix} = 9$$

$$ET_6 = \max\begin{Bmatrix} ET_4 + D_{4\text{-}6} \\ ET_5 + D_{5\text{-}6} \end{Bmatrix} = \max\begin{Bmatrix} 8+5 \\ 9+2 \end{Bmatrix} = 13$$

（2）计算 LT_i。令 $LT_6 = ET_6 = 13$，按式（3-5）得：

$$LT_5 = LT_6 - D_{5\text{-}6} = 13 - 2 = 11$$

$$LT_4 = \min\begin{Bmatrix} LT_6 - D_{4\text{-}6} \\ LT_5 - D_{4\text{-}5} \end{Bmatrix} = \min\begin{Bmatrix} 13-5 \\ 11-0 \end{Bmatrix} = 8$$

$$LT_3 = \min\begin{Bmatrix} LT_5 - D_{3\text{-}5} \\ LT_4 - D_{3\text{-}4} \end{Bmatrix} = \min\begin{Bmatrix} 11-4 \\ 8-3 \end{Bmatrix} = 5$$

$$LT_2 = \min\begin{Bmatrix} LT_3 - D_{2\text{-}3} \\ LT_4 - D_{2\text{-}4} \end{Bmatrix} = \min\begin{Bmatrix} 5-2 \\ 8-4 \end{Bmatrix} = 3$$

$$LT_1 = \min\begin{Bmatrix} LT_3 - D_{1\text{-}3} \\ LT_2 - D_{1\text{-}2} \end{Bmatrix} = \min\begin{Bmatrix} 5-5 \\ 3-1 \end{Bmatrix} = 0$$

（3）计算 $ES_{i\text{-}j}$、$EF_{i\text{-}j}$、$LF_{i\text{-}j}$ 和 $LS_{i\text{-}j}$。分别按式（3-6）、式（3-7）计算得：

工作 1-2：$ES_{1\text{-}2} = ET_1 = 0$

$$EF_{1\text{-}2} = ES_{1\text{-}2} + D_{1\text{-}2} = 0 + 1 = 1$$

$$LF_{1\text{-}2} = LT_2 = 3$$

$$LS_{1\text{-}2} = LF_{1\text{-}2} - D_{1\text{-}2} = 3 - 1 = 2$$

工作 1-3：$ES_{1\text{-}3} = ET_1 = 0$

$$EF_{1\text{-}3} = ES_{1\text{-}3} + D_{1\text{-}3} = 0 + 5 = 5$$

$$LF_{1\text{-}3} = LT_3 = 5$$

$$LS_{1\text{-}3} = LF_{1\text{-}3} - D_{1\text{-}3} = 5 - 5 = 0$$

工作 2-3：$ES_{2-3} = ET_2 = 1$

$EF_{2-3} = ES_{2-3} + D_{2-3} = 1 + 2 = 3$

$LF_{2-3} = LT_3 = 5$

$LS_{2-3} = LF_{2-3} - D_{2-3} = 5 - 2 = 3$

工作 2-4：$ES_{2-4} = ET_2 = 1$

$EF_{2-4} = ES_{2-4} + D_{2-4} = 1 + 4 = 5$

$LF_{2-4} = LT_4 = 8$

$LS_{2-4} = LF_{2-4} - D_{2-4} = 8 - 4 = 4$

工作 3-4：$ES_{3-4} = ET_3 = 5$

$EF_{3-4} = ES_{3-4} + D_{3-4} = 5 + 3 = 8$

$LF_{3-4} = LT_4 = 8$

$LS_{3-4} = LF_{3-4} - D_{3-4} = 8 - 3 = 5$

工作 3-5：$ES_{3-5} = ET_3 = 5$

$EF_{3-5} = ES_{3-5} + D_{3-5} = 5 + 4 = 9$

$LF_{3-5} = LT_5 = 11$

$LS_{3-5} = LF_{3-5} - D_{3-5} = 11 - 4 = 7$

工作 4-6：$ES_{4-6} = ET_4 = 8$

$EF_{4-6} = ES_{4-6} + D_{4-6} = 8 + 5 = 13$

$LF_{4-6} = LT_6 = 13$

$LS_{4-6} = LF_{4-6} - D_{4-6} = 13 - 5 = 8$

工作 5-6：$ES_{5-6} = ET_5 = 9$

$EF_{5-6} = ES_{5-6} + D_{5-6} = 9 + 2 = 11$

$LF_{5-6} = LT_6 = 13$

$LS_{5-6} = LF_{5-6} - D_{5-6} = 13 - 2 = 11$

（4）计算 TF_{i-j}、FF_{i-j}、IF_{i-j} 和 DF_{i-j}。按式（3-8）~式（3-11）计算得：

工作 1-2：$TF_{1-2} = LS_{1-2} - ES_{1-2} = 2 - 0 = 2$

$FF_{1-2} = ET_2 - EF_{1-2} = 1 - 1 = 0$

$IF_{1-2} = TF_{1-2} - FF_{1-2} = 2 - 0 = 2$

$DF_{1-2} = ET_2 - LT_1 - D_{1-2} = 1 - 0 - 1 = 0$

工作 1-3：$TF_{1-3} = LS_{1-3} - ES_{1-3} = 0 - 0 = 0$

$FF_{1-3} = ET_3 - EF_{1-3} = 5 - 5 = 0$

$IF_{1-3} = TF_{1-3} - FF_{1-3} = 0 - 0 = 0$

$DF_{1-3} = ET_3 - LT_1 - D_{1-3} = 5 - 0 - 5 = 0$

工作 2-3：$TF_{2\text{-}3} = LS_{2\text{-}3} - ES_{2\text{-}3} = 3 - 1 = 2$

$\qquad FF_{2\text{-}3} = ET_3 - EF_{2\text{-}3} = 5 - 3 = 2$

$\qquad IF_{2\text{-}3} = TF_{2\text{-}3} - FF_{2\text{-}3} = 2 - 2 = 0$

$\qquad DF_{2\text{-}3} = ET_3 - LT_2 - D_{2\text{-}3} = 5 - 3 - 2 = 0$

工作 2-4：$TF_{2\text{-}4} = LS_{2\text{-}4} - ES_{2\text{-}4} = 4 - 1 = 3$

$\qquad FF_{2\text{-}4} = ET_4 - EF_{2\text{-}4} = 8 - 5 = 3$

$\qquad IF_{2\text{-}4} = TF_{2\text{-}4} - FF_{2\text{-}4} = 3 - 3 = 0$

$\qquad DF_{2\text{-}4} = ET_4 - LT_2 - D_{2\text{-}4} = 8 - 3 - 4 = 1$

工作 3-4：$TF_{3\text{-}4} = LS_{3\text{-}4} - ES_{3\text{-}4} = 5 - 5 = 0$

$\qquad FF_{3\text{-}4} = ET_4 - EF_{3\text{-}4} = 8 - 8 = 0$

$\qquad IF_{3\text{-}4} = TF_{3\text{-}4} - FF_{3\text{-}4} = 0 - 0 = 0$

$\qquad DF_{3\text{-}4} = ET_4 - LT_3 - D_{3\text{-}4} = 8 - 5 - 3 = 0$

工作 3-5：$TF_{3\text{-}5} = LS_{3\text{-}5} - ES_{3\text{-}5} = 7 - 5 = 2$

$\qquad FF_{3\text{-}5} = ET_5 - EF_{3\text{-}5} = 9 - 9 = 0$

$\qquad IF_{3\text{-}5} = TF_{3\text{-}5} - FF_{3\text{-}5} = 2 - 0 = 2$

$\qquad DF_{3\text{-}5} = ET_5 - LT_3 - D_{3\text{-}5} = 9 - 5 - 4 = 0$

工作 4-6：$TF_{4\text{-}6} = LS_{4\text{-}6} - ES_{4\text{-}6} = 8 - 8 = 0$

$\qquad FF_{4\text{-}6} = ET_6 - EF_{4\text{-}6} = 13 - 13 = 0$

$\qquad IF_{4\text{-}6} = TF_{4\text{-}6} - FF_{4\text{-}6} = 0 - 0 = 0$

$\qquad DF_{4\text{-}6} = ET_6 - LT_4 - D_{4\text{-}6} = 13 - 8 - 5 = 0$

工作 5-6：$TF_{5\text{-}6} = LS_{5\text{-}6} - ES_{5\text{-}6} = 11 - 9 = 2$

$\qquad FF_{5\text{-}6} = ET_6 - EF_{5\text{-}6} = 13 - 11 = 2$

$\qquad IF_{5\text{-}6} = TF_{5\text{-}6} - FF_{5\text{-}6} = 2 - 2 = 0$

$\qquad DF_{5\text{-}6} = ET_6 - LT_5 - D_{5\text{-}6} = 13 - 11 - 2 = 0$

（5）判断关键工作和关键线路。根据 $TF_{i\text{-}j} = 0$ 得，工作 1-3、工作 3-4、工作 4-6 为关键工作，所组成的线路①→③→④→⑥为关键线路。

（6）确定计划总工期 $T = ET_n = LT_n = 13$。

3.3.3　图算法

图算法是按照各项时间参数计算公式的程序，直接在网络图上计算时间参数的方法。由于计算过程在图上直接进行，不需列计算式，既快又不易出差错，计算结果直接标在网络图上，便于检查和修改，是一种比较常用的计算方法。

1. 各种时间参数在图上的表示方法

节点时间参数通常标注在节点的上方或下方，其标注方法如图 3-20 所示。工作时间参数通常标注在工作箭杆的上方或左侧。

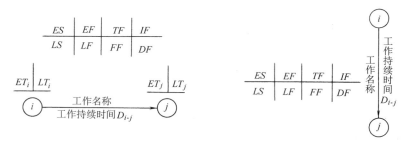

图 3-20　时间参数标注方法

双代号网络图时间
参数计算示例

2. 计算方法

图算法的计算方法与顺序同分析计算法相同，计算时随时将计算结果填入图中相应位置。

例 3-3　试按图算法计算图 3-19 所示双代号网络计划的各项时间参数。

解　（1）画出各项时间参数计算图例，并标注在网络图上。

（2）计算节点时间参数。

1）节点最早时间 ET。假定 $ET_1 = 0$，利用式（3-4），按节点编号递增顺序，由前向后计算，并随时将计算结果标注在图例中标 ET 的相应位置。

2）节点最迟时间 LT。假定 $LT_6 = ET_6 = 13$，利用式（3-5），按节点编号递减顺序，由后向前进行，并随时将结果标注在图例中 LT 所示位置。

3）工作时间参数。工作时间参数可根据节点时间参数，分别用式（3-6）~ 式（3-11）计算出来，并分别随时标在图例中所示各个位置。

（3）判断关键工作和关键线路，用粗实线标在图上。

（4）确定计划总工期，标在图上。

上述计算结果如图 3-21 所示。

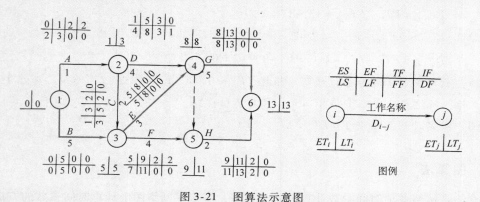

图 3-21　图算法示意图

3.3.4　电算法

网络计划的时间参数计算、方案的各种优化及实施期间的进度管理都需要大量的重复计算，而计算机的普及应用为解决这一问题创造了有利的条件。本节所介绍的电算法就是利用计算程序进行网络图时间参数计算。

网络图时间参数计算程序包括读入数据、计算和结果输出三部分。计算部分包括前向网络计算（计算各节点最早时间）、后向网络计算（计算各节点最迟时间）和工作时间参数计算三个部分。程序框图如图 3-22 所示，可在此基础上编制网络时间参数计算程序。

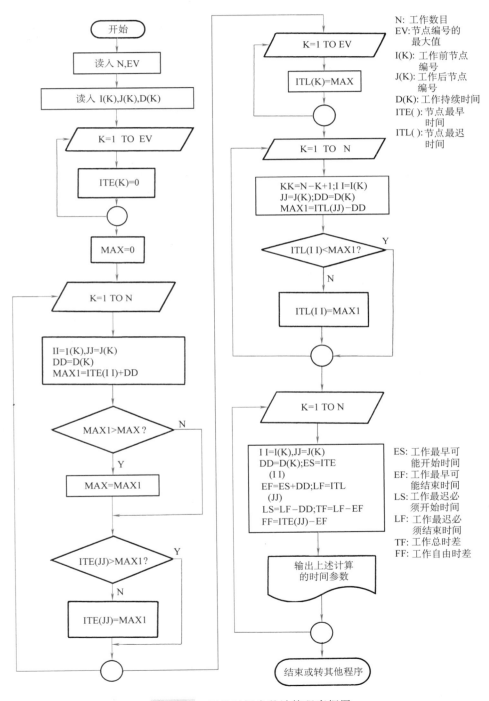

图 3-22　网络时间参数计算程序框图

3.4 单代号网络计划

3.4.1 单代号网络图的组成

单代号网络图又称"工作节点网络图",是网络计划的另一种表示方法,具有绘图简便、逻辑关系明确、易于修改等优点。由工作和线路两个基本要素组成。

工作用节点来表示,通常画成一个大圆圈或方框形式,其内标注工作编号、名称和持续时间等内容,如图3-23所示。工作之间的关系用实箭杆表示,它既不消耗时间,也不消耗资源,只表示各项工作间的网络逻辑关系。相对于箭尾和箭头来说,箭尾节点称为"紧前工作",箭头节点称为"紧后工作"。

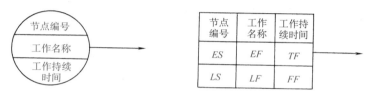

图3-23 单代号网络图表示方法示意图

由网络图的起点节点出发,顺着箭杆方向到达终点,中间经由一系列节点和箭杆所组成的通道,称为"线路"。同双代号网络图一样,线路也分为关键线路和非关键线路,其性质和线路时间的计算方法均与双代号网络图相同。

3.4.2 单代号网络图的绘制

由于单代号网络图和双代号网络图所表达的计划内容是一致的,两者的区别仅在于绘图的符号不同。因此,在双代号网络图中所说明的绘图规则,对单代号网络图原则上都适用。所不同的是,单代号网络图中有多项开始和多项结束工作时,应在网络图的两端分别设置一项虚工作,作为网络图的起点节点和终点节点,如图3-24所示,其他再无任何虚工作。

3.4.3 单代号网络计划的时间参数计算

因为单代号的节点代表工作,所以它的时间参数计算的内容、方法和顺序等与双代号网络图的工作时间参数计算相同。下面首先分析计算法的公式。

单代号网络图工作时间参数关系示意如图3-25所示。

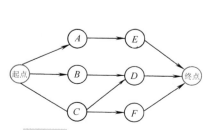

图3-24 单代号网络图示意图

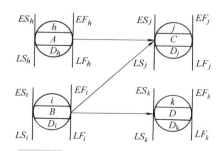

图3-25 工作时间参数关系示意图

单代号网络图时间参数计算公式如下

$$\begin{cases} ES_j = \max[ES_i + D_i] = \max[EF_i] \\ EF_j = ES_j + D_j \qquad (i < j) \end{cases} \tag{3-13}$$

$$\begin{cases} LF_i = \min[LS_j] \qquad (i < j) \\ LS_i = LF_i - D_i \end{cases} \tag{3-14}$$

$$\begin{cases} TF_i = LS_i - ES_i = LF_i - EF_i \\ FF_i = \min[ES_j] - EF_i \qquad (i < j) \end{cases} \tag{3-15}$$

$$\begin{cases} IF_i = TF_i - FF_i = LF_i - \min[ES_j] \\ DF_i = FF_i - \max[IF_h] \qquad (h < i < j) \end{cases} \tag{3-16}$$

上述公式中，各种符号的意义和计算规则与双代号网络计划完全相同。

下面介绍单代号网络计划时间参数计算的图算法。单代号网络计划时间参数在网络图上的表示方法一般如图 3-26 所示。

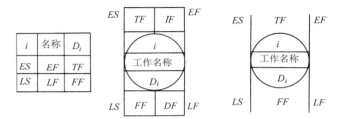

图 3-26　时间参数在网络图上的表示方法

例 3-4　某工程由支模板、绑钢筋、浇混凝土三个分项工程组成，各分为三个施工段施工，各个分项工程每个施工段的持续时间分别为 3 天、3 天、2 天，试绘制单代号网络图并按图算法计算各时间参数。

解　首先绘出单代号网络图，然后按下列步骤进行时间参数计算，如图 3-27 所示。

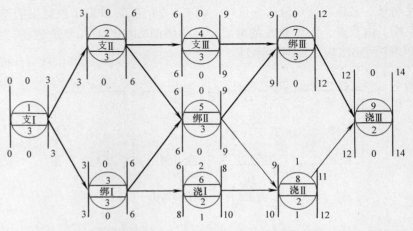

图 3-27　单代号网络图时间参数计算

支—支模板　绑—绑钢筋　浇—浇混凝土

（1）计算 ES_i 和 EF_i。由起点节点开始，首先假定整个网络计划的开始时间为 0，$ES_1 = 0$，然后从左至右按节点编号递增的顺序计算，直到终点节点止，并随时将计算结果填入相应栏。

（2）计算 LF_i 和 LS_i。由终点节点开始，假定终点节点的最迟完成时间 $LF_9 = EF_9 = 14$，从右到左按工作编号递减的顺序逐个计算，直到起点节点止，并随时将计算结果填入相应栏。

（3）计算 TF_i 和 FF_i。由起点节点开始，逐个工作计算，并随时将计算结果填入相应栏。

（4）判断关键工作和关键线路。根据 $TF_i = 0$，进行判断，以粗箭线标出关键线路。

（5）确定计划总工期。计划总工期为 14 天（图 3-27）。

3.5 PERT 网络计划模型

3.5.1 PERT 网络图的组成和绘制

计划评审技术（PERT）与关键线路法的主要差别就在于估计项目的时间。关键线路法（CPM）一般用于有经验的工程项目，工作时间是确定的。而计划评审技术一般用于科研方面和经验不足的工程项目，工作时间是不确定的。

PERT 网络图在表达方式上多采用双代号网络图。只是其节点与普通双代号网络图的节点意义不尽相同。通常，每一个节点都有一个具体名称，反映计划执行中各个阶段性的目标，通常称这些节点为"里程碑"节点，网络图一般是根据这些节点关系绘制出来的。绘图时，节点仍以圆圈或方框形式来表

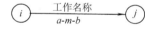

图 3-28　PERT 网络图的表示形式

达，其内标注编号、名称或计划阶段性目标，如图 3-28 所示。PERT 网络图的组成同普通双代号网络图一样，由节点、工作和线路组成，其绘图的方法与前几节所述相同。如图 3-29 所示即为用 PERT 网络图表达的网络计划。

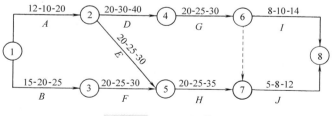

图 3-29　PERT 网络图

3.5.2 工作预期时间

由于 PERT 属于非肯定型网络计划，工作的持续时间无法用一个确切的时间值来表达，

通常采用三点估计法进行，定出三个不同的工作时间，作为计算的依据：第一个时间是按正常条件估计的完成某项工作最可能的持续时间，称为最可能估计时间（m）；第二个时间是按最顺利条件估计的完成某项工作所需的持续时间，称为最短估计时间（a）或乐观估计时间；第三个时间是按最不利条件估计的完成某项工作所需的持续时间，称为最长估计时间或悲观估计时间（b）。

　　由于上述持续时间是推断值，带有随机性，因此，这三个时间的分布属于统计学上的概率分布。用时间做横坐标，事件发生的概率做纵坐标，概率的分布曲线呈连续型，曲线上任何一点均表示在某一特定时间这一事件发生的概率，如图 3-30 所示。

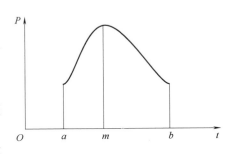

图 3-30　概率分布曲线示意图

　　若已知概率，可在曲线相应的横坐标上找到此概率发生的时间。在计划评审技术中，实际上只估计了三个不同时间，并没有把曲线的图形和曲线的方程式表示出来。但是当这种估计过程进行相当多（大于30）次时，三种时间的随机分布规律，将呈现 β 分布形式。

　　事件平均发生概率可按下式计算

$$\overline{P} = \frac{\int_a^b f(t)\,\mathrm{d}t}{b - a} \tag{3-17}$$

式中　b——最长估计时间；

　　　a——最短估计时间；

　$f(t)$——概率分布曲线。

　　按照概率论的中心极限定理，工作 i-j 持续时间的概率期望值 $D_{i\text{-}j}^e$ 将位于两个边界值最短估计时间 $a_{i\text{-}j}$ 和最长估计时间 $b_{i\text{-}j}$ 之间，可由下式计算而得

$$D_{i\text{-}j}^e = \frac{1}{6}(a_{i\text{-}j} + 4m_{i\text{-}j} + b_{i\text{-}j}) \tag{3-18}$$

式中　$m_{i\text{-}j}$——工作 i-j 的最可能估计时间；

　　　$D_{i\text{-}j}^e$——工作 i-j 的期望工作持续时间。

　　由于工作的三个估计时间直接影响期望工作持续时间的数值，因此三个估计时间是否可靠，直接关系到期望工作持续时间的正确性。一般在估计工作时间时，有经验的、确切了解的工作，估计的三个时间应变化较小；无经验的、不确定的工作，则估计的三个时间相差较大。期望工作持续时间可靠性受估计偏差影响，估计偏差越大，持续时间分布越离散，肯定性越小，越不可靠，反之，估计偏差越小，持续时间的分布越集中，肯定性越大，越可靠，如图 3-31 所示。

　　期望工作持续时间的离散程度用方差或标准差来评定。方差是衡量估计偏差的特征值，它是基于一群数据，先求这一群数据的平均值，然后求各个数据同平均值偏差的平方和的平均值。

　　因为计划评审法只估计三个时间数据，因此方差的计算可以简化，用下式计算

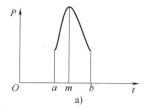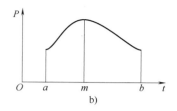

图 3-31 期望工作持续时间估计的分布离散

a）分布离散小 b）分布离散大

$$\sigma_{i\text{-}j}^2 = \left(\frac{b_{i\text{-}j} - a_{i\text{-}j}}{6} \right)^2 \qquad (3\text{-}19)$$

期望工作持续时间的离散程度也可以用标准差来表示。标准差为方差的平方根，可按下式计算

$$\sigma_{i\text{-}j} = \frac{1}{6}(b_{i\text{-}j} - a_{i\text{-}j}) \qquad (3\text{-}20)$$

3.5.3 线路时间参数

在计划评审技术中，由于工作是不确定的，因此工期也是不确定的。当网络图的工作数目足够多时，不管各项工作的分布状态如何，总工期都将呈现正态分布规律，可以用期望工期和该工期的标准差这两个特征指标来表达该正态分布。

1. 线路期望时间

完成某条线路 s 上全部工作所需的总期望持续时间，称为该条线路的线路期望时间 ET_s，即

$$ET_s = \sum_{(i,j)E_s} D_{i\text{-}j}^e \qquad (3\text{-}21)$$

衡量 ET_s 离散程度的指标为线路期望时间的方差 σ_s^2，它等于该条线路上全部工作期望持续时间方差的总和，即

$$\sigma_s^2 = \sum_{(i,j)E_s} \sigma_{i\text{-}j}^2 \qquad (3\text{-}22)$$

线路期望时间的标准差 σ_s 也就可由下式计算

$$\sigma_s = \sqrt{\sigma_s^2} \qquad (3\text{-}23)$$

2. 工期的实现概率

总工期的实现概率，可先根据下式求出指定工期 T_k 的正态分布系数 λ_k，再查正态分布概率表（表 3-2），即可得到工期的实现概率 P_k。

$$\lambda_k = \frac{T_k - ET}{\sigma_e} \qquad (3\text{-}24)$$

式中 ET——期望工期，$ET = ET_n^e$

σ_e——期望工期的标准差，$\sigma_e = \sigma(ET_n)$。

由上式可以看出，当指令工期小于期望工期时，即 $T_k < ET$，$\lambda_k < 0$，此时指令工期的实现概率小于 50%；当指令工期等于期望工期时，即 $T_k = ET$，$\lambda_k = 0$，此时指令工期的实现概

率等于 50%；当指令工期大于期望工期时，即 $T_k > ET$，$\lambda_k > 0$，此时指令工期的实现概率大于 50%。一般来说，当指令工期的实现概率在 50% 左右时，其计划既具有竞争性，又具有可行性，这个合理范围为

$$0.345 \leqslant P_k \leqslant 0.656 \qquad (3-25)$$
$$-0.40 \leqslant \lambda_k \leqslant +0.40 \qquad (3-26)$$

表 3-2 正态分布概率表

λ	0.00	0.01	0.02	0.03	0.04	0.05	0.06	0.07	0.08	0.09
0.0	0.5000	0.5040	0.5080	0.5120	0.5160	0.5199	0.5239	0.5279	0.5319	0.5359
0.1	0.5398	0.5438	0.5478	0.5517	0.5557	0.5596	0.5636	0.5675	0.5714	0.5753
0.2	0.5793	0.5832	0.5871	0.5910	0.5948	0.5987	0.6026	0.6064	0.6103	0.6141
0.3	0.6179	0.6217	0.6255	0.6293	0.6331	0.6368	0.6406	0.6443	0.6480	0.6517
0.4	0.6554	0.6591	0.6628	0.6664	0.6700	0.6736	0.6772	0.6808	0.6844	0.6879
0.5	0.6915	0.6950	0.6985	0.7019	0.7054	0.7088	0.7123	0.7157	0.7190	0.7224
0.6	0.7257	0.7291	0.7324	0.7357	0.7389	0.7422	0.7454	0.7485	0.7517	0.7549
0.7	0.7580	0.7611	0.7642	0.7673	0.7703	0.7734	0.7764	0.7793	0.7823	0.7852
0.8	0.7881	0.7910	0.7939	0.7967	0.7995	0.8023	0.8051	0.8078	0.8106	0.8133
0.9	0.8159	0.8186	0.8186	0.8238	0.8264	0.8289	0.8315	0.8340	0.8365	0.8389
1.0	0.8413	0.8438	0.8461	0.8485	0.8508	0.8531	0.8554	0.8577	0.8599	0.8621
1.1	0.8643	0.8665	0.8686	0.8708	0.8729	0.8749	0.8776	0.8790	0.8810	0.8830
1.2	0.8849	0.8869	0.8888	0.8906	0.8925	0.8943	0.8962	0.8980	0.8997	0.9015
1.3	0.9032	0.9049	0.9066	0.9082	0.9099	0.9115	0.9131	0.9147	0.9162	0.9177
1.4	0.9192	0.9207	0.9222	0.9236	0.9251	0.9265	0.9279	0.9292	0.9306	0.9319
1.5	0.9332	0.9345	0.9357	0.9370	0.9382	0.9394	0.9406	0.9418	0.9429	0.9441
1.6	0.9452	0.9463	0.9474	0.9484	0.9495	0.9505	0.9515	0.9525	0.9535	0.9545
1.7	0.9554	0.9564	0.9573	0.9582	0.9591	0.9599	0.9608	0.9616	0.9625	0.9633
1.8	0.9641	0.9649	0.9656	0.9664	0.9671	0.9678	0.9686	0.9633	0.9699	0.9706
1.9	0.9713	0.9719	0.9726	0.9732	0.9738	0.9744	0.9750	0.9756	0.9761	0.9767
2.0	0.9772	0.9778	0.9783	0.9788	0.9793	0.9798	0.9803	0.9808	0.9812	0.9817
2.1	0.9821	0.9826	0.9830	0.9834	0.9838	0.9842	0.9846	0.9850	0.9854	0.9857
2.2	0.9861	0.9864	0.9868	0.9871	0.9875	0.9878	0.9881	0.9884	0.9887	0.9890
2.3	0.9893	0.9896	0.9898	0.9901	0.9904	0.9906	0.9909	0.9911	0.9913	0.9916
2.4	0.9918	0.9920	0.9922	0.9925	0.9927	0.9929	0.9931	0.9932	0.9934	0.9936
2.5	0.9938	0.9940	0.9941	0.9943	0.9945	0.9946	0.9948	0.9949	0.9951	0.9952
2.6	0.9955	0.9956	0.9957	0.9959	0.9960	0.9961	0.9962	0.9963	0.9963	0.9964
2.7	0.9965	0.9966	0.9967	0.9968	0.9969	0.9970	0.9971	0.9972	0.9973	0.9974
2.8	0.9974	0.9975	0.9976	0.9977	0.9977	0.9978	0.9979	0.9979	0.9980	0.9981
2.9	0.9981	0.9982	0.9982	0.9983	0.9984	0.9984	0.9985	0.9985	0.9986	0.9986
3.0	0.9987	0.9987	0.9987	0.9988	0.9988	0.9989	0.9989	0.9989	0.9990	0.9990
3.1	0.9990	0.9991	0.9991	0.9991	0.9992	0.9992	0.9992	0.9992	0.9993	0.9993
3.2	0.9993	0.9993	0.9994	0.9994	0.9994	0.9994	0.9994	0.9995	0.9995	0.9995
3.3	0.9995	0.9995	0.9995	0.9996	0.9996	0.9996	0.9996	0.9996	0.9996	0.9997
3.4	0.9997	0.9997	0.9997	0.9997	0.9997	0.9997	0.9997	0.9997	0.9997	0.9998

3. 关键线路和次关键线路

在计划评审技术中，由于每个工作是按三种时间估计的，每个线路的持续时间都有各自的概率分布，初始的关键线路是在实现概率 50% 情况下的关键线路。当要求的实现概率超过 50% 或低于 50% 时，有可能次关键线路的期望完成时间更能达到概率要求，因此这时的关键线路往往会发生变化。如图 3-32 所示，关键线路不一定就是完成项目所需的最长时间，有时线路期望时间仅次于期望工期的次关键线路的标准差大于关键线路标准差。此时，往往次关键线路使整个计划延期，转化为关键线路。因此，在应用计划评审技术时，必须认真比较关键线路之间、次关键线路与关键线路间的相对关键程度和概率分布，采取切实可行的技术组织措施，保证计划顺利完成。

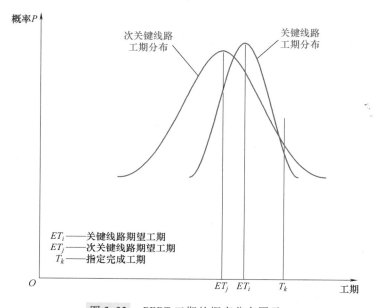

图 3-32　PERT 工期的概率分布图示

例 3-5　某工程的网络图如图 3-33 所示。

（1）试计算各线路在指令工期为 32 天的实现概率。

（2）如要求网络计划的实现概率为 95%，则工期应为多少天？

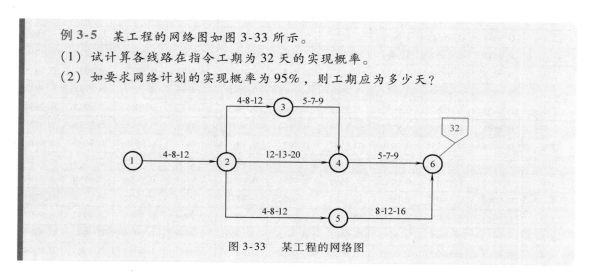

图 3-33　某工程的网络图

解：（1）计算出各项工作的 D_{i-j}^e 和 σ_{i-j}^2，填入图 3-34 中，箭线上方为 σ_{i-j}^2，下方为 D_{i-j}^e。

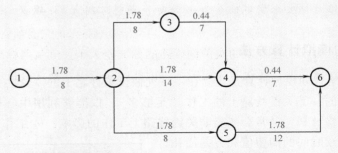

图 3-34　各事件的期望工作持续时间和标准差

第 1 条线路：①→②→③→④→⑥

$$ET_1 = 8 + 8 + 7 + 7 = 30$$

$$\sigma_1^2 = 1.78 + 1.78 + 0.44 + 0.44 = 4.44$$

$$\sigma_1 = \sqrt{\sigma_1^2} = \sqrt{4.44} = 2.11$$

第 2 条线路：①→②→④→⑥

$$ET_2 = 8 + 14 + 7 = 29$$

$$\sigma_2^2 = 1.78 + 1.78 + 0.44 = 4$$

$$\sigma_2 = \sqrt{\sigma_2^2} = \sqrt{4} = 2$$

第 3 条线路：①→②→⑤→⑥

$$ET_3 = 8 + 8 + 12 = 28$$

$$\sigma_3^2 = 1.78 + 1.78 + 1.78 = 5.34$$

$$\sigma_3 = \sqrt{\sigma_3^2} = \sqrt{5.34} = 2.31$$

求线路指定工期的实现概率。首先求出其正态分布系数 λ_k，然后由表 3-2 查得相应的实现概率 P_k。本例中各线路在指定工期 32 天的实现概率见表 3-3，其中，关键线路的实现概率为 82.89%。

表 3-3　各线路在指定工期下的实现概率

线路编号 s	线路性质	线路期望时间 ET_s	线路标准差 σ_s	$T_k = 32$ 天	
				λ_k	P_k（%）
1	关键线路	30	2.11	0.95	82.89
2	次关键线路	29	2	1	84.13
3	非关键线路	28	2.31	1.73	95.82

（2）网络计划实现概率为 95%，就是 $P_k = 95\%$，查表 3-2，得 $\lambda_k = 1.65$，则：

第 1 条关键线路期望工期 $ET_1 = (1.65 \times 2.11 + 30)$ 天 = 33.48 天

第 2 条次关键线路期望工期 $ET_2 = (1.65 \times 2 + 29)$ 天 $= 32.3$ 天

第 3 条非关键线路期望工期 $ET_3 = (1.65 \times 2.31 + 28)$ 天 $= 31.8$ 天

因此，当网络计划要求实现概率为 95% 时，期望工期为 33.48 天。

3.5.4 PERT 的模拟计算方法

上述 PERT 网络计划模型计算是建立在一系列假设条件之下的。这些条件有：①各项工作之间是相互独立的；②关键线路上的工作"足够多"，以能够利用中心极限定理；③对于工作数量较多的网络计划，通常会忽略非关键线路上工作的影响；④工作的持续时间服从 β 分布；⑤各工作持续时间的期望值和方差简化计算，见式（3-20）和式（3-21）。在上述假定条件下，可以确定网络计划工期为正态分布，从而可以计算出指定工期的完成概率和指定概率条件下的工期。其实上述各项假设条件都与实际情况具有较大的偏差。

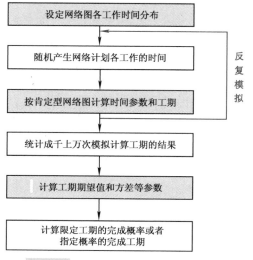

图 3-35　PERT 模拟方法的大致过程

解决概率问题的最佳方法就是模拟。利用计算机快速反复的特点，对网络计划各工作的持续时间进行随机模拟。每次随机地产生各工作的持续时间，根据这些时间按照肯定型网络图计算网络图时间参数和工期。通过统计成千上万次计算的工期的结果，确定工期的分布状况，从而确定出限定工期的完成概率或者指定概率的完成工期。PERT 模拟方法的大致过程如图 3-35 所示。

PERT 网络模拟方法的优点在于，它可以不考虑上述 PERT 网络计划方法的各种假设条件，因此，它的结果（如工期期望值、方差和完成概率等）会与上述 PERT 计算方法的结果不同，但更接近实际。

复习思考题

1. 什么是网络图？网络图与横道图相比有哪些优点？
2. 网络计划的类型如何划分？
3. 双代号网络图由哪几个部分组成？
4. 网络图的绘制规则是什么？如何绘制网络图？
5. 什么是网络图的时间参数？有哪些时间参数？如何计算？
6. 什么是关键线路？它具有哪些性质？
7. 单代号网络图由哪些部分组成？单代号网络图与双代号网络图的区别是什么？如何绘制？
8. PERT 网络图是由哪些部分组成的？如何绘制和进行计算？

第4章

网络计划优化

4.1　工期优化

网络计划的优化是指通过不断改善网络计划的初始方案，在满足既定约束条件下利用最优化原理，按照某一衡量指标（时间、成本、资源等）来寻求满意方案。根据网络计划优化条件和目标不同，通常有工期优化、资源优化和成本优化。

工期优化就是以缩短工期为目标，压缩计算工期，使其满足约束条件规定，对初始网络计划加以调整。工期优化一般通过压缩关键工作的持续时间来达到缩短工期的目的。需要注意的是，在压缩关键线路的线路时间时，会使某些时差较小的次关键线路上升为关键线路，这时需同时压缩次关键线路上有关工作的作业时间，才能达到缩短工期的要求。

可按下述步骤进行工期优化：

1）找出网络计划的关键线路和计算出计算工期。

2）按要求工期计算应缩短的时间。

3）选择应优先缩短持续时间的关键工作，应考虑以下因素：

① 缩短持续时间对质量和安全影响不大的工作。

② 备用资源充足。

③ 缩短持续时间所需增加的费用最少的工作。

4）将应优先缩短的关键工作压缩至最短持续时间，并找出关键线路，若被压缩的工作变成了非关键工作，则应将其持续时间延长，使之仍为关键工作。

5）若计算工期仍超过要求工期，则重复上述步骤，直到满足工期要求或工期已不能再缩短为止。

6）当所有关键工作的持续时间都已达到最短持续时间而工期仍不能满足要求时，应对计划的技术、组织方案进行调整，或对要求工期重新审定。

例4-1　已知网络计划如图4-1所示，图中箭杆上数据为正常持续时间，括号内为最短持续时间，假定要求工期为105天。根据缩短关键工作持续时间宜考虑的因素，给定缩短的优先顺序为 *B*、*C*、*D*、*E*、*F*、*G*、*A*。试对该网络计划进行优化。

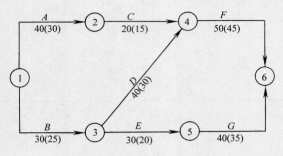

图 4-1 例 4-1 网络计划图

解　（1）根据工作正常时间计算各个节点的时间参数，并找出关键工作和关键线路，如图 4-2 所示。

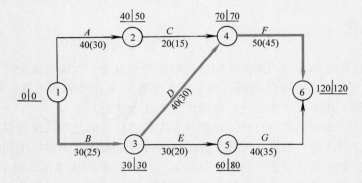

图 4-2 关键工作和关键线路网络图

（2）计算缩短工期。计算工期为 120 天，要求工期为 105 天，需缩短工期 15 天。

（3）根据已知条件，先将 *B* 缩短至 25 天，即得网络计划如图 4-3 所示。

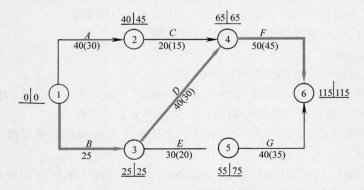

图 4-3 压缩 *B* 至 25 天后的网络计划

（4）根据已知缩短顺序，压缩 *D* 至 30 天，即得如图 4-4 所示的网络计划。

（5）压缩 *D* 的持续时间至 35 天，使之仍为关键工作，如图 4-5 所示。

（6）根据已知缩短顺序，同时将 C、D 各压缩 5 天，使工期达到 105 天的要求，如图4-6所示。

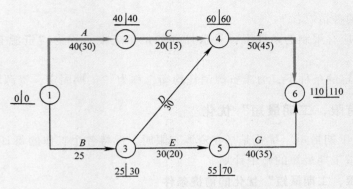

图 4-4　压缩 D 至 30 天后的网络计划

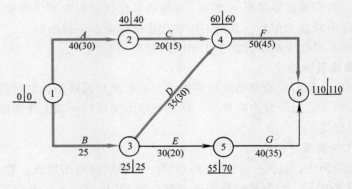

图 4-5　压缩 D 至 35 天后的网络计划

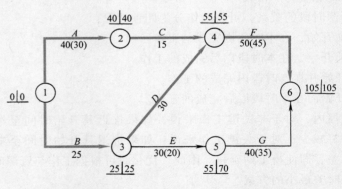

图 4-6　压缩 C、D 达到工期目标的优化网络计划

4.2　资源优化

资源是指为完成任务所需的劳动力、材料、机械设备和资金等的统称。前面对网络计划

的计算和调整，一般都假定资源供应是完全充分的。然而，大多数情况下，在一定时间内所能提供的各种资源有一定限定。资源优化就是通过改变工作的开始时间，使资源按时间分布符合优化目标。

资源优化有两种情况：

1）在资源供应有限制的条件下，寻求计划的最短工期，称为"资源有限，工期最短"的优化。

2）在工期规定的条件下，力求资源消耗均衡，称为"工期固定，资源均衡"的优化。

4.2.1 "资源有限，工期最短"优化

"资源有限，工期最短"优化是指在资源有限时，保持各个工作的每日资源需要量（即强度）不变，寻求工期最短的施工计划。

1. "资源有限，工期最短"优化的前提条件

1）网络计划一经制订，在优化过程中不得改变各工作的持续时间。

2）各工作每天的资源需要量是均衡的、合理的，优化过程中不予改变。

3）除规定可以中断的工作外，其他工作均应连续作业，不得中断。

4）优化过程中不得改变网络计划各工作间的逻辑关系。

2. 资源动态曲线及特性

在资源优化时，一般需要绘制出时标网络图，根据时标网络图，就可绘制出资源消耗状态图，即资源动态曲线。它一般为阶梯形，移动网络图中任何一项工作的起止时间，该资源动态曲线就将发生变化。

3. 时段与工作的关系

在资源动态曲线图中，任何一个阶梯都对应一个持续时间的区段，称为"资源时段"。若用 t_a 表示时段开始时间，t_b 表示时段完成时间，则可用 $[t_a, t_b]$ 表示这个时段，在这个时段内每天资源消耗总量为一常数。

根据工作与资源时段的关系，可将工作分为四种情况：

1）本时段以前开始，在本时段内完成的工作。

2）本时段以前开始，在本时段以后完成的工作。

3）本时段内开始并在本时段内完成的工作。

4）本时段内开始而在本时段以后完成的工作。

在任何资源时段内，对于非关键工作来说，如果推迟其开始时间至本时段终点时间 t_b 开始，则其总时差将减少；对于关键工作来说，如果推迟其开始时间至本时段终点时间 t_b 开始，则出现负时差，即使得工期延长。因此，优化时可根据工作与资源时段的关系，寻求不出现负时差或负时差最小的方案。

4. 优化的基本原理

任何工程都需要多种资源，假定为 S 种不同的资源，已知每天可能供应的资源数量分别为 $R_1(t)$、$R_2(t)$、$\cdots$、$R_S(t)$，若完成每一工作只需要一种资源，设为第 K 种资源，单位时间资源需要量（即强度）以 γ_{i-j}^K 表示。并假定 γ_{i-j}^K 为常数。在资源满足供应 γ_{i-j}^K 的条件下，完成工作 $i-j$ 所需持续时间为 D_{i-j}，则对于"资源有限，工期最短"优化，可按照极差原理确定其最优方案。则网络计划资源动态曲线中任何资源时段 $[t_a, t_b]$ 内每天的资源消耗量总和

R_K 均应小于或等于该计划每天的资源限定量，即满足

$$R_K - R_t \leqslant 0 \tag{4-1}$$

其中，$R_K = \sum \gamma_{i-j}^K$，$i$，$j \in [t_a, t_b]$，$K = 1, 2, 3, \cdots, S$。

整个网络计划第 K 种资源的总需要量 $\sum R_K$ 为

$$\sum R_K = \sum \gamma_{i-j}^K D_{i-j} \tag{4-2}$$

则由于资源限定，最短工期的下界为

$$\max(T_K) = \max \left[\frac{1}{R_K} \sum \gamma_{i-j}^K D_{i-j} \right] \tag{4-3}$$

它可以从前向后对资源动态曲线中各个资源时段进行调整，使其满足资源限定条件，从而得到上述最短工期 T_K。对于多种资源，需逐个分别进行优化，并按下式确定网络计划的合理工期 T

$$T \geqslant \max \left[T_{\mathrm{CPM}}, \max(T_K) \right] \tag{4-4}$$

式中　T_{CPM}——不考虑资源供应限定条件，根据网络计划关键线路所确定的工期。

5. 资源分配和排队原则

资源优化的过程是按照各工作在网络计划中的重要程度，把有限的资源进行科学的分配过程。因此，优化分配的原则是资源优化的关键。

资源分配的级次和顺序：

第一级，关键工作。按每日资源需要量大小，从大到小顺序供应资源。

第二级，非关键工作。其排序规则为：

1）在优化过程中，已被供应资源而不允许中断的工作在本级优先。

2）当总时差 TF_{i-j} 数值不同时，按 TF_{i-j} 数值递增顺序排序并编号。

3）当 TF_{i-j} 数值相同时，按各项工作资源消耗量递减顺序排序并编号。

对于本时段以前开始的工作，如工作不允许内部中断时，要按上述规则排序并编号；如工作允许内部中断时，本时段以前部分的工作在原位置不动，按独立工作处理。

本时段及其以后部分的工作，按上述规则排序并编号。

最后，按照排序编号递增的顺序逐一分配资源。

6. 资源优化的步骤

网络计划的每日资源需要量曲线是资源优化的初始状态。资源需要量曲线上的每一变化处都标志着某些工作在该时间点开始或完成。而资源需要量连续不变的一段时间，即时段是资源优化的基础。因此，资源优化的过程也就是在资源限制条件下逐一时段进行合理地调整各个工作开始和完成时间的过程。其优化步骤如下：

1）根据给定网络计划初始方案，计算各项工作时间参数，如 ES_{i-j}、EF_{i-j}、TF_{i-j} 和 T_{CPM}。

2）按照各项工作 ES_{i-j} 和 EF_{i-j} 数值，绘出 $ES\text{-}EF$ 时标网络图，并标出各项工作的资源消耗量 γ_{i-j} 和持续时间 D_{i-j}。

3）在时标网络图的下方，绘出资源动态曲线，或以数字表示每日资源消耗总量，用虚线标明资源供应量限额 R_t。

4）在资源动态曲线中，找到首先出现超过资源供应限额的资源高峰时段进行调整。

① 在本时段内，按照资源分配和排队原则，对各工作的分配顺序进行排队并编号，即 $1 \sim n$ 号。

② 按照编号顺序，依次将本时段内各工作的每日资源需要量 $\gamma_{i\text{-}j}^{K}$ 累加，并逐次与资源供应限额进行比较，当累加到第 x 号工作首次出现 $\sum_{n=1}^{x} \gamma_{i\text{-}j}^{K} > R_t$ 时，则将第 $x \sim n$ 号工作推迟到本时段末 t_b 开始，使 $R_K = \sum_{n=1}^{x-1} \gamma_{i\text{-}j}^{K} \le R_t$，即 $R_K - R_t \le 0$。

5）绘出工作推移后的时标网络图和资源需要量动态曲线，并重复第4）步，直至所有时段均满足 $R_K - R_t \le 0$ 为止。

6）绘制优化后的网络图。

例 4-2　某工程网络计划初始方案如图 4-7 所示。资源限定量 $R_K = 8$（天），假设各工作的资源相互通用，每项工作开始后就不得中断，试进行资源有限、工期最短优化。

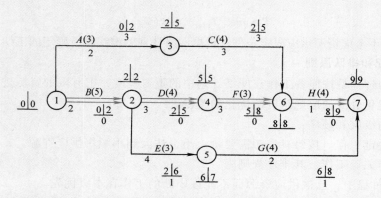

图 4-7　例 4-2 网络计划

解　（1）根据各项工作持续时间 $D_{i\text{-}j}$，计算网络时间参数 $ES_{i\text{-}j}$、$EF_{i\text{-}j}$、$TF_{i\text{-}j}$ 和 T_{CPM}，如图 4-7 所示。

（2）按照各项工作 $ES_{i\text{-}j}$ 和 $EF_{i\text{-}j}$ 数值，绘制 $ES\text{-}EF$ 时标网络图，并在该图下方给出资源动态曲线，如图 4-8 所示。

（3）从图 4-8 看出，第一个超过资源供应限额的资源高峰时段为 $[2,5]$ 时段，需进行调整。

（4）资源时段 $[2,5]$ 调整。该时段内有 2-4、2-5、3-6 三项工作，根据资源分配规则，将其排序并分配资源，见表 4-1。

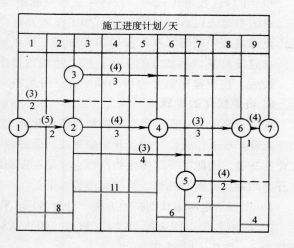

图 4-8　时标网络图

（5）绘出工作推移后的时标网络图和资源需要量动态曲线，如图 4-9 所示。

表 4-1　[2,5] 时段工作排序和资源分配表

排序编号	工作名称	排序依据	资源重分配	
			γ_{i-j}	$R_K - \sum \gamma_{i-j}$
1	2-4	$TF_{2-4} = 0$	4	$8 - 4 = 4$
2	2-5	$TF_{2-5} = 1$	3	$4 - 3 = 1$
3	3-6	$TF_{3-6} = 3$	4	推迟到第 6 天开始

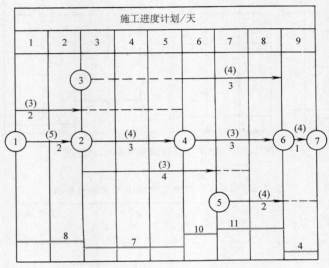

图 4-9　[2,5] 时段调整后时标网络图

(6) 从图 4-9 看出，第一个超过资源供应限额的资源高峰时段为 [5,6] 时段，需进行调整。

(7) 资源时段 [5,6] 调整。该时段内有 4-6、3-6、2-5 三项工作，根据资源分配规则，将其排序并分配资源，见表 4-2。

表 4-2　[5,6] 时段工作排序和资源分配表

排序编号	工作名称	排序依据	资源重分配	
			γ_{i-j}	$R_K - \sum \gamma_{i-j}$
1	4-6	$TF_{4-6} = 0$（关键线路上）	3	$8 - 3 = 5$
2	2-5	$TF_{2-5} = 1$（本时段前开始 已分资源，优先）	3	$5 - 3 = 2$
3	3-6	$TF_{3-6} = 0$	4	推迟到第 7 天开始

(8) 绘出工作推移后的时标网络图和资源需要量动态曲线，如图 4-10 所示。

(9) 从图 4-10 看出，第一个超过资源供应限额的资源高峰时段为 [6,8] 时段，需进行调整。

(10) 资源时段 [6,8] 调整。该时段内有 3-6、4-6、5-7 三项工作，根据资源分配规则，将其排序并分配资源，见表 4-3。

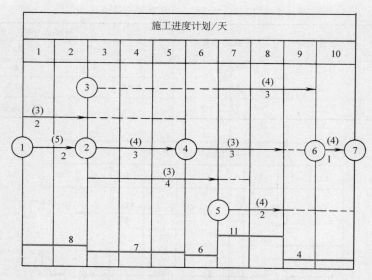

图 4-10 ［5,6］时段调整后时标网络图

表 4-3 ［6,8］时段工作排序和资源分配表

排序编号	工作名称	排序依据	资源重分配	
			γ_{i-j}	$R_K - \sum \gamma_{i-j}$
1	3-6	$TF_{3-6} = 0$	4	$8 - 4 = 4$
2	4-6	$TF_{4-6} = 1$	3	$4 - 3 = 1$
3	5-7	$TF_{5-7} = 2$	4	推迟到第9天开始

（11）绘出工作推移后的时标网络图和资源需要量动态曲线，如图 4-11 所示。

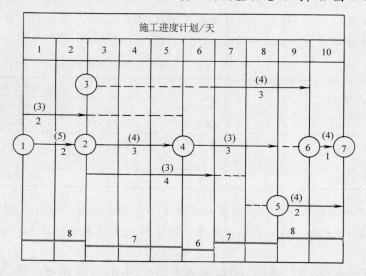

图 4-11 优化后的网络图

从图 4-11 看出，各资源区段均满足 $R_K - R_t \le 0$，故图 4-11 即为优化后的网络图，工期 $T = 10$ 天。

4.2.2 "工期固定，资源均衡"优化

"工期固定，资源均衡"优化是指施工项目按甲乙双方签订的合同工期或上级机关下达的工期完成，寻求资源均衡的进度计划方案。因为网络计划的初始方案是在不考虑资源情况下编制出来的，所以各时段对资源的需要量往往相差很大，如果不进行资源分配的均衡性优化，工程进行中就可能产生资源供应脱节，影响工期，也可能产生资源供应过剩，产生积压，影响成本。

衡量资源需要量的均衡程度，一般采用方差或极差，它们的值越小，说明均衡程度越好。因此，资源优化时可以方差值最小者作为优化目标。

1. 优化的基本原理

对于一个建筑施工项目来说，设 $R(t)$ 为时间 t 所需要的资源量，T 为规定工期，$\overline{R}$ 为资源需要量的平均值，则方差 σ^2 为

$$
\begin{aligned}
\sigma^2 &= \frac{1}{T} \int_0^T (R(t) - \overline{R})^2 \mathrm{d}t \\
&= \frac{1}{T} \int_0^T R^2(t) \mathrm{d}t - \frac{2\overline{R}}{T} \int_0^T R(t) \mathrm{d}t + \overline{R}^2 \\
&= \frac{1}{T} \int_0^T R^2(t) \mathrm{d}t - \overline{R}^2
\end{aligned}
\tag{4-5}
$$

由于 T 和 $\overline{R}$ 为常数，所以求 σ^2 的最小值，即相当于求 $\dfrac{1}{T} \displaystyle\int_0^T R^2(t) \mathrm{d}t$ 的最小值。

由于建筑施工网络计划资源需要量曲线是一个阶梯形曲线，现假定第 i 天资源需要量为 R_i，则

$$
\int_0^T R^2(t) \mathrm{d}t = \sum_{i=1}^T R_i^2 = R_1^2 + R_2^2 + \cdots + R_T^2
\tag{4-6}
$$

此时
$$
\sigma^2 = \frac{1}{T} \sum_{i=1}^T R_i^2 - \overline{R}^2
\tag{4-7}
$$

要使得方差最小，即要使 $\displaystyle\sum_{i=1}^T R_i^2 = R_1^2 + R_2^2 + \cdots + R_T^2$ 为最小。

2. 工作开始时间调整对方差的影响

假定某非关键工作 $i\text{-}j$ 位于时标网络图的 $[K, L]$ 时间区段内，即 $ES_{i\text{-}j} = K$，$EF_{i\text{-}j} = L$，$L - K = D_{i\text{-}j}$，每天资源消耗量为 $\gamma_{i\text{-}j}$。为叙述方便，简称为"工作时段 $[K, L]$"，如图 4-12 所示。

由于工期固定，也就是说关键工作位置都是固定的，优化只能是移动非关键工作，选择能使方差减小的最佳位置。

（1）当一项非关键工作向后推移时　如果工作 $i\text{-}j$ 向右移动一天，则第 $K+1$ 天资源消耗量 R_{K+1} 将减少 $\gamma_{i\text{-}j}$，而第

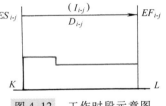

图 4-12　工作时段示意图

$L+1$ 天资源消耗量 R_{L+1} 将增加 γ_{i-j}，如图 4-13 所示，则 $\sum\limits_{i=1}^{T} R_i^2$ 的变化值为

$$[(R_{L+1}+\gamma_{i-j})^2-(R_{L+1})^2]-[(R_{K+1})^2-(R_{K+1}-\gamma_{i-j})^2]$$
$$=2\gamma_{i-j}(R_{L+1}-R_{K+1}+\gamma_{i-j}) \qquad (4-8)$$

由于 γ_{i-j} 为常数，因此，要使方差减小，则必须使

$$R_{L+1}-R_{K+1}+\gamma_{i-j}\leqslant 0 \qquad (4-9)$$

利用式（4-9）即可判定工作能否推移。当工作推移一天后，满足式（4-9），说明推移一天可以使方差减小或不变，故本次推移予以确认。再在此基础上继续推移，计算及判别，直至

$$R_{L+1}-R_{K+1}+\gamma_{i-j}> 0 \qquad (4-10)$$

式（4-10）说明本次推移会使方差增大，此次推移便予以否定，只确认本次推移前的各次累计推移值。

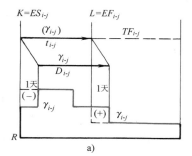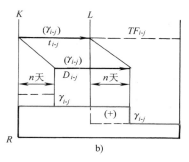

图 4-13　一项非关键工作推移示意图

（2）当两项非关键工作同步向后移动时　假设两项非关键工作 $i-j$ 和 $j-m$ 组成局部线路，它们分别处于工作时段 $[K,L]$ 和 $[L,H]$ 内，其中 $K=ES_{i-j}$，$L=EF_{i-j}=ES_{j-m}$，$H=EF_{j-m}$。其资源消耗量分别为 γ_{i-j} 和 γ_{j-m}，持续时间分别为 D_{i-j} 和 D_{j-m}。

如果工作 $i-j$ 和 $j-m$ 同步向后推移一天，如图 4-14a 所示，则 $\sum\limits_{i=1}^{T} R_i^2$ 的变化值为

$$[(R_{H+1}+\gamma_{j-m})^2-(R_{H+1})^2]+[(R_{K+1}-\gamma_{i-j})^2-(R_{K+1})^2]+$$
$$[(R_{L+1}+\gamma_{i-j}-\gamma_{j-m})^2-(R_{L+1})^2]$$
$$=2\gamma_{i-j}(R_{L+1}-R_{K+1}+\gamma_{i-j})+2\gamma_{j-m}(R_{H+1}-R_{L+1}+\gamma_{j-m})-2\gamma_{i-j}\gamma_{j-m} \qquad (4-11)$$

要使方差减少，则必须使

$$2\gamma_{i-j}(R_{L+1}-R_{K+1}+\gamma_{i-j})+2\gamma_{j-m}(R_{H+1}-R_{L+1}+\gamma_{j-m})-2\gamma_{i-j}\gamma_{j-m}\leqslant 0 \qquad (4-12)$$

利用式（4-12）即可判定工作能否推移。当工作推移一天后，满足式（4-12），说明推移一天可以使方差减小或不变，故本次推移予以确认。再在此基础上继续推移，计算及判别，直至

$$2\gamma_{i-j}(R_{L+1}-R_{K+1}+\gamma_{i-j})+2\gamma_{j-m}(R_{H+1}-R_{L+1}+\gamma_{j-m})-2\gamma_{i-j}\gamma_{j-m}> 0 \qquad (4-13)$$

式（4-13）说明本次推移会使方差增大，此次推移便予以否认，只确认本次推移前的各次累计推移值。

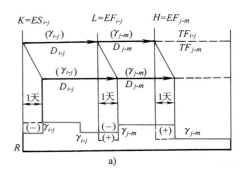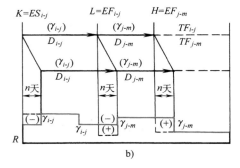

图 4-14 两项非关键工作同步推移示意图

3. 优化的基本步骤

1）根据网络计划初始方案，计算各项工作的 ES_{i-j}、EF_{i-j} 和 TF_{i-j}。

2）绘制 $ES\text{-}EF$ 时标网络图，标出关键工作及其线路。

3）逐日计算网络计划的每天资源消耗量 R_t，列于时标网络图下方，形成"资源动态数列。"

4）由终点事件开始，从右至左依次选择非关键工作或局部线路，利用式（4-9）或式（4-12），依次对其在总时差范围内逐日调整、判别，直至本次调整时不能再推移为止。并画出第一次调整后的时标网络图，计算出资源动态数列。选择非关键工作的原则为：同一完成节点的若干非关键工作，以其中最早开始时间数值大者先行调整；最早开始时间相同的若干项工作，以时差较小者先行调整；时差也相同时，又以每日资源量大的先行调整，直至起点工作为止。

5）依次进行第二轮、第三轮……资源调整，直至最后一轮不能再调整为止，画出最后的时标网络图和资源动态数列。

例4-3 某工程网络计划初始方案如图 4-15 所示，试确定工期固定，资源均衡优化方案。

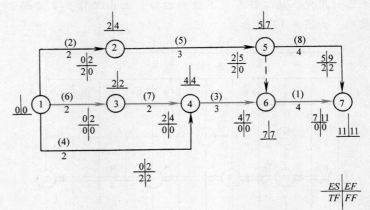

图 4-15 例 4-3 工程网络计划初始方案

解 （1）计算 ES_{i-j}、EF_{i-j}、TF_{i-j} 和 FF_{i-j}，填入图 4-15。

（2）绘制 $ES\text{-}EF$ 时标网络图，计算出资源动态数列，如图 4-16 所示。

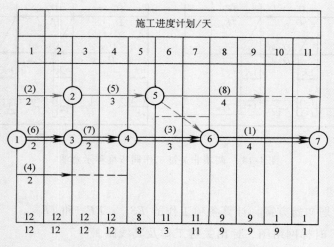

图 4-16 例 4-3 初始方案时标网络图

（3）从终点事件开始，从右至左进行调整。

第一轮资源调整：

1）工作 5-7：该工作位于工作时段 $[5,9]$，$TF_{5-7}=2$ 天，$\gamma_{5-7}=8$ 单位，若工作右移 1 天，根据式（4-10）有：

$$R_{L+1} - R_{K+1} + \gamma_{i-j} = R_{10} - R_6 + \gamma_{5-7} = 1 - 11 + 8 = -2 < 0 \quad （可以推移）$$

在图 4-16 上注明右移 1 天的资源动态数列。

若工作 5-7 再右移 1 天，根据式（4-10）有：

$$R_{L+1} - R_{K+1} + \gamma_{i-j} = R_{11} - R_7 + \gamma_{5-7} = 1 - 11 + 8 = -2 < 0 \quad （可以推移）$$

由于总时差已利用完，故工作 5-7 不能再右移。画出工作 5-7 右移 2 天的时标网络图和资源动态数列，如图 4-17 所示。

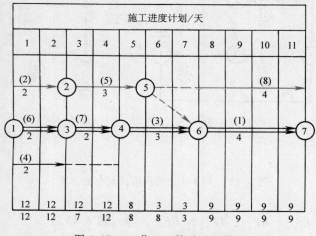

图 4-17 工作 5-7 推移后网络图

第二轮资源调整：

2）工作 2-5：该工作位于工作时段 $[2,5]$，$TF_{2-5}=2$ 天，$\gamma_{2-5}=5$ 单位，若工作右移 1 天，根据式（4-10）有：

$$R_{L+1}-R_{K+1}+\gamma_{i-j}=R_6-R_3+\gamma_{2-5}=3-12+5=-4<0 \qquad （可以右移）$$

在图 4-17 上注明右移 1 天的资源动态数列。

若工作再右移 1 天，则：

$$R_{L+1}-R_{K+1}+\gamma_{i-j}=R_7-R_4+\gamma_{2-5}=3-12+5=-4<0 \qquad （可以右移）$$

由于总时差已利用完，不能再右移。画出工作 2-5 右移 2 天的时标网络图和资源动态数列，如图 4-18 所示。

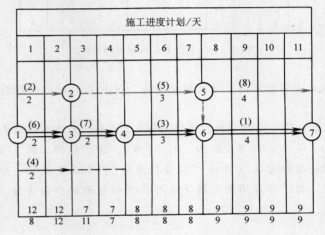

图 4-18　工作 2-5 推移后网络图

第三轮资源调整：

3）工作 1-4：该工作位于工作时段 $[0,2]$，$TF_{1-4}=2$ 天，$\gamma_{1-4}=4$ 单位，若工作右移 1 天，根据式（4-10）有：

$$R_{L+1}-R_{K+1}+\gamma_{i-j}=R_3-R_1+\gamma_{1-4}=7-12+4=-1<0 \qquad （可以右移）$$

在图 4-18 上注明右移 1 天的资源动态数列。

若工作再右移 1 天，则有：

$$R_{L+1}-R_{K+1}+\gamma_{i-j}=R_4-R_2+\gamma_{1-4}=7-12+4=-1<0 \qquad （可以右移）$$

由于总时差已利用完，不能再右移。画出工作 1-4 右移 2 天的时标网络图和资源动态数列，如图 4-19 所示。

第四轮资源调整：

4）工作 1-2：该工作位于工作时段 $[0,2]$，$TF_{1-2}=2$ 天，$\gamma_{1-2}=2$ 单位，若工作右移 1 天，根据式（4-10）有：

$$R_{L+1}-R_{K+1}+\gamma_{i-j}=R_3-R_1+\gamma_{1-2}=11-8+2=5>0 \qquad （不能右移）$$

若工作再右移 1 天，则：

$$R_{L+1}-R_{K+1}+\gamma_{i-j}=R_4-R_2+\gamma_{1-2}=11-8+2=5>0 \qquad （不能右移）$$

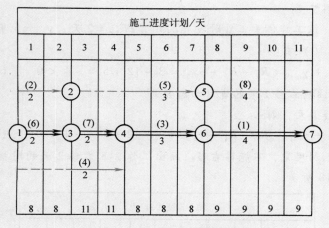

图 4-19   工作 1-4 推移后网络图

观察网络图再无右移的可能，故此优化结束，优化后的时标网络图即为图 4-19 所示的网络计划。

特别提示：在第三轮资源调整时，若将工作1-2右移2天而不移动工作1-4，得到的资源数列为 [10, 10, 9, 9, 8, 8, 8, 9, 9, 9, 9]，这比移动工作1-4来说均衡效果更好。这个例子表明：这种方法（称为"探索性方法"）本身有缺陷，所得到的结果是优化解但不是最优解。目前资源均衡问题还没有找到特别好的解决方法，这种方法在工程上是能够适用的。

4.3   成本优化

成本优化一般是指工期—成本优化，它是以满足工期要求，施工费用最低为目标的施工计划方案的调整过程。通常在寻求网络计划的最佳工期大于规定的工期或在执行计划时需要加快施工进度时，需进行工期—成本优化。

4.3.1   费用与工期的关系

一个施工项目成本由直接费用和间接费用两部分组成，即

工程成本 C = 直接费用 C_1 + 间接费用 C_2

工期—成本曲线如图 4-20 所示。从图 4-20 中可以看出，缩短工期，直接费用会增加，而间接费用则减少。工程成本取决于直接费用和

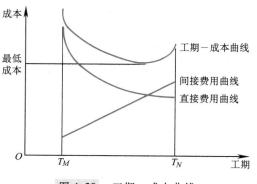

图 4-20   工期—成本曲线

间接费用之和。在曲线上可找到工程成本最低点 $C_{\min}$ 及其对应的工期 T'（称为"最佳工期"），工期—成本优化的目的就在于寻求 $C_{\min}$ 和对应的 T'。

1. 工作持续时间与直接费用的关系

在一定的工作持续时间范围内，工作的持续时间与直接费用成反比关系，通常有图4-21所示的曲线规律分布。

图4-21中，N 点称为正常点，与其相对应的时间称为工作的正常持续时间，以 T_N 表示，对应的直接费用称为工作的正常直接费用，以 C_{1N} 表示。工作的正常持续时间一般是指在符合施工顺序、合理的劳动组织和满足工作面要求的条件下，完成某项工作投入的人力和物力较少，相应的直接费用最低时所对应的持续时间就是该工作的正常持续时间。若持续时间超过此限值，工作持续时间与直接费用的关系将变为正比关系。

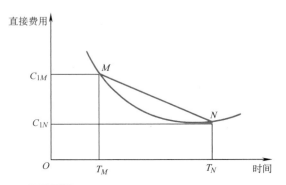

图4-21中，M 点称为极限点。与 M 点相对应的时间称为工作的极限持续时间 T_M，对应的直接费用称为工作的极限直接费用

图 4-21 工作持续时间与直接费用关系图

C_{1M}。工作的极限持续时间一般是指在符合施工顺序、合理劳动组织和满足工作面施工的条件下，完成某项工作投入的人力、物力最多，相应的直接费用最高时所对应的持续时间。若持续时间短于此限值，投入的人力、物力再多，也不能缩短工期，而直接费用则猛增。

由 M 点 ~ N 点所确定的时间区段，称为完成某项工作的合理持续时间范围，在此区段内，工作持续时间与直接费用呈反比关系。

根据各项工作的性质不同，其工作持续时间和直接费用之间的关系通常有如下两种情况：

（1）连续型关系 N 点 ~ M 点之间工作持续时间是连续分布的，它与直接费用的关系也是连续分布的，如图4-21所示。

一般用割线 MN 的斜率近似表示单位时间内直接费用的增加（或减少）值，称为直接费用变化率，用 K 表示，则

$$K = \frac{C_{1M} - C_{1N}}{T_N - T_M} \tag{4-14}$$

（2）离散型关系 N 点 ~ M 点之间工作持续时间是非连续分布的，只有几个特定的点才能作为工作的合理持续时间，它与直接费用的关系如图4-22所示。

2. 工作持续时间与间接费用的关系

间接费用与工作持续时间一般呈线性关系，如图4-20所示。某一工期下的间接费用可按下式计算

$$C_{Zi} = a + T_i K_i \tag{4-15}$$

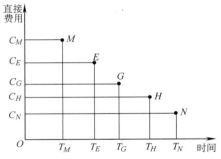

式中　a——固定间接费用；

　　C_{Zi}——某一工期下的间接费用；

　　T_i——工期；

　　K_i——间接费用变化率。

图 4-22 离散型关系示意图

3. 工期—成本曲线的绘制

工期—成本曲线是将工期—直接费用曲线和工期—间接费用曲线叠加而成的，如图 4-20 所示。

4.3.2 优化的方法和步骤

工期—成本优化的基本方法就是从组成网络计划的各项工作的持续时间与费用关系，找出能使计划工期缩短而又能使得直接费用增加最少的工作，不断地缩短其持续时间，然后考虑间接费用随着工期缩短而减少的影响，把在不同工期下的直接费用和间接费用分别叠加，即可求得工程成本最低时的相应最优工期和工期一定时相应的最低工程成本。

工期—成本优化的具体步骤如下：

1）列表确定各项工作的极限持续时间及相应费用。

2）根据各项工作的正常持续时间绘制网络图，计算时间参数，确定关键线路。

3）确定正常持续时间网络计划的直接费用。

4）压缩关键线路上直接费用变化率最低的工作持续时间，求出总工期和相应的直接费用。选择工作须同时满足关键工作、可以压缩、直接费变化率最低三个条件；压缩数量须同时满足可压缩量、非关键线路限制两个条件要求。

5）往复进行 4），直至所有关键线路上的工作持续时间不能压缩为止，并计算每一循环后的费用。

6）求出项目工期—间接费用曲线。

7）叠加直接费用、间接费用曲线，求出工期—成本曲线，找出项目总成本最低点和最佳工期。

8）绘出优化后网络计划。

例 4-4 某工程由六项工作组成，各项工作持续时间和直接费用等有关参数见表 4-4。已知该工程间接费用变化率为 165 元/天，正常工期的间接费用为 3000 元。试编制该网络计划的工期—成本优化方案。

解 （1）计算直接费用变化率，填入表 4-4 中。

表 4-4 工作持续时间和直接费用参数

工作编号 $i-j$	正常工期		极限工期		直接费用变化率 K_{i-j} /(元/天)
	持续时间 D_{i-j} /天	直接费用 C_{i-j} /元	持续时间 D'_{i-j} /天	直接费用 C'_{i-j} /元	
1-2	4	800	3	950	150
1-3	6	1250	4	1560	155
2-4	6	1000	5	1160	160
3-4	7	1070	5	1320	125
3-5	8	900	5	1530	210
4-5	3	1200	2	1400	200
合计		6220			

（2）绘制出网络图计划初始方案，并计算出时间参数，如图 4-23 所示。

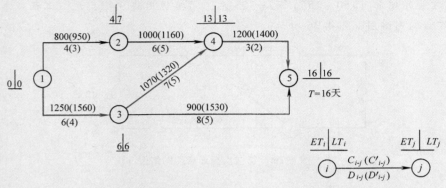

图 4-23　例 4-4 网络计划初始方案

正常工期为 $T = 16$ 天，直接费用为 6220 元，间接费用为 3000 元，工程成本为 9220 元。

（3）优化。

1）第一次循环，如图 4-23 所示，有一条关键线路，关键工作 1-3、3-4、4-5，3-4 的直接费用变化率最低，故将工作 3-4 压缩 2 天，此时直接费用增加 125×2 元 = 250 元，间接费用减少 165×2 元 = 330 元，工程成本为 9140 元。压缩后的网络图如图 4-24 所示。

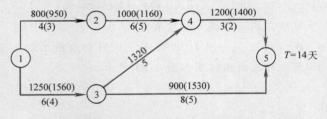

图 4-24　第一次循环后的网络图

2）第二次循环，从图 4-24 看出，关键线路有两条，关键工作 1-3 的直接费用变化率最低，故将其压缩 1 天，此时直接费用增加 155 元，间接费用减少 165 元，工程成本为 9130 元。压缩后的网络图如图 4-25 所示。

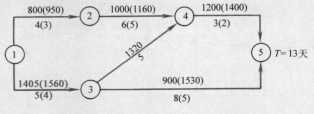

图 4-25　第二次循环后的网络图

3）第三次循环，从图 4-25 看出，关键线路有三条，同时将关键工作 1-2、1-3 压缩 1 天，直接费用增加（150 + 155）元 = 305 元，间接费用减少 165 元，工程成本为 9270 元，压缩后的网络图如图 4-26 所示。

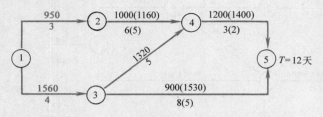

图 4-26　第三次循环后的网络图

第四次循环，从图 4-26 看出，关键线路有三条，同时将工作 3-5 和 4-5 压缩 1 天，直接费用增加（210 + 200）元 = 410 元，间接费用减少 165 元，工程成本为 9515 元。压缩后的网络图如图 4-27 所示。

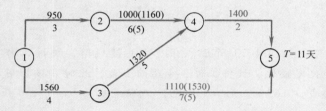

图 4-27　第四次循环后的网络图

网络图已压缩至极限工期，循环至此结束。

（4）绘出工期—成本曲线，如图 4-28 所示。从图中看出工程最低费用为 9130 元，对应最佳工期 $T = 13$ 天，相应的网络图如图 4-25 所示。

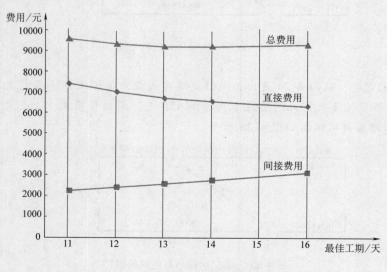

图 4-28　工期—成本曲线

　　综上所述，工期—成本优化就是从工期—成本曲线上，找出曲线最低点所对应的成本和工期。需要注意的是，在实际应用时，建安工程合同中常有工期提前或延期的奖罚条款，此时，工期—成本曲线应由直接费用曲线、间接费用曲线和奖罚曲线叠加而成，如图 4-29 所示。

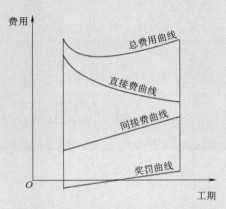

图 4-29　工期—成本曲线示例

复习思考题

1. 什么是网络计划的优化？它包括哪些内容？
2. 什么是工期优化？其实现的步骤包括哪些？
3. 什么是资源优化？包括哪几种情况？
4. "资源有限，工期最短"优化的前提条件是什么？基本步骤有哪些？
5. "工期固定，资源均衡"的基本步骤有哪些？
6. 项目成本包括哪几部分？它们各自与工期的关系是怎样的？
7. 工期—成本优化的方法是什么？
8. 工期—成本优化的具体步骤有哪些？

第5章
单位工程施工组织设计

5.1 概述

5.1.1 编制任务与依据

（1）编制任务　单位工程施工组织设计是由施工企业编制的，用以指导建筑工程投标、签订承包合同、施工准备和施工全过程的技术、经济文件。它的主要任务是根据施工组织设计编制的基本原则、施工组织总设计和有关的原始资料，结合实际施工条件，从整个工程施工的全局出发，制订科学合理的施工方案，合理安排施工顺序和进度计划，有效利用施工场地，优化配置和节约使用人力、物力、资金、技术等生产要素，协调各方面工作，使施工在一定的时间、空间和资源供应条件下，有组织、有计划、有秩序地进行，实现工期短、质量好、成本低的目标。

（2）编制依据　单位工程施工组织设计的编制依据主要有：

1）上级主管部门对工程项目批准建设的文件及有关建设要求。

2）建设单位在施工招标文件中对工程进度、质量和造价等方面的具体要求，施工合同中双方确认的有关规定。

3）施工图及设计单位对施工的要求，包括单位工程的全部施工图、会审记录和相关标准图等有关设计资料。较复杂的工业建筑、公共建筑和高层建筑等，还应了解设备图和设备安装对土建施工的要求，设计单位对新结构、新技术、新材料和新工艺的要求。

4）如果该工程是整个工程项目中的一个单位工程，则应遵守施工组织总设计的有关部署和要求。

5）施工企业年度生产计划对该工程项目的安排和规定的有关指标。如开工、竣工时间及其他项目穿插施工的要求等。

6）资源配备情况。如施工中需要的劳动力、施工设备与机具、材料、预制构件和加工品的供应能力和来源情况。

7）建设单位可能提供的条件情况。如施工场地的占用及临时施工用房、水、电供应情况等能否满足施工要求。

8）施工现场条件和地质勘察资料。如施工现场的地形、地貌、地上与地下障碍物，以及水文地质、气象资料、交通运输道路、施工可占用的场地面积等。

9）预算文件和国家规范等资料。工程预算文件、定额提供工程量和预算成本，国家施工验收规范、质量标准、操作规程和有关定额是确定施工方案、编制施工进度计划的主要依据。

5.1.2　编制内容及编制内容的相互关系

（1）编制内容　单位工程施工组织设计根据设计阶段、工程性质、规模和复杂程度，其内容、深度和广度要求不同，不强求一致，但内容必须简明扼要，从实际出发，确定各种生产要素，如材料、机械、资金、劳动力等，使其真正起到指导建筑工程投标，指导现场施工的目的。单位工程施工组织设计较完整的内容一般包括：

1）工程概况及施工特点分析。

2）施工方法与相应的技术组织措施，即施工方案。

3）施工进度计划。

4）劳动力、材料、构件和机械设备等需要量计划。

5）施工准备工作计划。

6）施工现场平面布置图。

7）保证质量、安全，降低成本等技术措施。

8）各项技术经济指标。

（2）编制内容的相互关系　单位工程施工组织设计基本内容中，劳动力、材料、构件和机械设备等需要量计划，施工准备工作计划，施工现场平面布置图，主要是用于指导施工准备工作的进行，为施工创造物质技术条件；施工方案和进度计划则主要是指导施工过程的进行，规划整个施工活动。工程能否按期完工或提前交工，主要决定于施工进度计划的安排，而施工进度计划的制订又必须以施工准备、场地条件，以及劳动力、机械设备、材料的供应能力和施工技术水平等因素为基础。反过来，各项施工准备工作的规模和进度、施工平面的分期布置、各种资源的供应计划等，又必须以施工进度计划为依据。因此，在编制时，应抓住关键环节，同时处理好各方面的相互关系，重点编好施工方案、施工进度计划和施工平面布置图。抓住这三个重点，突出技术、时间和空间三大要素，其他问题就会迎刃而解。

5.1.3　编制程序

单位工程施工组织设计编制程序如图 5-1 所示。

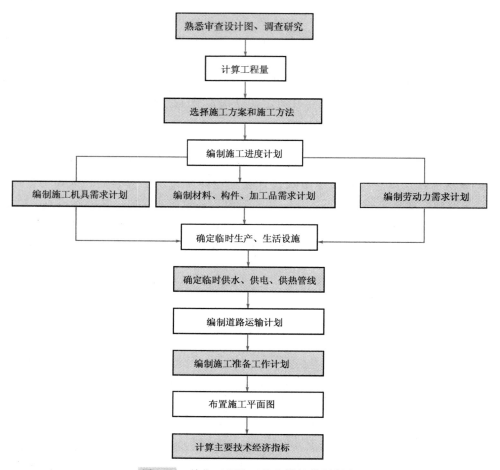

图 5-1　单位工程施工组织设计编制程序

5.2　工程概况与施工特点分析

工程概况与施工特点分析是对拟建工程的工程特点、现场情况、施工条件等所做的一个简要的、突出重点的文字介绍，也可用表格形式（表 5-1）介绍，简洁明了。必要时附以平面图、立面图、剖面图，以及主要分部（项）工程一览表。

表 5-1　××工程概况表

	建设单位			工程名称	
	设计单位			开竣工日期	
	监理单位			工程投资额	
	工程性质、用途			质量目标	
工程概况	建筑面积		现场概况	施工用水	
	建筑高度、层数			施工用电	
	结构形式			施工道路	
	基础类型及深度			地下水位	
	抗震设防烈度			冻结深度	

5.2.1　工程建设概况

主要介绍拟建工程的建设单位、工程名称、性质、用途、投资额、开竣工日期、设计单位、施工单位、监理单位、主管部门的有关文件和要求,组织施工的指导思想等。

5.2.2　工程施工概况

(1) 建筑、结构特征　建筑方面主要介绍拟建工程的建筑面积、建筑层数、建筑高度、平面形状及室内外装修情况。结构方面主要介绍基础类型、埋置深度、结构类型、抗震设防烈度,是否采用新结构、新技术、新工艺和新材料等,由此需要施工解决的重点与难点问题。

(2) 建设地点场地特征　包括拟建工程的位置、地形、拆迁情况、障碍物清除情况、水文地质条件及环境情况、土壤冻结深度、冬雨期施工起止时间、主导风向等。

(3) 施工条件　劳动力、材料、机械设备、预制品等供应条件,供电、供水、供气条件、交通运输条件,业主可提供的临时设施、技术协作条件等。

5.2.3　施工特点分析

不同类型的建筑结构均有不同的施工特点,因此要根据建筑结构的施工特点选择不同的施工方案,采取相应的技术和组织措施,保证施工顺利进行。例如,砖混结构住宅的施工特点是:砌体和抹灰工程量大,水平和垂直运输量大等;高层建筑物的施工特点是:地下室基坑支护结构复杂,安全防护要求高,结构和施工设备的稳定性要求高,钢材加工量大,混凝土浇筑难等;钢筋混凝土单层厂房排架结构的施工特点是:现场预制构件多,结构吊装量大,土建、设备、电气、管道等施工安装的协作配合要求高等。

5.3　施工方案选择

施工方案选择是施工组织设计的核心内容。施工方案的选择是否合理,将直接影响到工程进度、施工质量、安全生产和工程成本。其内容包括确定施工起点流向、施工展开程序、主要分部 (项) 工程的施工方法和施工机械。

5.3.1　确定施工流向和划分施工段

施工流向是指单位工程在平面上或竖向上施工开始的部位和进展的方向。对单层建筑物要确定出分段 (跨) 在平面上的施工流向。通常情况,工业厂房从施工角度来看,从其任何一端开始施工都是一样的,但是按照生产工艺的顺序来施工,可以保证设备安装工程分期进行,从而达到分期完工、分期投产,提前发挥投资效益的目的。对多层建筑物,除了应确定每层平面上的流向外,还应确定其层或单元在竖向上的施工流向。后者主要是指装修工程,不同的施工流向可产生不同的质量、时间和成本效果。施工流向应当优选。确定施工流向应考虑以下因素:生产使用的先后,施工区段的划分,与材料、构件、土方的运输方向不发生矛盾,适应主导工程 (工程量大、技术复杂、占用时间长的施工过程) 的合理施工顺序。具体应注意以下几点:

1）工业厂房的生产工艺往往是确定施工流向的关键因素，故影响试车投产的工段应先施工。

2）建设单位对生产或使用要求在先的部位应先施工。

3）技术复杂、工期长的区段或部位应先施工。

4）当有高低跨并列时，应从并列处开始施工；屋面防水施工应按先低后高顺序施工；当基础埋深不同时应依照先深后浅的顺序施工。

5）根据施工现场条件确定。如土方工程边开挖边余土外运，施工的起点一般应选定在离道路远的部位，按由远而近的流向进行施工。

装饰工程分为室外装饰工程和室内装饰工程。通常室外装饰工程施工流向是自上而下的，而室内装饰工程可以自上而下（图5-2），也可以自下而上（图5-3）。

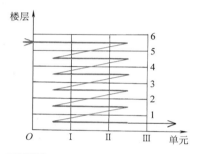

图5-2　室内装饰自上而下的流向

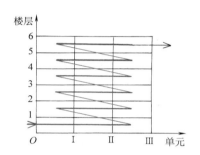

图5-3　室内装饰自下而上的流向

装饰工程采用自上而下的施工流向，通常主体结构封顶、屋面防水层完成后，从顶层开始向下施工。其优点是主体结构完成后有一定沉降时间，且防水层已做好，容易保证装饰工程质量不受沉降和下雨等情况影响，且工序之间交叉少，便于施工和成品保护。其缺点是不能与主体工程搭接施工，工期较长。

装饰工程采用自下而上的施工流向，通常主体结构工程施工到三层以上时，装饰工程从一层开始施工，主体与装饰工程交叉施工可节省工期，但由于工序交叉多，成品保护难，质量和安全不易保证。因此必须采取一定的技术组织措施，来保证质量和安全。组织好立体交叉作业，可大大缩短工期。

施工段划分见第2章相关介绍。

5.3.2　施工展开程序

单位工程的施工展开程序是指不同施工阶段、分部工程或专业工程之间所固有的、密不可分的先后施工次序，它既不可颠倒，也不能超越。施工中通常应遵守的程序有：

（1）先地下后地上　工程施工时通常应首先完成管道、管线等地下设施，土方工程和基础工程，然后开始地上工程施工。但逆作法施工除外。

（2）先主体后围护　通常是指框架结构和排架结构的建筑中，应先施工主体结构，后施工围护结构。高层建筑物应搭接施工，以有效地节约时间。

（3）先结构后装饰　施工时先进行主体结构施工，然后进行装饰工程施工。为了缩短施工工期，也有结构工程先行一段时间后，装饰工程随后搭接进行施工。例如，有些临街工程采用在上部主体结构施工时，下部一层或数层先行装修后即开门营业的做法，使装修与结构搭接施工，加快了进度，提高了投资效益。其缺点是：工序交叉多，成品保护难，需要采取一定的技术组织措施，来保证质量和安全。对于多层民用建筑物，结构与装修以不搭接施工为宜。

（4）先土建后设备　是指土建施工应先于水、暖、电、卫等建筑设备的施工。但也可安排穿插施工，尤其是在装修阶段，要从质量、节约的角度处理好两者的关系。

5.3.3　选择施工方法和施工机械

由于建筑产品的多样性、地区性和施工条件的不同，所以一个单位工程的施工过程、施工机械和施工方法的选择也是多种多样的。正确地拟订施工方法和施工机械，是选择施工方案的核心内容，它直接影响施工进度、施工质量和安全及施工成本。

1. 选择施工方法

选择施工方法时，应重点解决影响整个工程施工的分部（项）工程的施工方法。如在单位工程施工中占重要地位的、工程量大的分部（项）工程，施工技术复杂或采用新结构、新技术、新工艺及对质量起关键作用的分部（项）工程，特种结构工程或由专业施工单位施工的特殊专业工程的施工方法。而对于人们熟悉的、工艺简单的分项工程，则加以概括说明，提出应注意的特殊问题即可，不必拟订详细的施工方法。选择主要项目的施工方法应包括以下内容：

（1）土石方工程

1）计算土石方工程量，确定开挖或爆破方法，选择相应的施工机械。当采用人工开挖时应按工期要求确定劳动力数量，并确定如何分区分段施工。当采用机械开挖时应选择机械挖土的方式，确定挖掘机型号、数量和行走线路，以充分利用机械能力，达到最高的挖土效率。

2）地形复杂的地区进行平整场地时，确定土石方调配方案。

3）基坑深度低于地下水位时，应选择降低地下水位的方法，确定降低地下水所需设备。

4）当基坑较深时，应根据土壤类别确定边坡放坡坡度、土壁支护方法，确保安全施工。

（2）基础工程

1）基础需设施工缝时，应明确留设位置、技术要求。

2）确定浅基础的垫层、混凝土和钢筋混凝土基础施工的技术要求或有地下室时防水施工技术要求。

3）确定桩基础的施工方法和施工机械。

（3）砌筑工程

1）应明确砖墙的砌筑方法和质量要求。

2）明确砌筑施工中的流水分段和劳动力组合形式等。

3）确定脚手架搭设方法和技术要求。

（4）混凝土及钢筋混凝土工程

1）确定混凝土工程施工方案。如滑模法、爬升法或其他方法。

2）确定模板类型和支模方法。重点应考虑提高模板周转利用次数，节约人力和降低成本，对于复杂工程还需进行模板设计和绘制模板放样图或排列图。

3）钢筋工程应选择恰当的加工、绑扎和焊接方法。例如，钢筋做现场预应力张拉时，应详细制定预应力钢筋的加工、运输、安装和检测方案。

4）选择混凝土的制备方案，是采用商品混凝土，还是现场制备混凝土。确定搅拌、运输及浇筑顺序和方法，选择泵送混凝土和普通垂直运输混凝土机械。

5）选择混凝土搅拌、振捣设备的类型和规格，确定施工缝的留设位置。

6）如采用预应力混凝土应确定预应力混凝土的施工方法、控制应力和张拉设备。

（5）结构吊装工程

1）根据选用的机械设备确定结构吊装方法，安排吊装顺序、机械位置、开行路线及构件的制作、拼装场地。

2）确定构件的运输、装卸、堆放方法，所需的机具、设备的型号、数量和运输道路的要求。

（6）装饰工程

1）围绕室内外装修，确定采用工厂化、机械化等施工方法。

2）确定工艺流程和劳动力组织方案。

3）确定所需机械设备，确定材料堆放、平面布置和储存要求。

（7）现场垂直、水平运输

1）确定垂直运输量（有标准层的要确定标准层的运输量），选择垂直运输方式，选择脚手架的形式及搭设方式。

2）水平运输方式及设备的型号、数量，配套使用的专用工具、设备（如混凝土车、灰浆车、料斗、砖车、砖笼等），确定地面和楼层上水平运输的行驶路线。

3）合理地布置垂直运输设施的位置，综合安排各种垂直运输设施的任务和服务范围及混凝土后台上料方式。

2. 选择施工机械

选择施工机械时应注意以下几点：

1）首先选择主导工程的施工机械。如地下工程的土方机械，主体结构工程的垂直、水平运输机械，结构吊装工程的起重机械等。

2）在选择辅助施工机械时，必须充分发挥主导施工机械的生产效率，要使两者的台班生产能力协调一致，并确定出辅助施工机械的类型、型号和台数。例如，土方工程中自卸汽车的载重量应为挖掘机斗容量的整数倍，汽车的数量应保证挖掘机连续工作，使挖掘机的效率充分发挥。

3）为便于施工机械化管理，同一施工现场的机械型号尽可能少，当工程量大而且集中时，应选用专业化施工机械；当工程量小而分散时，可选择多用途施工机械。

4）尽量选用施工单位的现有机械，以减少施工的投资额，提高现有机械的利用率，降低成本。当现有施工机械不能满足工程需要时，则购置或租赁所需新型机械。

5.3.4　拟定技术组织措施

技术组织措施是通过采取技术方面和组织方面的具体措施，达到保证工程施工质量，按期完成施工进度、有效控制工程成本的目的。

（1）保证质量措施　保证质量的关键是对所涉及的工程中经常发生的质量通病制定防

治措施，从全面质量管理的角度，把措施定到实处，建立质量管理保证体系。例如，采用新工艺、新材料、新技术和新结构，需制定有针对性的技术措施。认真制定保证放线定位正确无误的措施，确保地基基础特别是特殊、复杂地基基础施工正确无误的措施，保证主体结构关键部位的质量措施，复杂工程的施工技术措施等。

（2）安全施工措施　安全施工措施应贯彻安全操作规程，对施工中可能发生安全问题的环节进行预测，其主要内容包括：

1）预防自然灾害措施。包括防台风、防雷击、防洪水、防地震等的措施。

2）防火、防爆措施。包括大风天气严禁施工现场明火作业，明火作业要有安全保护，氧气瓶防振、防晒和乙炔气罐严禁回火等措施。

3）劳动保护措施。包括安全用电、高处作业、交叉施工、防暑降温、防冻防寒和防滑防坠落，以及防有害气体等措施。

4）特殊工程安全措施。如采用新结构、新材料或新工艺的单项工程，要编制详细的安全施工措施。

5）环境保护措施。环境保护措施包括有害气体排放、现场生产污水和生活污水排放，以及现场树木和绿地保护等。

（3）降低成本措施　降低成本措施包括节约劳动力，节约材料，节约机械设备费用，节约工具费用，节约间接费用等。针对工程量大、有采取措施的可能和有条件的项目，提出措施，计算出经济效果指标，最后加以分析、评价、决策。一定要正确处理降低成本、提高质量和缩短工期三者的关系。

（4）季节性施工措施　当工程施工跨越冬期或雨期时，要制定冬、雨期施工措施，要在防淋、防潮、防泡、防拖延工期等方面分别采用疏导、遮盖、合理储存、改变施工顺序、避雨施工等措施。

（5）防止环境污染的措施　为了保护环境，防止在城市施工中造成污染，在编制施工方案时应提出防止污染的措施，主要应对以下方面提出措施：

1）防止施工废水（如搅拌机冲洗废水、灰浆水等）污染环境的措施。

2）防止废气产生（如熟化石灰等）污染环境的措施。

3）防止垃圾、粉尘（如运输土方与垃圾、散装材料堆放等）污染环境的措施。

4）防止噪声（如混凝土搅拌、振捣等）污染措施。

5.3.5　评价施工方案的技术经济指标

任何一个分部（项）工程，都有几个可行的施工方案，评价其优劣的标准是技术性和经济性，但最终标准是经济效益。为了避免施工方案的盲目性、片面性，在方案付诸实施前就应分析出其经济效益，保证所选方案的科学性，达到提高工程质量、缩短工期、降低成本的目的，进而提高工程施工的经济效益。常用的方法有定性分析和定量分析两种。

1. 定性分析评价指标

1）施工操作难易程度和安全可靠性。

2）为后续工程创造有利条件的可能性。

3）利用现有或取得施工机械的可能性。

4）为现场文明施工创造有利条件的可能性。

5）施工方案对冬、雨期施工的适应性。

2. 定量分析评价指标

1）工期指标。当要求工程尽快完成以便尽早投入生产或使用时，选择施工方案就要在确保工程质量、安全和成本较低的条件下，优先考虑缩短工期。

2）劳动量指标。反映施工机械化程度和劳动生产率水平。通常，劳动量消耗越小，机械化和劳动生产率越高。劳动量消耗指标以工日数计算。

3）主要材料消耗指标。反映若干施工方案的主要材料节约情况。

4）成本指标。反映施工方案的成本高低，一般需计算方案所用直接费用和间接费用。

成本指标 C 可用下式计算

$$C = 直接费用 \times (1 + 综合费用率) \tag{5-1}$$

式中，直接费用 = 定额直接费用 $\times$（1 + 其他直接费用率）。

综合费用率应考虑间接费用、技术装备费用或某些其他费用，它与建设地区、工程类型、专业工程性质、承包方式有关。

例 5-1 欲开挖钢筋混凝土箱形基础，坑深 3.5m，二类土，土方量为 7150m³，因场地狭小，除预留 1000m³ 准备回填外，余土全部用自卸汽车外运。根据现有劳动力和机械设备条件，可以采用以下三种方案挖土。

解 （1）方案一：W—100 型反铲挖土机挖土，自卸汽车运土方案。

用反铲挖土机开挖基坑不需开挖斜道，每班需普工 2 人，修整基坑需 48 工日。W—100 型反铲挖土机的台班生产率为 420.16m³，每台班租赁费 2000 元（含 2 名操作工人工资），拖车台班费为 1200 元。

1）工期指标（一班制）：

$$T = \frac{7150}{420.16} 天 \approx 17 \ 天$$

2）劳动量指标：

$$P = (2 \times 17 + 48) 工日 = 82 \ 工日$$

3）成本指标：

基坑开挖所需定额直接费（挖土机进场影响工时按 0.5 台班考虑，拖运费按拖车的 0.5 台班考虑，人工费为 150 元/工日）：

$$(2000 \times 17) 元 + (2000 \times 0.5) 元 + (1200 \times 0.5) 元 + 150 \times (2 \times 17 + 48) 元 = 47900 \ 元$$

$$直接费 = 47900 元 \times (1 + 7\%) = 51253 \ 元$$

其中，7% 为其他直接费。

综合费率按 22.5% 考虑，则：

$$C = 51253 元 \times (1 + 22.5\%) = 62784.93 \ 元$$

（2）方案二：采用 W—501 正铲挖土机（斗容量 1m³）挖土，该方案需先开挖一条供挖土机及汽车出入的斜道，斜道土方量约为 360m³，W—501 型正铲挖土机的台班生产率为 429.1m³，每台班租赁费为 2000 元（含 2 名操作工人工资），拖车台班费为 1200 元。每班需普工 2 人配合挖土机工作，修整基坑需 48 工日，斜道回填需 33 工日。

1) 工期指标（考虑斜道回填需 1 个工日）：

$$T = \left(\frac{7150}{429.1} + \frac{360}{429.1} + 1 \right) 天 = 18.5 天$$

2) 劳动量指标：

$$P = (2 \times 18.5 + 33 + 48) 工日 = 118 工日$$

3) 成本指标：

基坑开挖所需定额直接费用（挖土机进场影响工时按 0.5 台班考虑，拖运费按拖车的 0.5 台班考虑，人工费为 150 元/工日）：

$$(2000 \times 18.5) 元 + (2000 \times 0.5) 元 + (1200 \times 0.5) 元 + 150 \times (2 \times 18.5 + 48 + 33) 元$$
$$= 56300 元$$

$$直接费 = 56300 元 \times (1 + 7\%) = 60241 元$$
$$C = 60241 元 \times (1 + 22.5\%) = 73795.23 元$$

（3）方案三：采用人工开挖，人工装土及自卸汽车运土方案。此方案需人工开挖两条斜道，供汽车进出，两条斜道土方量约为 400m³。考虑工期及施工作业面，挖土每班需普工 56 人，自卸汽车装土每班需配普工 24 人。回填斜道需 40 工日，人工挖土方的产量定额为 8m³/工日。

1) 工期指标（一班制）：

$$T = \frac{(7150 + 400)/8}{56} 天 = \frac{944}{56} 天 = 17 天$$

2) 劳动量指标：

$$P = (944 + 24 \times 17 + 40) 工日 = 1392 工日$$

3) 成本指标：

$$定额直接费用 = 1392 \times 150 元 = 208800 元$$
$$直接费 = 208800 元 \times (1 + 7\%) = 223416 元$$
则
$$C = 223416 元 \times (1 + 22.5\%) = 273684.60 元$$

上述三种方案计算结果汇总见表 5-2。

表 5-2　三种施工方案技术经济指标比较

开挖方案	说　　明	工期指标 T/天	劳动量指标 P/工日	成本指标 C/元
方案一	反铲挖土机 W—100 型	17	82	62784.93
方案二	正铲挖土机 W—501 型	18.5	118	73795.23
方案三	人工开挖	17	1392	273684.60

从上表指标值中可以看出，方案一各项指标较优，故采用方案一。

5.4　施工进度计划

单位工程施工进度计划是在已确定的施工方案的基础上，根据规定工期和各种资源供应条件，遵循各施工过程合理的施工顺序，用横道图或网络图描述工程从开始施工到全部竣工各施工过程在时间和空间上的安排和搭接关系。在此基础上，可以编制劳动力计划、材料供应计划、成品半成品计划、机械设备需用量计划等。因此，施工进度计划是施工组织设计中一项非常重要的内容。通常有两种表示方法，即横道图和网络图。

5.4.1 单位工程施工进度计划的编制依据

编制进度计划主要依据下列资料：

1）施工工期要求及开、竣工日期。

2）经过审批的建筑总平面图、地形图、单位工程施工图、设备及基础图、采用的标准图及技术资料。

3）施工组织总设计对本单位工程的有关规定。

4）施工条件、劳动力、材料、构件及机械供应条件，分包单位情况等。

5）主要分部（项）工程的施工方案。

6）劳动定额、机械台班定额及本企业施工水平。

7）其他有关要求和资料。

5.4.2 单位工程施工进度计划的编制程序

单位工程施工进度计划的编制程序如图5-4所示。

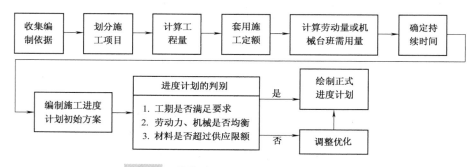

图 5-4 单位工程施工进度计划的编制程序

5.4.3 单位工程施工进度计划的编制步骤

（1）划分施工过程 施工过程是进度计划的基本组成单元。根据结构特点、施工方案及劳动组织确定拟建工程的施工过程，它包括直接在建筑物（或构筑物）上进行施工的所有分部（项）工程，一般不包括加工厂的构、配件制作和运输工作。

在确定施工过程时，应注意以下几个问题：

1）施工过程划分的粗细程度，主要取决于施工进度计划的客观需要。编制控制性进度计划，施工过程可划分得粗一些，通常只列出分部工程名称。如单层厂房的控制性施工进度计划，可只列出土方工程、基础工程、预制工程、吊装工程和装修工程。编制实施性施工进度计划时，项目要划分得细一些，特别是其中的主导工程和主要分部工程，应尽量详细而且不漏项，以便指导施工。如上述的单层厂房的实施性进度计划中，预制工程可分为柱子预制、吊车梁预制等，而各种构件预制又分为支撑模板、绑扎钢筋、浇筑混凝土等。

2）施工过程的划分要结合所选择的施工方案。施工方案不同，施工过程名称、数量和内容也会有所不同。如某深基坑施工，当采用放坡开挖时，其施工过程有井点降水和挖土两项；当采用钢板桩支护时，其施工过程包括井点降水、打板桩和挖土三项。

3）适当简化施工进度计划内容，避免工程项目划分过细、重点不突出。编制时可考虑将某些穿插性分项工程合并到主要分项工程中去，如安装门窗框可以并入砌墙工程；对于在同一时间内，由同一工程队施工的过程可以合并为一个施工过程，而对于次要的零星分项工程，可合并为其他工程一项。

4）水暖电卫工程和设备安装工程通常由专业施工队负责施工，因此，在施工进度计划中只要反映出这些工程与土建工程如何配合即可，不必细分。

5）所有施工过程应大致按施工顺序先后排列，所采用的施工项目名称可参考现行定额手册上的项目名称。

总之，划分施工过程要粗细得当。最后，根据所划分的施工过程列出施工过程一览表。

（2）计算工程量　工程量应针对划分的每一个施工段分段计算。在实际工程中，一般先编制工程预算书，工程量可直接套用施工图预算的工程量，但应注意某些项目的工程量应按实际情况调整。如"砌筑砖墙"一项，要将预算中按内墙、外墙以及不同墙厚、不同砌筑砂浆品种和强度等级计算的工程量进行汇总。工程量计算时应注意以下几个问题。

1）各分部（项）工程的工程量计算单位应与现行定额手册所规定的单位一致，避免计算劳动力、材料和机械台班数量时须进行换算而产生错误。

2）结合选定的施工方法和安全技术要求计算工程量。

3）结合施工组织要求，分区、分段和分层计算工程量。

4）计算工程量时，尽量考虑编制其他计划时使用工程量数据的方便，做到一次计算，多次使用。

（3）确定劳动量和机械台班数量　计算劳动量或机械台班数量时，可根据各分部（项）工程的工程量、施工方法和现行的劳动定额，结合实际情况加以确定。一般应按下式计算

$$P = \frac{Q}{S} \tag{5-2}$$

或

$$P = QH \tag{5-3}$$

式中　P——劳动量（工日）或机械台班数量；

Q——某分部（项）工程的工程量；

S——产量定额，即单位工日或台班完成的工程量；

H——时间定额。

S、H 最好根据本施工单位的实际水平确定，也可以参照施工定额水平确定。

例 5-2　某工程一层砖墙砌筑工程量为 855m³，时间定额为 0.83 工日/m³，则可求得砌墙消耗劳动量为

$$P = QH = 855\text{m}^3 \times 0.83 \text{ 工日/m}^3 = 709.65 \text{ 工日} \approx 710 \text{ 工日}$$

若已知砌筑砖墙产量定额为 1.205m³/工日，则完成砌筑量 855m³ 所需的总劳动量为

$$P = \frac{Q}{S} = \frac{855}{1.205} \text{工日} = 709.54 \text{ 工日} \approx 710 \text{ 工日}$$

使用定额，有时会遇到施工进度计划中所列施工过程的工作内容与定额中所列项目不一致的情况，这时应予以调整。通常有下列两种情况：

1）施工进度计划中的施工过程所含内容为若干分项工程的综合，此时可将定额做适当扩大，求出加权平均产量定额，使其适应施工进度计划中所列的施工过程，其计算公式为

$$S = \frac{Q_1 + Q_2 + \cdots + Q_n}{\dfrac{Q_1}{S_1} + \dfrac{Q_2}{S_2} + \cdots + \dfrac{Q_n}{S_n}} = \frac{\sum\limits_{i=1}^{n} Q_i}{\sum\limits_{i=1}^{n} \dfrac{Q_i}{S_i}} \tag{5-4}$$

式中　Q_1，Q_2，$\cdots$，Q_n——同一性质各个不同类型分项工程的工程量；

　　　S_1，S_2，$\cdots$，S_n——同一性质各个不同类型分项工程的产量定额；

　　　S——综合产量定额。

2）有些新技术或特殊的施工方法，无定额可遵循。此时，可将类似项目的定额进行换算，或根据试验资料确定，或采用三点估计法计算。三点估计法的计算公式为

$$S = \frac{1}{6}(a + 4m + b) \tag{5-5}$$

式中　S——综合产量定额；

　　　a——最乐观估计的产量定额；

　　　b——最保守估计的产量定额；

　　　m——最可能估计的产量定额。

（4）确定各施工过程的持续时间　计算各施工过程的持续时间一般有两种方法：

1）根据配备在某施工过程上的施工工人数量及机械数量来确定作业时间，计算公式为

$$t = \frac{P}{RN} \tag{5-6}$$

式中　P——劳动量或机械台班数量；

　　　t——完成某施工过程的持续时间；

　　　R——该施工过程所需的劳动量或机械台班数；

　　　N——每天工作班数。

例如，某工程砌筑砖墙，需要总劳动量160工日，一班制工作，每天施工人数为23人，则施工天数为

$$t = \frac{P}{RN} = \frac{160}{23 \times 1} \text{天} = 6.956 \text{天} \approx 7 \text{天}$$

确定施工持续时间，应考虑施工人员和机械所需的工作面。增加施工人数和机械数量可以缩短工期，但它有一个限度，超过了这个限度，工作面不充分，生产效率必然会下降。

2）根据工期要求倒排进度。根据规定总工期、定额工期及施工经验，确定各施工过程的施工时间，然后再按各施工过程需要的劳动量或机械台班数，确定各施工过程需要的机械台数或工人数。计算公式为

$$R = \frac{P}{tN} \tag{5-7}$$

式中符号含义同前。

计算时，首先按一班制考虑，若算得的机械台班数或工人数超过工作面所能容纳的数量

时可增加工作班次或采取其他措施，使每班投入的机械数量或人数减少到可能与合理的范围。

（5）确定施工顺序　施工顺序是在施工方案中确定的施工流向和施工程序的基础上，按照所选施工方法和施工机械的要求确定的。由于施工顺序是在施工进度计划中最后定案的（编制施工进度计划往往要对施工顺序进行反复调整），所以最好在编制施工进度计划时具体研究确定施工顺序。

确定施工顺序是为了按照施工的技术规律和合理的组织关系，解决各项目或施工过程之间在时间上的先后顺序和搭接关系，以做到保证质量、安全施工、充分利用空间、争取时间和合理安排工期的目的。

工业建筑与民用建筑的施工顺序不同。同是工业建筑或民用建筑，其施工顺序也难以做到完全相同。因此设计施工顺序时，必须根据工程的特点、技术和施工组织的要求及施工方案等进行研究。然而，从许多大的方面看，施工顺序的确定也有许多共性。

确定施工顺序应考虑以下因素：

1）遵循施工程序。施工顺序应在不违背施工程序的前提下确定。

2）符合施工工艺。施工顺序应与施工工艺顺序相一致，如现浇钢筋混凝土柱梁的施工顺序为：支模板→绑钢筋→浇混凝土→养护→拆模板。

3）与施工方法和施工机械的要求相一致，不同的施工方法和施工机械会使施工过程的先后顺序有所不同。如建造装配式单层厂房，采用分件吊装法的施工顺序是先吊装全部柱子再吊装全部吊车梁，最后吊装所有屋架和屋面板。采用综合吊装法的顺序是：吊装完一个节间的柱子、吊车梁、屋架和屋面板之后，再吊装另一个节间的构件。

4）考虑工期和施工组织的要求。如地下室的混凝土地坪，可以在地下室的楼板铺设前施工，也可以在楼板铺设后施工。但从施工组织的角度来看，前一方案便于利用安装楼板的起重机向地下室运送混凝土，因此宜采用此方案。

5）考虑施工质量和安全要求。如基础回填土，必须在砌体达到必要的强度以后才能开始，否则，砌体的质量会受到影响。

6）不同地区的气候特点不同，安排施工过程应考虑到气候特点对工程的影响。如土方工程施工应避开雨季，以免基坑被雨水浸泡或遇到地表水而增加基坑开挖的难度。

（6）编制施工进度计划的初始方案　各施工过程的施工顺序和施工天数确定之后，应按照流水施工的原则，根据施工方案划分的施工段组织流水施工，找出并安排控制工期的主导施工过程，使其尽可能连续施工，而其他施工过程根据工艺合理性尽量穿插、搭接或平行作业，最后将各施工段的流水作业图表最大限度搭接起来，即得到单位工程施工进度计划的初始方案。

（7）施工进度计划的检查与调整　无论采用流水作业法还是网络计划技术，对施工进度计划的初始方案均应进行检查、调整和优化。其主要内容有：

1）各施工过程的施工顺序、平行搭接和技术组织间歇是否合理。

2）编制的工期能否满足合同规定的工期要求。

3）劳动力和物资资源方面是否能保证均衡、连续施工。

根据检查结果，对不满足要求的进行调整，如增加或缩短某施工过程的持续时间，调整施工方法或施工技术组织措施等。总之，通过调整，在满足工期的条件下，达到使劳动力、材料、设备需要趋于均衡，主要施工机械利用率合理的目的。

此外，在施工进度计划执行过程中，往往会因人力、物力及现场客观条件的变化而打破原定计划，因此在施工过程中，应经常检查和调整施工进度计划。近年来，计算机已广泛应用于施工进度计划的编制、优化和调整，尤其是在优化和快速调整方面更能发挥其计算迅速的优势。

5.5 资源需要量计划

施工进度计划确定之后，可根据各工序及持续期间所需资源编制出材料、劳动力、构件、加工品、施工机具等资源需要量计划，作为有关职能部门按计划调配的依据，以利于及时组织劳动力和技术物资的供应，确定工地临时设施，保证施工进度计划的顺利进行。

5.5.1 劳动力需要量计划

将各施工过程所需要的主要工种劳动力，根据施工进度的安排进行叠加，就可编制出主要工种劳动力需要量计划，见表5-3。它的作用是为施工现场的劳动力调配提供依据。

表5-3 劳动力需要量计划

序号	工种名称	总劳动量/工日	每月劳动力需要量/工日						
			1	2	3	4	5	6	…

5.5.2 主要材料需要量计划

材料需要量计划主要为组织备料、确定仓库或堆场面积、组织运输之用。其编制方法是，将施工预算中工料分析表或进度表中各施工过程所需的材料，按材料名称、规格、使用时间并考虑到各种材料消耗进行计算汇总而得，见表5-4。

表5-4 主要材料需要量计划表

序号	材料名称	规格	需要量		供应时间	备 注

5.5.3 构件、配件和半成品需要量计划

建筑结构构件、配件和其他加工半成品的需要量计划主要用于落实加工订货单位，并按照所需规格、数量、时间，组织加工、运输和确定仓库或堆场，可根据施工图和施工进度计划编制，见表5-5。

表 5-5　构件、配件和半成品需要量计划

序号	构件、配件及半成品名称	规格	图号	需要量		使用部位	加工单位	供应日期	备　注
				单位	数量				

5.5.4　施工机械需要量计划

根据施工方案和施工进度计划确定施工机械的类型、数量、进场时间。其编制方法是将施工进度计划表中每个施工过程、每天所需的机械类型、数量和施工日期进行汇总，以得出施工机械需要量计划，见表 5-6。

表 5-6　施工机械需要量计划

序号	机械名称	类型、型号	需要量		货源	使用起止时间	备　注
			单位	数量			

5.5.5　施工进度计划分析

施工进度计划分析的目的是，看该进度计划是否满足规定要求，技术经济效果是否良好。可使用的指标主要有以下几项：

（1）提前时间

$$提前时间 = 上级要求或合同规定工期 - 计划工期$$

（2）节约时间

$$节约时间 = 定额工期 - 计划工期$$

（3）劳动力不均衡系数

$$劳动力不均衡系数 = \frac{高峰人数}{平均人数}$$

$$平均人数 = \frac{每日人数之和}{总工期}$$

劳动力不均衡系数在 2 以内为好，超过 2 则不正常。

（4）单位工程单方用工数

$$单位工程单方用工数 = \frac{总用工数（工日）}{建筑面积（m^2）}$$

（5）总工日节约率

$$总工日节约率 = \frac{施工预算用工数（工日） - 计划用工数（工日）}{施工预算用工数（工日）} \times 100\%$$

（6）大型机械单方台班用量（以吊装机械为主）

$$大型机械单方台班用量 = \frac{大型机械台班用量（台班）}{建筑面积（m^2）}$$

（7）建安工人日产值

$$建安工人日产值 = \frac{计划施工工程工作量（元）}{进度计划日期 \times 每日平均人数（工日）}$$

上述指标以前三项为主。

5.6 单位工程施工平面图

施工平面图是对一个建筑物或构筑物的施工现场的平面规划和空间布置图。它的主要作用是根据工程规模、特点和施工现场的条件，按照一定的设计原则来正确地解决施工期间所需的各种暂设工程和其他设施等同永久性建筑物和拟建建筑物之间的合理位置关系问题。它是进行施工现场布置的依据，也是施工准备工作的一项重要依据，是实现文明施工、节约土地、减少临时设施费用的先决条件。施工平面图的绘制比例一般为 1：200 ～ 1：500。

5.6.1 单位工程施工平面图设计的内容

施工平面图是以一定比例和图例，按照场地条件和需要的内容进行设计的，其内容包括：

1）建筑总平面图上已建和拟建的地上和地下的一切房屋、构筑物及其他设施的位置和尺寸。

2）测量放线标桩位置、地形等高线和土方取弃场地。

3）起重机的开行路线及垂直运输设施的位置。

4）材料、加工半成品、构件和机具的仓库或堆场。

5）生产、生活用临时设施。如搅拌站、高压泵站、钢筋棚、木工棚、仓库、办公室、供水管、供电线路、消防设施、安全设施、道路以及其他需搭建或建造的设施。

6）场内施工道路与场外交通的连接。

7）临时给水排水管线、供电管线、供气供暖管道及通信线路布置。

8）一切安全及防火设施的位置。

9）必要的图例、比例尺、方向及风向标志。

上述内容可根据建筑总平面图、施工图、现场地形图、现有水源、场地大小、可利用的已有房屋和设施、施工组织总设计、施工方案、进度计划等经科学的计算、优化，并遵照国家有关规定进行设计。

5.6.2 单位工程施工平面图的设计原则

1）在保证工程顺利进行的前提下，平面布置应力求紧凑，以节约用地。

2）尽量减少二次搬运，最大限度地缩短工地内部运距，各种材料、构件、半成品应按进度计划分批进场。

3）力争减少临时设施的数量，并采用技术措施使临时设施装拆方便，能重复使用，节省资金。

4）符合环保、安全和防火要求。

5.6.3　单位工程施工平面图的设计步骤

单位工程施工平面图的设计步骤一般是：确定起重机的位置→确定搅拌站、仓库、材料和构件堆场、加工厂的位置→布置运输道路→布置行政管理、生活福利用临时设施→布置水电管线→计算技术经济指标。

1. 垂直运输机械的布置

垂直运输机械的位置直接影响仓库、搅拌站、各种材料和构件等的位置及道路和水电线路的布置等，因此它是施工现场布置的核心，必须首先确定。

由于各种起重机械的性能不同，其布置方式也不相同。

（1）塔式起重机的布置　塔式起重机具有起重、垂直提升、水平输送三种功能。按其在工地上使用架设的要求不同可分为固定式、有轨式、附着式和内爬式四种。

有轨式起重机可沿轨道两侧全幅作业区内进行吊装，但占用施工场地大，铺设路基工作量大，且使用高度受一定限制，一般沿建筑物长向布置，其位置、尺寸取决于建筑物的平面形状、尺寸、构件重量、起重机的性能及四周施工场地的条件等。当起重机的位置和尺寸确定后，要复核起重量、起重高度和回转半径三项工作参数是否满足建筑物吊装要求，保证起重机工作幅度能将材料和构件直接运送到任何施工地点，尽可能不出现"起重死角"。轨道通常布置方式有：单侧布置、双侧布置或环形布置等。施工时应注意路基的平整、坚实，必要时应增加转弯设备，同时应注意轨道路基的排水要畅通。

固定式塔式起重机不需铺设轨道，但其作业范围较小。

附着式塔式起重机占地面积小，且起重量大，可自行升高，但对建筑物有附着力。

内爬式塔式起重机布置在建筑物中间，作用的有效范围大，适用于高层建筑施工。

（2）自行无轨式起重机械　此类起重机有履带式、轮胎式和汽车式三种。它们一般用作构件装卸和起吊构件之用，还适用于装配式单层工业厂房主体结构的吊装，其吊装的开行路线及停机位置主要取决于建筑物的平面布置、构件重量、吊装高度和吊装方法，一般不用作垂直和水平运输。

（3）固定式垂直运输机械　井架、龙门架等固定式垂直运输设备的布置，要结合建筑物的平面形状、高度、施工段的划分情况、材料的来向、已有运输道路情况等而定。布置的原则是充分发挥起重机械的能力，并使地面和楼面的水平运距最小。布置时应考虑以下几点：

1）当建筑物的各部位高度相同时，应布置在施工段的分界线附近。

2）当建筑物各部位高度不同时，应布置在高低分界线较高部位一侧。

3）井架、龙门架的位置以布置在窗口处为宜，以避免砌墙留槎和减少井架拆除后的修补工作。

4）井架、龙门架的数量要根据施工进度、垂直提升的构件和材料数量、台班工作效率等因素计算确定，其工作范围一般为 50～60m。

5）卷扬机的位置不应距离提升机太近，以便操作者能够看到整个升降过程，一般要求此距离大于或等于建筑物的高度，水平距离应距离外脚手架3m以上。

6）井架应立在外脚手架之外，并应留有一定距离。

2. 搅拌站、加工厂、仓库、材料和构件堆场的布置

搅拌站、加工厂、仓库、材料和构件堆场要尽量靠近使用地点或在起重机能力范围内，运输、装卸要方便。

如果现场设置搅拌站，则要与砂、石堆场及水泥库一起考虑，既要靠近，又要便于大宗材料的运输装卸。2004年起，沿海大中城市禁止设现场搅拌站，而采用商品混凝土。

木工棚、钢筋加工棚可离建筑物稍远，但应有一定的堆放木材、钢筋和成品的场地。仓库、堆场的布置，应进行计算，能适应各个施工阶段的需要。按照材料使用的先后，同一场地可以供多种材料或构件堆放。易燃、易爆品仓库位置的确定必须遵守防火、防爆安全距离的要求。

石灰堆场、淋灰池要接近灰浆搅拌站布置。

构件重量大的，要布置在起重机臂下；构件重量小的，可远离起重机放置。

3. 运输道路的修筑

运输道路应按材料和构件运输的需要，沿着仓库和堆场进行布置。道路宽度要符合规定，单车道不小于3.5m，双车道不小于6m。路基要经过设计，转弯半径要满足运输要求。要结合地形在道路两侧设排水沟。总的来说，现场应设环形路，在易燃品附近也要尽量设计成进出容易的道路。木材场两侧应有6m宽通道，端头处应有12m×12m回车场。消防车道宽度不小于3.5m。

4. 行政管理、文化、生活、福利用临时设施的布置

行政管理、文化、生活、福利用临时设施的布置应遵循使用方便、有利施工、符合防火安全要求的原则，一般应设在工地出入口附近，尽量利用已有设施，必须修建时要经过计算确定面积。

5. 水电管网的布置

（1）施工水网的布置

1）施工用的临时给水管，一般由建设单位的干管或自行布置的干管接到用水地点。布置时应力求管网总长度短，管径的大小和水龙头数量需视工程规模大小通过计算确定，其布置形式有环形、枝形、混合式三种。

2）供水管网应按防火要求布置室外消防栓，消防栓应沿道路设置，距道路应不大于2m，距建筑物外墙不应小于5m，也不应大于25m，消防栓的间距不应大于120m。工地消防栓应设有明显的标志，且周围3m以内不准堆放建筑材料。

3）为了排除地面水和地下水，应及时修通永久性下水道，并结合现场地形在建筑物周围设置排泄地面水集水坑等设施。

（2）临时供电设施

1）为了维修方便，施工现场一般采用架空配电线路，且要求现场架空线与施工建筑物水平距离不小于10m，架空线与地面距离不小于6m，跨越建筑物或临时设施时，垂直距离不小于2.5m。

2）现场线路应尽量架设在道路的一侧，且尽量保持线路水平。在低压线路中，电杆间距应为25~40m，分支线及引入线均应由电杆处接出，不得由两杆之间接线。

3）单位工程施工用电应在全工地的施工总平面图中统筹考虑，包括用电量计算、电源选择、电力系统选择和配置。若为独立的单位工程，应根据计算的用电量和建设单位可提供电量决定是否选用变压器。变压器的设置应将施工期与以后长期使用结合考虑，其位置应远离交通要道口处，布置在现场边缘高压线接入处，在 2m 以外四周用高度大于 1.7m 的钢丝网围住，以保安全。

施工现场布置示例　　施工现场布置虚拟动画演示

5.6.4　单位工程施工平面图的评价指标

为评价单位工程施工平面图的设计质量，可以计算下列技术经济指标并加以分析，以确定施工平面图的最终方案。

（1）施工占地系数

$$施工占地系数 = \frac{施工占地面积（m^2）}{建筑面积（m^2）} \times 100\%$$

（2）施工场地利用率

$$施工场地利用率 = \frac{施工设施占用面积（m^2）}{施工用地面积（m^2）} \times 100\%$$

（3）临时设施投资率

$$临时设施投资率 = \frac{临时设施费用总和（元）}{工程总造价（元）} \times 100\%$$

5.7　单位工程投标阶段的施工组织设计

5.7.1　单位工程投标阶段施工组织设计的作用

1）施工组织设计是承包单位编制投标书的一个重要组成部分，是承包单位获取中标的一个重要条件。投标书通常由三部分组成：资质标书、商务标书和技术标书。在投标竞争中，报价、工期、质量等级等定量指标即商务标书具有巨大竞争力，在评标、定标中起着重要作用。但是，商务标书中的定量指标需要施工组织设计制定严密的组织措施、先进的施工方法和进度计划等来实现。尤其是重要工程或科技含量较高的特殊工程，常采用分阶段投标，首先进行施工技术投标，对所有标书中的施工技术方案进行分析、论证，淘汰一批不合格的施工企业，选择施工管理严密、技术方案先进、可靠的施工投标企业进行第二轮竞争，即商务标的竞争。

2）投标书中的施工组织设计是投标单位对该施工项目的认识程度、理解程度和重视程度的标志。只有投标单位对该项工程施工图内容、结构、现场情况和有关要求研究透彻的情况下，才能编制出符合实际的、高质量的施工组织设计。因此施工组织设计编制质量是业主评定投标单位能否中标的关键因素。例如，某一新建工程的招标书中说明施工用电由建设单位负责从邻厂接入工地。现场踏勘时,某投标单位了解到邻厂每周有一天停电,因此编制施工组织设计时增设一台自备发电机,以保证工程连续施工;而其他投标单位不仅忽视了这一点,还提出如因供电等原因造成工期延误,费用增加等应由建设单位负责。相比之下,增设自备发电机的投标单位保证施工工期的可靠性大,在评标中将占有较大的优势。

3)投标书中的施工组织设计是施工企业中标后指导施工的纲领性文件。

4)中标后,投标书中的施工组织设计应作为与业主方签订合同的依据。标书中提供的各种施工技术方案、技术措施和相应数据等,应作为施工投标单位向业主方做出的承诺,中标后施工单位将受此约束。

5.7.2 施工投标阶段编制施工组织设计注意事项

投标阶段施工组织设计的内容除按 5.1~5.6 节介绍的要求进行编制外,还应注意以下几点:

(1)内容简洁,重点突出 在编制施工组织设计前,首先要研究工程设计特点,其次研究工程现场情况,再次要了解业主对工程建设要求的重点。例如,某中外合资项目进行邀请招标,由三家实力很强的施工单位参加投标。业主最关心的是这项工程的工期,而三家投标书中的施工工期都是 11 个月,但其中两家施工单位在施工组织设计中对工程的特点分析不明确,具体措施比较简单,对确保施工工期只采用通用化的语言描述,"采用平行流水、立体交叉施工方法,确保工期 11 个月完成……",而另一施工单位对如何确保 11 个月施工工期方面编制得比较详细,认真分析工程特点,明确影响工程进度的关键所在,有针对性地提出了相应的技术措施。这家施工单位根据中外合资工程的特点,编制了两份工程进度表,一份是中方人员常用的横道图形式表达的工程进度表,一份是外方人员熟悉的网络图形式表达的工程进度表,明确表达了关键性线路,从而大大增强了确保 11 个月施工工期的可靠性和可信度。结果,这家施工单位在评标中获得中外业主和评委的一致好评而一举中标。

(2)施工组织设计中应尽量采用先进施工技术和先进施工设备 在评标过程中,富有经验的业主方和评委们根据标书中提供的施工组织设计来研究、论证其商务标提供的定量指标的可靠性和合理性,然后做出决策。先进的施工技术和先进的施工设备的应用,不仅显示了投标企业的技术水平、管理水平和企业实力,而且大大增加了标书中承诺的定量指标的可信度,有效地提高了竞争力,增加了中标机会。

(3)施工组织设计应避免"三化" 所谓"三化"即内容简单化、措施公式化、进度计划理想化。这种施工组织设计只起到摆设和陪衬作用,在招标竞争中只会削弱自己的竞争实力。

1)内容简单化。投标书中的施工组织设计必须与报价、工期、质量等级等定量指标是相辅相成、互为补充的。同时要求内容主次分明,对于重要的分部(项)工程的施工方案要做多方案比较、分析,择优选用,施工质量的保证措施要具体、可行,以增强评委和业主的信任。

2)措施公式化。即所涉及的技术措施缺乏针对性,将通用性的质量保证措施、安全保证措施等拼凑套用。提供这种公式化的施工组织设计,说明投标方对该工程项目认识、理解、研究深度不够,只能降低和削弱投标方的竞争力。

3)进度计划理想化。未考虑该投标工程的物质供应条件及施工过程的合理搭接与排序,仅凭以前的工程经验套用已有的其他工程的进度计划,或制订脱离实际的理想进度。

(4)认真进行答辩 答辩虽然不属于施工组织设计的内容,但它涉及施工组织设计,可以看作是施工组织设计的延伸内容,在评标定标中起着很重要的作用。施工阶段投标答辩与投标文件具有同等的法律效力。当几家投标单位的标书比较接近，评委和业主难以取舍时，将通过答辩来好中选优。因此投标单位在完成标书后，还应做好充分的答辩准备。投标答辩一般从以下两方面进行：

1）对信誉好、施工方案合理、工期满足要求的投标单位，通常在进行报价方面的答辩后决定取舍。

2）当投标单位在报价上较为接近，难分上下时，通常在进行施工工期或施工技术方案方面的答辩后决定取舍。

对施工工期的答辩，应以施工组织设计中相应的技术措施做论述依据，以提高其说服力和可信度。

对施工技术方案的答辩，重点应对所采用的技术措施，特别是新技术、新结构、新材料、新工艺的应用方面，关键部分的阐述应明确、概念清晰、层次分明、重点突出。

5.7.3　招标投标阶段施工组织设计的评价

建筑工程施工中评标、定标可采用综合评定法、计分法、系数法、协商议标法或投票法进行。对施工组织设计的评定一般采用综合评定法、计分法。

（1）综合评定法（定性分析法）　综合评定法是根据招标文件中确定的评标原则在充分阅读标书、认真分析标书优劣的基础上，经评委充分讨论并进行综合评价后确定中标单位的评标定标方法。若评委意见分歧较大，不能取得一致意见，可以采用投票法决定中标单位。对施工组织设计采用综合评定法，重点应对其拟订的各项计划及相应措施，从可行性、针对性、先进性、经济性等诸方面进行分析、评价、综合论证，其优劣程度可一目了然。

（2）计分法（定量分析法）　计分法是根据评标原则中确定的评分标准分别打分，得分汇总后，根据得分总和评定技术标书中的施工组织设计。

计分法常采用百分比，各评价要素权重可根据实际情况确定。

例 5-3　评标组对某工程确定了评标办法的分值：

总分为 100 分。其中：工程造价 40 分；质量等级目标 10 分；工期目标 10 分；施工组织设计 30 分；社会信誉 10 分。

为了能全面而真实地评价施工组织设计，又将其所占分值做进一步细化。表 5-7 为评标组对该工程三个标书中的施工组织设计进行定量评价的分值汇总表。

表 5-7　施工组织设计定量评价汇总表

评价内容	权重	评价指标	标准分	投标单位及得分		
				A	B	C
施工工期	15%	工期	6	6	6	6
		开竣工时间	3	1	3	3
		进度管理手段	6	6	5	4
工程质量	30%	质量目标	5	5	5	5
		技术措施	10	8.8	9.0	8.3
		质量保证体系	15	13.6	13.4	12.6

（续）

评价内容	权重	评价指标	标准分	投标单位及得分		
				A	B	C
施工方案	20%	基础	4	4	4	4
		主体	10	9	9	9
		装修	6	5	4.5	5
安全措施	10%	组织措施	3	3	3	3
		技术措施	5	3.7	4	3.8
		安全教育	2	1	1	1
组织机构	10%	机构设置	3	3	3	3
		人员配备	7	6.3	5.5	5.9
设备安装	15%	电气系统	7.5	5.6	4.9	2.5
		给水排水系统、暖通系统	7.5	5.25	4.5	2.5
总分			100	86.25	84.8	78.6

5.8 单位工程施工组织设计实例

5.8.1 工程概况

本工程为某机关办公楼工程。

1. 工程建设概况

办公楼平面呈 L 形，全长 67.66m，宽 12.48m，最宽处 21.8m。建筑面积为 4842.4m²，首层层高为 3.2m，二至六层每层层高 3.0m。±0.000m 绝对标高为 48.60m，室内外高差为 600mm，檐顶标高 18.8m，北外墙距红线 1.2m，南端距招待所围墙 11m，东外墙离路边排水沟 2m。建筑平面布置如图 5-5 所示。

2. 建筑设计概况

门厅、楼梯间、走廊及陈列室、会议室、接待室等公共用房为大理石地面，厕所、浴室、盥洗间为锦砖地面、瓷砖墙面，其他房间为预制水磨石地面，墙面抹灰、刮白、喷涂料，顶棚为刮腻子、喷涂料；塑钢窗，预制水磨石窗台板；装饰木门，包门框；屋顶做法为水泥焦渣找平，200mm 厚加气混凝土保温层，水泥砂浆找平，改性沥青卷材防水；外墙面水泥砂浆抹灰，喷涂进口外墙涂料。

3. 结构设计概况

1）基础埋深 2.8m（绝对标高为 45.80m）。由勘察报告得知，地下水位为 45.80 ~ 46.20m，基底为粉质黏土，局部可能有薄淤泥，地下水无侵蚀性。设计要求基底落在老土上，$f=130kN/m^2$。基础垫层为 C15 混凝土，厚 300mm，宽 1.5 ~ 2.2m，构造配筋。经与设计商洽，下加 200mm 厚级配砂石，作为压淤、排水和分散压力措施。砖砌大放脚，基础墙

广州西塔建筑
施工组织设计（3D）

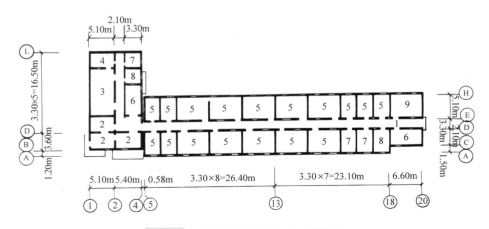

图 5-5　建筑平面布置图（二层平面）

1—走廊　2—接待室　3—阅览室　4—资料室　5—办公室

6—楼梯　7—厕所　8—盥洗室　9—会议室

厚 370mm，－2.120m 及－0.060m 标高处各有 370mm×120mm 钢筋混凝土圈梁，构造柱筋锚于－2.120m 标高处圈梁内。

2）结构按 8 度抗震设防。内外墙混合承重，外墙厚 370mm，内墙厚 240mm，大开间以 C25 钢筋混凝土进深梁支承楼板。一至六层的拐角阳台及其后部的楼板和厕所、浴室、盥洗间楼板为现浇钢筋混凝土，其余楼板、屋面板均为预应力圆孔板。楼梯为预制构件，每层设圈梁。所有现浇混凝土均为 C20，砖等级为 MU10 和 MU7.5，砌筑砂浆：首层、二层、三层为 M7.5，四层以上为 M5.0。

4. 施工条件

1）施工期限。本工程自 4 月 1 日开工，以工期定额确定的工期做参考。按定额规定，本工程工期按三个因素考虑：

① 五层和六层部分，分别依照面积比例，套用相应的工期定额。

② 基础深度为（2.80－0.60）m＝2.20m，超过定额规定不足 1m，按 1m 计算，增加工期 10 天。

③ 按 8 度抗震设防，定额规定工期应乘以 1.02 系数。因此本工程的定额工期应为

$$\left(\frac{250\times1355.8+230\times3486.6}{4842.4}+10\right)\text{天}\times1.02=251\text{天}$$

与建设单位协商后，合同工期定为 235 天，比定额工期缩短 16 天，故本工程自 4 月 1 日开工，于 11 月 21 日竣工。

2）场地平整已由建设单位完成。测量用基准点由建设单位提供。根据市容管理部门规定，在场地东、北、西三面安装施工围栏。

3）建设单位向招待所借用 12 间平房，作为施工用房，并允许在招待所空地北部搭设工具棚和小车库。因此需在原有围墙上拆出通道，并在招待所院内拉刺网分隔。这些刺网和围墙缺口，必须在工程交付建设单位前恢复原状。

4）本工程施工用水、电均由现场南侧接入，单独装表计量。

5）构件供应。所有混凝土预制构件由本公司构件厂提供，水磨石制品和半成品向水磨石厂订货。塑钢窗、瓷砖、地砖、锦砖由建设单位供货，其规格、数量应在订货前与施工单位共同核实。

5. 主要工程量

主要分部（项）工程量见表 5-8。

表 5-8　主要分部（项）工程量

序号	分部（项）工程名称	单位	工程量	序号	分部（项）工程名称	单位	工程量
1	挖土	m³	1694	12	预制预应力圆孔板	块	845
2	填土	m³	1205	13	现浇钢筋混凝土过梁	根	962
3	挖室内暖气沟	m	97.3	14	安装塑钢窗	樘	314
4	级配砂石	m³	251	15	安装木门	樘	182
5	浇筑 C15 混凝土	m³	232	16	内墙抹灰	m²	5180
6	基础砌筑	m³	422	17	外墙抹灰	m²	1242
7	浇筑基础部分混凝土	m³	68	18	屋面防水	m²	920
8	±0.000m 以上结构砌筑	m³	2105	19	铺锦砖楼地面	m²	103
9	现浇混凝土	m³	323	20	预制水磨石地面	m²	3104
10	浇筑 SL5.1 梁	根	34	21	预制大理石地面	m²	526
11	浇筑 SL4.8 梁	根	20	22	墙贴瓷砖	m²	424

5.8.2　施工方案

1. 施工段划分

本工程划分为三个施工段。Ⅰ段为①到④轴，Ⅱ段为⑤到⑬轴，Ⅲ段为⑬轴以西到⑳轴。其中，Ⅰ、Ⅲ段现浇混凝土量较大。

2. 施工顺序

（1）基础阶段　放线→挖土→地基处理→铺级配砂石→垫层混凝土→大放脚砌筑→ −2.120m 处地圈梁→基础墙砌筑→基础构造柱和 −0.060m 处圈梁→ −1.100m 以下回填土→室内暖气沟→上部房心回填土。

（2）主体阶段　放线→内外墙分步架砌筑→构造柱→预制梁安装→圈梁硬架及现浇板支模→圈梁、现浇板绑钢筋→安装预制楼板并加固→板缝钢筋→混凝土浇筑→养护→上层放线→女儿墙。

（3）外墙装修　屋面保温防水→外墙抹灰→水落管安装→拆井架、补砌进料口墙体并抹灰、勾缝→内外管线交接→散水、台阶。

（4）内装修　放设各层标高线→立门窗口→楼、地面垫层→铺贴预制水磨石、大理石地面→顶棚修整、打底→内墙抹灰→贴厕、浴墙面砖→门窗安装及装修木活→墙面、顶棚刮白、喷涂料→修整、清理。

3. 施工方法

（1）基础工程　土方工程采用机械挖土，浇筑混凝土和基础砌筑分段流水施工。室内暖气沟在回填土过程中施工。由于基底接近地下水位，挖土时采用槽边明沟集水井排水方式。为了缩短晾槽时间，施工中应组织分段打钎，并抓紧验槽和地基处理工作。

1）土方工程。依照本地区附近工程的施工经验，地下水头来自西北方位，据此决定土方从西向东开挖。先在西北端布置集水井，直径 4m，深 3.5m，一次挖成，井内放置木制挡土集水箱笼，三班抽水，保证槽内无滞水。基槽边坡 1∶0.33，槽底宽度为垫层每侧加宽 250mm。挖土用 0.5m³ 反铲挖掘机，自卸汽车配合运土，表层杂土和饱和土外运，好土留在楼南侧，供回填用，存土约 600m³。挖掘机挖土时，基底留土 200mm，用人工清底修平，防止超挖扰动基底，随清底逐段打钎，验槽后及时组织力量按设计要求处理基底。铺级配砂石时，应再次清尽槽底的被扰土。

2）基础。垫层混凝土两侧支模，溜槽下料，混凝土坍落度为 20~40mm，用振捣棒捣实。基础大放脚砌筑时，注意两侧收分一致，并保证基础墙轴线的位置正确。第一次砌到 −2.120m 处，以大放脚砌体做模板浇筑基础圈梁。继续砌上部基础腔前，应先调整好构造柱的竖筋。

3）回填。基础砌至 ±0.000m 后应回填土方。回填土应过筛，基槽两侧均匀下料，分层夯填，不能机夯的边角处，采用手夯夯实。第一次填土到暖气沟垫层底面，完成室内暖气沟及支护沟壁后继续回填。为使填土有较长时间沉实，地面垫层混凝土于结构完成后浇筑。

（2）结构工程

1）垂直运输。垂直运输采用 QT1—6 塔式起重机，并辅以卷扬机井架上料。塔道按工艺标准夯实地面，场地挖好排水沟。塔式起重机高 30m，臂长 20m，最大回转半径 19.4m，最大半径时起重量为 20kN。塔式起重机布置在楼南侧，轨道中心线距楼 4.2m，距Ⓐ~Ⓓ轴间的梁 SL4.8 的中点为 14.04m，该处起重能力为 31kN，满足构件自重（11kN）要求。拐角处，塔式起重机中心距楼 5.0m，此点距①~②轴间的梁 SL5.1 的中点为 13.19m，该处起重能力为 29.5kN，考虑偏转，仍能吊起梁 SL5.1（重 11.8kN）。分析东北角塔式起重机回转半径之外的盲区，可用勾股定理计算，如图 5-6 所示。

由于该盲区在Ⓑ~Ⓓ轴间为现浇楼板，可用人工辅助运输方法解决。在Ⓓ~Ⓕ轴间，塔式起重机最大回转半径尚可满足最靠近①轴的圆孔板的吊装。QT1—6 塔式起重机的最小回转半径是 8m，以轨道中心距楼 4.2m 投影到Ⓗ轴上为 $\sqrt{8^2-4^2}$m = 6.8m，为了保证Ⓗ轴上不出现起重盲区，塔轨的最短距离应为（5×2+6.8×2）m = 23.6m（塔中心距轨道端以 5m 计），按楼南 56.68m 长度布置，足以满足需要。本工程没有大的重物需使用最小回转半径，为了减少塔臂调幅，并适应轨长 12.5m 的模数，本工程布置轨道长度为（12.5×4）m = 50m，同时在西端保留适当空地，留作拆塔用。塔式起重机配用 0.7m³ 容量的混凝土吊斗，吊斗自重 3kN，起吊总重量为（0.7×25+3）kN = 20.5kN，塔式起重机最大回转半径的起重能力基本可满足需要。

2）脚手架工程。基础施工时，按需要架木排，铺脚手板，作为小推车运料通道。

结构阶段采用组装平台，内架砌筑，外架用桥式架作为防护措施。桥架立柱的位置应预留出卷扬机井架的面宽。桥架按工艺规程要求，随层上升，并做好每层立柱与外墙墙体的拉结。二层三段完成砌筑时，开始立西侧卷扬机井架，为四至六层砌筑提供垂直运输手段。桥架首层顶处外挂 3m 安全网。

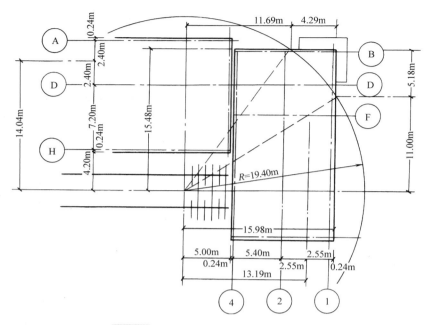

图 5-6　塔式起重机对角部的覆盖范围

由于南侧贴楼立塔，塔道边侧、顶端的外架用单排钢管脚手架，满挂立张安全网作为防护。单排外架距外墙 0.4m。

装修前，单排管架改为双排装修架，并立北侧第二个卷扬机井架。桥式架及管架随外墙装修进展而逐层下落。

3）墙体砌筑工程。砌筑工程采用移动作业平台内架砌筑。砌筑前用水浇砖，先用干砖试摆，保证竖缝均匀，组砌合理。本工程采用一顺一丁砌筑法。竖缝位置应保持全楼高一致，避免游丁走缝和错缝。砌 370 砖墙必须双面挂线，挂线符合皮数杆层次，并应拉紧，每层砖都要跟线，保证灰缝平直，厚度均匀。每班收工前应将桥式架桥面外墙溅灰清扫干净。构造柱、预留洞槽和墙体锚拉配筋按图施工。马牙槎五进五退，先退后进，左右对齐。施工段留槎，斜槎到顶。外墙圈梁外侧的 120mm 墙于圈梁拆模后补砌。

4）模板与构件安装。构造柱和圈梁用工具式模板，现浇楼板和阳台用组合钢模板，板缝用木模。支柱均用活动钢支柱。构造柱两侧砖墙每米高预留 60mm×60mm 洞口，穿螺栓，用方木或脚手板加固构造柱外侧砖墙，防止浇筑混凝土时被挤动。

预应力圆孔板用硬架支模法安装。圆孔板板底应调平，支座处填实，板缝宽度按设计要求调准、调均。安装过梁时支承长度应左右对称，梁身保持水平。进深梁的安装应保证轴线、标高准确，梁端两侧的构造柱竖筋要先调直校准，梁底坐浆密实、平整。施工层楼板下每间加一道支撑，用 3 根活动钢支柱顶撑，进深梁下每 1.5m 加 1 根活动钢支柱，作为施工荷载的临时支撑。楼梯构件安装的关键是控制好各层梯梁的标高和水平位置，从第一段起就要严格控制，梯段安装整平后，应随即焊接钢板，并用砂浆灌缝。

5）钢筋与混凝土工程。绑扎的钢筋规格、数量、位置及搭接长度，均应符合设计要求和操作规程，浇筑混凝土前放置好保护层垫块。构造柱砌筑前先调整竖筋插铁，绑扎钢筋骨架，封闭构造柱模板前彻底清理柱根杂物，并调整钢筋位置，浇筑圈梁混凝土以前，再次校正伸向上层的竖筋位置。圆孔板的板端锚固筋安装前应先扳起，楼板就位校正后，将锚固筋复位，缝内加 $\phi6$ 通长筋，每块板的板端应有不少于 3 根锚固筋与 $\phi6$ 筋绑扎。

拌制混凝土做到材料逐项计量准确，定量加水，机械搅拌时间不小于规范要求。搅拌好的混凝土应按规范要求检查均匀性及和易性，如有异常情况，应检查配合比和搅拌情况，及时予以纠正。浇筑时用振捣棒捣实，振捣棒操作时要做到快插慢拔，避免碰撞钢筋。构造柱应分层下料，振捣适度，防止挤动外墙。混凝土浇筑时，上表面均应预先做好标高控制。

（3）装饰工程

1）室内外抹灰。外墙抹灰前，应先堵实脚手架留洞。在各阴阳角、窗口处，从顶层挂线，按垂直找齐、做灰饼，并在窗口上下弹水平控制线。各抹灰基层均要粘结牢固，不得空鼓，面层不得有裂缝。

内墙抹灰前做好水泥护角，按垂直找规矩，做灰饼、冲筋，抹灰时做到阴阳角方直。

2）地面水磨石安装。各层楼地面应按 50cm 线控制面层标高。先做内廊的通长预制水磨石地面，再分别做各房间的水磨石地面，以保证地面在门口处接缝平整。预制水磨石铺设后应养护 3 天，水磨石地面上严禁拌和和直接堆放砂浆，刮白、喷涂料后，再对地面进行清理、整光、打蜡。

3）防水做法。屋面及厕浴间的找平层应抹光，阴角和穿板管道周围抹八字圆角。金属管道抹八字前，须先刷掺胶粘剂的素水泥浆做结合层。对屋面找平层应适当养护，有一定强度时再铺贴防水层，女儿墙根部防水应特殊处理，泛水高度及节点必须按图施工到位。依据厕所的地面厚度和蹲台高度防水层裹边不低于 300mm，小便池不低于 1m，高于水管 100mm。防水层施工后按规范要求试水，试水合格后，方可做屋面豆石或室内混凝土地面。

4．技术组织措施

（1）质量措施

1）施工前做好技术交底工作。遵照设计图、施工规范、操作规程和工艺标准的各项相应要求施工。如设计变更、材料替换或由于施工原因需要变更原设计时，应先由施工单位技术部门与设计单位办理洽商。混凝土应按实验室下达的配合比拌制。进场的建筑材料均应有合格证，需要复检的应及时送实验室，取得质量证明后再使用。

2）严格执行质量控制和保障制度。施工前，对各分项工程制定质量指标，由技术部门下达分部（项）的预检计划，并严格监督执行。施工过程中推行全面质量管理，班组在加强自检、互检和健全原始记录的基础上，按施工阶段定期开展质量管理活动。工序或施工阶段交接时，应由上一级主管人员主持，做好交接验收检查，并迅速做好交接项目的修补工作。

3）除上述要求外，本工程尚应注意以下几个方面：

① 测量。施工前应做好轴线和标高控制桩。每层主要控制轴线用经纬仪测量，标高用水平仪控制。装修用的 50cm 线，要保持同楼层面水平。

② 基础处理应严格按设计要求清除软弱土和扰动土。挖土加深部分应按 1:2（高:长）全断面做阶梯留槎。

③ 各种构件运输和堆放要符合操作规程，现场堆放位置要正确，尽量减少二次搬运。

④ 每一构件安装时必须保证位置的正确性，误差不得超过规范要求，严防误差积累超差。

⑤ 屋面、厕所等部位的防水工作一定要严把质量关。

⑥ 做好装修样板间。

⑦ 做好成品保护。

（2）安全措施

1）防坠落、防坍塌措施如下：

① 按安全操作规程规定，支搭完善的防护装置。护身栏应保持高出操作面 1m。

② 架木搭设后，应由安全员、工长验收合格后方可使用。除架子工外，其他操作人员不准自行搭设或更改架木。

③ 基础及外线施工时，开挖的坑槽边 1m 内不准堆重物或行驶车辆。夜间应保证场地照明，坑槽边应设置警示红灯。基础处理时，对加深部分，应做好基坑支护。

2）机电设备必须由专职人员操作，按规定做好维修保养。机电设备均应做好接零线防护，并应做好防雨、防潮、防雷工作。

3）现场用火严格执行申请和用火手续。易燃物品与杂物应及时清理和妥善保管。消防通道随时保持畅通无阻。消火栓周围 3m 内不准堆放物件。

（3）季节施工措施

1）场地和道路按施工准备要求做好路基与排水沟。构件存放场地应事先夯实，并加两道枕木支垫。储存土方需随时堆好，保证填土干燥。严禁塔轨下积水浸泡。

2）卷扬机井架和塔式起重机做好避雷接地。

3）注意砂浆和混凝土的配合比调整。

5.8.3　施工进度计划

各段工程量，特别是砌筑量差别较小，故可简化成均衡节奏进行流水作业。砌筑工程持续时间长应作为流水作业的主导工序。各施工流水段的砌筑量每层分别是 132～138m³，配备 23 人的瓦工组（其中普工 6 人），考虑实际出勤率和效率因素，3 天可以完成一段，每层三个施工段，砌筑工期 9 天。每层钢筋绑扎 2.5 天，支模板 2.5 天，构件安装及加固 1 天，混凝土浇筑 0.5 天，混凝土初养护 1 天，放线 0.5 天，以上各工序可在 8 天内完成，与砌筑每层工期有 1 天差额，可作为调整不均衡工程量的作业时间机动安排。

如上部材料均由塔式起重机提运，则每段吊运次数是 380～450 次。塔式起重机每台班效率大约为 70 次。所以应立卷扬机和井架，分担部分砌筑材料的垂直运输。

根据工程量，编制施工进度计划（表 5-9）。

5.8.4　资源需用量计划

1）本工程所需主要施工机械设备见表 5-10。

2）劳动力需要量计划。本工程需主要工种如下：

① 主体施工阶段：架子工 4～8 人，混凝土工 16 人，瓦工 23 人，木工 11 人，钢筋工 4 人。

表 5-9　施工进度计划

工程项目名称	4月			5月			6月			7月			8月			9月			10月			11月		
	上旬	中旬	下旬	上旬	中旬	下旬	上旬	中旬	下旬	上旬	中旬	下旬	上旬	中旬	下旬	上旬	中旬	下旬	上旬	中旬	下旬	上旬	中旬	下旬
挖土、验槽及地基处理																								
基础垫层混凝土垫层																								
基础砌筑和基础构造柱、圈梁																								
回填土																								
挖室内暖气沟																								
结构砌筑																								
预制构件安装																								
现浇钢筋混凝土																								
屋面保温、找平、防水层																								
外墙抹灰、喷涂料																								
做室内防水层																								
做楼地面垫层																								
铺设预制水磨石、大理石地面																								
内墙抹灰、贴瓷砖																								
顶棚修整、打底																								
内墙刮白、喷涂料																								
门窗安装及装修木活																								
做台阶、散水、勒脚																								
修整、清理																								

注：表中 1、2、3 表示施工段。

表 5-10 主要施工机械设备

序号	设备名称	规格	数量	用途
1	反铲挖掘机	$0.5m^3$	1 台	开挖基坑
2	自卸汽车	4~6t	3 辆	运土方
3	推土机	55kW	1 台	施工场地平整, 土方堆积
4	蛙式打夯机		2 台	回填土夯实
5	水泵	$\phi65$	1 台	
6	塔式起重机	QT1—6	1 台	结构施工吊装
7	混凝土料斗	$0.7m^3$	2 个	装吊混凝土
8	小翻斗车	1t	2 辆	现场运输混凝土、砂浆
9	混凝土搅拌机	400L 筒式	2 台	搅拌混凝土和砂浆
10	砂浆机	200L	1 台	搅拌装修砂浆
11	井架	包括卷扬机	2 套	垂直运输
12	移动作业平台	$3m \times 2.2m$	18 个	二步架砌筑平台用
13	桥架柱	4.2m/节	17 节	结构砌筑时作防护架, 外墙抹灰
14	桥架柱	3.0m/节	75 节	结构砌筑时作防护架, 外墙抹灰
15	桥架梁	4.0m/节	19 节	结构砌筑时作防护架, 外墙抹灰
16	桥架梁	3.0m/节	9 节	结构砌筑时作防护架, 外墙抹灰
17	电焊机	交流	2 台	钢筋、铁件焊接
18	散装水泥罐	20t	2 个	储存散装水泥
19	木工压刨		1 台	
20	木工圆盘锯		1 台	
21	喷浆空气压缩机		2 台	

② 装修阶段：抹灰工 42 人，油工 28 人，贴瓷砖、锦砖 14 人。

③ 设计预算定额用工为 14864 工日，施工定额用工为 13260 工日，计划用工 11200 工日。

5.8.5　施工平面布置

施工平面布置图如图 5-7 所示。

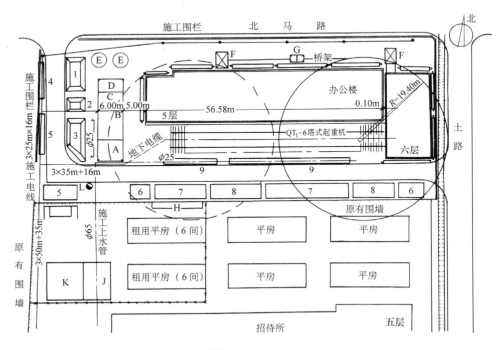

图 5-7　施工平面布置图

A—搅拌机棚　B—机电间　C—现场值班室　D—水泥库　E—水泥罐　F—卷扬机井架

G—卷扬机棚　H—小车库　J—水电工棚　K—木工棚　L—消火栓

1—砂　2—豆石　3—石子　4—架木　5—钢筋　6—小型构件　7—圆孔板　8—进深梁　9—砖

复习思考题

1. 单位工程施工组织设计包括哪些内容？

2. 工程概况和施工特点分析包括哪些内容？

3. 施工方案选择的内容包括哪些？

4. 什么是施工程序和施工顺序？

5. 简述单位工程施工进度计划的编制步骤。

6. 单位工程施工组织设计编制的程序是什么？

7. 单位工程施工进度计划有哪些表示方法？其编制依据和编制步骤是什么？

8. 简述施工平面图的内容、设计原则和步骤。

9. 资源需要量计划包括哪些内容？如何编制？

6

第6章
施工组织总设计

施工组织总设计是以一个建筑项目或建筑群为编制对象，用以指导施工全过程各项活动的全局性、控制性的技术经济文件。一般由建设总承包单位负责编制。

施工组织总设计的基本作用是指导全工地施工准备、施工及竣工验收全过程的各项活动，是编制单位工程施工组织设计的依据。

施工组织总设计的主要内容一般包括：工程概况；施工部署和施工方案；施工准备工作计划；施工总进度计划；各项资源需用量计划；全场性暂设工程；施工总平面图；技术经济指标。

工程概况和特点分析是对整个建筑项目的工程结构特征、施工难易程度、工期、质量及各单位工程之间的内在联系所做的简要分析，从而采取一些相应的、对全局有影响的施工部署或措施，使工程施工进度快、质量好、成本低，一般包括以下内容：

（1）工程构成状况主要说明　建筑项目的名称、性质和建设地点；占地总面积和建设总规模；主要工种工程量和设备安装总吨数；生产工艺流程及其特点；每个单项工程占地面积、建筑面积、建筑层数、结构类型和复杂程度。

（2）建筑项目的建设、设计和承包单位主要说明　建筑项目的建设、勘察、设计、总承包和分包单位名称，以及建设单位委托的建设监理单位名称。

（3）施工组织设计总目标主要说明　建筑项目施工总成本、总工期和总质量等级，以及每个单项工程施工成本、工期和工程质量等级要求。

（4）建设地区自然条件状况主要说明　气象及其变化状况；工程地形和地质及其变化状况；工程水文地质及其变化状况；地震设防烈度。

（5）建设地区技术经济状况主要说明　地方建筑生产企业及其产品供应状况；主要材料和生产工艺设备供应状况；地方建筑材料品种及其供应状况；地方交通运输方式及服务能力状况；供水、供电、供热和电信服务状况；社会劳动力和生活服务设施状况；承包单位信誉、能力、素质和经济效益状况。

（6）施工条件　阐述主要材料、特殊材料和生产工艺设备供应条件；项目施工图提供的阶段划分和时间安排；提供施工现场的作业标准和时间安排。

6.1 施工部署和施工方案的编制

施工部署是对整个建筑项目进行施工的统筹规划和全面安排，它主要解决影响建筑项目全局的重大战略问题。

施工部署的内容和侧重点根据建筑项目的性质、规模和客观条件不同而有所不同。一般应包括：确定建筑项目的施工机构；明确各参加单位的任务分工和施工准备工作；确定项目开展的程序、拟定主要建筑物的施工方案。

6.1.1 明确项目管理机构和任务分工

明确项目管理组织目标、组织内容和组织机构形式，建立统一的工程指挥系统，组建综合或专业承包单位，合理划分每个承包单位的施工区域或划分若干个单项工程，明确主导施工项目和穿插施工项目。

6.1.2 确定项目开展程序

根据合同总工期要求合理安排工程开展的程序，即单位工程或分部工程之间的先后开工、平行或搭接关系，确定工程开展程序的原则是：

1）在满足合同工期要求的前提下，分期分批施工。合同工期是施工时间的总目标，不能随意改变。当有些工程在编制施工组织总设计时没有签订合同，则应保证总工期控制在定额工期之内。在此前提下，可以将单位工程或分部工程之间进行合理的分期分批施工并进行合理的搭接。施工期长的、技术复杂的、施工难度大的工程应提前安排施工；急需的和关键的工程应先期施工和交工，如供水设施、排水干线、输电线路及交通道路等。

2）统筹安排，保证重点，兼顾其他，确保工程项目按期投产。按生产工艺要求起主导作用或先期投入生产的工程应优先安排，并注意工程交工的配套或使用和在建工程的施工互不妨碍，使建成的工程能投产、生产、施工两方便，尽早发挥先期施工部分的投资效益。

3）所有工程项目均应按照"先地下、后地上，先深后浅，先干线、后支线"的原则进行安排。例如，地下管线和修筑道路的程序应是先铺设管线，后在管线上修筑道路。

4）要考虑季节对施工的影响，把不利于某季节施工的工程，提前到该季节来临之前或推迟到该季节终了之后施工，并应保证工程进度和质量。例如，大规模土方工程和深基础工程施工应避开雨季；寒冷地区的房屋施工尽可能在入冬前封闭，使冬季可在室内作业或进行设备安装。

6.1.3 拟定主要项目的施工方案

施工组织总设计中要拟订一些主要工程项目的施工方案。这些项目通常是工程量大、施工难度大、工期长，对整个建筑项目起关键控制性作用及影响全局的特殊分项工程。其目的是为了进行技术和资源的准备工作，同时也为了施工顺利开展和现场的合理布置。施工方案的内容包括施工方法、施工工艺流程、施工机械设备等。

（1）施工方法与工艺流程的确定　施工方法与工艺流程的确定要兼顾技术的先进性和经济的合理性，尽量采用工厂化和机械化，即能在工厂预制或在市场上可以采购到成品的不在现场制造，能采用机械施工的应尽量不进行手工作业。重点应解决以下问题：

1）单项工程中的关键分部工程。要通过技术经济比较确定其关键分部工程的施工方法与工艺流程。如深基坑支护结构、地下水的处理方式、大跨度梁施工方法的选择等。

2）主要工种工程的施工方法。确定主要工种工程（如桩基础、结构安装、预应力混凝土工程等）的施工方法，主要依据施工规范，明确针对本工程的技术措施，做到提高生产效率，保证工程质量与施工安全，降低造价。

（2）主要施工机械的选择　主要施工机械的选择是否合理，既影响工程进度，又影响工程成本，应根据施工现场情况和工程结构情况，合理选择机械型号和数量，尽可能做到一机多用，连续使用。特别是大型机械应做到统一调度、集中使用。如果机械设备是采用租赁形式的，则进退场时间应做到严格控制，以节约机械费用。

对主要施工机械的选择确定后，应列出机械进退场计划表，以便各方认真予以执行。

6.1.4　施工准备工作计划

施工准备工作是完成建筑项目的重要阶段，它直接影响项目施工的经济效果，必须优先安排。根据项目开展程序和主要工程项目施工方案，编制好全场性的施工准备工作计划。主要内容包括：

1）安排好场内外运输、施工用主干道、水电来源及引入方案。

2）安排好场地平整方案、全场性排水方案。

3）安排现场区域内的测量工作，设置永久性测量标志，为放线定位做好准备。

4）安排好生产和生活基地建设。包括钢筋、木材加工厂，金属结构制作加工厂及职工生活设施等。

5）安排建筑材料、成品、半成品的货源和运输、储存方式。

6）编制新材料、新技术、新工艺、新结构的试制试验计划。

7）冬、雨期施工所需要的特殊准备工作。

安排时应注意充分利用已有的加工厂、基地，不足时再扩建。

6.2　施工总进度计划

施工总进度计划是施工现场各项施工活动在时间上的体现，是根据施工部署和施工方案，合理确定各单项工程的控制工期、开工竣工日期，以及它们之间的施工顺序和搭接关系的计划，是初步编制资源供应计划的依据，并且应形成总进度计划表和主要分部（项）工程流水施工进度计划。

施工总进度计划的编制要求是：保证拟建项目在规定期限内完成，以达到发挥投资效益的目的；保证施工的连续性和均衡性；切合实际，节约施工费用。

施工总进度计划的编制步骤见下述内容。

6.2.1　划分工程项目并计算工程量

（1）划分工程项目　施工总进度计划主要起控制总工期的作用，因此项目划分不宜过细。通常根据独立交工的先后次序，明确划分施工项目的施工阶段；按照施工阶段顺序或工程开展的顺序，列出每个施工阶段的所有单项工程，并将其分解至单位工程和分部工程。一些附属项目、临时设施可以合并列出。

（2）估算各工程项目的工程量及工、料、机的消耗量　根据划分项目列出工程项目一览表，按照施工阶段顺序或工程开展的顺序和单位工程计算主要实物工程量。计算工程量的目的不仅是为了编制施工总进度计划，还用于编制施工方案和选择施工、运输机械，初步规划主要工程的流水施工，计算人工及技术物质的需要量。因此工程量只需粗略计算即可。

计算工程量可按初步设计或扩大初步设计图，并根据各种定额手册或参考资料进行。常用的定额手册、参考资料有：

1）万元、十万元投资的工程量、劳动力及材料消耗扩大指标或建筑经济参考手册。它收集了每一种结构类型建筑，每万元或十万元投资中劳动力、主要材料等消耗数量。根据初步设计图的结构形式，即可估算出拟建工程各分项需要的劳动力、材料的消耗量。可以将目前的投资额折算成当时（手册编制时）的投资额，将当时的建筑造价指数定为1.0，即

$$折算当时投资额 = \frac{目前投资额}{目前建筑造价指数}$$

2）概算指标。根据建筑结构的不同类型、层次、特征，在综合预算定额的基础上将一些项目进一步合并，基本上以分部工程为一个子项的形式综合在一起的工、料、机消耗指标即为概算指标，以此来进行施工组织总设计的工、料、机分析，比较能符合客观实际。

3）标准设计或已建房屋或构筑物的资料。可以采用标准设计或已建成的类似房屋实际所消耗的工、料、机加以类比按比例估算。但由于建筑产品的单件性，与拟建工程完全相同的已建工程是极为少见的，因此在利用已建工程资料时，应根据实际情况分析、折算和调整。

4）运用计算机数据库系统，即广泛收集各地区不同类型、层次、特征的工程实例的各种资料，或自动保存一些符合实际的数据资料，通过回归拟合建立各种复合参数的函数库。只需一些简单的特征数据的输入，即可非常迅速地得到工、料、机的消耗量和比较准确的报价。

除房屋外，还必须计算主要的全工地性工程的工程量，如场地平整、道路和地下管线的长度等，这些可以根据总平面图来计算。

将按上述方法计算出的工程量填入工程量汇总表中，见表6-1。

6.2.2　确定各单位工程的施工期限

由于各施工单位的施工技术、管理水平、机械化程度、劳动力和材料供应情况等不同，建筑物的施工期限有较大差别。因此应根据各施工单位的具体条件，并结合建筑物的建筑结

构类型、规模和现场地质条件、施工环境等综合因素加以确定。但工期应控制在合同工期内，无合同工期的工程，以工期定额为准。

表 6-1　工程量汇总表

工程分类	工程项目名称	结构类型	建筑面积/1000m²	概算投资	主要实物工程量				
					场地平整/1000m²	土方工程/1000m³	…	混凝土工程/1000m³	…
全工地性工程									
主体项目									
辅助项目									
临时建筑									
合计									

6.2.3　确定各单位工程的开竣工时间和相互搭接关系

在确定了各单位工程项目的施工期限后，就可以进一步安排各单位工程的开竣工时间和搭接时间，通常应考虑以下因素：

1）同一时期开工的项目不宜过多，以免人力、物力过于集中。

2）尽量使劳动力和技术物资消耗在全工程上均衡；做到基础、结构、装修、安装、试生产，在时间上、量的比例上均衡、合理。

3）根据使用要求和施工可能，结合物资供应情况，组织专业大流水施工。

4）以一些附属工程项目作为调剂项目，调节主要项目的施工进度。

5）保证主要工种和主要机械能连续施工。

6）认真考虑施工总平面图的空间关系。为解决建筑物同时施工可能导致施工作业面狭小，可以对相邻建筑物的开竣工时间或施工顺序进行调整，以避免或减少相互干扰。

6.2.4　安排施工进度计划

施工总进度计划可以用横道图表达，也可以用网络图表达。当以上各项工作完成后，即可编制施工总进度计划。首先根据各工程项目确定的工期、搭接关系编制初步进度计划，其次按照流水施工与综合平衡的要求，调整进度计划或网络计划，最后绘制施工总进度计划和主要工程流水施工进度计划或网络计划。网络计划可进行优化，实现最优进度目标、资源均衡目标和成本目标。当用横道图表达总进度计划时，项目的排列可按施工总部属所确定的工程开展程序排列。横道图上应表达出各施工项目的开竣工时间及施工持续时间。

6.2.5　总进度计划的调整与修正

施工总进度计划表绘制完成后，将同一时期各项工程的工作量加在一起，用一定的比例画在施工总进度计划的底部，即可得出建筑项目工作量动态曲线。若曲线上存在较大的高峰或低谷，则表明在该时间里各种资源的需求量变化较大，需要调整一些单位工程的施工速度或开竣工的时间，以便消除高峰或低谷，使各个时期的工作量尽可能达到均衡。在工程实施过程中也应随着施工的进展变化及时做必要的调整，对于跨年度的建筑项目，还应根据年度国家基本建设投资情况，对施工进度计划予以调整。

例 6-1　某建筑项目有 6 栋同类型的房屋，每栋房屋主要由以下四道工序组成：土方工程、基础与主体结构、装修工程、室外工程，水电及其他部分与主体及装修平行作业。以上四道工序的工料投入比为 1:5:3:1，由四个专业施工队采用大流水方法施工，若每栋房屋的定额工期为 10 个月，则其节拍分别为 1 月、5 月、3 月、1 月，四道工序的代号分别以 A、B、C、D 表示，合同总工期定为 18 个月，试用横道图表示大流水施工进度计划。

解　分析：因为该建筑群需要在 18 个月内完成，则需对 B 工序、C 工序增加专业施工队。现对 B 工序组建 3 个专业施工队（B_1、B_2、B_3），对 C 工序组建 2 个专业施工队（C_1、C_2），A、D 工序仍为 1 个专业施工队，根据流水施工原理可以用横道图绘制施工总进度计划（表 6-2）。

表 6-2 还可以用时标网络表示专业施工队之间的大流水作业，其优点是逻辑严密、主次分明，便于组织和指挥，结合计算机能及时分析成本及各种资源消耗（表 6-3、图 6-1）。

表6-2 某建筑项目施工总进度计划安排表

1~6号楼大流水施工进度安排

工序代号	施工队名称	1	2	3	4	5	6	7	8	9	10	11	12	13	14	15	16	17	18
A	土方工程施工队	1号楼	2号楼	3号楼	4号楼	5号楼	6号楼												
B₁	基础与主体结构施工1队				1号楼					4号楼									
B₂	基础与主体结构施工2队					2号楼					5号楼								
B₃	基础与主体结构施工3队						3号楼					6号楼							
C₁	装修工程施工1队								1号楼			3号楼			5号楼				
C₂	装修工程施工2队										2号楼			4号楼			6号楼		
D	室外工程施工队													1号楼	2号楼	3号楼	4号楼	5号楼	6号楼

表 6-3　1~6 号楼大流水作业工序逻辑关系、持续时间一览表

工序代号	施工队名称	持续时间/月	紧前工作	投资/万元
A_{1-1}	1 号楼土方工程施工队	1	/	20
A_{1-2}	2 号楼土方工程施工队	1	A_{1-1}	20
A_{1-3}	3 号楼土方工程施工队	1	A_{1-2}	20
A_{1-4}	4 号楼土方工程施工队	1	A_{1-3}	20
A_{1-5}	5 号楼土方工程施工队	1	A_{1-4}	20
A_{1-6}	6 号楼土方工程施工队	1	A_{1-5}	20
B_{1-1}	1 号楼基础与主体结构施工 1 队	5	A_{1-1}	100
B_{2-2}	2 号楼基础与主体结构施工 2 队	5	A_{1-2}	100
B_{3-3}	3 号楼基础与主体结构施工 3 队	5	A_{1-3}	100
B_{1-4}	4 号楼基础与主体结构施工 1 队	5	A_{1-4}、B_{1-1}	100
B_{2-5}	5 号楼基础与主体结构施工 2 队	5	A_{1-5}、B_{2-2}	100
B_{3-6}	6 号楼基础与主体结构施工 3 队	5	A_{1-6}、B_{3-3}	100
C_{1-1}	1 号楼装修工程施工 1 队	3	B_{1-1}	60
C_{2-2}	2 号楼装修工程施工 2 队	3	B_{2-2}	60
C_{1-3}	3 号楼装修工程施工 1 队	3	B_{3-3}、C_{1-1}	60
C_{2-4}	4 号楼装修工程施工 2 队	3	B_{1-4}、C_{2-2}	60
C_{1-5}	5 号楼装修工程施工 1 队	3	B_{2-5}、C_{1-3}	60
C_{2-6}	6 号楼装修工程施工 2 队	3	B_{3-6}、C_{2-4}	60
D_{1-1}	1 号楼室外工程施工队	1	C_{1-1}	20
D_{1-2}	2 号楼室外工程施工队	1	C_{2-2}、D_{1-1}	20
D_{1-3}	3 号楼室外工程施工队	1	C_{1-3}、D_{1-2}	20
D_{1-4}	4 号楼室外工程施工队	1	C_{2-4}、D_{1-3}	20
D_{1-5}	5 号楼室外工程施工队	1	C_{1-5}、D_{1-4}	20
D_{1-6}	6 号楼室外工程施工队	1	C_{2-6}、D_{1-5}	20

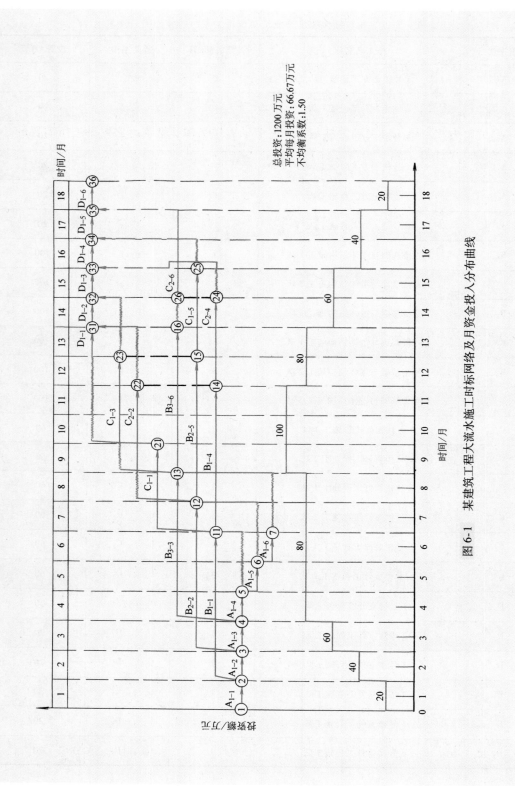

图6-1 某建筑工程大流水施工时标网络及月资金投入分布曲线

6.3　资源需要量计划

根据施工总进度计划，即可编制各种主要资源的需要量计划。

6.3.1　综合劳动力和主要工种劳动力计划

综合劳动力和主要工种劳动力计划是组织劳动力进场和计算临时房屋设施所需要的。根据施工准备工作计划、施工总进度计划，套用概算定额或经验资料，便可计算各个建筑物所需劳动力工日及人数，再根据总进度计划表中各个建筑物的开竣工时间，即可得到各个建筑物主要工种在各个时期的平均劳动力数。在总进度计划表纵坐标方向将各个建筑物同工种的人数叠加并连成一条曲线，即得到某工种劳动力计划需求曲线图。由此也可列

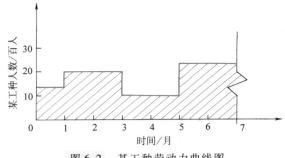

图 6-2　某工种劳动力曲线图

出各主要工种劳动力需要量计划表。图 6-2 为某工种劳动力曲线图，表 6-4 为某建筑项目土建工程施工劳动力汇总表。

表 6-4　某建筑项目土建工程施工劳动力汇总表

序号	工程名称	工业建筑及全工地性工程							临时建筑		劳动力计划				
		主厂房	辅助厂房	附属厂房	道路	上下水道	电气工程	其他	仓库	加工厂	一季度	二季度	三季度	四季度	一季度
1	木工														
2	钢筋工														
3	混凝土工														
4	瓦工														
5	架子工														
合计															

6.3.2　构件、半成品及主要建筑材料需要量计划

根据工种工程量汇总表所列各建筑物的工程量，查万元定额或概算指标等有关资料，便得出各建筑物所需的建筑材料、半成品构件的需要量。然后再根据总进度计划表，大致估算出某些建筑材料在某季度内的需要量，从而编制出建筑材料、半成品和构件的需要量计划。根据物资需要量计划，材料部门及有关加工厂便可据此准备所需的建筑材料、

半成品和构件，并按期供应。表 6-5 为建筑项目土建工程所需构件、半成品及主要建筑材料汇总表。

表 6-5　建筑项目土建工程所需构件、半成品及主要建筑材料汇总表

序号	类别	构件、半成品及主要材料名称	单位	总计	工业建筑及全工地性工程					临时建筑	需要量计划				
					主厂房	辅助附属厂房	道路	上下水道	电气工程		一季度	二季度	三季度	四季度	一季度
	构件及半成品	钢筋混凝土构件													
		钢结构构件													
		…													
	主要建筑材料	钢筋													
		模板													
		水泥													
		…													

6.3.3　主要机具需要量计划

根据施工部署和主要建筑物施工方案、技术措施及总进度计划的要求，即可提出必需的主要施工机具的数量及使用时间。表 6-6 为与施工进度计划相对应的施工机具需要量计划汇总表。

表 6-6　施工机具需要量计划汇总表

序号	机具名称	型号	电动机功率	数量	需要量计划				备注
					一季度	二季度	三季度	四季度	

6.4　全场性暂设工程

为满足工程项目施工需要，在工程正式开工前，要按照工程项目施工准备计划的要求建造相应的全场性暂设工程，为项目建设创造良好的施工条件，保证项目连续、均衡、有节奏地顺利进行。暂设工程的规模因工程要求而异，主要有：建筑工地交通运输组织；建筑工地

临时仓库的设置；办公、生活临时建筑物的设置；临时供水供电设计。

6.4.1　建筑工地交通运输组织

建筑产品体积庞大，消耗量大，在建设过程中需要调运大量的建筑材料、物资与设备。如砂、石、水泥、钢材、木材，这些物品占总货运量的 75%～80%。因此，合理选择运输方式，组织交通运输，对节约运费、加快施工速度具有重要意义。

（1）确定运输量　运输量按工程实际需要量确定，同时还应考虑每日的最大运输量及各种运输工具的最大运输密度。每日的运输量可按下式计算

$$q = K \frac{\sum Q_i L_i}{T} \tag{6-1}$$

式中　q——日货运量；

Q_i——各种货物需要总量；

L_i——各种货物从发货地点到储存地点的距离；

T——有关施工项目的施工总工日；

K——运输工作不均衡系数，铁路运输可取 1.5，汽车运输可取 1.2。

（2）确定运输方式和运输工具需要量　工地运输方式可采用水路运输、铁路运输、汽车运输等。运输方式的确定，必须充分考虑到各种影响因素，如材料的性质、运输量的大小、运输的距离及期限、现有运输设备、利用永久性道路的可能性、当地地形和工地实际情况，在保证完成任务的条件下，通过采用不同运输方式的技术经济比较分析，选择最合适的运输方式。

运输方式确定后，就可以计算运输工具的需要量。在一定的时间内（工作班）所需的运输工具数量可以采用下式求得

$$n = \frac{q}{cbK_1} \tag{6-2}$$

式中　n——运算工具的数量；

q——日货运量；

c——运输工具的台班生产率；

b——日工作班数；

K_1——运输工具使用不均衡系数（包括修理停歇时间）；对于 1.5～2t 汽车运输取 0.6～0.65，3～5t 汽车运输取 0.7～0.8。

（3）确定运输道路　工地运输道路应保证运输通畅，工程进度按期完成。道路的设置按下列原则进行：

1）尽量利用永久性道路，在施工前可先期筑成永久性道路路基并铺设简易路面，减少临时设施费用。

2）场地较大时，临时道路要筑成环形或纵横交错。该方案适用于多工种多单位联合施工。

3）满足工地消防要求。车道宽度不小于 3.5m，并应畅通。端头道路要设置 12m×12m 的回车场。

临时道路路面种类和厚度见表 6-7。

表 6-7　临时道路路面种类和厚度

路面种类	特点及其使用条件	路基土	路面厚度 /cm	材料配合比
级配砾石路面	雨天照常通车，可通行较多车辆，但材料级配要求严格	砂质土	10~15	体积比 黏土:砂:石子 = 1:0.7:3.5 质量比 面层：黏土13%~15%，砂石料85%~87% 底层：黏土10%，砂石混合料90%
		黏质土或黄土	14~18	
碎（砾）石路面	雨天照常通车，碎（砾）石本身含土较多，不加砂	砂质土	10~18	碎（砾）石大于65%，当地土壤含量不大于35%
		砂质土或黄土	15~20	
炉渣或矿渣路面	可维持雨天通车，通行车辆较少	一般土	10~15	炉渣或矿渣75%，当地土25%
		较松软时	15~30	

6.4.2　建筑工地临时仓库的设置

1. 建筑工地临时仓库的形式与规划内容

临时仓库的设置应在保证工地顺利施工的前提下，尽可能使存储的材料最少、存储期最短、装卸和运转费用最低。这样可以减少临时投入的资金，避免材料积压，节约周转资金和各种保管费用。

（1）临时仓库的形式　按材料的保管方式不同一般分为以下几种：

1）露天仓库。露天仓库用于堆放不因自然条件影响而损坏的材料，如砖、砂、石子等材料。

2）库棚。库棚用于储存防止雨、雪、阳光直接侵蚀的材料，如油毡、沥青等。

3）封闭式仓库。封闭式仓库用于储存防止大气侵蚀而发生变质的建筑物品、贵重材料、易损坏或散失的材料，如水泥、石膏、五金零件和贵重设备等。

临时仓库应尽量利用拟拆迁的建筑物或便于装拆的工具式仓库，以减少临时设施费用。临时仓库的使用必须遵守防火规范要求。

（2）临时仓库的规划

1）确定工地建筑材料储备量。

2）确定仓库的形式与面积。

3）选择仓库位置。

2. 建筑材料储备量的确定

建筑材料储备的数量，一方面应保证工程施工不中断，另一方面还要避免储备量过大造成积压，通常根据现场条件、供应条件和运输条件来确定。

对于经常或连续使用的材料，如砖、砂石、水泥和钢材等可按储备期计算

$$P = T_{\mathrm{c}} \frac{QK}{T} \tag{6-3}$$

式中　P——材料的储备量；

　　　T_e——储备期天数（见表6-8）；

　　　Q——材料、半成品总的需要量；

　　　K——材料需要量不均衡系数（见表6-8）；

　　　T——有关项目施工的总工日。

对于露天堆放、经常使用且量大的材料，如砂、石子、砖等，在运输和供应得到保障的情况下，尽量减少储备量。

3. 仓库面积的确定

确定某一种建筑材料的仓库面积，与该种建筑材料需储备的天数、材料的需要量及仓库每平方米能储存的数量等因素有关，而储备天数又与材料的供应情况、运输能力等条件有关，因此应结合具体情况确定最经济的仓库面积。

确定仓库面积时，必须将有效面积和辅助面积同时加以考虑。有效面积是材料本身占用的净面积，它是根据每平方米的存放数量来决定的。辅助面积是考虑仓库所有通道及用以装卸作业所必需的面积，仓库的面积一般按下式计算

$$F = \frac{P}{qK_1} \tag{6-4}$$

式中　F——仓库面积；

　　　P——材料储备量；

　　　q——仓库每 $1m^2$ 面积能存放的材料、半成品和制品的数量；

　　　K_1——仓库面积有效利用系数（考虑人行道和车道所占面积，见表6-8）。

表 6-8　计算仓库面积的有关系数

序号	材料及半成品名称	单位	储备天数 T_e	不均衡系数 K	每 $1m^2$ 储存数量 q	有效利用系数 K_1	仓库类型	备　注
1	水泥	t	30～60	1.3～1.5	1.5～1.9	0.65	封闭式	仓高 10～12m
2	生石灰	t	30	1.4	1.7	0.7	棚	堆高 2m
3	砂子（人工堆放）	m³	15～30	1.4	1.5	0.7	露天	堆高 1～1.5m
4	砂子（机械堆放）	m³	15～30	1.4	2.5～3	0.8	露天	堆高 2.5～3m
5	石子（人工堆放）	m³	15～30	1.5	1.5	0.7	露天	堆高 1～1.5m
6	石子（机械堆放）	m³	15～30	1.5	2.5～3	0.8	露天	堆高 2.5～3m
7	块石	m³	15～30	1.5	10	0.7	露天	堆高 1m
8	钢筋（直条）	t	30～60	1.4	2.5	0.6	露天	占全部钢筋的80%，堆高 0.5m
9	钢筋（盘圆）	t	30～60	1.4	0.9	0.6	库或棚	占全部钢筋的20%，堆高 1m
10	钢筋成品	t	10～20	1.5	0.07～0.1	0.6	露天	
11	型钢	t	45	1.4	1.5	0.6	露天	堆高 0.5m
12	金属结构	t	30	1.4	0.2～0.3	0.6	露天	
13	原木	m³	30～60	1.4	1.3～1.5	0.6	露天	堆高 2m

（续）

序号	材料及半成品名称	单位	储备天数 T_c	不均衡系数 K	每 $1m^2$ 储存数量 q	有效利用系数 K_1	仓库类型	备 注
14	成材	m^3	30～45	1.4	0.7～0.8	0.5	露天	堆高1m
15	废木料	m^3	15～20	1.2	0.3～0.4	0.5	露天	废木料占锯木量的10%～15%
16	门窗扇	m^2	30	1.2	45	0.6	露天	堆高2m
17	门窗框	m^2	30	1.2	20	0.6	露天	堆高2m
18	砖	块	15～30	1.2	0.7～0.8	0.6	露天	堆高1.5～2m
19	模板整理	m^2	10～15	1.2	1.5	0.65	露天	
20	木模板	m^2	10～15	1.4	4～6	0.7	露天	
21	泡沫混凝土制品	m^3	30	1.2	1	0.7	露天	堆高1m

仓库面积也可按表6-9，由下式确定

$$F = \phi m \tag{6-5}$$

式中　ϕ——系数；

　　　m——计算基础数。

表6-9　按系数计算仓库面积表

序号	名　　称	计算基础数 m	单位	系数 ϕ
1	仓库（综合）	按全员（工地）	m^2/人	0.7～0.8
2	水泥库	按当年用量的40%～50%	m^2/t	0.7
3	其他仓库	按当年工作量	m^2/t	2～3
4	五金杂品库	按年建筑安装工作量计算	m^2/万元	0.2～0.3
		按在建建筑面积计算	m^2/$100m^2$	0.5～1
5	土建工具库	按高峰年（季）平均人数	m^2/人	0.1～0.2
6	水暖器材库	按年在建建筑面积	m^2/$100m^2$	0.2～0.4
7	电气器材库	按年在建建筑面积	m^2/$100m^2$	0.3～0.5
8	化工油漆危险品库	按年建安工作量	m^2/万元	0.1～0.15
9	跳板、模板库	按年建筑安装工作量	m^2/万元	0.5～1

6.4.3　办公、生活临时建筑物的设置

在工程建设期间，必须为施工人员修建一定数量供行政管理与生活福利用的临时建筑物，包括以下内容。

1. 办公及福利设施类型

1）行政管理和生产用房。行政管理和生产用房包括建筑安装工程办公室、传达室、车库和辅助修理间等。

2）居住生活用房。居住生活用房包括职工宿舍、浴室等。

3）文化生活用房。

2. 办公及福利设施规划

在考虑临时建筑物的数量前，先要确定使用这些房屋的人数。在人数确定后，可计算临时建筑物所需的面积，计算公式为

$$F = N\phi_1 \tag{6-6}$$

式中　F——临时建筑物面积；

　　　N——使用人数；

　　　ϕ_1——面积指标（表6-10）。

尽量利用建设单位的原有基地及附近已有建筑物，或提前修建可以利用的其他永久性建筑物为施工服务。临时建筑物要按节约、适用、装拆方便的原则建造。

表 6-10　行政、生活、福利临时建筑物面积参考指标

序号	临时房屋名称	指标使用方法	面积指标 ϕ_1
1	办公室	按使用人数 m²/人	3～4
2	单层通铺宿舍	按高峰年（季）平均人数 m²/人	2.5～3
3	双层床宿舍	扣除不在工地住人数 m²/人	2.0～2.5
4	单层床宿舍	扣除不在工地住人数 m²/人	3.5～4
5	家属宿舍	m²/户	16～25
6	食堂	按高峰年平均人数 m²/人	0.5～0.8
7	开水房		10～40
8	厕所	按工地平均人数 m²/人	0.1～0.2
9	工人休息室	按工地平均人数 m²/人	0.15
10	其他公共用房	根据实际需要确定	0.32～0.51

6.4.4　施工现场临时供水设计

施工现场必须有足够的水量和水压力来满足生产、生活和消防用水的需要。施工现场临时供水设计包括确定用水量、选择水源、设计临时给水系统三部分。

1. 确定用水量

（1）工程施工用水量　计算公式为

$$q_1 = K_1 \sum \frac{Q_1 N_1}{T_1 b} \frac{K_2}{8 \times 3600} \tag{6-7}$$

式中　q_1——施工用水量；

　　　K_1——未预见的施工用水系数，取 1.05～1.15；

　　　Q_1——年（季）度工程量（以实物计量单位表示）；

　　　N_1——施工用水定额（表6-11）；

　　　K_2——施工用水不均衡系数（表6-12）；

　　　T_1——年（季）度有效工作日；

　　　b——每天工作班次（班）。

表 6-11　施工用水 N_1 参考定额

序号	用水对象	单位	耗水量 N_1/L	备　注
1	浇筑混凝土全部用水	m^3	1700 ~ 2400	
2	搅拌普通混凝土	m^3	250	实测数据
3	搅拌轻质混凝土	m^3	300 ~ 350	
4	搅拌泡沫混凝土	m^3	300 ~ 400	
5	搅拌泡沫混凝土	m^3	300 ~ 350	
6	混凝土自然养护	m^3	200 ~ 400	
7	混凝土蒸汽养护	m^3	500 ~ 700	
8	冲洗模板	m^3	5	
9	搅拌机冲洗	台班	600	实测数据
10	人工冲洗石子	m^3	1000	3% > 含泥量 > 2%
11	机械冲洗石子	m^3	600	
12	洗砂	m^3	1000	
13	砌砖工程全部用水	m^3	150 ~ 250	
14	砌石工程全部用水	m^3	50 ~ 80	
15	粉刷工程全部用水	m^3	30	
16	砌耐火砖砌体	m^3	100 ~ 150	包括砂浆搅拌
17	砖浇水	千块	200 ~ 250	
18	硅酸盐砌块浇水	m^3	300 ~ 350	
19	抹面	m^3	4 ~ 6	不包括调制用水
20	现浇楼地面	m^3	190	
21	搅拌砂浆	m^3	300	
22	石灰消化	m^3	3000	
23	上水管道工程	L/m	98	
24	下水管道工程	L/m	1130	
25	工业管道工程	L/m	35	

（2）施工机械用水量　计算公式为

$$q_2 = K_1 \sum Q_2 N_2 \frac{K_3}{8 \times 3600} \qquad (6\text{-}8)$$

式中　q_2——施工机械用水量；

　　　K_1——未预见的施工用水系数，取 1.05 ~ 1.15；

　　　Q_2——同一种机械台数；

　　　N_2——施工机械用水定额（参考施工手册）；

　　　K_3——施工机械用水不均衡系数（表 6-12）。

（3）施工现场生活用水量　计算公式为

$$q_3 = \frac{P_1 N_3 K_4}{b \times 8 \times 3600} \qquad (6\text{-}9)$$

式中　q_3——施工现场生活用水量；

　　　P_1——施工现场高峰期生活人数；

　　　N_3——施工现场生活用水定额 $[L/(人\cdot班)]$，一般为 20 ~ 60L/（人·班），视当地气候、工程而定；

K_4——施工现场生活用水不均衡系数（表6-12）；

b——每天工作班数。

表 6-12　施工用水不均衡系数

名　　称	用 水 名 称	系　　数
K_2	现场施工用水	1.5
	附属生产企业用水	1.25
K_3	施工机械、运输机械用水	2.0
	动力设备	1.05 ~ 1.10
K_4	施工现场生活用水	1.30 ~ 1.50
K_5	生活区生活用水	2.0 ~ 2.5

（4）生活区生活用水量

$$q_4 = \frac{P_2 N_4 K_5}{24 \times 3600} \tag{6-10}$$

式中　q_4——生活区生活用水量；

　　　P_2——生活区居民人数；

　　　N_4——生活区昼夜全部生活用水定额，每一居民每昼夜为 100 ~ 120L，随地区和有无室内卫生设备而变化；各分项用水参考定额见表6-13；

　　　K_5——生活区用水不均衡系数（表6-12）。

表 6-13　生活用水定额 N_4 参考表

序号	用 水 对 象	单 位	耗 水 量
1	生活用水（盥洗、饮用）	L/（人·日）	20 ~ 40
2	食堂	L/（人·次）	10 ~ 20
3	浴室（淋浴）	L/（人·次）	40 ~ 60
4	淋浴带大池	L/（人·次）	50 ~ 60
5	洗衣房	L/（kg 干衣）	40 ~ 60
6	理发室	L/（人·次）	10 ~ 25

（5）消防用水量

消防用水量（q_5）见表6-14。

表 6-14　消防用水量 q_5

序号	用 水 名 称	火灾同时发生次数	单 位	用水量
1	生活区消防用水 5000 人以内 10000 人以内 25000 人以内	一次 两次 两次	L/s L/s L/s	10 10 ~ 15 15 ~ 20
2	施工现场消防用水 施工现场在 $25 \times 10^4 m^2$ 以内 每增加 $25 \times 10^4 m^2$ 递增	一次 一次	L/s L/s	10 ~ 15 5

（6）总用水量（Q）计算

当 $q_1 + q_2 + q_3 + q_4 \leqslant q_5$ 时，则

$$Q = q_5 + \frac{1}{2}(q_1 + q_2 + q_3 + q_4) \tag{6-11}$$

当 $q_1 + q_2 + q_3 + q_4 > q_5$ 时，则

$$Q = q_1 + q_2 + q_3 + q_4 \tag{6-12}$$

当工地面积小于 $5 \times 10^4 \mathrm{m}^2$，并且 $q_1 + q_2 + q_3 + q_4 < q_5$ 时，则

$$Q = q_5 \tag{6-13}$$

最后算出的总用水量，还应增加 10%，以补偿不可避免的水管漏水损失。

2. 选择水源

建筑工地供水水源，最好利用附近居民区或企业职工居住区的现有供水管道，只有在建筑工地附近没有现成的给水管道或现有管道无法利用时，才宜另选天然水源。

天然水源的种类有：地面水，如江水、湖水、水库蓄水等；地下水，如泉水、井水等。地下水较地面水清洁，可以直接用作生活用水，取水构筑物较简单，选择水源时，应尽量利用地下水。

选择水源时应注意下列因素：

1）水量充足可靠。

2）生活饮用水、生产用水的水质应符合要求。

3）尽量与农业、水利综合利用。

4）取水、输水、净水设施要安全、可靠、经济。

5）施工、运转、管理、维护方便。

3. 临时给水系统

临时给水系统由取水设施、净水设施、储水构筑物（水塔及储水池）、输水管和配水管组成。

（1）地面水源取水设施　一般由取水口、进水管及水泵组成。取水口距河底（或井底）不得小于 $0.9\mathrm{m}$。给水工程所用的水泵有离心泵和活塞泵两种，所用的水泵要有足够的抽水能力和扬程。

（2）储水构筑物　一般有水池、水塔和水箱。在临时给水中，只有水泵非昼夜工作时才设置水塔。水箱的容量以每小时消防用水量确定，但不得小于 $20\mathrm{m}^3$。

4. 配水管网的布置

配水管网布置的原则是在保证不间断供水的情况下，管道铺设越短越好，同时还应考虑在施工期间各段管网具有移动的可能性。一般可分为环形管网、枝状管网和混合式管网。

临时水管铺设，可用明管或暗管。在严寒地区，暗管应埋设在冰冻线以下，明管应加保温层。通过道路部分，应考虑地面上重型机械荷载对埋设管的影响。

5. 确定配水管径

在计算出工地的总需水量后，可计算出管径，公式为

$$D = \sqrt{\frac{4Q}{\pi v \times 1000}} \tag{6-14}$$

式中　D——配水管直径（m）；

Q——耗水量（L/s）；

v——管网中水流速度（m/s）（见表 6-15）。

表 6-15　临时水管经济流速表

管　径	流速/（m/s）	
	正常时间	消防时间
1. 支管 $D < 100$mm	2	—
2. 消防用水管道 $D = 100 \sim 200$mm	1.3	>3.0
3. 消防用水管道 $D > 300$mm	1.5 ~ 1.7	2.5
4. 生产用水管道 $D > 300$mm	1.5 ~ 2.5	3.0

6.4.5　工地临时供电设计

建筑工地临时供电设计包括：计算用电量；选择电源；确定变压器；布置配电线路和决定导线断面。

1. 工地总用电量计算

建筑工地临时供电包括动力用电与照明用电两种。在计算用电量时，应考虑以下几点：

1）全工地所使用的机械、动力设备，其他电动工具及照明用电的数量。

2）施工总用电计划中施工高峰阶段同时用电的机械设备最高数量。

3）各种机械设备在工作中需用的情况。

总用电量的计算公式为

$$P = 1.05 \sim 1.10 \left(K_1 \frac{\sum P_1}{\cos\varphi} + K_2 \sum P_2 + K_3 \sum P_3 + K_4 \sum P_4 \right) \tag{6-15}$$

式中　　　　P——供电设备总需要容量（kVA）；

P_1——电动机额定功率（kW）；

P_2——电焊机额定容量（kVA）；

P_3——室内照明容量（kW）；

P_4——室外照明容量（kW）；

$\cos\varphi$——电动机的平均功率因数，施工现场最高取 0.78，一般取 0.65 ~ 0.75；

K_1、K_2、K_3、K_4——需要系数（表 6-16）。

表 6-16　需要系数 K 值

用电名称	数　量	需要系数		备　注
		K	数值	
电动机	3 ~ 10 台 11 ~ 30 台 30 台以上	K_1	0.7 0.6 0.5	如施工中需要电热时，应将其用电量计算进去。为使计算结果接近实际，各项动力和照明用电，应根据不同工作性质分类计算
加工厂动力设备			0.5	
电焊机	3 ~ 10 台 10 台以上	K_2	0.6 0.5	
室内照明		K_3	0.8	
室外照明		K_4	1.0	

单班施工时，用电量计算可不考虑照明用电。

常用施工机械设备电动机额定功率见表 6-17。

表 6-17　常用施工机械设备电动机额定功率参考资料表

序号	机械名称、规格	功率 /kW	序号	机械名称、规格	功率 /kW
1	HW—60 蛙式夯土机	3	13	HPH6 回转式喷射机	7.5
2	ZKL400 螺旋钻孔机	40	14	ZX50～70 插入式振捣器	1.1～1.5
3	ZKL600 螺旋钻孔机	55	15	UJ325 灰浆搅拌机	3
4	ZKL800 螺旋钻孔机	90	16	JT1 载货电梯	7.5
5	TQ40（TQ2—6）塔式起重机	48	17	SCD100/100A 建筑施工外用电梯	11
6	TQ60/80 塔式起重机	55.5	18	BX3—500—2 交流电焊机	(38.6)
7	TQ100（自升式）塔式起重机	63	19	BX3—300—2 交流电焊机	(23.4)
8	JJK0.5 卷扬机	3	20	CT6/8 钢筋调直切断机	5.5
9	JJM—5 卷扬机	11	21	QJ40 钢筋切断机	7
10	JD350 自落式混凝土搅拌机	15	22	GW40 钢筋弯曲机	3
11	JW250 强制式混凝土搅拌机	11	23	M106 木工圆锯	5.5
12	HB—15 混凝土输送泵	32.2	24	GC—1 小型砌块成型机	6.7

由于照明用电量所占的比例较动力用电量少得多，因此在估算总用电量时可以简化，只要在动力用电量之外再加 10% 作为照明用电量即可。

2. 选择电源

（1）考虑因素

1）建筑工程及设备安装工程的工程量和施工进度。

2）各个施工阶段的电力需要量。

3）施工现场的大小。

4）用电设备在建筑工地上的分布情况和距离电源的远近情况。

5）现有电气设备的容量情况。

（2）选择方案

1）借施工现场附近已有的变压器。

2）利用附近电力网，设临时变电所和变压器。

3）设置临时供电装置。

采用何种方案，需根据工程实际，经过分析比较后确定。通常将附近的高压电，经设在工地的变压器降压后，引入工地。

3. 确定变压器

变压器的功率按下式计算

$$W = K \frac{\sum P}{\cos\varphi} \qquad (6-16)$$

式中　W——变压器的容量（kVA）；

　　　K——功率损失系数，计算变电所容量时，$K = 1.05$，计算临时发电站时，$K = 1.1$；

　　　$\sum P$——变压器服务范围内的总用电量（kVA）；

$\cos\varphi$——功率因数，一般取 0.75。

4. 确定配电导线截面面积

配电导线要正常工作，必须具有足够的机械强度、耐受电流通过所产生的温升，并且使得电压损失在允许范围内。因此选择配电导线有以下三种方法：

（1）按机械强度确定 导线必须具有足够的机械强度以防止受拉或机械损伤而折断。在各种不同敷设方式下，导线按机械强度要求所必需的最小截面可参考施工手册。

（2）按允许电流选择 导线必须能承受负载电流长时间通过所引起的温升。

1）三相四线制线路上的电流可按下式计算

$$I = \frac{P}{\sqrt{3}v\cos\varphi} \tag{6-17}$$

2）二线制线路可按下式计算

$$I = \frac{P}{v\cos\varphi} \tag{6-18}$$

式中 I——电流值（A）；

P——功率（W）；

v——电压（V）；

$\cos\varphi$——功率因数，临时管网取 0.7~0.75。

（3）按允许电压降确定 导线上引起的电压降必须在一定限度之内。配电导线的截面面积的计算公式为

$$S = \frac{\sum PL}{C\varepsilon} \tag{6-19}$$

式中 S——导线截面面积（mm^2）；

P——负载的电功率或线路输送的电功率（kW）；

L——送电线路的距离（m）；

ε——允许的相对电压降（即线路电压损失）（%）；照明允许电压降为 2.5%~5%，电动机电压降不超过 ±5%；

C——系数，视导线材料、线路电压及配电方式而定。

所选用的导线截面应同时满足以上三项要求，以求得的三个截面中的最大者为准，从电线产品目录中选用线芯截面。一般在道路工地和给水排水工地作业线比较长，导线截面由电压降选定；在建筑工地配电线路比较短，导线截面可由允许电流选定；在小负荷的架空线路中往往以机械强度选定。

5. 配电线路布置

配电线路的布置可分为三种形式，即枝状、环状和混合式。对于 3~10kVA 的高压线路，采用环状布置；380V/220V 低压线采用枝状布置。为了架设方便，工地上一般采用架空线路，在跨越主要道路时则改用电缆。架空线路杆的间距为 25~40m，架空线离路面或建筑物不应小于 6m，离铁路路轨不小于 7.5m。埋于地下的临时电缆应做好标记，保证施工安全。

6.5 施工总平面图

施工总平面图是拟建项目在施工场地的总布置图。它按照施工部署和施工进度计划的要

求，对施工现场的道路交通、材料仓库或堆场、加工设施、临时房屋和水电管线等做出合理的规划布置，从而正确处理全工地施工期间所需各项设施和永久建筑物及拟建建筑物之间的空间关系。大型建筑项目的施工工期很长，随着工程的进展，施工现场的面貌将不断改变。在这种情况下，应按不同阶段分别绘制施工总平面图，或根据实际变化情况对其进行调整和修改，以适应不同阶段的需要。

6.5.1 施工总平面图设计的内容

1）建筑项目的建筑总平面图的设计内容，应包括地上、地下建筑物、铁路、道路、各种管线、永久性、半永久性测量放线标桩位置。测量基准点的位置和尺寸。

2）一切为拟建项目施工服务的临时设施的布置，具体包括：

① 施工用地范围和施工所用的道路。

② 加工厂、制备站及机械化装置。

③ 各种建筑材料、半成品、构件的仓库和堆场的位置。

④ 取土、弃土位置，机械、车库位置。

⑤ 行政管理、生活用的临时建筑物。

⑥ 水源、电源、临时给水排水管线和供电线路及设施。

⑦ 一切安全及防火设施。

6.5.2 施工总平面图设计的原则

1）在保证顺利施工的前提下，布局紧凑合理，尽量少占土地。

2）合理布置起重机械和各项施工设施，科学规划施工道路，最大限度地降低运输费用。

3）科学划分施工区域和场地面积，符合施工流程要求，尽量减少专业工种和各工程之间的干扰。

4）尽量利用永久性建筑物、构筑物或现有设施为施工服务，降低施工设施建造费用。

5）各种生产、生活设施的布置应便于工人的生产和生活。

6）满足安全防火和劳动保护的要求。

6.5.3 施工总平面图的设计步骤

（1）把场外交通引入现场　在设计施工总平面图时，必须从确定大宗材料、预制品和生产工艺设备运入施工现场的运输方式开始。当大宗施工物资由铁路运来时，必须解决如何引入铁路专用线问题；当大宗施工物资由公路运来时，由于公路布置较灵活，一般先将仓库、材料堆场等生产性设施布置在最经济合理的地方，再布置通向场外的公路线；当大宗施工物资由水路运来时，必须解决如何利用原有码头和是否增设码头，以及大型仓库和加工场同码头关系问题。一般施工场地都有永久性道路与之相邻，但应恰当确定起点和进场位置，考虑转弯半径和坡度限制，有利于施工场地的利用。

（2）仓库与材料堆场的布置

1）当采用铁路运输大宗材料时，中心仓库尽可能沿铁路专用线布置，并且在仓库前留有足够的装卸前线。当布置沿铁路线的仓库时，仓库的位置最好靠近工地一侧。

2）当采用公路运输大宗施工物资时，中心仓库可布置在工地中心区或靠近使用的地方。

3）水泥库和砂石堆场应布置在搅拌站附近。砖、预制构件应布置在垂直运输设备工作范围内，靠近用料地点。基础用块石堆场应离坑沿一定距离，以免压塌边坡。钢筋、木材应布置在加工厂附近。

4）工具库布置在加工区与施工区之间交通方便处，零星小件、专用工具库可分设于各施工区段。

5）油料、氧气、电石库应布置在边缘、人少的安全处，易燃材料库要设置在拟建工程的下风向。

（3）加工厂布置

1）如果有足够的混凝土输送设备时，混凝土搅拌宜集中布置或使用商品混凝土；当混凝土输送设备短缺时，可分散布置在使用地点附近或垂直运输点附近。

2）钢筋加工厂应区别不同情况，采用分散或集中布置。对于小型加工件，利用简单机具加工，可在靠近使用地点的分散的钢筋加工棚里进行。

3）木材加工厂要视木材加工的工作量、加工性质和种类决定是集中设置还是分散设置几个临时加工棚。锯木、成材、细木加工和成品堆放，要按工艺流程布置，并且设在施工区的下风向。

4）金属结构、电焊等由于它们在生产上联系密切，因此应布置在一起。

（4）内部运输道路布置

1）根据各加工厂、仓库及各施工对象的相对位置，研究货物流程图，根据运输量的不同来区别主要道路和次要道路，然后进行道路的规划。

2）尽可能利用原有或拟建的永久性道路。

3）合理安排施工道路与场内地下管网的施工顺序，保证场内运输道路时刻畅通。

4）要科学确定场内运输道路宽度，合理选择运输道路的路面结构。场区临时干线和施工机械行驶路线，最好采用碎石级配路面，以利修补。主要干道应按环形布置，采用双车道，宽度不小于 6m；次要道路宜采用单车道，宽度不小于 3.5m，并设置回车场。

（5）行政管理与生活临时设施布置

1）全工地行政管理用的办公室应设在工地入口处，以便于接待外来人员。

2）工人居住用房屋宜布置在工地外围或其边缘处。

3）文化福利用房屋最好设置在工人集中的地方，或工人必经之路附近的地方。

4）尽可能利用已建的永久性房屋为施工服务，不足时再修建临时房屋。

（6）临时水电管网和其他动力设施的布置

1）工地附近有可以利用的水源、电源时，可以将水电从外面接入工地，沿主要干道布置干管、主线。临时总变电站应设置在高压电引入处，临时水池应设在地势较高处。

2）无法利用现有水源时，可以利用地下水或地面水。

3）无法利用现有电源时，可在工地中心或中心附近设置临时发电设备，沿干道布置主线。

4）根据建筑项目规模大小，还要设置消防站、消防通道和消火栓。

上述布置应采用标准图例绘制在总平面图上，比例一般为 1:1000 或 1:2000。上述各设计步骤不是截然分开、各自独立的，而是相互联系、相互制约的，需要综合考虑、反复修正才能确定下来。当有几种方案时，还应进行方案比较。

6.6 主要技术经济指标

为了评价每个项目施工组织总设计各个方案的优劣，以便确定最优方案，通常采用以下技术经济指标进行方案评价。

6.6.1 建筑项目施工总工期

建筑项目施工总工期是指建筑项目从正式开工到全部投产使用为止所持续的时间。应计算的相关指标有：

（1）施工准备期　从施工准备开始到主要项目开工为止的时间。

（2）一期项目投产期　从主要项目开工到第一批项目投产的全部时间。

（3）单位工程工期　是指建筑群中各单位工程从开工到竣工为止的全部时间。

上述三项指标与常规工期对比。

6.6.2 建筑项目施工总成本

（1）建筑项目降低成本总额

$$降低成本总额 = 承包总成本 - 计划总成本$$

（2）降低成本率

$$降低成本率 = \frac{降低成本总额}{承包总成本额}$$

6.6.3 建筑项目施工总质量

建筑项目施工总质量是施工组织总设计中确定的质量控制目标，用质量优良品率表示，其计算方法为

$$质量优良品率 = \frac{优良工程个数（或面积）}{施工项目总个数（或面积）}$$

6.6.4 建筑项目施工安全

建筑项目施工安全指标以工伤事故频率控制数表示。

6.6.5 建筑项目施工效率

1）全员劳动生产率 ［元/（人·年）］。

2）单位竣工面积用工量。单位竣工面积用工量反映劳动的使用和消耗水平（工日/m² 竣工面积）。

3）劳动力不均衡系数。劳动力不均衡系数反映整个施工期间使用劳动力的不均衡程度，其计算方法为

$$劳动力不均衡系数 = \frac{施工高峰期人数}{施工期平均人数}$$

6.6.6　临时工程

（1）临时工程投资比例

$$临时工程投资比例 = \frac{全部临时工程投资}{建安工程总值}$$

（2）临时工程费用比例

$$临时工程费用比例 = \frac{临时工程投资 - 回收费 + 租用费}{建安工程总值}$$

6.6.7　材料使用指标

（1）主要材料节约量　主要材料节约量是指依靠施工技术组织措施，实现三大材料（钢材、木材、水泥）的节约量。

$$主要材料节约量 = 预算用量 - 施工组织设计计划用量$$

（2）主要材料节约率

$$主要材料节约率 = \frac{主要材料节约量}{主要材料预算用量}$$

6.6.8　综合机械化程度

$$综合机械化程度 = \frac{机械化施工完成工作量}{总工作量}$$

6.6.9　预制化程度

$$预制化程度 = \frac{在工厂及现场预制工作量}{总工作量}$$

上述指标与同类型工程的技术经济指标比较，即可反映出施工组织总设计的实际效果，并作为上级审批的依据。

6.7　施工组织总设计简例

6.7.1　工程概况

本工程为一学院群体建筑，工程建设计划分为两期，一期工程总占地面积为 $108122\mathrm{m}^2$。

1. 工程整体布局

学院布局规划呈长方形，四面临路，设有北门和南门。本工程以南北中轴线对称布置，依使用性质不同，分为行政管理区、教学区、居住区及配套建筑和体育训练场四大部分。教学区处在校园内靠北；学院辅助建筑（图书馆、体育馆等）处在院内中间；学院配套建筑处在院内靠南，设有学生宿舍、食堂、汽车库、浴室等。

2. 工程建设特点

一期工程结构较简单，砖混与框架各占一半，有三栋 5~6 层单体建筑，其余为 1~2 层建筑。工期要求急，按合同规定在本年 9 月底竣工的栋号有 2 个，其余均为次年 5 月底竣工。

3. 工程特征

学院一期工程总建筑面积为 21354m²，建筑特征见表 6-18。

4. 施工条件

1）施工场地原系农田，场地较开阔，可供施工用的场地 40000m²，场地自然标高较设计标高（±0.000m）低 0.8~1.0m，需进行大面积回填和场地平整。土质为粉质黏土。

表 6-18　学院一期工程建筑特征

序号	工程名称	建筑面积/m²	结构形式	地上层数（地下层数）	高度/m	建筑特征		
						基础	主体	装修
1	1号教学楼、2号教学楼	5359.5	框架	5（2）3（0）	13.2~19.6	基础埋深 -3.500m，C20 钢筋混凝土带形基础	现浇 C25 钢筋混凝土柱梁板，空心砖填充	外墙进口涂料、局部锦砖，水磨石地面，内墙顶棚抹灰、喷涂料
2	学生宿舍	6146	砖混	6（1）	10.3~19.6	基础埋深 -3.500m，C20 钢筋混凝土基础	砖墙、构造柱、预制空心板、局部有梁、柱	外墙进口涂料、局部锦砖，水磨石地面，内墙顶棚抹灰、喷涂料
3	食堂	2675	框架砖混	2（0）	7.2~11.2	基础埋深 -3.000m，C20 钢筋混凝土基础和带形砖基础	食堂：现浇 C25 钢筋混凝土柱梁板，附楼：砖混	外墙进口涂料、局部锦砖，水磨石地面，内墙顶棚抹灰、喷涂料
4	浴室	914	砖混	2（0）	7.8	基础埋深 -3.000m，C20 钢筋混凝土基础和带形毛石基础	砖墙承重，楼板现浇	外墙涂料、局部锦砖，水磨石地砖（做防水）地面，内墙贴瓷砖，顶棚抹灰、喷涂料
5	锅炉房	817	混合	1（0）	8.84	基础埋深 -2.900m，C20 钢筋混凝土基础和砖砌条形基础	钢筋混凝土柱，预制薄腹梁砖墙承重，40m 高砖烟囱	细石混凝土地面，内墙顶棚喷大白浆，外墙喷涂料
6	变电室	83	砖混	1（0）	6.65	基础埋深 -2.700m，C10 混凝土垫层，砖砌条形基础	砖墙、钢筋混凝土现浇梁板	水泥砂浆地面，内墙顶棚喷涂料，外墙喷涂料

注：建筑层数栏括号内数值为地下层数，其余均为地上层数。

2）场内东北角有供建设单位使用而兴建的两栋平房，西侧有旧房尚未拆除，直接影响 2 号教学楼的施工。为此建设单位应做好拆迁工作，以保证施工的顺利进行。

3）场内已有两个深井水源和 200kVA 变压器一台，目前水泵已安装完毕，为满足施工需要，需安装加压罐。据初步计算，施工用电量超过 500kVA，因此变压器容量需增大，需建设单位提前做好增容工作。场内还需埋设水电管网及电缆。

4）施工图已供应齐全，可以满足施工要求。市政给水排水设施已接至红线边，可满足院内给水排水要求。

5）建设单位在进行前期准备工作过程中，已完成了一期工程正式围墙的修建，并在场内东西向预留一条道路，可作为施工准备期材料进出场道路。

6）施工现场内的树木，在施工过程中应尽量保护，确系影响施工需砍伐时，需征得有关部门批准。

6.7.2　施工部署

1. 组织机构

建筑施工项目经理部施工管理体系如图 6-3 所示。

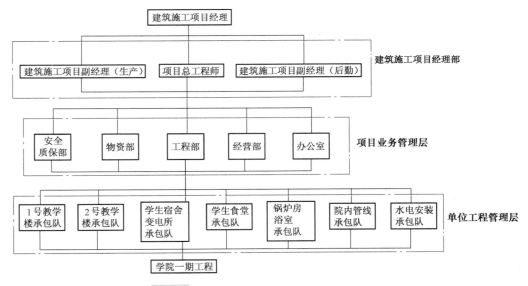

图 6-3　建筑施工项目经理部施工管理体系

2. 施工任务划分

土建工程原则上以公司现有力量为主，分栋号成立承包队，考虑到合同工期紧、工程量大等因素，应补充部分农民工（650 人左右）。另外，在工程大面积装修时，应从全公司范围抽调部分技术水平高的装修工以补充装修力量的不足。安装工程由公司水电专业分公司承担。土建工程与安装工程的配合，必须从基础开始就协调好。

3. 施工程序

根据合同工期要求，浴室、变电所在本年 9 月 30 日前竣工，1 号教学楼、2 号教学楼、学生宿舍楼、学生食堂、锅炉房在次年 5 月 31 日前交付使用，因此，一期工程应按

"分区组织承包，齐头并进"的原则，并视单位工程大小分层分段组织流水施工，确保竣工工期。

根据平面规划及施工力量部署情况，一期工程划分为两个施工区：教学楼区为第一施工区，配套建筑群为第二施工区。各单位工程整体流水线按由一区至二区组织，在各单位工程开始插入抹灰施工时，组织院内污水沟、雨水沟和暖气沟的施工。院内道路及场地平整在主要教学楼工程完工后再大面积展开。

4. 施工准备

1）技术准备计划见表6-19。

表6-19　技术准备计划

序号	工作内容	实施单位	完成日期		备　注
1	工程导线控制网测量	项目测量组	本年2月中旬		建设单位配合
2	新开工程放线	项目测量组	本年2月20日		
3	施工图会审	建设单位、设计单位、施工单位、监理公司	本年1月中旬完成1号教学楼、2号教学楼、学生宿舍楼图纸会审工作，2月底完成锅炉房、浴室、学生食堂和变电所会审工作		建设单位主持
4	编制施工组织设计	项目工程部	总设计	本年2月15日	
			1号教学楼	本年2月中旬	
			2号教学楼	本年2月中旬	
			学生食堂	本年3月底	
			学生宿舍、变电所	本年2月底	
			锅炉房、浴室	本年2月底	
5	气压焊、埋弧焊焊工培训	项目工程部	本年3月		
6	构件成品、半成品加工订货	项目工程部	本年3月10日前		结构构件计划开工前提出，装修构件稍后
7	提供建筑场地红线桩水准点地形图及地质勘察报告	建设单位	本年1月底		
8	原材料检验	试验站	随材料进场检验		
9	各栋号施工图预算	项目经营部	本年2~3月		
10	工程竖向设计	建设单位、设计单位	本年2月		

2）施工准备计划见表 6-20。

表 6-20　施工准备计划

序号	工作内容	实施单位	完成时间		备注
1	劳动力进场	承包单位	1 月中旬陆续进场		
2	临建房屋搭设	承包单位	1 月中旬~3 月		
3	施工水源	建设单位	本年 2 月		水化试验及水源主管接出、加压泵安置
4	修建临时施工道路	项目部	本年 2 月		建设单位配合
5	临时水电管网布设	项目部	本年 2~3 月		
6	落实电源、增补容量	建设单位	本年 2 月		土方开挖
7	大型机具进场	机械施工专业公司	推土机	2 月下旬	修整场地、施工道路
			挖掘机	2 月下旬	
			搅拌机	2 月初	修临建搅拌砂浆混凝土及后续工程
			QT60/80 塔式起重机	4 月下旬	解决主体施工吊装
			FO/23B 自行式塔式起重机	3 月下旬	解决主体施工吊装
			芬兰起重机		吊装大型预制构件、随用随进场
8	组织材料、工具及构件进场	物资专业公司	本年 2~3 月		混凝土管与院内管线构件在次年 4 月开始进场
9	场地平整	建设单位	本年 1~2 月		堆土处要平整，不影响土方开挖、放线工作
10	搅拌站、井架安装	机械专业公司	本年 2~3 月		满足施工需要

5. 主要项目施工方法

（1）垂直运输　垂直运输机械选择见表 6-21。

（2）脚手架工程　根据学院一期工程的特点，依不同施工阶段和不同单位工程，将采用的脚手架列于表 6-22。

（3）模板工程　本工程使用的模板类型与支撑体系见表 6-23。

表 6-21　垂直运输机械选择

单位工程名称	结构形式	结构特征			结构工程主要垂直运输机械方案		
		檐高/m	层数		基础土方工程	主机	台数
			地上	地下			
1号、2号教学楼	框架	21	5		WY—100 液压式挖掘机	FO/23B 型自行式塔式起重机	1
学生宿舍楼	砖混	19.6	6	1		QT60/80 塔式起重机	1
学生食堂	混合框架	11.2	2	1		QT60/80 塔式起重机	1
变电所	混合	6.65	1		人工挖槽	芬兰起重机	1
锅炉房	混合	8.84	1		人工挖槽	芬兰起重机	1
浴室	混合	7.8	2		人工挖槽	芬兰起重机	1

表 6-22　脚手架选用一览表

施工阶段	脚手架类型	脚手架高度		备注
基础	双排钢管脚手架，教学楼、宿舍设三座跑梯，其余工程各设一座跑梯	平地面高		坑上周围挂设安全网
主体	沿建筑外围设置双排钢管脚手架，1号教学楼、2号教学楼、宿舍楼设三座跑梯，食堂、变电所、锅炉房和浴室各设一座跑梯，锅炉房烟囱施工搭设正六边形烟囱架一座（内墙砌体工程按承重内架要求搭设）	1号教学楼	Ⅰ段21m，Ⅱ段13m，扶手1m高	
		2号教学楼	Ⅰ段21m，Ⅱ段14m，扶手1m高	
		学生宿舍楼	分五段，分别为 19.4m、13.2m、16.3m、10m、3m	
		学生食堂	食堂11m，附楼7.2m	
		浴室	7.6m	
		锅炉房	8.6m	
		变电所	6.5m	
装修	简易满堂脚手架或高凳加跳板	步高1.8m，由上往下分布		

表 6-23　模板类型与支撑体系

结构部位	模板类型	支撑体系
柱	定型组合钢模板	架管、扣件支撑
梁、板	定型组合钢模板与11层胶合板	架管、扣件支撑与可调节直顶柱
各节点部位	木模	
教学楼旋转楼梯	木模	架管、扣件支撑，配以部分其他支撑，并应专项设计

（4）钢筋工程

1）现场设钢筋加工车间，集中配料，按计划统一加工。加工好的钢筋半成品应按单位工程不同结构部位分不同型号、规格，分别挂牌堆放。

2）钢筋焊接与绑扎，严格按设计、施工规范和工艺标准进行，采用电渣压力焊、气压焊接长钢筋，降低成本。

3）钢筋绑扎过程中，随时注意检查设计是否有预埋件，如吊顶、框架柱、梁的预埋插筋、楼梯扶手下的预埋铁件等，为装修施工创造条件。

4）各种楼梯应放大样，对旋转角度、弧长等应放样精确计算，以保证加工的成型钢筋符合设计要求。

（5）混凝土工程

1）施工现场设混凝土集中搅拌站，内置一台 HZ—25 型自动化搅拌机及一台 J—400 型滚筒式搅拌机，完善计量装置，按本工程统一生产计划，供应混凝土。

2）加强混凝土养护，浇水养护不少于 7 天。

3）严格控制外加剂的掺量，掺量应以实验室提供的配合比数据为准，严禁随意改动。

（6）砌筑工程　本工程砌筑量较大，需精心组织、精心施工。

1）垂直运输按选定的方案，水平运输利用小翻斗车和手推胶轮车。

2）脚手架按表 6-22 采用。

3）现场砂浆集中搅拌，集中供应，砌筑用砂浆应在 2h 以内用完，不准使用过夜砂浆。

4）按照 8 度抗震设防的要求，检查施工方法是否满足抗震规范，确保结构安全和使用的可靠性。

（7）装修工程

1）装修程序按照"先上后下，先外后内，先湿作业后干作业，先抹灰后木件，最后油漆"的原则施工，推广在结构施工中插入室内粗装修的施工方法。

2）装修应在结构和砌筑工程验收后进行。对结构施工中出现的问题，如墙体凸凹不平、混凝土麻面等，经处理并经有关部门同意后方可交付装修施工。

3）建立样板间施工制度，质量检查以样板间为准，装修施工应加强技术的组织与管理工作。

4）避免土建、安装交叉施工不协调现象发生，要求本工程一切交叉打洞作业，在面层施工前处理完毕，严禁面层施工后打洞，影响装修整体质量。

5）成立装修专业组，分单位工程、分楼层、分施工段组织流水施工，做到人人关心质量、人人重视质量。

6）加强成品保护工作，并制定出切实可行的成品保护措施，设专人管理并监督实施。

（8）室外管线工程

1）室外管线工程依不同分项，依据现场走向划分施工段组织流水施工，院内室外管线是保证学院次年 9 月 1 日按时开学的重要组成部分，为此必须在次年春季组织院内管线施工及与院外市政管网接口施工。

2）依据不同施工段统一采用机械大开挖完成土方挖运工作，土方开挖应以不阻断各单体工程运料通道为前提，需横穿运料通道时，采用 36~56 号工字钢架桥，上铺 1.5~2cm 厚钢板以满足运料需要。

3）雨水、污水等项目钢筋混凝土管施工，均采用分段一次安装成型，支设稳定后灌缝，同时两侧支模、一次浇筑混凝土的施工方法。

4）各种雨水井、污水井、化粪池均采用砌完后随即抹灰工艺。

5）道路施工需采用压路机分段辗压而成，确保路面质量。

6.7.3 施工进度计划

根据与建设单位签订的工程承包合同，结合本项目工程准备情况，拟订各单位工程进度计划，见表 6-24。

表 6-24 施工进度计划

序号	单位工程名称	计划开工日期	计划竣工日期
1	1 号教学楼	本年 2 月 15 日	本年 12 月 31 日
2	2 号教学楼	本年 3 月 1 日	次年 4 月 30 日
3	学生食堂	本年 4 月 1 日	本年 12 月 31 日
4	学生宿舍	本年 3 月 1 日	次年 3 月 31 日
5	锅炉房	本年 4 月 1 日	次年 3 月 31 日
6	浴室	本年 3 月 1 日	本年 8 月 31 日
7	变电所	本年 4 月 1 日	本年 8 月 31 日
8	室外管线	本年 4 月 1 日	次年 7 月 31 日

主要机械设备、工具计划、劳动组织略。

6.7.4 施工总平面图

图 6-4 为施工总平面布置图。

1. 施工道路规划

现场生活区靠近现场西门，现场东部体育场跑道作为场内的集中堆土场，现场中部绿化区（包括图书馆和体育场）和北大门范围可作为工程材料中转场地使用。

1）建设单位在进行前期准备工作的同时，已预留了一条东西向道路，并预留了大门位置，道路规划中应尽可能加以利用。在施工平面布置上，计划以南门和西门作为主要施工进出口。

2）施工道路在规划上尽可能利用设计上已经规划的正式道路。

3）临时施工道路按一般简易公路施工，碎石路面采用碎石和砂土混合辗压而成，其中碎石含量不小于 65%（质量分数），砂土（当地土壤）含量小于 35%（质量分数）。

2. 施工用电

（1）主要用电设备　施工用电设备见表 6-25。

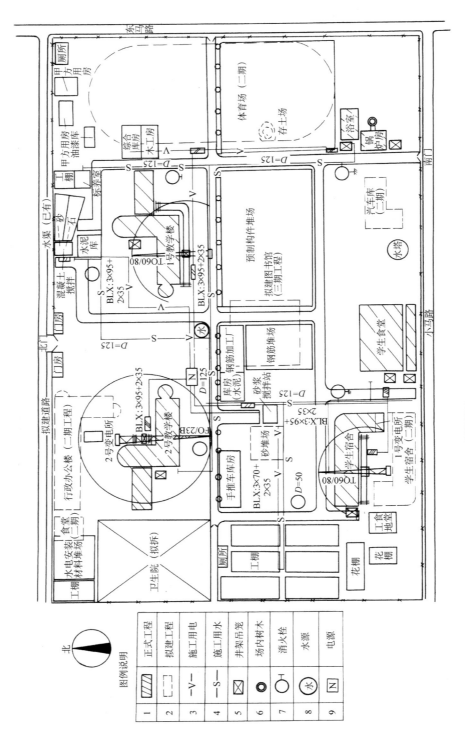

图 6-4　施工总平面布置图

图例说明		
1	正式工程	
2	拟建工程	
3	施工用电	—V—
4	施工用水	—S—
5	井架吊笼	
6	场内树木	
7	消火栓	
8	水源	
9	电源	

表 6-25　施工用电设备

序号	机械名称	数量	单机容量/kW
1	TQ60/80 塔式起重机	2	55.5
2	FO/23B 自行式塔式起重机	1	70
3	卷扬机	8	11
4	混凝土搅拌机	2	10.3
5	砂浆搅拌机	5	3
6	插入式振捣器	10	1.5
7	平板式振捣器	4	0.5
8	钢筋切断机	2	10
9	钢筋弯曲机	2	3
10	钢筋调直机	1	11
11	交流电焊机	6	27kVA
12	对焊机	1	75
13	木工圆盘锯	1	4
14	木工平面刨	1	3.5
15	深井泵	2	2.2
16	QY—25 潜水泵	4	2.2
17	蛙式打夯机	4	2.5
18	砂轮机	6	0.5
19	双头磨石机	4	3
20	单头磨石机	4	2.2

（2）施工用电计算　将表 6-25 中用电量汇总得 $\sum P_1 = 588.1\text{kW}$，$\sum P_2 = 27\text{kVA} \times 6 = 162\text{kVA}$。查表 6-16 得，$K_1 = 0.5$，$K_2 = 0.6$。取电动机平均功率系数 $\cos\varphi = 0.75$。

室内外照明电取总用电量的 15%，则现场总用电量为（考虑 80% 的机械设备同时工作）

$$P = 1.1 \times \left(0.5 \times \frac{588.1}{0.75} + 0.6 \times 162\right)\text{kVA} \times 1.15 \times 0.8 = 495.14\text{kVA}$$

选择配电变压器的额定功率为

$[P] = 500\text{kVA} > 495.14\text{kVA}$，原有变压器 200kVA 不能满足施工生产、生活需要，因此建设单位应增加容量。

（3）供电线路设置　为经济起见，场内供电线路均设埋地式电缆，采用三相五线制干线，分区控制，共五路。施工区四路，采用 BLX 型铝芯全塑铁管电缆（3 × 95 + 2 × 35）mm²；通生活区一路，采用电缆为（3 × 70 + 2 × 25）mm²，至生活区食堂，采用电缆为（3 × 25 + 2 × 10）mm²。

线路走向及配电箱布置详见施工总平面布置图。

3. 施工用水

（1）主要分项工程用水量 用水量统计见表6-26。

表 6-26 主要分项工程用水量统计表

分项工程名称	日工程量 Q_1/m^3	用水定额 $N_1/(\text{L/m}^3)$	用水量/L
混凝土及钢筋混凝土工程	200	1700	340000
砌筑工程	80	200	16000
抹灰工程	300	30	9000
楼地面工程	500	190	95000
合计			460000

（2）施工用水计算

1）工程施工用水量（工作班次取1.5），根据式（6-7）得：

$$q_1 = 1.15 \times \frac{460000 \times 1.5}{1.5 \times 8 \times 3600} \text{L/s} = 18.37 \text{L/s}$$

2）施工现场生活用水量（按600人计算），根据式（6-9）得：

$$q_3 = \frac{600 \times 60 \times 1.4}{1.5 \times 8 \times 3600} \text{L/s} = 1.17 \text{L/s}$$

3）生活区生活用水量，根据式（6-10）得：

$$q_4 = \frac{400 \times 100 \times 2}{24 \times 3600} \text{L/s} = 0.92 \text{L/s}$$

4）消防用水量，根据表6-14得：

$$q_5 = 15 \text{L/s}$$

$$q_1 + q_3 + q_4 = 20.46 \text{L/s} > q_5 \quad 则 \quad Q = 20.46 \text{L/s}$$

4. 管径计算

现场主干管流速 $v = 2.0 \text{m/s}$，根据式（6-14）得：

$$D = \sqrt{\frac{4 \times 20.46}{3.14 \times 2 \times 1000}} \text{m} = 0.114 \text{m} = 114 \text{mm}$$

故现场选用主干管直径125mm，支管直径50mm。

5. 现场排水

1）施工道路排水，利用道路两旁修建的排水沟，将积水由西向东、再向北排入拟建道路旁的排水沟内。

2）混凝土搅拌站、锅炉房、浴室、钢筋棚等生产污水过滤后直接排入拟建道路旁的排水沟内。

3）生活区污水，如职工宿舍、食堂生活污水，由滤池直接排入南面排水沟内。

6. 现场临建房屋规划

根据建设单位提供的场地情况，将场地分为生产区和生活区。临建房屋类型及平面布置见施工总平面布置图。

根据该工程施工期短和满足尽可能减少临建费用的要求，在规划和搭设临建房屋时，应考虑在满足基本需要的前提下，必须对其面积和指标加以控制，现将有关问题说明如下：

1）本工程施工高峰人数估计达820人，生活区已考虑540人的住宿，尚有约280人的住宿将在花棚北面的空地内搭设。

2）整个工程施工用地的安排必须服从报送主管部门同意的施工平面图的要求，不得擅自修改。

3）各临建单体构造另见单位工程施工组织设计。规划中，对临建房屋大多考虑利用部分旧材料搭设（如金属配套骨架等），其标准不应高于单体设计的要求。

4）为满足文明施工的需要，场内按平面规划示意，增设排水沟道，并保持畅通无阻。污水应经滤池排至场外排水沟内。

复习思考题

1. 什么是施工组织总设计？它的主要内容包括哪些？
2. 施工组织总设计中的施工部署包括哪些内容？
3. 施工总进度计划的编制要求是什么？编制步骤有哪些？
4. 资源需要量计划中的各资源是如何计算需要量的？
5. 全场暂设性工程包括哪些方面？是如何进行组织设计的？
6. 施工总平面图设计的内容包括哪些？设计原则和编制步骤是什么？
7. 对施工组织总设计进行评价的主要技术经济指标有哪些？

第7章
建筑施工项目管理组织

7.1 概论

7.1.1 建筑施工项目管理组织的概念及内容

1. 建筑施工项目管理组织的概念

建筑施工项目管理组织是指为实施施工项目管理而建立的组织机构，以及该机构为实现施工项目目标所进行的各项管理活动。

建筑施工项目管理组织作为组织机构，它是根据项目管理目标，通过科学设计而建立的组织实体。该机构是由一定的领导体制、部门设置、层次划分、职责分工、规章制度、信息管理系统等构成的有机整体。一个以合理有效的组织机构为框架的权利系统、责任系统、利益系统、信息系统是实施施工项目管理并实现最终目标的保证。作为组织工作，施工项目管理组织通过所具有的组织力、影响力，在施工项目管理中，合理配置生产要素，协调内外部及人员间关系，发挥各项业务职能的能动作用，确保信息流通，推进施工项目目标的优化实现。施工项目管理组织就是组织结构和组织工作的有机结合。

2. 建筑施工项目管理组织的内容

施工项目管理组织的内容包括组织设计、组织运行、组织调整三个环节。其具体内容见表 7-1。

表 7-1 施工项目管理组织的内容

管理组织环节	依 据	内 容
组织设计	管理目标及任务 管理层次理论 责权对等原则 分工协作原则 信息管理原理	设计、选定合理的组织系统（含生产指挥系统、职能部门等） 科学划分管理层次，合理设置部门、岗位、工序 明确各层次、各部门、各岗位的权限和职责 规定组织机构中各部门之间的相互联系、协调原则和方法 建立必要的规章制度（含分配、奖惩制度） 建立各种信息流通、反馈的渠道，形成信息网络

（续）

管理组织环节	依　据	内　容
组织运行	激励原理 业务性质 分工协作	做好人员配置、业务衔接，职责、权力、利益明确 各部门、各层次、各岗位人员各司其职、各负其责、协同工作 保证信息沟通的准确性、及时性，达到信息共享 经常对人员进行培训、考核和激励，以提高其素质和士气
组织调整	动态管理原理 工作需要 环境条件变化	分析组织体系的适应性、运行效率，及时发现不足与缺陷 对原组织设计进行改革、调整或重新组合 对原组织运行进行调整或重新安排

3. 建筑施工项目管理组织结构设置

（1）建筑施工项目管理组织结构设置的原则　建筑施工项目管理的首要问题是建立一个完善的建筑施工项目管理组织结构。在设置建筑施工项目管理组织结构时，应遵循以下六项原则。

1）目标性原则。首先要有明确的建筑施工项目管理总目标，然后将其分解为各项分目标、各级子目标；再从这些目标出发，因目标设事，因事设结构、定编制，按编制设岗位、定职责、定人员，以职责授权力、定制度。各部门、层次、岗位的设置，管理信息系统的设计，各项责任制度、规章制度的建立，都必须服从于各自相应的目标和总目标。

2）精干高效原则。建筑施工项目管理组织结构的设置应尽量减少层次、简化结构。各部门、各层次、各岗位的职责分明，分工协作，要避免业务量不足，人浮于事或相互推诿。人员配置上，要坚持通过考核聘任录用的原则，选聘素质高、能力强、称职敬业的人员，力求一专多能、一人多职，做到精干高效。

3）合理管理层次和管理跨度原则。建筑施工项目的管理层次及管理跨度的设置应按该建筑施工项目规模的大小繁简及管理者素质能力予以确定，并通过论证，予以完善。

4）业务系统化管理原则。施工项目管理活动中存在着不同单位工程之间，不同组织、工种、作业之间，不同职能部门、作业班组，以及和外部单位、环境之间的纵横交错、相互衔接、相互制约的业务关系。设计施工项目管理组织结构中，应使管理组织结构的层次、部门划分、岗位设置、职责权限、人员配备、信息沟通等方面与工程项目施工活动，与生产业务、经营管理相匹配，充分体现责、权、利的统一，形成一个上下一致、分工协作的严密完整的组织系统。

5）弹性和流动性原则。施工项目管理组织结构应能适应施工项目生产活动单件性、阶段性、流动性的特点，具有弹性和流动性。在施工的不同阶段，当生产对象数量、要求、地点等条件发生改变，或资源配置的品种、数量发生变化时，管理组织结构都能及时做出相应调整，如部门设置增减、人员安排合理流动等，以更好地适应工程任务的变化，使施工项目管理组织结构始终保持在精干、高效、合理的水平上。

6）项目组织与企业组织一体化原则。企业是施工项目的上级领导，企业组织是项目组织的母体。企业在组建项目组织结构，以及调整、解散项目组织时，项目经理由企业任免，人员一般都来自企业内部的职能部门，并根据需要在企业组织与项目组织之间流动；在管理业务上，接受企业有关部门的指导。因而，施工项目组织结构是企业组织的有机组成部分。

其组织形式、结构应与企业母体相协调、相适应，体现一体化的原则。

（2）建筑施工项目管理组织结构设置的程序　建筑施工项目管理组织结构设置的程序如图 7-1 所示。

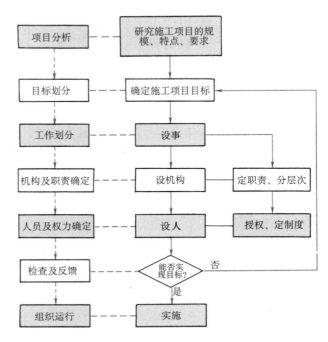

图 7-1　建筑施工项目管理组织结构设置的程序

7.1.2　建筑施工项目管理组织形式

建筑施工项目管理组织形式是指在施工项目管理组织中管理层次、管理跨度、部门设置和上下级关系的组织结构的类型。其主要管理组织形式有工作队式、部门控制式、矩阵制式等。

1. 工作队式项目组织

（1）工作队式项目组织构成　工作队式项目组织构成如图 7-2 所示。

（2）特征

1）按照特定对象原则建立的项目管理组织，由公司各职能部门抽调人员组建，不打乱公司原建制。

2）项目管理组织与施工项目同寿命。项目中标或确定项目承包后，即组建项目管理组织机构；公司任命项目经理；项目经理在公司内部选聘职能人员组成管理机构；竣工交付使用后，机构撤销，人员返回原单位。

3）项目管理组织机构由项目经理领导，有较大独立性。在工程施工期间，项目组织成员与原单位中断领导关系，不受其干扰，但公司各职能部门可为之提供业务指导。

（3）优点

1）项目组织成员来自公司各职能部门和单位，熟悉业务，各有专长，可互补长短，协同工作，能充分发挥其作用。

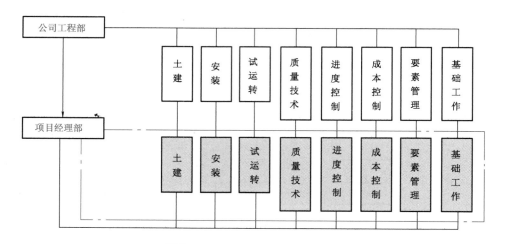

图 7-2 工作队式项目组织构成

注：单点画线线框内为项目组织机构

2）各专业人员集中现场办公，减少了扯皮和等待时间，工作效率高，解决问题快。

3）项目经理权力集中，行政干预少，决策及时，指挥得力。

4）由于这种组织形式弱化了项目与公司的结合部关系，因而项目经理便于协调而开展工作。

（4）缺点

1）组建之初来自不同部门的人员彼此之间不够熟悉，可能配合不力。

2）由于项目施工一次性特点，有些人员可能存在临时观点。

3）当人员配置不当时，专业人员不能在更大范围内调剂余缺，往往造成忙闲不均，人才浪费。

4）对于公司来讲，专业人员分散在不同的项目上，相互交流困难，职能部门的优势难以发挥。

（5）适用范围

1）大型施工项目。

2）工期要求紧迫的施工项目。

3）要求多工种多部门密切配合的施工项目。

2. 部门控制式项目组织

（1）部门控制式项目组织构成　部门控制式项目组织构成如图 7-3 所示。

（2）特征

1）按照职能原则建立的项目管理组织，不打乱公司现行建制。

2）项目中标或确定项目承包后，即由公司将项目委托其下属某一专业部门或施工队组建项目管理组织机构，并负责实施项目管理。

3）项目竣工交付使用后，恢复原部门或施工队建制。

（3）优点

1）利用公司下属的原有专业队伍承建项目，可迅速组建施工项目管理组织机构。

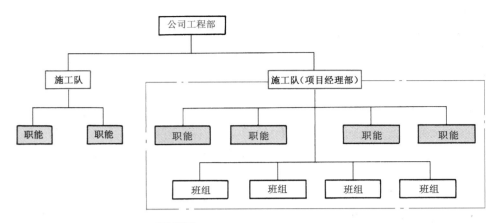

图 7-3　部门控制式项目组织构成

2）人员熟悉，职责专一，业务熟练，关系容易协调，工作效率高。

（4）缺点

1）不适应大型项目管理的需要。

2）不利于精简机构。

（5）适用范围

1）小型施工项目。

2）专业性较强，不涉及众多部门的施工项目。

3. 矩阵制式项目组织

（1）矩阵制式项目组织构成　矩阵制式项目组织构成如图 7-4 所示。

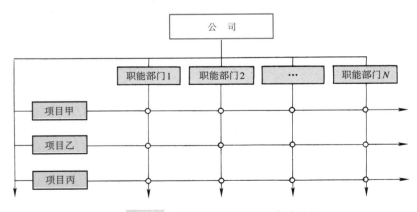

图 7-4　矩阵制式项目组织构成

（2）特征

1）按照职能原则和项目原则结合起来建立的项目管理组织，项目的横向系统与职能的纵向系统形成了矩阵结构。

2）公司专业职能部门是相对长期稳定的，其负责人对矩阵中本单位人员负有组织调配、业务指导、业绩考查责任，相对于项目组织有较大的控制力。

3）项目管理组织是临时性的。项目经理在各职能部门的支持下，将"借"到参与本项目组织的人员在横向上有效地组织在一起，为实现项目目标协同工作。同时，项目经理对其有权控制和使用，在必要时可对其进行调换或辞退。

4）项目组中的成员接受原单位负责人和项目经理的双重领导，可根据需要和可能为一个或多个项目服务，并可在项目之间调配。

（3）优点

1）兼有部门控制式和工作队式两种项目组织形式的优点，将职能原则和项目原则结合融为一体，而实现公司长期例行性管理和项目一次性管理的一致。

2）能通过对人员的及时调配，以尽可能少的人力实现管理多个项目的高效率。

3）项目组织具有弹性和应变能力。

（4）缺点

1）矩阵制式项目组织的结合部多，组织内部的人际关系、业务关系等都较复杂，需要依靠有力的组织措施和规章制度规范管理。若项目经理和职能部门负责人双方产生重大分歧难以统一时，还需公司领导出面协调。

2）项目组织成员接受原单位负责人和项目经理的双重领导，当领导之间发生矛盾，意见不一致时，当事人将无所适从，影响工作。

3）在双重领导下，若组织成员过于受控于职能部门时，将削弱其在项目上的凝聚力，影响项目组织作用的发挥。

4）在项目施工高峰期，一些服务于多个项目的人员，可能应接不暇而顾此失彼。

5）矩阵制式项目组织的结合部多，信息量大，沟通渠道复杂，容易引起信息流不畅或失真。

（5）适用范围

1）大型、复杂的施工项目，需要多部门、多技术、多工种配合施工；在不同施工阶段，对不同人员有不同的数量和搭配要求，宜采用矩阵制式项目组织形式。

2）公司同时承担多个施工项目时，各项目对专业技术人才和管理人员都有需求。在矩阵制式项目组织形式下，职能部门就可根据需要和可能将有关人员派到一个或多个项目上去工作。

7.2 施工项目经理部

7.2.1 施工项目经理部的产生

1. 施工项目经理部的含义

施工项目经理部是由公司或分公司委托受权代表企业履行工程承包合同，进行施工项目管理的工作班子，属于技术、管理型组织，是建设企业组织生产经营的基础。施工项目经理部对施工项目从开工到竣工的全过程进行管理，以业主满意的最终建筑产品对业主全面负责，对分包（或作业层）具有进行管理和服务的职能。因而设计并组建一个好的施工项目经理部，使之正常有效地运营，非常重要。

2. 施工项目经理部的作用

施工项目经理部是由企业授权，并代表企业履行工程承包合同，进行项目管理的工作班子。施工项目经理部的作用有：

1）施工项目经理部是企业在某一工程上的一次性授权的管理组织机构，由企业授权的施工项目经理领导，为施工项目经理决策提供信息，当好参谋，执行施工项目经理的决策意图，向施工项目经理全面负责。

2）施工项目经理部对施工项目从开工到竣工的全过程实施管理，对作业层负有管理和服务的双重职能，其工作质量的好坏将对整个施工项目及作业层的工作质量有重大影响。

3）施工项目经理部是代表企业履行工程承包合同的主体，是对最终建筑产品和建设单位全面负责、全过程负责的管理实体。

4）施工项目经理部是一个管理组织体，要完成施工项目管理任务和专业管理任务；凝聚管理人员的力量，调动其积极性，促进管理人员的合作；协调部门之间、管理人员之间的关系，发挥每个人的岗位作用，为共同目标进行工作；贯彻组织责任制，搞好管理；及时沟通部门之间，项目经理部与作业层之间、与公司之间、与环境之间的信息。

7.2.2　施工项目经理部的设置

1. 施工项目经理部设置的基本原则

（1）责权利统一　不同的项目组织形式和不同的管理环境对其管理职责有不同的要求，并有相应管理权限以及合理的利益分配，体现责权利统一。

（2）组织科学化　按项目规模大小、技术复杂程度的不同，按综合化、系统化设置部门、岗位成员，反映目标要求，分工协作，达到精简和有效率。

（3）功能齐全　人员配置上能适应施工现场的经营、计划、合同、工程、调度、技术、质量、安全、资金、预算、核算、劳务、物资、机具及分包管理的需要，设置专职或兼职人员。

（4）弹性建制　施工项目经理部是非固定的一次性工程管理实体，无固定的作业队伍，根据施工进展，人员有进有出，及时优化调整，实行动态管理。

2. 施工项目经理部设置的依据

（1）根据所选择的项目组织形式组建　不同的组织形式决定了企业对项目的不同管理方式，提供的不同管理环境，以及对项目经理授予权限的大小，同时对项目经理部的管理力量配备，管理职责也有不同的要求，要充分体现责权利的统一。

（2）根据项目的规模、复杂程度和专业特点设置　如大型施工项目的项目经理部要设置职能部、处；中型施工项目的项目经理部要设置职能处、科；小型施工项目的项目经理部只要设置职能人员即可。在施工项目的专业性很强时，可设置相应的专业职能部门，如水电处、安装处等。项目经理部的设置应与施工项目的目标要求相一致，便于管理，提高效率。

（3）根据施工工程任务需要调整　项目经理部是弹性的、一次性的工程管理实体，不应成为一级固定组织，不设固定的作业队伍。应根据施工的进展、业务的变化，实施人员选聘进出，优化组织，及时调整动态管理。项目经理部一般是在项目施工开始前组建，工程竣工交付使用后解体。

（4）适应现场施工的需要设置　项目经理部人员配备可考虑设专职或兼职，功能上应满足施工现场的计划与调度、技术与质量、成本与核算、劳务与物资、安全与文明施工的需要。不应设置经营与咨询、研究与发展、政工与人事等与项目施工关系较少的非生产性部门。

3. 施工项目经理部基本组织形式

（1）一般的（标准）组织形式　施工项目经理部的组成和现场人员的配置，是以组织现场施工过程的必要性所决定的。根据工程规模大小和技术特殊程度，可以由几人、几十人甚至是上百人所组成。因此，项目经理部的组织是不可能完全一致的。经常是在承包后了解了工程的过程和内容之后再予以组建。一般的现场组织形式如图7-5所示。

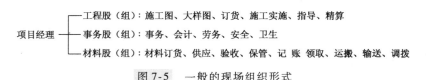

图7-5　一般的现场组织形式

（2）不同规模工程的组织形式

1）小规模工程宜设置4~5人，如图7-6所示。

2）中等规模工程宜设置7~10人，如图7-7所示。

图7-6　小规模工程的组织形式　　　图7-7　中等规模工程的组织形式

3）大规模工程宜设置20~30人，如图7-8所示。

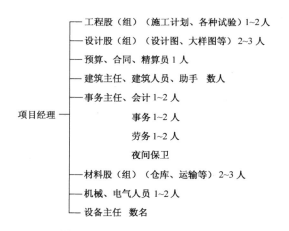

图7-8　大规模工程的组织形式

4. 施工项目组织形式选择应遵循的要点

1）适应施工项目的一次性特点，有利于各项资源（场地、人员、机具、材料）的优化配置，达到程序性、连续性施工。

2）有利于企业战略决策的执行，能在复杂多变的市场竞争环境和社会环境中，方便、快捷、准确地贯彻企业的战略方针，自主、主动地加强项目管理，取得综合效益。

3）要为企业指导项目的各项业务管理提供条件，有利于企业对多项目的协调和控制。

4）有利于强化合同管理，履约责任，有效地处理合同纠纷，取得合理索赔。

5）根据项目的规模，技术复杂性，项目与本部的距离，确定组织形式，体现精简、效率、分权明确，指挥灵便。

6）满足业主合理要求，便于联系，取得地区社会支持，提高企业信誉。

7）有利于对分包商的管理，通力合作、实现有效的综合管理，达到最终目标。

8）根据需要可采取几种组织形式结合使用，如工作队式和部门控制式、矩阵式的结合运用。

7.2.3　施工项目经理部管理制度

1. 施工项目管理制度的概念、种类

施工项目管理制度是施工项目经理部为实现施工项目管理目标，完成施工任务而制定的内部责任制度和规章制度。

（1）责任制度　责任制度是以部门、单位、岗位为主体制定的制度。责任制规定了各部门、各类人员应该承担的责任、对谁负责、负什么责、考核标准，以及相应的权利和相互协作要求等内容。责任制是根据职位、岗位划分的，其重要程度不同，责任大小也各不相同。责任制强调创造性的完成各项任务，其衡量标准是多层次的，可以评定等级。例如，各级领导、职能人员、生产工人等的岗位责任制和生产、技术、成本、质量、安全等管理业务责任制度。

（2）规章制度　规章制度是以各种活动、行为为主体，明确规定人们的行为和活动不得逾越的规范和准则，任何人只要涉及和参与其工作都必须遵守。规章制度是组织的法规，更强调约束精神，对谁都同样适用。例如，围绕施工项目的生产施工活动制定的专业类管理制度主要有施工、技术、质量、安全、材料、劳动力、机械设备、成本管理制度等，以及非施工专业类管理制度，主要有合同类制度、分配类制度、核算类制度等。

2. 建立施工项目管理制度的原则

建立施工项目管理制度时必须遵循以下原则：

1）施工项目管理制度必须以国家、公司制定颁布的与施工项目管理有关的方针政策、法律法规、标准规程等文件精神为依据，不得有抵触与矛盾。

2）制定施工项目管理制度应符合该项目施工管理需要，对施工过程中的例行性活动应遵循的方法、程序、标准、要求做出明确规定，使各项工作有章可循；有关工程技术、计划、统计、核算、安全等各项制度，要健全配套，覆盖全面，形成完整体系。

3）施工项目管理制度要在公司颁布的管理制度的基础上制定，要有针对性，任何一项条款都应该文字简洁、具体明确、可操作、可检查。

4）管理制度的颁布、修改、废除要有严格程序。项目经理是项目的总决策者，凡不涉及公司的管理制度，由项目经理签字决定，报公司备案；凡涉及公司的管理制度，应由公司经理批准才有效。

3. 施工项目经理部的主要管理制度

施工项目经理部组建以后，首先进行的组织建设就是立即着手建立围绕责任、计划、技术、质量、安全、成本、核算、奖惩等方面的管理制度。项目经理部的主要管理制度有：

1）施工项目管理岗位责任制度。

2）施工项目技术与质量管理制度。

3）施工图和技术档案管理制度。

4）计划、统计与进度报告制度。

5）施工项目成本核算制度。

6）材料、机械设备管理制度。

7）施工项目安全管理制度。

8）文明施工和场容管理制度。

9）施工项目信息管理制度。

10）例会和组织协调制度。

11）分包和劳务管理制度。

12）内、外部沟通与协调管理制度。

7.2.4 施工项目经理部的解体

企业工程管理部门是施工项目经理部组建、解体、善后处理工作的主管部门。当施工项目临近结尾时，项目经理部的解体工作即列入议事日程，其工作的程序和内容见表7-2。

表7-2 项目经理部解体及善后工作的程序和内容

程 序	工 作 内 容
成立善后工作小组	组长：项目经理 留守人员：主任工程师、技术、预算、财务、材料各一人
提交解体申请报告	在施工项目全部竣工验收合格签字之日起15日内，项目经理部上报解体申请报告，提交善后留用、解聘人员名单和时间 经主管部门批准后立即执行
解聘人员	陆续解聘工作业务人员，原则上返回原单位 预发两个月岗位效益工资
预留保修费用	保修期限一般为竣工使用后一年 由经营和工程部门根据工程质量、结构特点、使用性质等因素，确定保修预留比例，一般为工程造价的1.5%~5% 保修费用由企业工程部门专款专用、单独核算、包干使用
剩余物资处理	剩余材料原则上让售处理给公司物资设备处，对外让售手续经企业主管领导批准，按质论价、双方协商 自购的通信、办公用小型固定资产要如实建立台账，按质论价，移交企业
债权债务处理	留守小组负责在解体后3个月处理完工程结算、价款回收、加工订货等债权债务 未能在限期内处理完，或未办理任何符合法规手续的，其差额部分计入项目经理部成本亏损
经济效益（成本）审计	由审计部门牵头，预算、财务、工程部门参加，以合同结算为依据，查收入、支出是否正确，财务、劳资是否违反财经纪律 要求解体后4个月内向经理办公室提交经济效益审计评价报告
业绩审计奖惩处理	对项目经理和经理部成员进行业绩审计，做出效益审计评估 盈余者：盈余部分可按比例提成作为项目经理部管理奖金 亏损者：亏损部分由项目经理负责，按比例从其管理人员风险（责任）抵押金和工资中扣除

（续）

程　序	工 作 内 容
有关纠纷裁决	所有仲裁的依据原则上是双方签订的合同和有关的签证
	当项目经理部与企业有关部门发生矛盾时，由企业办公会议裁决
	与劳务、专业分公司、栋号作业分公司、栋号作业队发生矛盾时，按业务分工，由企业劳动部门、经营部门、工程管理部门裁决

7.3　施工项目经理

7.3.1　施工项目经理在企业中的地位

施工项目经理是指受企业委托和授权，在工程项目施工中担任项目经理职务，直接负责工程项目施工的组织实施者。施工项目经理是建筑工程施工项目的责任主体，对项目施工全过程全面负责，是企业法人代表在建筑工程项目上的委托代理人。施工项目经理在建筑施工项目管理中具有举足轻重的地位，是建筑施工项目管理成败的关键。

1. 施工项目经理是建筑项目实施阶段的第一责任人

施工项目经理是建筑企业法人代表在施工项目上的委托负责管理和合同履行的授权代理人，是建筑施工项目实施阶段的第一责任人。

从施工企业内部看，施工项目经理是施工项目全过程所有工作的总负责人，是施工项目动态管理的体现者，是施工项目生产要素合理投入和优化组合的组织者；从对外方面看，作为施工企业法人代表的企业经理，不直接对每个建设单位负责，而是由施工项目经理在授权范围内对建设单位直接负责。由此可见，施工项目经理是项目目标的全面实现者，既要对建设单位的成果性目标负责，又要对施工企业效益性目标负责。

2. 施工项目经理是协调各方面关系的桥梁和纽带

施工项目经理是协调各方面关系，使之相互紧密协作、配合的桥梁和纽带。他对项目经理目标的实现承担着全部责任，即承担合同责任，履行合同义务，执行合同条款，处理合同纠纷，受法律的约束和保护。

3. 施工项目经理是各种信息的集散中心

施工项目经理控制和掌握有关项目实施的各种信息，自下、自外而来的信息，通过各种渠道汇集到项目经理的手中；项目经理又通过指令、计划和协议等，对上反馈信息，对下、对外发布信息。通过信息的集散达到控制的目的，使项目管理取得成功。

4. 施工项目经理是施工项目责、权、利的主体

施工项目经理是项目总体的组织管理者，是项目中人、财、物、技术、信息和管理等所有生产要素的组织管理人。首先施工项目经理是建筑项目实施阶段的责任主体，是实现建筑项目目标的最高责任者，其责任是确定施工项目经理权力和利益的依据；其次，施工项目经理必须是施工项目的权力主体，权力是确保施工项目经理承担起责任的条件与手段，所以权力的范围必须视施工项目经理责任的要求而定；另外，施工项目经理还必须是施工项目的利益主体，利益是施工项目经理工作的动力，是施工项目经理所负责任应得的报酬，其利益的形式和利益的多少应视施工项目经理的责任而定。

7.3.2 施工项目经理应具备的素质

一个胜任的施工项目经理必须在政治水平、知识结构、业务技能、业务能力、身心健康等诸方面具备良好的素质。

1. 政治素质

施工项目经理应具备高度的政治思想觉悟，政策性强；有强烈的事业心、责任感，实事求是，敢于承担风险，有改革创新、竞争进取精神；有正确的经营管理理念，讲究经济效益；有团队精神，作风正派，能密切联系群众，发扬民主作风，大公无私，不谋私利；言行一致，以身作则；任人唯贤，不计个人恩怨；铁面无私，奖赏分明。

2. 知识素质

施工项目经理应具备大专以上工程技术和工程管理专业学历，具备承担施工项目管理任务的工程施工技术、经济、项目管理知识及法律知识，并具备一定的工程实践经历、经验和业绩，具备处理工程实际问题的能力。施工项目经理需要接受专门培训，取得任职资质证书。项目经理，尤其承担涉外工程的项目经理还应掌握一门外语。

3. 管理素质

施工项目经理应对项目施工活动中发生的问题和矛盾有敏锐的洞察力，能迅速做出正确分析判断，并有解决问题的严谨思维能力；在与外界洽谈（谈判）及处理问题时，多谋善断，在安排工作和生产经营活动时，有协调人力、物力、财力，排除干扰实现预期目标的组织控制能力；有善于沟通上下级关系、内外关系、同事之间关系，调动各方面积极性的公共关系能力；具备知人善任，任人唯贤，善于发现人才，敢于提拔使用人才的用人能力。

4. 身心素质

项目经理应年富力强、身体健康、精力充沛、思维敏捷、记忆力良好，同时还要有坚强的毅力和意志，健康的情感、良好的心理素质。

7.3.3 施工项目经理的选择

1. 施工项目经理的选择方式

施工项目经理的选择方式有竞争招聘制，企业经理委任制，基层推荐、内部协调制三种，他们的选择范围、程序和特点各有不同（表7-3）。

表 7-3　施工项目经理的选择方式

选择方式	选择范围	程　序	特　点
竞争招聘制	面向社会招聘 本着先内后外的原则	个人自荐 组织审查 答辩演讲 择优选聘	选择范围广 竞争性强 透明度高
企业经理委任制	限于企业内部的在职干部	企业经理提名 组织人事部门考核 企业办公会议决定	要求企业经理知人善任 要求人事部门考核严格

（续）

选择方式	选择范围	程　序	特　点
基层推荐、内部协调制	限于企业内部	企业各基层推荐人选 人事部门集中各方意见严格考核 党政联席办公会议决定	人选来源广泛 有群众基础 要求人事部门考核严格

2. 施工项目经理的选拔程序

施工项目经理的选拔程序如图 7-9 所示。

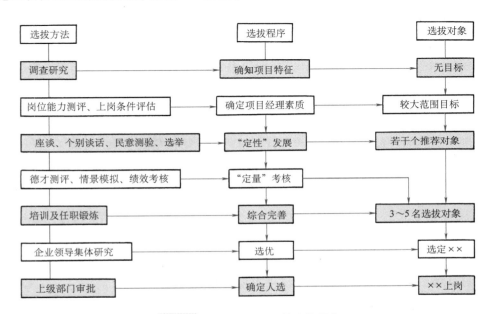

图 7-9　施工项目经理的选拔程序

7.3.4　施工项目经理责任制

1. 施工项目经理责任制的含义

施工项目经理责任制是指以施工项目经理为责任主体的施工项目管理目标责任制度，是施工项目管理目标实现的具体保障和基本条件。它是以施工项目为对象，以项目经理全面负责为前提，以项目管理责任书为依据，以求得项目产品的最佳经济效益为目的，实行从施工项目开工到竣工验收交工的施工活动及售后服务在内的一次性全过程的管理责任制度。

2. 施工项目经理责任制的作用

1）建立和完善以施工项目管理为基点的适应市场经济的责任管理机制。

2）明确项目经理与企业、职工三者之间的责、权、利、效关系。

3）利用经济手段、法制手段对项目进行规范化、科学化管理。

4）强化项目经理人的责任与风险意识，对工程质量、工期、成本、安全、文明施工等全面负责，项目全过程负责，高速、优质、低耗地完成施工项目。

3. 施工项目经理的责、权、利

（1）施工项目经理的任务

1）确定项目管理组织机构，配备人员，制定规章制度，明确所有人员岗位职责，组织项目经理部开展工作。

2）确定项目管理总目标，进行目标分解，指定总体计划，实行总体控制，确保施工项目成功。

3）及时、明确地做出项目管理决策，包括投标报价、合同的签订和变更、施工进度控制、人事任免、重大技术组织措施的制定、财务工作及资源调配等决策。

4）协调本组织机构与各协作单位之间的协作配合及经济技术关系，代表企业法人进行有关签证，并进行相互监督检查，确保质量、安全、工期和成本控制。

5）建立完善内、外部信息管理系统。

6）实施合同，处理好合同变更、洽商的纠纷和索赔，处理好总分包关系，做好与有关单位的协作配合。

（2）施工项目经理的职责

1）代表企业实施施工项目管理，在管理中，贯彻执行国家和工程所在地政府的有关法律、法规和政策，执行企业的各项规章制度，维护企业整体利益和经济权益。

2）签订和组织履行施工项目管理目标责任书。

3）主持组建项目经理部和制定项目的各项管理制度。

4）组织项目经理部编制施工项目管理实施规划。

5）对进入现场的生产要素进行优化配置和动态管理，推广和应用新技术、新工艺、新材料和新设备。

6）在授权范围内做好与承包企业、协作单位、建设单位和监理工程师的沟通、联系，协调处理好各种关系，及时解决项目实施中出现的各种问题。

7）严格财经制度，加强成本核算，积极组织工程款回收，正确处理国家、企业、分包单位及职工之间的利益分配关系。

8）加强现场文明施工，及时发现和处理例外性事件。

9）工程竣工后及时组织验收、结算和总结分析，接受审计。

10）做好项目经理部的解体与善后工作。

11）协助企业有关部门进行项目的检查、鉴定等有关工作。

（3）施工项目经理的权限

1）参与企业进行的施工项目投标和签订施工合同等工作。

2）有权决定项目经理部的组织形式，选择、聘任有关管理人员，明确职责，根据任职情况定期进行考核评价和奖惩，期满辞职。

3）在企业财务制度允许的范围内，根据工程需要和计划的安排，对资金投入和使用做出决策和计划；对项目经理部的计酬方式、分配方法，在企业相关规定的条件下做出决策。

4）按企业规定选择施工作业队伍。

5）根据施工项目管理目标责任书和施工项目管理实施大纲组织指挥项目的生产经营管理活动，进行工作部署、检查和调整。

6）以企业法定代表人代理的身份，处理调整与施工项目有关的内部、外部关系。

7）有权拒绝企业经理和有关部门违反合同行为的不合理摊派，并对对方所造成的经济损失有索赔权。

8）企业法人授予的其他管理权利。

（4）施工项目经理的利益　施工项目经理最终利益是项目经理行使权利和承担责任的结果，也是市场经济条件下责、权、利、效相互统一的具体体现。施工项目经理应享有以下利益：

1）项目经理的工资主要包括基本工资、岗位工资和绩效工资，其中绩效工资应与施工项目的效益挂钩。

2）在全面完成施工项目管理目标责任书确定的各项责任目标、交工验收并结算，接受企业的考核、审计后，应获得规定的物质奖励和相应的表彰、记功、优秀项目经理荣誉称号等精神奖励。

3）经企业考核、审计，确认未完成责任目标或造成亏损的，要按照有关条款承担责任，并接受经济或行政处罚。

4. 施工项目经理责任制管理目标责任体系

施工项目经理责任制管理目标责任体系是实现施工项目经理责任制的重要内容，包括施工项目经理与企业经理及有关的部门、人员、分包单位之间的各种类型的责任制（表 7-4）。

表 7-4　施工项目经理责任制管理目标责任体系

责任制签约双方		主　要　内　容
项目经理	企业经理（或法人代表）	双方签订的项目管理目标责任制是项目经理的任职目标 是关于项目施工活动全过程及项目经理部寿命期内重大问题办理而事先形成的具有企业法规性作用的文件 项目管理目标责任书的主要内容是： 1）企业各职能部门与项目经理之间的关系 2）项目经理使用作业队伍的方式，项目的材料和机械设备供应方式 3）按中标价与项目可控成本分离的原则确定项目经理目标责任成本 4）施工项目应得到的质量目标、安全目标、进度目标和文明施工目标 5）施工项目管理制度规定以外的法定代表人向项目经理的授权 6）企业对项目经理进行奖惩的依据、标准、办法及应承担的风险 7）项目经理解职及项目经理部解体的条件及办法 8）项目管理目标责任书争议的行政解决办法 对跨年度施工的项目，还应以企业当年下达给项目经理的综合计划指标为依据，签订年度项目经理经营责任状
项目经理	项目经理部内部人员	建立以项目经理为中心的分工负责岗位（横向）管理目标责任制 将各岗位工作职责具体化、规范化，形成分工协作的业务管理系统 与各岗位业务人员签订上岗责任状，明确各自的责、权、利
项目经理部	水电专业队土方运输队：劳务分包队	签约双方是合同关系，是以施工项目分包单位为对象的（纵向）经济责任制 通常以承包工程为对象，以施工预算为依据签订目标责任书 责任书中应明确对承包任务的质量、工期、成本、文明施工等目标要求 责任书中还应明确考核标准，争议纠纷处理办法等责、权、利、效规定
各分包队	作业班组	规定了分包队内部作业班组对质量、进度、安全等方面的管理要求
项目经理部	企业各职能部门	企业各职能部门为施工项目提供服务、指导、协调、控制、监督保证的业务管理责任

7. 3. 5 建造师制度

1. 建造师的含义

2002 年年底我国开始试行注册建造师制度。2006 年 12 月 11 日建设部发布《注册建造师管理规定》，自 2007 年 3 月 1 日起施行，标志着我国全面实施建造师执业资格制度。注册建造师是指通过考核认定或考试合格取得中华人民共和国建造师资格证书并按照本规定注册，取得中华人民共和国建造师注册证书和执业印章，担任施工单位项目负责人及从事相关活动的专业技术人员。

建造师执业资格制度起源于英国，迄今已有 100 多年的历史。世界上许多发达国家已经建立了该项制度。具有执业资格的建造师已有了国际性的组织——国际建造师协会。我国有建筑施工企业 10 万多个，从业人员 3500 多万。在从事工程建设和施工管理的广大技术人员和管理人员，特别是在施工项目经理队伍中，建立建造师执业资格制度是非常必要的。这项制度的建立，为我国工程项目管理人员素质和管理水平提高拓展了道路。

2. 建造师与施工项目经理的关系

注册建造师分为一级注册建造师和二级注册建造师。施工项目经理和技术负责人必须由本专业注册建造师担任，但取得建造师注册证书的人员是否担任项目经理由企业自主决定。一级注册建造师可担任大、中、小型工程施工项目经理，二级注册建造师可以承担中、小型工程施工项目经理。其中，大、中型工程施工项目经理和技术负责人不得由一名建造师兼任。在全面实施建造师执业资格制度后仍然要坚持项目经理责任制。

7. 4 施工项目团队管理

7. 4. 1 项目团队的特征

项目团队是指为实现项目的目标由共同合作的若干成员组成的组织。项目团队具有以下特征：

（1）项目团队具有一定的目的性　项目团队的任务是完成项目的任务，实现项目的目标。项目团队在组建时，就被赋予了明确的目标，正是这一共同的目标，将所有成员凝聚在一起，形成了一个团队。

（2）项目团队是临时组织　项目团队是基于完成项目任务和项目目标而组建的，一旦项目任务完成，团队的使命也将告终，项目团队即可解散。

（3）项目团队强调合作精神　项目团队是一个整体，按照团队作业的模式来实施项目，这就要求成员具有高度的合作精神，相互信任、相互协调。缺少团队精神会导致工作效率低下，因此团队合作精神是项目成功的有力保障。

（4）项目团队成员的增减具有灵活性　项目团队在组建的初期，其成员可能较少，随着项目进展的需要，项目团队会逐渐扩大，而且团队成员的人选也会随着项目的发展而进行相应的调整。

（5）项目团队建设是项目成功的组织保障　项目团队建设包括对项目团队成员进行技

能培训、人员的绩效考核及人员激励等，这些是项目成功的可靠保证。

7.4.2　施工项目团队建设

1）为树立施工项目团队意识应满足如下要求：

① 围绕项目目标而形成和谐一致、高效运行的项目团队。

② 建立协同工作的管理机构和工作模式。

③ 建立畅通的信息沟通渠道和各方面共享的信息工作平台，保证信息准确、及时和有效地传递。

2）项目团队应有明确的目标、合理的运行程序和完善的工作制度。

3）项目经理应对项目团队建设负责，培育团队精神、定期评估团队运作绩效，有效发挥和调动各成员的工作积极性和责任感。

4）项目经理应通过表彰奖励、学习交流等多种方式和谐团队气氛，统一团队思想，营造集体观念，处理管理冲突，提高项目运作效率。

5）项目团队建设应注重管理绩效，有效发挥个体成员的积极性，并充分利用成员集体的协作成果。

7.4.3　影响项目团队绩效的因素

项目团队绩效是指项目团队的工作效率及取得的成果，它是决定项目成败的一个至关重要的因素。影响项目团队绩效的因素有很多，一般包括以下几个方面。

（1）团队精神　在开展项目时，项目团队是作为一个整体来进行工作的，因此，团队精神与项目团队的绩效是紧密联系在一起的，缺少团队精神会导致团队绩效下降。团队精神主要表现在：团队成员之间要相互信任、相互依赖、互助合作；全体成员具有统一的、共同的目标；团队成员具有平等的关系，要积极参与团队的各项工作并且要进行自我激励和自我约束。

（2）项目经理　项目经理是项目团队中的最高领导，它应该正确运用自己的权力和影响力，带领和指挥整个团队去实现项目目标。项目经理的经验、素质、能力、性能等都会对团队绩效产生一定的影响。

（3）团队目标的明确性　项目团队的目标就是实现项目的目标。团队成员应该了解项目的目标、项目的工作范围、成本预算、进度计划和质量标准等相关信息，才能对项目有大致的把握，明确自己的任务。项目成员如果不能对团队目标达成统一的认识，就会影响团队的绩效。

（4）信息沟通　信息沟通也会影响项目团队的绩效，团队成员通过畅通的渠道交流信息可以减少不必要的误解，就某些问题达成共识，减少冲突，从而提高团队的工作绩效。如果在工作中团队成员之间缺乏沟通，或项目团队与外部信息交流不足，就会使团队绩效低下，这样就会影响整个团队的绩效。

（5）激励机制　建立激励机制有利于提高项目团队成员的工作积极性和工作热情，使他们全力投入工作，从而提高整个项目团队的工作效率。如果激励措施的力度不够，很可能会使团队成员出现消极的工作态度，工作效率低下，这样就会影响整个团队的绩效。

（6）团队的规章制度　项目团队的规章制度可以规范整个团队及其成员的工作和行为，

为团队的高效运行提供制度保障。而一个无章可循的团队，其绩效通常也是十分低下的。

（7）团队成员职责明确性　团队成员必须明确各自的职责和工作，才能使团队绩效得到提高。如果团队的职责不清或团队在管理上存在着职责重复的问题，就会导致某些工作的延误，造成整个团队绩效下降。

（8）约束机制　约束机制可以针对团队成员的一些不良或错误行为形成制约，有利于项目团队绩效的提高。有时，团队成员可能会有一些不利于团队发展的行为，如果得不到有效的制约，将会影响项目团队绩效的提高。

复习思考题

1. 简述建筑施工项目管理组织的概念和工作内容。
2. 建筑施工项目管理组织结构设置的原则是什么？
3. 简述建筑施工项目管理组织形式、特点和优缺点。
4. 施工项目经理部的作用和设置原则是什么？
5. 建筑施工项目经理部基本组织形式有哪些？
6. 施工项目经理的作用和应具备的素质有哪些？
7. 施工项目经理的责、权、利有哪些？
8. 简述施工项目团队的概念和基本特征。

第 8 章

建筑施工目标管理

8.1 建筑施工进度控制

8.1.1 概述

建筑施工进度控制与成本管理和质量管理一样,是建筑施工目标管理的重要组成部分。施工的进度控制是中心环节,成本管理是关键,质量管理是根本。施工的进度控制在整个目标控制体系中处于协调和带动其他工作的主导地位,在建筑施工目标管理中具有举足轻重的作用。它是保证按时完成施工任务,合理安排资源供应的重要措施。

1. 建筑施工进度控制的基本概念

建筑施工进度控制是指建筑施工阶段按既定的施工工期,编制出最优的施工进度计划,在执行该计划的施工中,经常检查施工实际进度情况,并将其与计划进度相比较,若出现偏差,便分析产生的原因和对工期的影响程度,找出必要的调整措施,修改原计划,如此循环地工作。建筑施工进度控制的总目标是确保施工项目在建筑施工的既定目标工期内实现,或者在保证施工质量和不因此而增加施工实际成本的条件下,适当缩短施工工期。

2. 建筑施工进度控制的任务

建筑施工进度控制的主要任务是,编制施工总进度计划并控制其执行,按期完成建筑施工项目的任务;编制单位工程施工进度计划并控制其执行,按期完成单位工程的施工任务;编制分部(项)工程施工进度计划,并控制其执行,按期完成分部(项)工程的施工任务;编制季度、月(旬)作业计划,并控制其执行,保证完成规定的目标等。

为了保证上述进度控制任务的顺利完成,进度控制者还要协调各有关方面的关系,尽可能减少相互干扰,控制好各种物资的供应工作,尽可能减少对工期有重大影响的工程变更,并且编制一个包括施工、采购、加工制造、运输等内容的进度控制工作计划,确保进度目标的实现。

3. 建筑施工进度的影响因素

由于工程项目的施工特点,尤其是较大和复杂的施工项目,工期较长,影响进度因素较多。编制计划和执行控制施工进度计划时必须充分认识和估计这些因素，才能克服其影响，使施工进度尽可能按计划进行，当出现偏差时，应从有关影响因素分析产生的原因。其主要影响因素有：

（1）有关单位的影响　施工项目的主要施工单位对施工进度起决定性作用，但是建设单位或业主、设计单位、银行信贷单位、材料设备供应部门、运输部门、水电供应部门及政府的有关主管部门都可能给施工某些方面造成困难而影响施工进度。其中，设计图提供不及时和有错误，以及有关部门或业主对设计方案的变动，是经常发生和影响最大的因素。材料和设备不能按期供应，或质量、规格不符合要求，都将使施工停顿。资金不能保证，也会使施工进度中断或减慢等。

（2）施工条件的变化　施工中工程地质条件和水文地质条件与勘察设计不符，如地质断层、溶洞、地下障碍物、软弱地基，以及恶劣的气候、暴雨、高温和洪水等，都可能对施工进度产生影响，造成临时停工或破坏。

（3）技术失误　施工单位采用技术措施不当，施工中发生技术事故；应用新技术、新材料、新结构缺乏经验，不能保证质量等，都要影响施工进度。

（4）施工组织管理不合理　流水施工组织不合理，劳动力和施工机械调配不当，施工平面布置不合理等，也将影响施工进度计划的执行。

（5）意外事件的发生　施工中如果出现意外的事件，如战争、严重自然灾害、火灾、重大工程事故、工人罢工等，都会影响施工进度计划。

4. 建筑施工进度控制方法和措施

（1）建筑施工进度控制方法　建筑施工施工队（组）进度控制方法主要是规划、控制和协调。规划是指确定建筑施工项目总进度控制目标和分进度控制目标，并编制其进度计划。控制是指在建筑施工项目实施的全过程中，进行施工实际进度与施工计划进度的比较，出现偏差及时采取措施调整。协调是指协调与施工进度有关的单位、部门和施工队（组）之间的进度关系。

（2）建筑施工进度控制措施　建筑施工进度控制采取的主要措施有组织措施、技术措施、合同措施、经济措施和信息管理措施等。

组织措施主要是指落实各层次的进度控制的人员、具体任务和工作责任，建立进度控制的组织系统；按照施工项目的规模、组成和进行顺序，进行项目分解，确定其进度目标，建立控制目标体系；确定进度控制工作制度，如检查时间、方法、协调会议时间、参加人员等；对影响进度的因素进行分析和预测。技术措施主要是指采取加快施工进度的技术方法。合同措施是指对分包单位签订施工合同的合同工期与有关进度计划目标相协调。经济措施是指实现进度计划的资金保证措施。信息管理措施是指不断收集施工实际进度的有关资料，进行整理统计与计划进度比较。

8.1.2　建筑施工进度计划的实施与检查

1. 建筑施工进度计划的实施

为了保证建筑施工进度计划的实施，并且尽量按编制的计划时间逐步进行，保证各进度目标的实现，应做好如下工作：

（1）贯彻建筑施工进度计划

1）检查各层次的进度计划，形成严密的计划保证体系。施工项目的各层次的进度计划：

施工总进度计划、单位工程施工进度计划、分部（项）工程施工进度计划，都是围绕一个总任务而编制的。它们之间关系是：高层次计划是低层次计划的依据，低层次计划是高层次计划的具体化。在其贯彻执行时应当首先检查是否协调一致、互相衔接，计划目标是否层层分解，组成一个严密的计划体系。

2）层层签订承包合同或下达施工任务书。建筑施工项目经理、施工队和作业班组之间分别签订承包合同，按计划目标明确规定合同工期，明确相互承担的经济责任、权限和利益。或者下达施工任务书，将作业下达到施工班组，明确具体施工任务、技术措施、质量要求等内容，使施工班组必须保证按作业计划完成规定的任务。

3）计划全面交底，发动群众实施计划。建筑施工进度计划的实施是全体工作人员的共同行动，要使有关人员都明确各项计划的目标、任务、实施方案和措施，使管理层和作业层协调一致，将计划变成群众的自觉行动，充分发动群众，发挥群众的干劲和创造精神。在计划实施前要进行计划交底工作，可以根据计划的范围，召开全体职工代表大会或各级生产会议进行交底落实。

（2）建筑施工进度计划的实施

1）编制月（旬）作业计划。为了实施建筑施工进度计划，将规定的任务结合现场实际施工条件，在施工开始前和过程中不断地编制本月（旬）的作业计划，这是使建筑施工进度计划更具体、切合实际和可行。在月（旬）计划中要明确：本月（旬）应完成的任务，所需要的各种资源量；提高劳动生产率和节约措施。

2）签发施工任务书。编制好月（旬）作业计划后，将每项具体任务通过签发施工任务书的方式使其进一步落实。施工任务书是向班组下达任务，实行责任承包，全面管理原始记录的综合性文件。它是计划和实施的纽带，施工班组必须保证指令任务的完成。

3）做好施工进度记录，填好施工进度统计表。在计划任务完成的过程中，各级建筑施工进度计划的执行者都要跟踪做好施工记录，记载计划中的每项工作开始日期、工作进度和完成日期。为建筑施工进度检查分析提供信息，因此，要求实事求是地记载，认真填好有关图表。

4）做好施工中的调度工作。施工中的调度是组织施工中各阶段、环节、专业和工种的互相配合，进度协调的指挥核心。调度工作是使建筑施工进度计划实施顺利进行的重要手段。其主要任务是掌握计划实施情况，协调各方面关系，采取措施排除各种矛盾，加强各薄弱环节，实现动态平衡，保证完成作业计划和实现进度目标。

2. 建筑施工进度计划的检查

在建筑施工的实施进程中，为了进行进度控制，进度控制人员应经常、定期跟踪检查施工实际进度情况，主要是收集施工进度材料，进行统计整理和对比分析，确定实际进度与计划进度之间的关系。其主要工作包括：

（1）跟踪检查施工实际进度　跟踪检查施工实际进度是建筑施工进度控制的关键措施。其目的是收集实际施工进度的有关数据。跟踪检查的时间和收集数据的质量，直接影响控制工作的质量和效果。

检查的时间间隔与施工项目的类型、规模、施工条件和对进度执行要求程度有关。通常可以确定每月、半月、旬或周进行一次。若在施工中遇到天气、资源供应等不利因素影响严重时，检查的间隔应临时缩短，次数应频繁，甚至可以每日进行检查，或派人员驻现场督查。检查和收集资料的方式一般采用进度报表方式或定期召开进度工作汇报会。为了保证汇报资料的准确性，进度控制工作人员要经常到现场查看施工项目的实际进度情况，从而保证经常地或定期地准确掌握施工项目的实际进度。

（2）整理统计检查数据　收集到的施工项目实际进度数据，要进行必要的整理，按计划控制的工作项目进行统计，形成与计划进度具有可比性的数据，相同的量纲和形象进度。一般可以按实物工程量、工作量和劳动消耗量及它们的累计百分比整理和统计实际检查的数据，以便与相应的计划完成量相对比。

（3）对比实际进度与计划进度　将收集的资料整理和统计成具有与计划进度可比性的数据后，用建筑施工实际进度与计划进度的比较方法进行比较。通常用的比较方法有：横道图比较法、S形曲线比较法、香蕉形曲线比较法、前锋线比较法和列表比较法等。通过比较得出实际进度与计划进度相一致、超前或拖后三种情况。

3. 建筑施工进度检查结果的处理

建筑施工进度检查的结果，按照检查报告制度的规定，形成进度控制报告，向有关主管人员和部门汇报。

进度控制报告是把检查比较的结果、有关施工进度现状和发展趋势，提供给建筑施工项目经理及各级业务职能负责人的最简单的书面形式报告。

进度控制报告是根据报告的对象不同，确定不同的编制范围和内容而分别编写的。一般分为项目概要级进度控制报告、项目管理级进度控制报告和业务管理级进度控制报告。项目概要级的进度控制报告是报给建筑施工项目经理、企业经理或业务部门及建设单位或业主的。它是以整个施工项目为对象说明进度计划执行情况的报告。

业务管理级的进度控制报告是以某个重点部位或重点问题为对象编写的报告，供项目管理者及各业务部门为其采取应急措施而使用的。

进度控制报告由计划负责人或进度管理人员与其他项目管理人员协作编写。报告时间一般与进度检查时间相协调，也可按月、旬、周等间隔时间进行编写上报。

8.1.3　建筑施工进度比较方法

建筑施工进度比较分析与计划调整是建筑施工进度控制的主要环节。其中建筑施工进度比较是调整的基础。常用的比较方法有以下几种。

1. 横道图比较法

横道图比较法是指将在项目施工中检查实际进度收集的信息，经整理后直接用横道线并列标于原计划的横道线处，进行直观比较的方法。某钢筋混凝土工程施工实际进度与计划进度的比较如图8-1所示。图中实线表示计划进度，加粗部分则表示工程施工的实际进度。从比较中可以看出，在第8天末进行施工进度检查时，支模板工作已经完成，绑钢筋工作按计划进度应当完成，而实际施工进度只完成了83%，拖后了17%，浇混凝土工作完成了40%，与计划施工进度一致。

通过上述记录与比较，为进度控制者提供了实际施工进度与计划进度之间的偏差，为采取调整措施提供了明确的任务。这是人们施工中进行进度控制经常使用的一种最简单、熟悉的方法。但是它仅适用于施工中的各项工作都是按均匀的速度进行，即每项工作在单位时间内完成的任务量都是相等的。

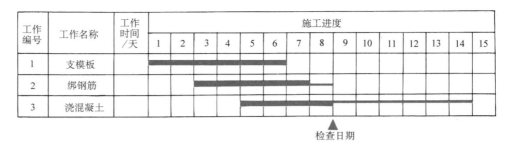

工作编号	工作名称	工作时间/天	施工进度													
			1	2	3	4	5	6	7	8	9	10	11	12	13	14	15
1	支模板																
2	绑钢筋																
3	浇混凝土																

图 8-1　某钢筋混凝土工程施工实际进度与计划进度的比较

完成任务量可以用实物工程量、劳动消耗量和工作三种物理量表示，为了比较方便，一般用它们实际完成量的累计百分比与计划的应完成量的累计百分比进行比较。

根据施工项目中各项工作的施工速度不一定相同，以及进度控制要求和提供的进度的不同，可以采用以下几种方法：

（1）匀速施工横道图比较法　匀速施工是指施工项目中，每项工作的施工进展速度都是均匀的，即在单位时间内完成的任务都是相等的，累计完成的任务量与时间成直线变化，如图 8-2 所示。

其比较方法的步骤为：

1）绘制横道图进度计划。

2）在进度计划上标出检查日期。

3）将检查收集的实际进度数据，按比例用黑粗线标于计划进度线下方，如图 8-3 所示。

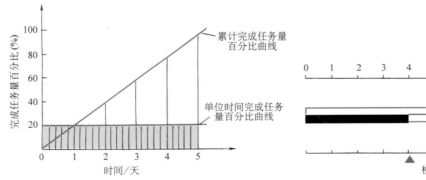

图 8-2　匀速施工时间与完成任务量曲线图

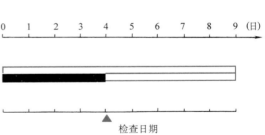

图 8-3　匀速施工横道图比较法

4）比较分析实际进度与计划进度：

① 涂黑的粗线右端与检查日期相重合，表明实际进度与计划进度相一致。

② 涂黑的粗线右端在检查日期的左侧，表明实际进度拖后。

③ 涂黑的粗线右端在检查日期的右侧，表明实际进度超前。

必须指出：该方法只适用于工作从开始到完成的整个过程中，其施工速度是不变的，累计完成的任务量与时间成正比。若工作的施工速度是变化的，用这种方法就不能进行实际进度与计划进度之间的比较。

（2）非匀速施工横道图比较法　当工作在不同单位时间里的施工进展速度不相等时，

累计完成的任务量与时间的关系就不可能是线性关系，如图 8-4 所示。此时，应采用非匀速施工横道图比较法进行工作实际进度与计划进度的比较。

非匀速施工横道图比较法在用黑粗线表示工作实际进度的同时，还要标出其对应时刻完成任务量的累计百分比，并将该百分比与其同时刻计划完成任务量的累计百分比相比较，判断工作实际进度与计划进度之间的关系。

采用非匀速施工横道图比较法时，其步骤如下：

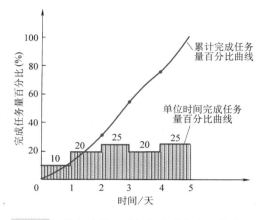

图 8-4　非匀速施工时间与完成任务量曲线图

1）编制横道图进度计划。

2）在横道线上方标出各主要时间工作的计划完成任务量累计百分比。

3）在横道线下方标出相应时间工作的实际完成任务量累计百分比。

4）用涂黑粗线标出工作的实际进度，从开始之日标起，同时反映出该工作在实施过程中的连续与间断情况。

5）通过比较同一时刻实际完成任务量累计百分比和计划完成任务量累计百分比，判断工作实际进度与计划进度之间的关系。

① 如果同一时刻横道线上方累计百分比大于横道线下方累计百分比，表明实际进度拖后，拖欠的任务量为两者之差。

② 如果同一时刻横道线上方累计百分比小于横道线下方累计百分比，表明实际进度超前，超前的任务量为两者之差。

③ 如果同一时刻横道线上、下方两个累计百分比相等，表明实际进度与计划进度一致。

可以看出，由于工作进展速度是变化的，因此，在图中的横道线，无论是计划的还是实际的，只能表示工作的开始时间、完成时间和持续时间，并不表示计划完成的任务量和实际完成的任务量。此外，采用非匀速进度横道图比较法，不仅可以进行某一时刻（如检查日期）实际进度与计划进度的比较，而且还能进行某一时间段实际进度与计划进度的比较。当然，这需要实施部门按规定的时间记录当时的任务完成情况。

例如，某工程的绑扎钢筋工程按施工计划安排需要 9 天完成，每天统计累计完成任务的百分比，工作的每天实际进度和检查日累计完成任务的百分比如图 8-5 所示。采用非匀速施工横道图比较法进行比较，可按以下步骤进行：

1）编制横道图进度计划。

2）在横道线上方标出绑扎钢筋工程每天计划累计完成任务的百分比，分别为：5%、10%、20%、35%、50%、65%、80%、90%、100%。

3）在横道线的下方标出工作 1 天、2 天、3 天以至检查日期的实际累计完成任务的百分比，分别为：6%、12%、22%、40%。

4）用涂黑粗线标出实际进度线。从图 8-5 可看出，实际开始工作时间比计划时间晚一段时间，进程中连续工作。

5）比较实际进度与计划进度的偏差。从图 8-5 可以看出，第一天末实际进度比计划进度超前 1% ，以后各天分别为 2% 、2% 、5% 。

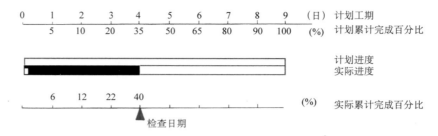

图 8-5　非匀速施工横道图比较法

横道图比较法具有以下优点：记录和比较方法都简单，形象直观，容易掌握，应用方便，被广泛用于简单的进度监测工作中。但是它以横道图进度计划为基础，因此，带有其不可克服的局限性，如各工作之间的逻辑关系不明显，关键工作和关键线路无法确定，一旦某些工作进度产生偏差时，难以预测对后续工作和整个工期的影响，以及确定调整方法。

2. S 形曲线比较法

S 形曲线比较法与横道图比较法不同，它是以横坐标表示进度时间，纵坐标表示累计完成任务量，而绘制出一条按计划时间累计完成任务量的 S 形曲线，将施工项目的各检查时间实际完成的任务量绘在 S 形曲线图上，进行实际进度与计划进度相比较的一种方法。

从整个施工项目的施工全过程而言，一般是开始和结尾时，单位时间投入的资源量较少，中间阶段单位时间投入的资源量较多，与其相关单位时间完成的任务量也是呈同样变化的，如图 8-6a 所示，而随时间进展累计完成的任务量，则应呈 S 形变化，如图 8-6b所示。

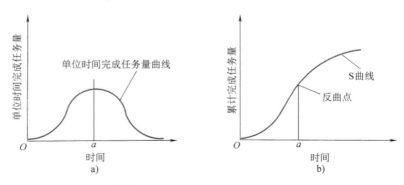

图 8-6　时间与完成任务量关系曲线图

（1）S 形曲线绘制　S 形曲线的绘制步骤如下：

1）确定工程进展速度曲线。在实际工程中计划进度曲线，很难找到如图 8-6 所示的定性分析的连续曲线，但可以根据每单位时间内完成的实物工程量、投入的劳动力或费用，计算出计划单位时间的量值（q_j），它是离散型的，如图 8-7a 所示。

2）计算规定时间 j 累计完成的任务量。其计算方法是将各单位时间完成的任务量累加求和，即

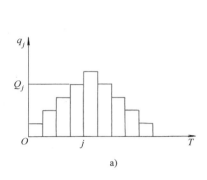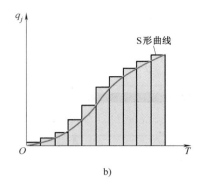

图 8-7 实际工作中时间与完成任务量关系曲线

$$Q_j = \sum_{j=1}^{j} q_j \qquad (8-1)$$

式中　Q_j——j 时刻的计划累计完成任务量；

　　　q_j——单位时间计划完成任务量。

3）按各规定时间的 Q_j 值，绘制 S 形曲线，如图 8-7b 所示。

（2）S 形曲线比较法　利用 S 形曲线比较，同横道图一样，是在图上直观地进行施工项目实际进度与计划进度比较。一般情况，计划进度控制人员在计划实施前绘制出 S 形曲线，在项目施工过程中，按规定时间将检查的实际完成任务情况绘制在计划进度 S 形曲线同一张图上，可得出实际进度 S 形曲线，如图 8-8 所示。比较两条 S 形曲线可以得到如下信息：

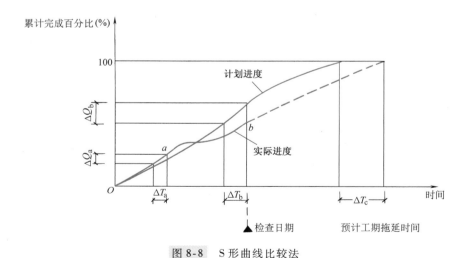

图 8-8 S 形曲线比较法

1）施工实际进度与计划进度比较情况。当实际进展点落在计划 S 形曲线左侧，则表示此时实际进度比计划进度超前；若落在其右侧，则表示拖后；若刚好落在其上，则表示两者一致。

2）施工实际进度比计划进度超前或拖后的时间。如图 8-8 所示，ΔT_a 表示 T_a 时刻实际进度超前的时间，ΔT_b 表示 T_b 时刻实际进度拖后的时间。

3）建筑施工实际进度比计划进度超额或拖欠的任务量。如图 8-8 所示，ΔQ_a 表示 T_a 时刻超额完成的任务量，ΔQ_b 表示在 T_b 时刻拖欠的任务量。

4）预测工程进度。如图 8-8 所示，后期工程按原计划速度进行，则工期拖延预测值为 ΔT_c。

3. 香蕉形曲线比较法

（1）香蕉形曲线的绘制　香蕉形曲线是两条 S 形曲线组合成的闭合曲线。从 S 形曲线比较中可知：某一施工项目，计划时间和累计完成任务量之间的关系，都可以用一条 S 形曲线表示。一般来说，按任何一个施工项目的网络计划都可以绘制出两条曲线。其一是以各项工作的计划最早开始时间安排进度而绘制的 S 形曲线，称为"ES 曲线"；其二是以各项工作的计划最迟开始时间安排进度而绘制的 S 形曲线，称为"LS 曲线"。两条 S 形曲线都是从计划的开始时刻开始和完成时刻结束，因此两条曲线是闭合的。其余时刻 ES 曲线上的各点一般均落在 LS 曲线相应点的左侧，形成一个形如香蕉的曲线，故此称为"香蕉形曲线"，如图 8-9 所示。

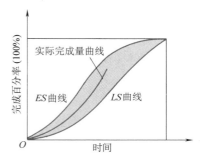

图 8-9　香蕉形曲线比较法

在项目的实施中，进度控制的理想状况是任一时刻按实际进度描出的点，应落在该香蕉形曲线的区域内，如图 8-9 中的实际进度线。

（2）香蕉形曲线比较法的作用

1）利用香蕉形曲线合理安排进度。

2）对施工实际进度与计划进度做比较。

3）确定在检查状态下，后期工程的 ES 曲线和 LS 曲线的发展趋势。

（3）香蕉形曲线的绘制方法　香蕉形曲线的绘制方法与 S 形曲线的绘制方法基本相同，所不同之处在于它是以工作的最早开始时间和最迟开始时间分别绘制的两条 S 形曲线的组合。其具体步骤如下：

1）以施工项目的网络计划为基础，确定该施工项目的工作数目 n 和计划检查次数 m，并计算时间参数 ES_i、LS_i（$i = 1，2，\cdots，n$）。

2）确定各项工作在不同时间计划完成任务量，分为以下两种情况：

① 以施工项目的最早时标网络图为准，确定各工作在各单位时间的计划完成任务量，用 $q_{i,j}^{ES}$ 表示，即第 i 项工作按最早开始时间开工，第 j 时间完成的任务量（$i = 1，2，\cdots，n$；$j = 1，2，\cdots，m$）。

② 以施工项目的最迟时标网络图为准，确定各工作在各单位时间的计划完成任务量，用 $q_{i,j}^{LS}$ 表示，即第 i 项工作按最迟开始时间开工，第 j 时间完成的任务量（$i = 1，2，\cdots，n$；$j = 1,2，\cdots，m$）。

3）计算施工项目总任务量 Q。施工项目的总任务量可用下式计算

$$Q = \sum_{i=1}^{n} \sum_{j=1}^{m} q_{i,j}^{ES} \tag{8-2}$$

或

$$Q = \sum_{i=1}^{n} \sum_{j=1}^{m} q_{i,j}^{LS} \tag{8-3}$$

4）计算到 j 时刻末完成的总任务量，分为以下两种情况：

① 按最早时标网络图计算完成的总任务量 Q_j^{ES} 为

$$Q_j^{ES} = \sum_{i=1}^{i} \sum_{j=1}^{j} q_{i,j}^{ES} \qquad (1 \leqslant i \leqslant n, 1 \leqslant j \leqslant m) \qquad (8\text{-}4)$$

② 按最迟时标网络图计算完成的总任务量 Q_j^{LS} 为

$$Q_j^{LS} = \sum_{i=1}^{i} \sum_{j=1}^{j} q_{i,j}^{LS} \qquad (1 \leqslant i \leqslant n, 1 \leqslant j \leqslant m) \qquad (8\text{-}5)$$

5) 计算到 j 时刻末完成项目总任务量百分比，分为以下两种情况：

① 按最早时标网络图计算完成的总任务量百分比 μ_j^{ES} 为

$$\mu_j^{ES} = \frac{Q_j^{ES}}{Q} \times 100\% \qquad (8\text{-}6)$$

② 按最迟时标网络图计算完成的总任务量百分比 μ_j^{LS} 为

$$\mu_j^{LS} = \frac{Q_j^{LS}}{Q} \times 100\% \qquad (8\text{-}7)$$

6) 绘制香蕉形曲线。按 μ_j^{ES}（$j = 1，2，\cdots，m$），描绘各点，并连接各点得到 ES 曲线；按 μ_j^{LS}（$j = 1，2，\cdots，m$），描绘各点，并连接各点得到 LS 曲线，由 ES 曲线和 LS 曲线组成香蕉形曲线。

在项目实施过程中，按同样的方法，将每次检查的各项工作实际完成的任务量，代入上述各相应公式，计算出不同时间实际完成任务量的百分比，并在香蕉形曲线的平面内绘出实际进度曲线，便可以进行实际进度与计划进度的比较。

（4）香蕉形曲线具体绘制实例

例 8-1　已知某施工项目网络计划如图 8-10 所示，有关网络图时间参数见表 8-1。完成任务量以劳动量消耗数量表示，见表 8-2。试绘制香蕉形曲线。

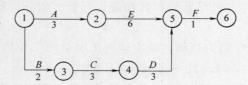

图 8-10　某施工项目网络计划

表 8-1　网络图时间参数

i	工作编号	工作名称	D_i	ES_i	LS_i
1	1—2	A	3	0	0
2	1—3	B	2	0	1
3	3—4	C	3	2	3
4	4—5	D	3	5	6
5	2—5	E	6	3	3
6	5—6	F	1	9	9

表 8-2　劳动量消耗数量

i	$q_{i,j}$																			
	$q_{i,j}^{ES}$										$q_{i,j}^{LS}$									
	1	2	3	4	5	6	7	8	9	10	1	2	3	4	5	6	7	8	9	10
1	3	3	3								3	3	3							
2	3	3									3	3								
3			3	3	3									3	3	3				
4					4	4	4										4	4	4	
5			3	3	3	3	3	3						3	3	3	3	3		
6	6										6									

解　$n = 6$，$m = 10$。

（1）计算施工项目的总劳动消耗量 Q，即：

$$Q = \sum_{i=1}^{6} \sum_{j=1}^{10} q_{i,j}^{ES} = 60$$

（2）计算到 j 时刻末完成的总任务量 Q_j^{ES} 和 Q_j^{LS}，见表 8-3。

（3）计算到 j 时刻末完成的总任务量百分比 μ_j^{ES}、μ_j^{LS}，见表 8-3。

（4）根据 μ_j^{ES}、μ_j^{LS} 及其相应的 j 绘制 ES 曲线和 LS 曲线，得到香蕉形曲线，如图 8-11 所示。

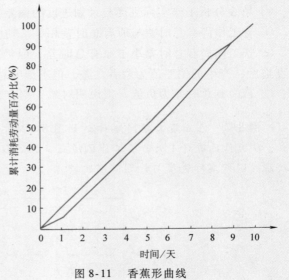

图 8-11　香蕉形曲线

表 8-3　完成的总任务量及其百分比

J/天	1	2	3	4	5	6	7	8	9	10
Q_j^{ES}/工日	6	12	18	24	30	37	44	51	54	60
Q_j^{LS}/工日	3	9	15	21	27	33	40	47	54	60
μ_j^{ES}（%）	10	20	30	40	50	61	72	84	90	100
μ_j^{LS}（%）	5	15	25	35	45	55	66	78	90	100

4. 前锋线比较法

前锋线比较法也是一种简单的施工实际进度与计划进度的比较方法。它主要适用于时标网络计划。其主要方法是，从检查时刻的时标点出发，首先连接与其相邻的工作箭线的实际进度点，由此再去连接该工作相邻工作箭线的实际进度点，依此类推。将检查时刻正在进行工作的点都依次连接起来，组成一条一般为折线的前锋线，按前锋线与箭线交点的位置判定施工实际进度与计划进度的偏差。简言之，前锋线法就是通过施工项目实际进度前锋线，比较施工实际进度与计划进度偏差的方法。

5. 列表比较法

当采用无时间坐标网络图计划时，也可以采用列表分析法，比较项目施工实际进度与计划进度的偏差情况。该方法是记录检查时正在进行的工作名称和已进行的天数，然后列表计算有关参数，根据原有总时差和尚有总时差判断实际进度与计划进度的比较方法。

列表比较法步骤：

1）计算检查时正在进行的工作尚需要的作业时间。

2）计算检查的工作从检查日期到最迟完成时间的尚余时间。

3）计算检查的工作到检查日期止尚余的总时差。

4）填表分析工作实际进度与计划进度的偏差。可能有以下几种情况：

① 若工作尚有总时差与原有总时差相等，则说明该工作的实际进度与计划进度一致。

② 若工作尚有总时差小于原有总时差，但仍为正值，则说明该工作的实际进度比计划进度拖后，产生的偏差值为两者之差，但不影响总工期。

③ 若尚有总时差为负值，则说明对总工期有影响，应当调整。

例8-2　已知某工程网络计划如图8-12所示，在第5天检查时，发现A工作已完成，B工作已进行1天，C工作已进行2天，D工作尚未开始。试用前锋线法和列表比较法，进行实际进度与计划进度比较。

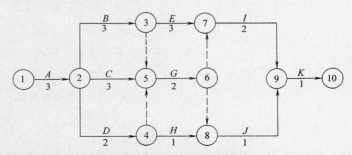

图8-12　某工程网络计划

解　（1）根据第5天检查的情况，绘制前锋线，如图8-13所示。

（2）根据上述公式，计算有关参数，见表8-4。

（3）根据尚有总时差的计算结果，判断工作实际进度情况，见表8-4。

表8-4　工作进度检查比较表

工作代号	工作名称	检查计划时尚需作业天数	到计划最迟完成时尚余天数	原有总时差	尚有总时差	情况判断
2-3	B	2	1	0	-1	拖延工期1天
2-5	C	1	2	1	1	正常
2-4	D	2	2	2	0	正常

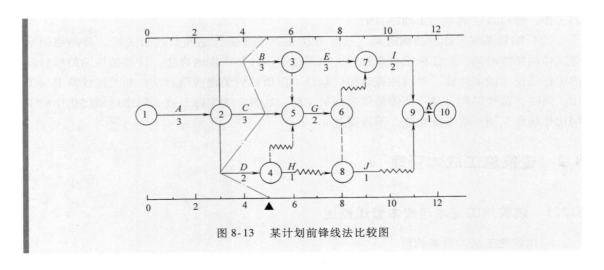

图 8-13　某计划前锋线法比较图

8.1.4　建筑施工进度计划的调整

1. 分析进度偏差的影响

通过前述的进度比较方法，当出现进度偏差时，应当分析该偏差对后续工作和总工期的影响。

（1）分析出现进度偏差的工作是否为关键工作　若出现偏差的工作为关键工作，则无论偏差大小，都对后续工作及总工期产生影响，必须采取相应的调整措施；若出现偏差的工作不是关键工作，需要根据偏差值与总时差和自由时差的大小关系，确定对后续工作和总工期的影响程度。

（2）分析进度偏差是否大于总时差　若工作的进度偏差大于该工作的总时差，说明此偏差必将影响后续工作和总工期，必须采取相应的调整措施；若工作的进度偏差小于该工作的总时差，说明此偏差对总工期无影响，但它对后续工作的影响程度，需要根据此偏差与自由时差的比较情况来确定。

（3）分析进度偏差是否大于自由时差　若工作的进度偏差大于该工作的自由时差，说明此偏差对后续工作产生影响，应根据后续工作允许影响的程度而确定如何调整；若工作的进度偏差小于或等于该工作的自由时差，则说明此偏差对后续工作无影响，因此，原进度计划可以不做调整。

经过如此分析，进度控制人员可以确认应该调整产生进度偏差的工作和调整偏差值的大小，以便确定采取调整措施，获得新的符合实际进度情况和计划目标的新进度计划。

2. 建筑施工进度计划的调整方法

在对实施的进度计划分析的基础上，应确定调整原计划的方法，一般主要有以下两种：

（1）改变某些工作间的逻辑关系　若检查的实际施工进度产生的偏差影响了总工期，并且有关工作之间的逻辑关系允许改变，可以改变关键线路和超过计划工期的非关键线路上的有关工作之间的逻辑关系，达到缩短工期的目的。这种方法用起来效果是很显著的。例如，可以把依次进行的有关工作改变为平行的或互相搭接的及分成几个施工段进行流水施工的工作，都可以达到缩短工期的目的。

（2）缩短某些工作的持续时间　这种方法是不改变工作之间的逻辑关系，只是缩短某些工作的持续时间，而使施工进度加快，以保证实现计划工期的方法。这些被压缩持续时间的工作是位于因实际施工进度的拖延而引起总工期增长的关键线路和某些非关键线路上的工作。同时，这些工作又是可压缩持续时间的工作。这种方法实际上就是网络计划优化中的工期优化法和工期—成本优化法，不再赘述。

8.2　建筑施工成本管理

8.2.1　建筑施工成本与成本管理概述

1. 建筑施工成本及其构成

建筑施工成本是施工单位为完成工程项目及建筑安装工程任务而耗费的各种生产费用总和，是施工中各种物化劳动和活劳动的货币表现。它是建筑工程造价中的主要部分。

按照现行的建筑工程预算造价编制方法，建筑施工成本由直接费用和间接费用两部分构成。

（1）直接费用　直接费用包括以下几项：

1）人工费用。人工费用是指直接从事工程项目施工的工人和施工现场进行构件制作的工人及在现场运料、配料等辅助工人的基本工资、浮动工资、工资性津贴、辅助工资、工资附加费用、劳保费用、奖金等。

2）材料费用。材料费用是指在施工过程中耗用并构成工程项目实体的各种主要材料、外购结构构件和有助于工程项目实体形成的其他材料的费用，以及周转材料的摊销费用。

3）施工机械使用费用。施工机械使用费用是指工程施工过程中使用自有机械的台班费用、机械租赁费用及施工机械进出场费用。但不包括施工管理和实行独立核算的加工厂所需各种机械的费用。

4）其他直接费用。其他直接费用是指上述三项费用（称为定额直接费用）中没有包括，而在实际施工中发生的具有直接费用性质的费用。其中包括冬期施工增加费用、雨期施工增加费用、预算包干费用等七项费用。

（2）间接费用　间接费用是施工单位为组织和管理建筑工程施工所需支出的一切费用。它不直接地形成建筑工程实体，也不归属于某一分部（项）工程，它只能间接地分摊到各个单位工程的费用中。成本中的间接费用就是施工管理费用。临时设施费用和劳动保险基金作为专项基金不列入成本。另外，其他费用中的某些费用也属于成本的组成部分，而利润、税金、材料差价和地区差价等均不属于成本。正确区分成本项目对于成本分析与控制是非常重要的。

2. 建筑施工成本的分类

建筑施工成本按照成本水平和作用，可以分为工程预算成本、计划成本和实际成本三种。

（1）预算成本　预算成本是根据施工图预算计算出的工程成本。它是构成工程造价的主要成分，也是施工单位与建设单位确定工程造价，签订工程承包合同的基础。一旦造价在合同中确定，则工程预算成本就成为施工单位进行成本管理的依据，是决定施工单位能否盈利的前提条件。因此，预算成本的计算是成本管理的基础。

（2）计划成本　计划成本是在预算成本的控制下，根据施工单位的生产技术、施工条件和生产经营管理水平，通过编制施工预算确定的工程预期成本。计划成本是控制成本支出、安排施工计划、供应工、料的依据。

（3）实际成本　实际成本是施工中实际产生的各项生产费用的总和。实际成本可以检验计划成本的执行情况，确定工程最终的盈亏结果，准确反映各项施工费用的支出是否合理。它对于加强成本核算和成本控制具有重要作用。

3. 建筑施工成本管理的意义和内容

建筑施工成本管理是施工单位为降低建筑产品成本而进行的一系列计划与组织工作。通过成本管理，节约施工费用，降低成本，在保证质量与工期的条件下，增加企业利润，实现企业的经济效益目标。

成本管理的工作包括成本计划、成本控制、成本分析等项内容，如图 8-14 所示。

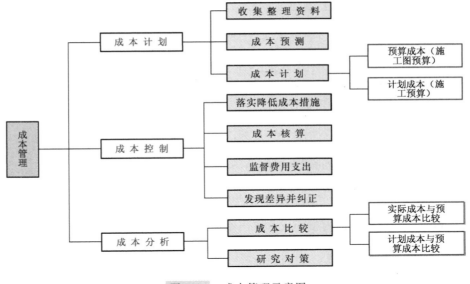

图 8-14　成本管理示意图

4. 成本管理的基本程序

1）根据已批准的施工方案、进度计划等资料，按成本记账方式编制工程施工各分部（项）工程的费用施工预算并汇总。

2）在工程实施过程中，对工程量、用工量、材料用量等基础数据进行全面的统计、记录、整理。

3）按分部（项）工程进行实际成本和预算成本的比较分析和评价，找出成本差异的原因。

4）预测工程竣工尚需的费用，工程施工成本的发展趋势。

5）针对成本偏差，建议采取各种措施，以保持工程实际成本与计划成本相符合。

上述基本程序如图 8-15 所示。

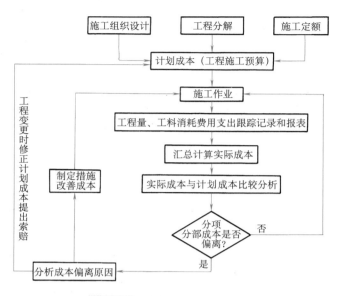

图 8-15 成本管理的基本程序

另外，为搞好成本管理，必须加强成本管理的基础工作。这些基础工作包括：

1）严格划分工程成本与其他费用的界限。

2）建立健全成本管理的各项责任制度。

3）建立健全原始记录与统计工作。

4）加强定额与预算管理。

5）做好各级成本管理人员的培训工作等。

8.2.2 成本计划

成本计划就是制订计划期内工程成本支出水平和降低程度的计划，它是成本管理的首要环节。其核心内容是确定工程计划成本目标和成本降低额、成本降低率。

1. 工程计划成本目标的确定

工程计划成本目标按以下方法确定：

（1）直接计算法 这是最基本、最常用的方法。它以施工图为基础，以施工方案、施工定额为依据，通过编制施工预算方式确定出各分项工程的成本，然后将各分项工程成本汇总，得到整个项目的成本支出。最后考虑风险、物价等因素影响，予以调整。

$$分项工程成本 = 工程量 \times 单位工程量消耗量 \times 实际单价 \tag{8-8}$$

$$工程计划成本目标 = 分项工程成本之和 \times（1 + 间接费率）\times（1 + 风险、价格系数）$$
$$\tag{8-9}$$

$$计划成本降低额 = 工程成本收入额 - 工程计划成本目标 \tag{8-10}$$
$$= 预算成本 - 计划成本$$

（2）降低成本计划法 这种方法是把各单项工程的预算成本汇总，根据计划年度各项主要因素对工程成本变动的影响程度百分数（可参考某一历史时期）及各成本项目占工程预算成本的比重，按有关公式计算各成本项目在采取技术组织措施后的成本降低率与成本降低额。工程预算成本与成本降低额之差即为计划成本。这种方法的应用要求有成熟的成本管理经验和丰富的历史资料，并且要与本工程的具体情况、现实资料结合起来，综合运用。通常用这种方法确定的成本降低率、成本降低额和计划成本只具有参考和指导性的作用。

2. 制定降低建筑施工成本的措施

1）加强施工管理，提高施工组织管理水平。主要是正确选择施工方案，合理布置施工现场，加强进度控制，组织均衡生产和协作配合等。

2）加强物资管理，做好物资供应和调配工作，严格限额领料，减少材料浪费。

3）加强技术管理，制定切实可行的降低成本的措施，严格执行技术交底制度，按照施工图和技术规程施工，加强技术监督检验，避免返工。

4）加强费用管理，精简机构，减少层次，实行定额管理，严格控制成本支出。

5）加强劳动管理，组织人员培训，改善劳动组织，压缩非生产用工，执行定额定员管理。

6）加强安全管理，制定安全措施，严格执行安全操作规程，杜绝安全事故。

3. 成本计划的表达形式

成本计划通过各种表格的形式，将成本降低任务落实到整个项目的各施工过程，并依此在项目实施中对项目实行成本控制。常用的表格有项目工程成本计划表（表8-5）、技术组织措施计划表（表8-6）、降低成本计划表（表8-7）等。

表 8-5　项目工程成本计划表

项　　目	预算成本	计划成本	计划成本降低额	计划成本降低率
1. 直接费用				
人工费用				
材料费用				
机械费用				
其他直接费用				
2. 间接费用				
施工管理费用				
合　计				

表 8-6　技术组织措施计划表

措施项目	措施内容	涉及对象			降低成本来源		成本降低额				
		实物名称	单价	数量	预算收入	计划开支	合计	人工费用	材料费用	机械费用	其他直接费用

表8-7　降低成本计划表

分项工程名称	成本降低额					
	总计	直接成本				间接费用
		人工费用	材料费用	机械费用	其他直接费用	

8.2.3　成本控制

成本控制是建筑工程施工单位在施工过程中，对工程成本形成进行预防、监督，及时纠正发生的偏差，使工程的成本支出限制在成本计划的范围内，以达到预期的成本目标。成本控制是成本管理的核心内容。

1. 成本控制的方法

成本控制的方法有很多，常用的是偏差控制法。

偏差控制法就是在计划成本的基础上，通过成本分析找出计划成本与实际成本之间的偏差。分析偏差产生的原因，并采取措施减少或消除不利偏差，从而实现目标成本的方法。

工程成本偏差有实际偏差、计划偏差和目标偏差，分别按下列各式计算

$$实际偏差 = 实际成本 - 预算成本 \tag{8-11}$$

$$计划偏差 = 预算成本 - 计划成本 \tag{8-12}$$

$$目标偏差 = 实际成本 - 计划成本 \tag{8-13}$$

成本控制主要就是要减少目标偏差，目标偏差越小，成本控制效果越好。

偏差控制法进行成本控制的程序如下：

（1）找出目标偏差　施工过程中应定期（每日或每周）计算三种偏差，并以减少目标偏差为目标进行控制，即采用成本对比的方法，通过图8-16所示的成本偏差，将施工中实际发生的各种费用支出汇总，得到实际成本，再将实际成本与计划成本对比，得出两者之间的偏差。

（2）分析偏差产生的原因　通过因素分析法、因果分析法、因素替换法等方法找出产生目标偏差的原因。

（3）纠正偏差，实现控制目标　针对产生偏差的各种原因，及时采取有效措施，减少成本的不利偏差，从而达到对成本有效控制的目的。对合理的有利偏差可不必纠正。

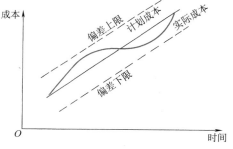

图8-16　成本控制示意图

2. 进度与成本综合控制

一项工程的施工大致可分为三个阶段，即开始阶段、全面展开阶段和收尾阶段。它们费用支出的特点是：开始阶段（施工准备、基础施工等）由于工作面尚未铺开，每天投入的费用也有限，但随着工程的展开，费用将逐渐增加；到全面展开阶段（主体工程等）工作面全面铺开，每天投入的费用也逐渐趋于稳定；到收尾阶段（装修及收尾工程等）每天投入的费用会逐渐减少，直至工程结束。上述费用变化的过程可简化为图8-17a所示的梯形。

如果把每日支出的费用累加起来，就可以得到图 8-17b 所示的费用支出累计曲线。

如果把每日的费用消耗简化成图 8-18a 所示的正态分布曲线，则费用支出的累计曲线为图 8-18b 所示的 S 形曲线。

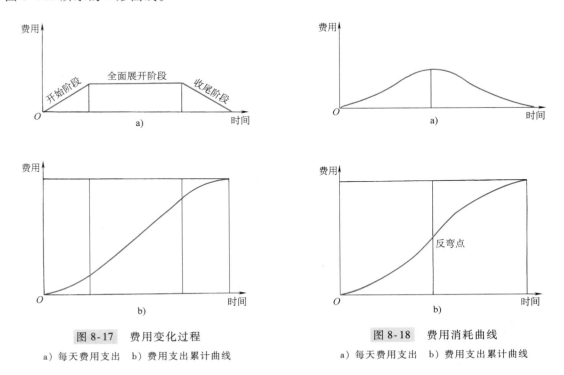

图 8-17　费用变化过程
a）每天费用支出　b）费用支出累计曲线

图 8-18　费用消耗曲线
a）每天费用支出　b）费用支出累计曲线

事实上整个工程每天的费用支出不可能是完美的梯形曲线或正态分布曲线，但一般说来费用支出累计曲线都大致呈 S 形。这也是施工进度安排合理与否的一项标志。

当一项工程的施工进度用有时间坐标的网络图表达时，由于各项工作存在时差，因此，费用支出累计曲线可以有无数条。但这无数条曲线却可以确定出两条上下包络线，那就是当所有工作都按最早可能开始时间开始和最迟必须开始时间开始的费用累计曲线。这两条 S 形费用支出累计曲线首尾相接，形似香蕉形，因此称为"香蕉形曲线"，如图 8-19 所示。

在实际施工中，通常既不会按最早时间，也不会按最迟时间安排进度，因为这都会造成资源供应上的不均衡，比较理想的是两条曲线中间的某一条曲线（图 8-19 中的虚线），并且这条曲线最好通过资源优化来确定。在正常控制条件下，施工的进度和费用都不应超出香蕉形曲线的范围，否则应引起警惕和采取控制措施。

在进行进度与成本综合控制时，首先将经过进度与资源优化的费用支出累计曲线画在时间—成本坐标上，如图 8-20 所示的虚线，以此作为工程的计划成本，也就是预期的工程价值。在工程

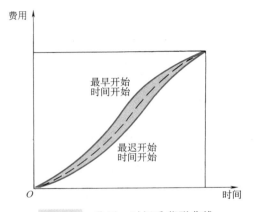

图 8-19　费用—时间香蕉形曲线

实施过程中，定期对工程的实际成本支出与已完成的工程的实际价值进行汇总检查，将实际成本支出与已完成工程实际价值的曲线分别画于图 8-20 中，这样就可以进行三种曲线的分析比较。

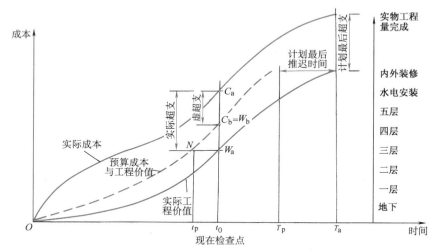

图 8-20　时间—成本的变化关系图

图 8-20 中各项参数含义：T_p 为计划工期；T_a 为预计实际工期；t_0 为现在检查点；C_a、C_b、W_b 和 W_a 为表示在 t_0 点检查时工程的实际成本、计划成本、已完成工程实际价值和预期工程价值，且 $C_b = W_b$；t_p 则是预期工程价值曲线上与 W_a 相等的点 N 对应的时刻。图 8-20 表明，在 t_0 时刻对工程的实施情况进行检查时发现，工程的实际成本 C_a 超过了工程的计划成本 C_b，同时工程的实际完成价值又低于预期的工程价值。由于工程价值是工程量与单价的乘积，表示完成工程的数量，因此，工程价值实质上表达了工程的进度状况。

图 8-20 中的虚超支 $C_a - C_b$ 含义是表面的或账面上的超支，而不是实际超支。因为 t_0 时刻的计划成本支出 C_b 对应着预期的工程价值量 W_b，而 t_0 时刻的实际工程价值 W_a 低于预期的工程价值 W_b，表明实际完成的工程量并未达到计划要求，因此工程的实际超支应是总额差 $C_a - W_a$。同时计划的延迟时间应该是 $t_0 - t_p$。即 t_0 时刻的实际成本支出是 C_a，而实际进度则是 t_p。

图 8-20 现在时刻 t_0 之前的实际成本曲线和实际工程价值曲线是通过汇总检查得到的实际曲线，而 t_0 时刻以后的曲线则是根据现状和其他信息做出的预测。从图上可以看出最终成本超支和计划推迟情况。

通过上述曲线可以实现工程进度与成本的综合控制。

3. 成本控制工作的主要内容

（1）落实主要成本支出控制措施　首先根据成本计划，逐一落实降低成本的技术组织措施，且优先安排控制主要成本支出的措施，如落实人工费用降低措施，采取改善劳动组织、加强劳动纪律、严格执行劳动定额、充分调动工人积极性、提高劳动生产率等措施控制人工费用支出。

（2）工程成本原始记录与报表　这是工程成本管理的基础工作，包括工程进度统计、人工用工记录与统计、材料消耗统计、机械使用台班统计，以及各种间接费用支出的记录与统计工作，并根据统计积累的原始数据资料定期编写各种费用报表和报告。这些记录和报表一般都采用表格形式，现场施工管理人员应按时准确地记录施工中发生的各种支出，作为成本核算、成本分析和成本控制的基础。几种常用的记录与报表、报告的格式参考表 8-8 ～表 8-11。

表 8-8　日用工报表

工程名称：		日期：			记工员：				
项目编号：		天气：							
编号	姓名	工种	定额日工资	作业编号				日出勤	日工资
	工人合计								
	人工费用合计								

表 8-9　材料消耗日报表

工程名称：		日期：		填表人：			
项目编号：		天气：					
材料编号	材料名称	单位	价格	作业编号			总费用
	材料种类合计						
	材料费用合计						

表 8-10　周工程量进度报表

项目名称：		估算员：			
项目编号：		日　期：			
成本编号	作业内容	单　位	上周完成	本周完成	累计完成	剩余量估计

表 8-11　月成本计算及最终成本预测报告表

工程名称:

主　　管:　　　　　　　　　　工程编号:

校　　核:　　　　　　制表:　　　　　　日　　期:

序号	项目编号	名称	已支出金额	调整			现在的成本			到竣工尚需的预计金额			最终预算工程成本			合同预算金额			预算比较	
				金额		备注	金额	单价	数量	金额	单价	数量	金额	单价	数量	金额	单价	数量	盈	亏
				增	减															
1																				
2																				
3																				
4																				
5																				
6																				
7																				
8																				
9																				
10																				

（3）成本核算　为了及时准确地进行成本控制与管理，需要通过统计、会计等及时收集施工过程中发生的各项生产费用，进行成本核算。核算的范围因工程不同的成本管理体系而不同。核算内容主要是"两算对比，三算分析"，即比较施工图预算和施工预算的差异，然后将预算成本、计划成本和实际成本进行比较，考核成本控制的效果，分析产生偏差的原因。通常按下列各式计算成本控制的效果指标。

$$\text{计划成本降低额} = \text{预算成本} - \text{计划成本} \qquad (8-14)$$

$$\text{实际成本降低额} = \text{预算成本} - \text{实际成本} \qquad (8-15)$$

8.2.4　成本分析

成本分析是工程成本管理的重要一环，通过成本分析，可以找出影响工程成本升降的原因和主要影响因素，总结成本管理的经验与问题，从而采取措施，进一步挖掘潜力，提高施工管理水平。

成本分析分单项成本分析和综合成本分析。前者是对分部（项）工程的人、材、机械费用与计划成本的差异分析；后者是对整个工程的盈亏分析。

1. 成本分析的内容

成本分析按成本构成划分，包括以下内容：

（1）人工费用分析　人工费用节超的主要原因有两个：一是工日差，即实际耗用工日数与预算定额工日数的差异；另一个是日工资单价差，即实际日平均工资与预算定额的日平均工资之差。

（2）材料费用分析　材料费用在工程成本中占最大比重，因此它是成本分析的重点。材料费用分析根据预算材料费用与实际材料费用及地区材料预算价格的比较进行。影响材料费用节超的主要因素是量差和价差。量差是材料实际耗用量与预算定额用量之差，价差是材料实际单价与预算单价之差，通过分析找出量差和价差的原因。

（3）机械费用分析　机械费用分析根据预算与实际成本支出比较，按照自有机械和租赁机械分别进行分析。影响机械租赁费用的因素主要是预算台班数和实际台班数及停置台班数。影响自有机械使用费用变动的因素则主要是台班数和台班成本的变动。

（4）施工管理费用的分析　施工管理费用按照费用项目划分，把管理费用的实际支出与预算收入或计划支出数进行比较，分析管理费节超的原因。

2. 造成成本升高的原因分析

施工中造成成本升高的原因有很多，归纳起来，主要有以下几方面：

（1）设计变更的影响　若工程设计变更，则会带来很多问题，如追加材料、调整施工计划、增加劳动力等，使工程成本增加。

（2）价格变动的影响　若工程所需材料、工具、机械、人工的价格变动，则会直接造成成本变动。

（3）停工影响造成的损失

1）材料、机具供应不上，造成停工损失。

2）意外事故造成的停工损失。

（4）协作不利的影响　在多个单位协作施工情况下，若缺乏统一领导，互相干扰，则会增加成本支出。

（5）施工管理不善的影响

1）施工进度安排不合理，调整不及时，造成现场混乱，出现停工、返工现象，使工期拖长，成本升高。

2）不按计划施工，造成返工、窝工、抢工，使工程成本提高。

3）不遵守质量与安全规程，造成质量或安全事故，使成本上升。

4）施工场地安排不合理，造成现场场地拥挤，材料、构件、设备多次搬运，浪费工时，使成本提高。

5）由于施工管理不善，造成材料的浪费，或材料、构件不合格造成的损失。

6）设备供应、运输安排不合理造成的损失。

7）工人技术等级达不到要求，造成返工损失或材料浪费。

8.3　建筑施工质量管理

8.3.1　质量和质量管理的概念

质量包括两种含义，一种是狭义的，一种是广义的。狭义的质量是指产品（工程）质量，即产品所具有的满足相应设计和规范要求的属性。它包括可靠性、环境协调性、美观性、经济性和适用性五个方面。广义的质量，除了产品质量之外，还包括工序质量和工作质量。建筑项目的建造过程都是由一道道的工序来完成的，每一道工序的质量就是它所具有的满足下道工序相应要求的属性。工作质量是指施工中所必须进行的组织管理、技术运用、思想政治工作和后勤服务等满足工程施工质量需要的属性。一般来说，工作质量决定工序质量，而工序质量决定产品质量。质量控制目标分解如图 8-21 所示。

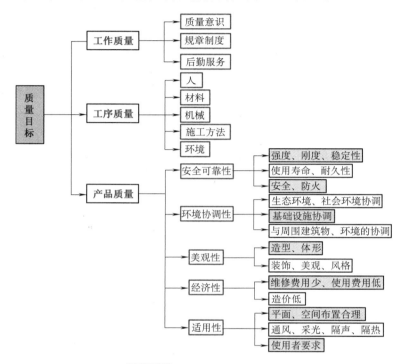

图 8-21　质量控制目标分解

按照国际标准化组织（ISO）定义，质量管理是指为了满足质量要求所采取的作业技术和活动的总称。因此，对建筑项目的质量管理而言，它是指为了确保合同规定的质量标准，所采取的一系列监控措施、手段和方法，它贯穿建筑项目的决策、设计、施工、竣工验收的整个建设过程。而建筑施工质量管理是指在施工阶段，运用一系列必要的技术和管理手段与方法，从而确保建筑安装工程达到设计和《建筑安装工程施工及验收规范》《建筑安装工程质量标准》等的要求，即确保产品质量。

8.3.2　施工质量管理系统

施工质量管理是贯穿施工全过程，涉及施工企业全体人员的一项综合管理工作。因此，应按照全面质量管理，即全企业管理、全过程管理和全员管理的方法进行施工管理工作。其施工质量管理系统如图 8-22 所示。

1. 施工质量管理目标分解

由于形成最终工程产品质量的过程是一个复杂的过程，因此，施工质量管理目标也必须按照工程进展（产品形成）的阶段进行分解，即分为施工准备质量管理、施工过程质量管理和竣工验收质量管理，如图 8-23 所示。

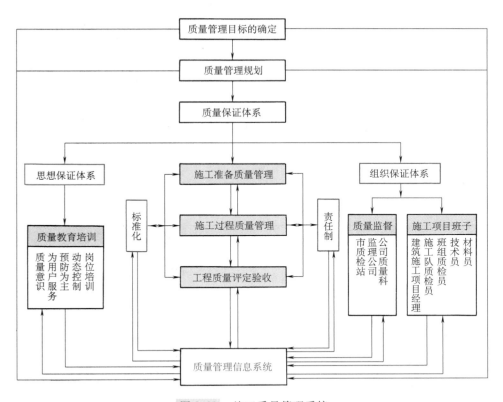

图 8-22 施工质量管理系统

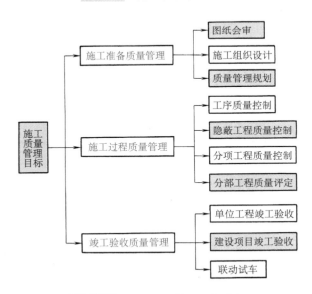

图 8-23 施工质量管理目标分解

2. 建筑施工质量管理的影响因素

影响建筑施工质量管理的因素，主要有人、材料、机械、方法和环境五个方面。因此，对其进行严格控制，是保证工程质量的关键。

（1）人的因素控制　人的控制，就是对直接参与工程施工的组织者、指挥者和操作者进行控制，调动其主观能动性，避免人为失误，从而以工作质量保工序质量，促工程质量。

在对人的控制中，要充分考虑人的素质，包括技术水平、生理缺陷、心理行为和错误行为等对质量的影响，要本着"量才而用，扬长避短"的原则，加以综合考虑和全面控制。同时还要加强政治思想、劳动纪律和职业道德教育，树立"质量第一，用户至上"的思想意识，进行专业技术知识培训，提高技术水平，禁止无技术资质的人员上岗操作；建立健全岗位责任制、技术交底、隐蔽工程检查验收和工序交接检查等规章制度和奖惩措施；尽量改善劳动条件，杜绝人为因素对质量的不利影响。

岗位培训的内容见表8-12。某工程项目施工质量责任制体系如图8-24所示。

表 8-12　岗位培训的内容

人员层次	岗位培训内容
施工项目经理 工长	（1）熟悉掌握生产各阶段管理工作的内在联系 （2）熟知施工质量管理的内容和方法 （3）施工全过程的组织协调工作
施工技术 人员和管 理人员	（1）研究每项专业的管理规律，并把各项专业管理科学组织起来 （2）熟悉本专业的技术和管理工作，并对施工项目全部质量管理工作的内在联系有一个系统的认识 （3）掌握施工项目管理的基本内容，PDCA循环工作方法，数据的收集和处理方法，常用数理统计方法的运用和图表工作方法
班组长	学习质量管理的性质、任务，本工种的技术要求、质量标准、数据检测方法，分析控制质量的有关图表的应用与绘制方法
工人	岗位技术培训，学习掌握本工种质量标准、操作规程、识表、识图

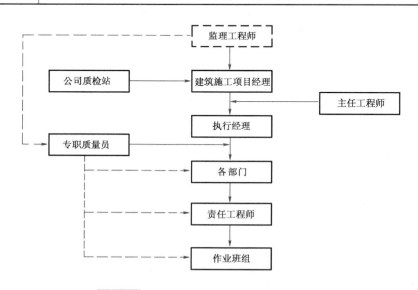

图 8-24　某工程项目施工质量责任制体系

（2）材料质量因素控制　材料、制品和构配件质量是工程施工的基本物质条件。如果其质量不合格，工程质量就不可能符合标准，因此必须严加控制。其质量控制内容包括材料质量标准、性能、取样、试验方法、适用范围、检验程度和标准，以及施工要求等内容；所有材料、制品和构配件，均需有产品出厂合格证和材质化验单；钢筋、水泥等主要材料还需进行复试；现场配制的材料必须试配合格方可采用。

（3）机械设备因素控制 机械设备控制包括施工机械设备控制和生产工艺设备控制。

施工机械设备是实现施工机械化的重要物质基础，机械设备类型、性能、操作要求、施工方案和组织管理等因素，均直接影响施工进度和质量，因此必须严格控制。

生产工艺设备质量控制主要是控制设备本身质量、设备安装质量和设备试车运转质量。

（4）施工方案因素控制 施工方案是施工组织的核心，它包括主要分部（项）工程施工方法、机械、施工起点流向、施工程序和顺序的确定。施工方案优劣直接影响工程质量。因此，施工方案控制主要是，控制施工方案建立在认真熟悉施工图，明确工程特点和任务，充分研究施工条件，从技术、组织、管理、经济各个方面全面分析，正确进行技术经济比较的基础上，切实保证施工方案在技术上可行、经济上合理、有利于提高工程质量。

（5）环境因素控制 影响质量的环境因素很多，有自然环境，如气温、雨、雷、电和风，工程地质和水文条件；有技术经济条件；有人为环境，如上道工序为下道工序创造的环境条件、交叉作业的环境影响等。因此，环境因素的控制就是通过合理确定施工方法、安排施工时间和交叉作业等为施工活动创造有利于提高质量的环境。

3. 施工准备质量管理

1）复核检查工程地质勘探资料，认真进行施工图会审。

2）施工组织设计和技术交底的控制。主要进行两方面工作：一是确定施工方案、制订施工进度计划时，必须进行技术经济分析，要在保证质量的前提下，缩短工期，降低成本；二是必须考虑选定的施工工艺和施工顺序能保证工程质量。

3）检查临时工程是否符合工程质量和使用要求；检查施工机械设备是否可以进入正常运行状态；检查各施工人员是否具备相应的操作技术和资格，是否已进入正常作业状态；进行原材料质量合格证和复试检查等。

4. 施工过程质量管理

施工质量管理的重点是施工过程质量控制，即以工序质量控制为核心，设置质量预控点，严格质量检查，加强成品保护。

（1）工序质量控制 工序质量包括工序作业条件质量和工序作业效果质量。对其进行质量管理，就是要使每道工序投入的人力、材料、机械、方法和环境得以控制，使每道工序完成的工程产品达到规定的质量标准。

工序质量控制的原理，就是通过工序子样检验统计、分析和判断整道工序质量，进而实现工序质量控制，其具体步骤如下：

1）采用相应的检测工具和手段，对抽出的工序子样进行实测，并取得质量数据。

2）分析检验所得数据，找出其规律。

3）根据分析结果，对整道工序质量做出推测性判断，确定该道工序质量水平。

工序质量控制方法有：

1）主动控制工序作业条件，变事后检查为事前控制。对影响工序质量的诸多因素，如材料、施工工艺、环境、操作者和施工机具等预先进行分析，找出主要影响因素，严加控制，从而防止工序质量问题出现。

2）动态控制工序质量，变事后检查为事中控制。及时检验工序质量，利用数理统计方法分析工序所处状态，并使工序处于稳定状态中；若工序处于异常状态，则应停工。经分析原因，并采取措施，消除异常状态后，方可继续施工。

3）建立质量管理卡和设置工序质量控制点。根据工程特点、重要性、复杂程度、精度、质量标准和要求，对质量影响大或危害严重的部位或因素，如人的操作、材料、机械、工序、施工顺序和自然条件，以及影响质量关键环节或技术要求高的结构构件等设置质量控制点，并建立质量管理卡，事先分析可能造成质量隐患的原因，采取对策进行预控。表8-13为混凝土工程质量管理卡。

（2）施工过程质量检查　施工过程质量检查的内容包括：

1）施工操作质量的巡视检查。若施工操作不符合操作规程，最终将导致产品质量问题。在施工过程中，各级质量负责人必须经常进行巡视检查，对违章操作、不符合规程要求的施工操作，应及时予以纠正。

2）工序质量交接检查。工序质量交接检查是保证施工质量的重要环节。每一工序完成之后，都必须经过自检和互检合格，办理工序质量交接检查手续后，方可进行下道工序施工。工序操作质量交接卡见表8-14。如果上道工序检查不合格，则必须返工。待检查合格后，才允许继续进行下道工序施工。

表 8-13　混凝土工程质量管理卡

管理点	管理内容	实施的技术措施			检查次数										责任者
		测定方法	测定时间	对策措施	1	2	3	4	5	6	7	8	9	10	
材料	水泥、砂、石、外加剂质量合格	观察化验	进场使用之前	检查合格证											材料员
制备	配合比正确、坍落度符合要求	实测试块	施工中	称量投料、控制搅拌时间											投料工人、搅拌机操作者、技术员
浇筑	强度达到要求，表面观感好，无麻面、露筋	观察试块	施工中、完工后	充分振捣、控制保护层											操作者
养护	充分养护	观察	养护时	保证浇水次数，以及养护时间、条件											操作者

表 8-14　工序操作质量交接卡

施工部位名称					
操作班组			操作时期		年　　月　　日
对上道工序检查意见					
工序转交说明及对问题的处理					
工长：　　　　技术负责人：　　　　　　检查员：　　　　上道工序负责人： 　　　　　　　　　　　　　　　　　　　　　　　　　　下道工序负责人：					

3）隐蔽工程检查验收。施工中坚持隐蔽工程不经检查验收就不准掩盖的原则，认真进行隐蔽工程检查验收。对检查时发现的问题，及时认真处理，并经复核确认达到质量要求后，办理验收手续，方可继续进行施工。

4）分部（项）工程质量检查。每一分部（项）工程施工完毕，都必须进行分部（项）工程质量检查，并填写质量检查评定表，确信其达到相应质量要求，方可继续施工。表 8-15 为钢筋绑扎工程质量检验评定表。

5）工程施工预检。它是指分部（项）工程施工前所进行的预先检查和复核，未经预检或预检不合格，不得进行施工。预检的内容包括：

① 建筑工程位置。主要检查标准轴线桩和水平桩，并进行定轴线复测等。

② 基础工程。主要检查轴线、标高、预留孔洞和预埋件的位置，以及桩基础的桩位等。

③ 砌筑工程。主要检查墙身轴线、楼层标高、砂浆配合比和预留孔洞位置尺寸等。

④ 钢筋混凝土工程。主要检查模板尺寸、标高、支撑和预留孔，钢筋的型号、规格、数量、锚固长度和保护层，以及混凝土配合比、外加剂和养护条件等。

⑤ 主要管线。主要检查标高、位置和坡度等。

⑥ 预制构件安装。主要检查吊装准线、构件型号、编号、支撑长度和标高等。

⑦ 电气工程。主要检查变电和配电位置，高低压进出口方向，电缆沟位置、标高和送电方向等项内容。

（3）成品保护质量检查　在施工过程中，往往会形成许多中间产品，如有些分项工程已经完成，而其他分项工程正在施工，或分项工程已部分完工，另一部分正在施工，如果对已完成成品不采取妥善的保护措施，则其成品就可能造成损伤，以致影响质量。因此必须做好成品保护，并经常检查其质量。成品保护措施有：

1）护。采取保护措施，如进出口台阶的保护，常采取垫砖或方木搭脚手板。

2）包。实施包裹，以防损伤或污染，如室内灯具安装完毕后，用塑料布加以包裹，以防喷浆时造成污染。

表 8-15　钢筋绑扎工程质量检验评定表

一般项目		允许偏差/mm	实测值/mm	检验方法
绑扎钢筋网	长、宽	±10		钢直尺检查
	网眼尺寸	±20		钢直尺量连续三档，取最大值
绑扎钢筋骨架	长	±10		钢直尺检查
	宽、高	±5		
受力钢筋	间距	±10		钢直尺量两端、中间各一点，取最大值
	排距	±5		
	保护层厚度　基础	±10		钢直尺检查
	保护层厚度　柱、梁	±5		
	保护层厚度　板、墙、壳	±3		
绑扎钢筋、横向钢筋间距		±20		钢直尺量连续三档，取最大值
钢筋弯起点位置		20		钢直尺检查
正负零预埋件	中心线位置	5		钢直尺检查
	水平高差	3		钢直尺和塞尺检查
评定等级		工程负责人		
		工　长		
核定等级		班组长		
年　月　日		专职质量检查员		

注：1. 检查预埋件中心线位置时，应沿纵、横两个方向测量，并取其中的较大值。

　　2. 表中梁、板类构件上部纵向受力钢筋保护层厚度的合格点率应达到 90% 及以上，且不得有超过表中数值 1.5 倍的尺寸偏差。

3）盖。表面覆盖，防止堵塞或损伤，如地面面层施工后，用苫布或锯末等加以覆盖。

4）封。局部封闭，防止损伤和污染，如室内装修完成一层可封一层，或房间装修完关窗、锁门等。

此外，还应加强成品保护教育，使全体施工人员都能注意爱护和保护成品。

8.3.3　建筑施工质量管理方法

质量控制必须采用科学方法和手段，通过收集和整理质量数据，进行分析比较，发现质量问题，及时采取措施，预防和纠正质量事故。常用的质量管理方法有以下几种。

1. 直方图法

直方图也称"质量分布图""矩形图或频率分布直方图"。它以横坐标表示质量特征值，以纵坐标表示频数或频率。每个条形块底边长度代表产品质量特性的取值范围，高度代表落在该区间范围的产品。直方图法是根据直方图分布形状和与公差界限的距离，来观察和探索质量分布规律，分析和判断整个生产过程是否正常的数理统计方法。其具体步骤如下：

1) 收集质量数据。数据的数量以 N 表示，通常 N 取 $50 \sim 100$。

2) 找出数据中的最大数 X_{max} 和最小数 X_{min}，计算极差值 $R = X_{max} - X_{min}$。

3) 确定组数 K 和组距 h。通常数据在 50 个以内时，$K = 5 \sim 7$ 组；数据在 $50 \sim 100$ 个时，$K = 6 \sim 10$ 组；数据在 $100 \sim 250$ 个时，$K = 7 \sim 12$ 组；数据在 250 个以上时，$K = 10 \sim 20$ 组；组距 $h = R/K$。

4) 确定分组组界。第一组下界限值 $= X_{min} - \dfrac{h}{2}$，第一组的上界限值 $= X_{min} + \dfrac{h}{2}$，第一组的上界限值就是第二组下界限值，第二组下界限值加上组距 h 就是第二组的上界限值，依此类推。

5) 整理数据，做出频数表，用 f_i 表示每组的频数。

6) 绘制直方图。

7) 观察直方图形状，判断有无异常情况。直方图分布状态有如图 8-25 所示九种。

正常形为工序状态正常，质量稳定；超差形说明散差大，已出现废品，应停止生产，分析原因，采取对策；显集形说明工序过于集中，出现浪费；锯齿形说明测量数据有误或数据分组不合理；孤岛形说明有异常因素影响或测量错误，需查找原因；左面缓坡形说明对上限控制不严，对下限控制太严；右面缓坡形说明对上限控制太严，对下限控制不严；绝壁形说明数据收集不当，有虚假现象；双峰形说明分类不当或未分类。

2. 控制图法

控制图又称管理图，它是对生产过程进行分析和控制的一种方法。它反映生产工序随时间变化而发生质量变动的状态，利用上下控制界限，将产品质量特性控制在正常质量波动范围之内。如果有异常原因引起质量波动，从控制图中就可以看出，以便及时采取措施，使其恢复正常（图 8-26）。控制图一般分为两大类八种形式，见表 8-16。

表 8-16　控制图分类

图名	大分类	详细分类	图名	大分类	详细分类
控制图	计量值控制图	$\overline{R}$ 控制图（平均值控制图）	控制图	计数值控制图	P 控制图（不合格品控制图）
		R 控制图（极差控制图）			P_0 控制图（不合格品控制图）
		$\overline{X}$ 控制图（不合格品数控制图）			U 控制图（单位缺陷数控制图）
		X 控制图（单值控制图）			C 控制图（缺陷数控制图）

（1）正常控制图判断规则　没有超出控制界限的点（若点子落在控制界限上，也视为界限外），且点在控制界限间，围绕中心做无规律波动，均认为质量控制属于正常状态。

（2）异常控制图判断规则　点子超出控制界限，或连续七点以上在中心线的同侧，或连续七点以上逐点上升或下降，或突然有连续两点以上靠近上控制线或下控制线，或点子做周期性波动，均认为质量控制出现异常状态。此时，应分析原因，及时采取措施，使质量控制图呈正常状态。

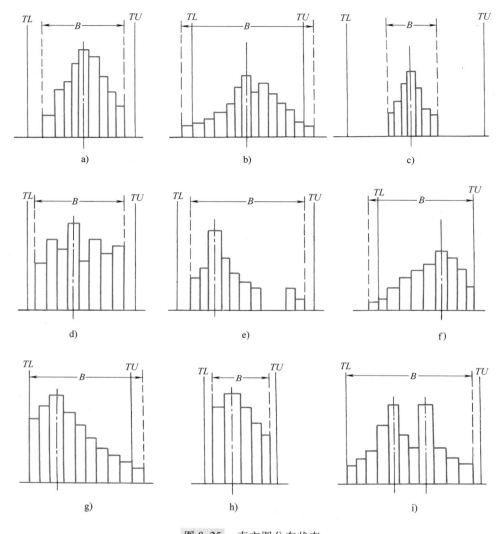

图 8-25　直方图分布状态

a）正常形　b）超差形　c）显集形　d）锯齿形　e）孤岛形

f）左面缓坡形　g）右面缓坡形　h）绝壁形　i）双峰形

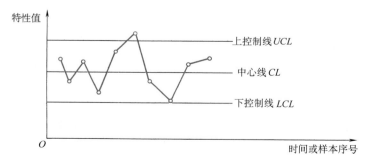

图 8-26　质量控制图

3. 因果分析图法

因果分析图又称特性要因图、鱼刺图或树枝图。任何质量问题的产生，往往是多种原因造成的，并且这些原因有大有小；如将其分别用主干、大枝、中枝和小枝图形表示出来，就可以找出关键原因，以便制定质量对策和解决问题，从而达到控制质量的目的。图 8-27 为某水泥地面工程质量波动因素分析图。

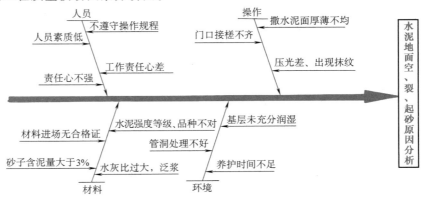

图 8-27   某水泥地面工程质量波动因素分析图

4. 排列图法

排列图法又称主次因素分析图法、巴氏图法或巴雷特图法，它是寻找影响质量主要因素的方法。它一般由两个纵坐标、一个横坐标、几个直方块和一条曲线所组成，如图 8-28 所示。其作图基本步骤包括：

1）收集数据，确定分类项目。

2）统计各项目数据，如频数、计算频率和累计频率。

3）根据影响因素的频率大小顺序，从左至右排列在横坐标上。

4）画上矩形图。

在排列图中，矩形柱高度表示影响因素程度的大小，高柱是影响质量的主要因素。一般重点解决累计百分比在 80% 以上的影响因素。

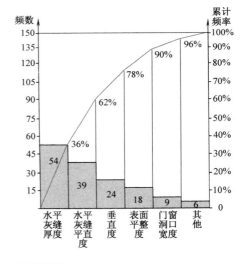

图 8-28   砌砖不合格的原因分析排列图

5. 相关图法

相关图又称散布图，它是分析、判断和研究两个相对应的数据之间是否存在相关关系，并明确相关程度的方法。其作图基本步骤包括：

1）确定研究的质量特性，并收集对应数据。

2）画出横坐标 x 和纵坐标 y。通常横坐标表示原因，纵坐标表示结果。

3）找出 x、y 各自的最大值和最小值。

4）根据数据画出坐标点。

相关图如图 8-29 所示。

质量管理中，根据质量与影响因素关系绘制相关图，分析它们之间的关系，从而采取相应措施，控制质量。

6. 分层法

分层法又称分类法或分组法，它是把收集的质量数据，按不同目的分类，以便找出产生质量问题的原因，并及时采取措施加以预防。

质量数据分类的方法很多，一般可按施工时间、操作人员、操作方法、原材料、施工机械和技术等级等因素分类。表 8-17 为混凝土质量问题分层调查表。

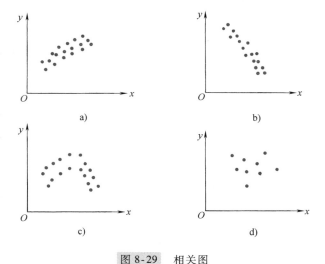

图 8-29 相关图

a）正相关 b）负相关 c）非线性相关 d）无相关

表 8-17 混凝土质量问题分层调查表

序号	质量问题分类	损失金额/元	所占比率（%）	累计比率（%）
1	强度不够	1200	52.17	52.17
2	蜂窝、麻面	800	26.09	78.26
3	预埋件偏移	250	10.87	89.13
4	其他	250	10.87	100

7. 调查分析法

调查分析法又称调查表法，它是利用表格收集和统计数据的方法，其表格形式可根据统计便利自行设计，常用的有：

1）调查产品缺陷部位采用的统计分析表。

2）分部（项）工程质量特征的统计分析表。

3）影响质量主要原因的统计分析表。

4）质量检查评定的统计分析表。

8. PDCA 循环法

PDCA 循环法是一种科学的工作程序，其中 P 代表计划、D 代表执行、C 代表检查、A 代表处理。建筑施工质量管理可以通过这四个阶段循环，促进工程质量的不断提高。其具体步骤包括：

1）现状分析，找出存在的质量问题。

2）分析造成质量问题的影响因素。

3）找出影响质量的主要因素。

4）制订计划和对策。

5）实施计划和对策。

6）检查计划和对策实施结果。

7）总结。

8）将本次循环尚未解决的问题，转入下一次循环。如此往复进行下去，直到质量问题解决为止。

8.3.4　工程质量事故的处理

1. 工程质量事故的概念和分类

工程质量事故是指工程质量不符合规定的质量标准而达不到设计要求的事件。它包括由于设计错误、材料或设备不合格、施工方法错误、施工顺序不当、漏检、误检、偷工减料、疏忽大意等原因所造成的各种质量问题。

按造成的后果可分为：

（1）未遂事故　是指班组自检、互检、交接检、隐蔽工程验收、工程临检和日常检查所发现的质量问题，经及时处理，未造成经济损失和未延误工期的事故。

（2）已遂事故　凡造成经济损失和不良后果的质量问题，均为已遂事故。

按事故的严重程度又可将质量事故分为：

（1）一般质量事故　是指经济损失为 5000 元到 5 万元，或影响使用功能或工程结构安全，造成永久质量缺陷的事故。

（2）严重质量事故　是指经济损失为 5 万元到 10 万元，或严重影响使用功能或工程结构安全，存在重大质量隐患的；或事故性质恶劣或造成 2 人以下重伤的事故。

（3）重大质量事故　是指工程倒塌或报废，或由于质量事故造成人员死亡或重伤 3 人以上，或直接经济损失 10 万元以上的事故。

（4）特别重大事故　是指一次死亡 30 人及以上，或直接经济损失达 500 万元及以上，或其他性质特别严重的情况之一。

直接经济损失在 5000 元以下的列为质量问题事故。

2. 工程质量事故的处理

（1）修补处理　通常当工程的某个检验批、分项或分部的质量虽未达到规定的规范、标准或设计要求，存在一定缺陷，但通过修补或更换器具、设备后还可达到要求的标准，又不影响使用功能和外观要求的情况下，可以进行修补处理。诸如封闭保护、复位纠偏、结构补强、表面处理等。

（2）返工处理　当工程质量未达到规定的标准和要求，存在着严重质量问题，对结构的使用和安全构成重大影响，且又无法通过修补处理的情况下，可对检验批、分项、分部甚至整个工程返工处理。对某些存在严重质量缺陷，且无法采用加固补强修补处理或修补处理费用比原工程造价还高的工程，应进行整体拆除，全面返工。

（3）不做处理　某些工程质量问题或质量事故，经过分析、论证、法定检测单位鉴定和设计等有关单位认可，对工程或结构使用及安全影响不大，也可不做专门处理。

8.4　建筑施工安全管理

8.4.1　建筑施工安全管理系统

建筑施工安全管理包括安全施工和劳动保护两方面的管理工作。由于建筑施工多为露天作业，现场环境复杂，手工操作、高处作业和交叉施工多，劳动条件差，不安全和不卫生的因素多，极易出现安全事故，因此，施工中，必须坚持"安全第一，预防为主"的安全生产方针，从组织上、技术上采取一系列措施，形成安全管理系统，切实做好安全施工和劳动保护工作，如图 8-30 所示。

图 8-30　安全管理系统图示

8.4.2　安全生产法规和基本方针

为提高我国工程建设安全生产水平，我国在工程安全领域颁布了众多法律和法规，强化市场主体责任，保障工程建设安全和劳动者身心健康。2003 年 11 月国务院以第 393 号令发布《建设工程安全生产管理条例》，自 2004 年 2 月 1 日起施行；2014 年 8 月第十二届全国人民代表大会常务委员会通过《全国人民代表大会常务委员会》关于修改〈中华人民共和国安全生产法〉的决定》，自 2014 年 12 月 1 日起施行。同时，我国《宪法》《刑法》《建筑法》中也有关于劳动保护和查处重大生产安全事故的法律条文。上述这些法律、法规等，建筑施工生产中一定要坚决贯彻执行。

8.4.3　建筑施工安全组织保证体系和安全管理制度

建立安全生产的组织保证体系是安全管理的重要环节。一般应建立以施工项目负责人（建筑施工项目经理、工长）为首的安全生产领导班子，本着"管生产必须管安全"的原则，建立安全生产责任制和安全生产奖惩制度，并设立专职安全管理人员，从组织体系上保证安全生产。图 8-31 为施工项目安全生产责任保证体系图。图 8-32 是日本某住宅施工现场安全卫生管理组织图。

为了加强安全管理，还必须将其制度化，使施工人员有章可循，将安全工作落到实处。安全管理规章制度主要有：

1）安全生产责任制度。

2）安全生产奖惩制度。

3）安全技术措施管理制度。

4）安全教育制度。

5）安全检查制度。

6）工伤事故管理制度。

7）交通安全管理制度。

8）防暑降温、防冻保暖的管理制度。

9）特种设备、特种作业的安全管理制度。

10）安全值班制度。

11）工地防火制度。

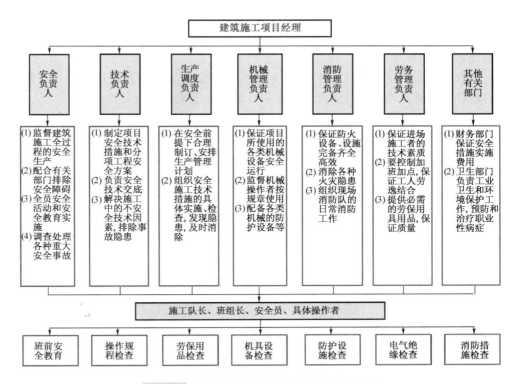

图 8-31　施工项目安全生产责任保证体系图

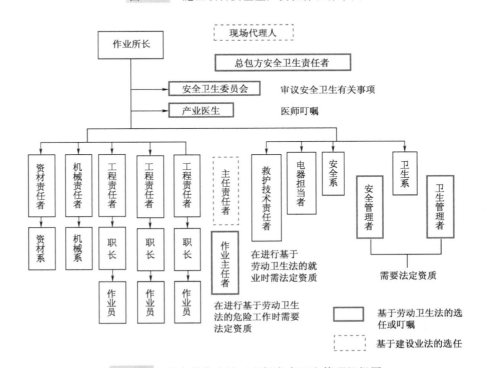

图 8-32　日本某住宅施工现场安全卫生管理组织图

8.4.4　安全教育

1. 安全教育内容

（1）安全思想教育　对施工人员进行党和国家的安全生产和劳动保护方针、法令、法规制度的教育，使施工人员树立安全生产意识，增强安全生产的自觉性。

（2）安全技术知识教育　安全技术知识是劳动生产技术知识的重要组成部分，其教育内容一般包括项目施工过程中的不安全因素；危险设备和区域的注意事项；有关职业危害的防护措施；电气设备安全技术知识；起重设备、压力容器的基本安全知识；现场内运输；危险物品管理、防火等基础安全知识；如何正确使用和保管个人劳保用品，如何报告和处理伤亡事故；各工种安全技术操作规程和安全技术交底。

（3）典型经验和事故教训教育　通过学习国内外安全生产先进经验，提高安全组织管理和技术水平；通过典型事故的介绍，使全体施工人员吸取教训，检查各自岗位上的隐患，及时采取措施，避免同类事故发生。

2. 安全教育制度

建立公司、工地、班组三级安全教育制度，使安全教育工作制度化。

1）新工人入场教育和岗位安全教育。

2）具体操作前的安全教育和技术交底，包括工种安全施工教育和新施工方法及新结构、新设备的安全操作教育。

3）常年性安全教育，特别是班前安全教育。

4）暑季、冬季、雨季、夜间等施工时的安全教育。

8.4.5　安全检查

安全检查是预防安全事故的重要措施，包括一般安全检查、专业性安全检查、季节性安全检查和节日前后安全检查。

1. 安全检查制度

建立施工队每月或每两周，班组每周的定期安全检查制度和突击性安全检查相结合的安全检查制度。

2. 安全检查内容

1）安全管理制度和安全技术措施制定与落实情况。

2）安全检查形式和内容见表8-18。

表8-18　安全检查形式和内容

检查形式	检查内容及检查时间	参加部门或人员
定期安全检查	总公司每半年一次，普遍检查 工程公司每季度一次，普遍检查 工程队每月一次，普遍检查 主要节日前普遍检查	由各级主管施工的领导、工长、班组长、安全技术部门或安全员组织，有关职能部门参加
季节性安全检查	防传染病、防火检查（春季）；防暑降温、防火、防风、防雷、防触电等检查，一般在夏季；冬季防火、防冻等检查	基本同上

（续）

检查形式	检查内容及检查时间	参加部门或人员
临时性安全检查	施工高峰期、机构和人员重大变动时、职工探亲前后、发生事故和险情后，上级临时安排的检查	基本同上，或由安全技术部门主持
专业性安全检查	压力容器、焊接作业、起重设备、电气设备、高处作业、吊装、深坑、支模、拆除、爆破等危险作业，易燃易爆、尘毒、辐射、放射线等	由安全技术部门主持，安全管理人员及有关人员参加
群众性安全检查	安全技术操作、安全防护装置、安全防护用品检查，违章指挥、违章作业、安全隐患、安全纪律	由工长、班组长、安全员、班组安全管理员组成
安全管理检查	规划、制度、措施、责任制、原始记录、图表、资料、报表、总结、分析、档案及安全管理小组活动	由安全技术部门组织进行

3）专业性安全检查，并填写相应安全验收记录。

4）季节性安全检查，如防寒、防暑、防湿、防毒、防洪、防台风等检查。

5）防火及安全生产检查，主要检查防火措施和要求的落实情况，如现场使用明火规定的执行情况，现场材料堆放是否满足防火要求等。及时发现火灾隐患，做好工地防火，保证安全生产。

8.4.6　安全事故的预防

在建筑施工中，常见的安全事故主要有高处坠落、施工机械造成的伤害、突然崩溃、触电、烧伤、倾倒等。因此，安全管理应将其作为防止安全事故的重点，采取相应的技术管理措施，防患于未然，具体内容见表 8-19。

表 8-19　安全事故预防具体内容

事故种类	重点项目	落实的内容
坠落	脚手架	作业平台的结构 跳板、安全网的使用 吊脚手的作业平台
	孔口部分	围栏、扶手、盖板、监护人
	架设通道	扶手、隧道栈桥
	安全网及其他措施	
施工用机械	挖掘机等	禁止入内的措施 机械的通行路径、出入方法 指挥人员的配备 隧道中的通行路径、通知出入方法和配备指挥人员 机动车的信号装置、照明设备 提升装置 防滑动装置 轨道上的手压车驱动器

（续）

事故种类	重点项目	落实的内容
施工用机械	打桩机 拔桩机	卷扬机的齿轮刹车 车有荷载时的止车装置 破损时的措施 作业方法、顺序
突然崩塌	防止土石崩塌掉落 （关于明挖方面）	开挖地点的调查 人力挖掘面的坡度 砂丘挖掘措施 作业负责人的直接指挥 防止塌方的支撑、防护网、禁止入内设施 防止塌方支撑的安装图 防止塌方支撑杆件的安装等 挖补、横撑的措施
	（关于采石方面）	采石的调查、作业、计划 岩石掘凿面的坡度 防止崩溃的危险 作业负责人的直接指挥 挖石机械的路径和出入方法 挖石机械指挥人员的配备
	防止掉落	安全网禁止入内的设施 模板的安装、拆除的措施 脚手架的安装和拆除的措施
	安全帽的使用	隧道挖掘有冒顶崩溃的危险场所
电气事故	电气机械器具	带电部分的包扎、绝缘套
	移动式、可搬型的电动机器	禁止使用绝缘性能和耐热性不合格的架座 狭窄的地方，高 2m 以上的刚架上应使用自动防止电击装置 潮湿场所、钢板、钢架平台上应接上防止触电的滑电遮断装置
	电动机械器具	确实接地后使用
	移动电线	防止绝缘被损伤及老化
	带电作业	穿着绝缘保护用具和防护用具 敷设和检查时，对露出的带电部分要穿着绝缘防护用具 绝缘管、罩等装置，危险标示
防止倾倒	防止脚手架的倾倒	按脚手架结构规定最大荷载 圆木脚手架与墙搭接方法 吊脚手构造
	防止砖墙倒塌	靠近砖墙挖掘时的补强、搬迁等

（续）

事故种类	重点项目	落实的内容
防止倾倒	防止起重机、单臂起重机倾倒	防止卷过头的措施 工作限制（起重量为 5kN 以上的起重机、移动式起重机、单臂起重机） 过负荷的限制 倾斜角的限制
	防止模板支撑倾倒	组装的构造、组装图 应遵守的条件 分段组装场合的垫板、垫角 混凝土浇制时的检查
	防止隧道模板支撑的倾倒	作业负责人的指挥
	防止栈桥倾倒	根据构造和应用的材料规定最大荷载 吊钩的装配方法
	防止打桩机、拔桩机的倾倒	安装方法
	防止宿舍倒塌	对噪声大的地方及雪崩、崩溃、涌水、潮湿等危险的地方要回避
	靠近架空线路作业	防止脚手架接近架空线路 防止打桩机、拔桩机使用中触电 禁止使用不合格的钢丝绳、吊链、钩子、吊环与纤维绳索 限制钢丝绳滑扣的技术措施 钢丝绳起吊装置的绑扎
	防止冒顶	地形、地质和地层的调查 按照施工计划调查 挖掘处周围地形的观察 指定检查人员检查 根据检查结果变更施工计划 危害地点的防护措施 隧道出入口附近的防护措施 浮石下落、支撑补强工作时，除有关人员外禁止入内 根据标准图安装支撑 支撑工作的必要条件 按作业负责人的意见，支撑工程的组装解体、变更和撤木柱

8.5　建筑施工现场环境与健康管理

　　工人进行施工作业时，若处于照明不良、换气不充分、高温多湿的环境下，必然会使精神和肉体产生疲劳，从而容易产生安全事故。另外使用的机械会产生振动和噪声，原材料会产生粉尘等，长期在这样的环境下工作，会使作业人员产生各种职业性疾病，影响身体健康，同时对安全施工带来隐患，也降低了作业人员的工作效率。因此必须要像对待安全施工一样对待现场施工的环境与卫生管理，严格遵守国际有关的法律法规，保障工人生命安全和身体健康。目前国际上试行的 ISO 14000 环境管理体系和 OHSAS 18000 职业安全卫生管理体系是实施施工现场卫生与环境管理的最有效手段。

8.5.1 作业环境管理

作业环境管理是为了防止作业环境内的有害因子扩散，维持良好的作业环境而进行的一系列管理。

维持作业环境处于良好状态的方法就是依据有关法律与规章规定，对有害作业场所定期地进行作业环境的测定。测定的环境指标主要有以下几种：

（1）温度与湿度 人的生理机能受温度与湿度的影响很大，一般在高温、多湿的环境下，人的代谢机能降低，注意力下降，作业效率降低，健康也易受损害。

适合于作业的温度通常是：轻作业，16～18℃；普通作业，14～16℃；重作业，12～14℃。湿度通常控制在70%左右。

（2）照度 若脚手架和通路、作业面等作业场所亮度不够，就会看不清物体，或者看不清周围的险情，对于落物、冲撞等反应不及时，从而造成事故隐患，并降低作业效率。对于作业场所照明，必须满足三个条件：一是要有与从事的作业相应的适当的照度；二是照度要均匀；三是不能眩光。一般粗作业照度应为70lx以上，普通作业照度应达到150lx，精密作业应在300lx以上。

（3）危险有害气体 在从事如涂料、防水、粘接等作业时，常常伴随着危险有害气体的发生，如有机溶剂挥发、石棉制品切割时石棉粉尘飞散、挖掘作业时产生矿物性粉尘和瓦斯气体等，会影响作业人员的身体健康和工作效率。

解决有害气体危害的方法通常是通风换气。对于有害气体影响较小且固定的场所可以设置局部换气装置进行局部换气；对于粉刷涂料、黏合等大范围产生有害气体或粉尘的作业，则必须采取大面积的整体换气。住宅建筑工程的换气基本上是整体换气。

（4）噪声和振动 长时间的强噪声会使作业人员疲劳程度增加，注意力和反应速度下降，容易造成事故。而且噪声还会对周围的居民生活产生影响，影响工程的顺利实施。

降低噪声的对策主要有：

1）使用无噪声或低噪声的机械。

2）远离或遮挡噪声源。

3）安装消声设备。

4）使用保护器具。

5）严格限制产生噪声作业的作业时间。

作业中产生的振动会连同噪声一起，影响工作效率，并使作业人员产生血流障碍、神经障碍、关节痛、肌肉痛、易疲劳等职业疾病。预防振动产生危害的对策主要是，使用具有防振动措施的振动器具，使用保护器具，改善作业方法和缩短一次性振动作业的作业时间等。

8.5.2 健康管理

健康管理是通过检查每个作业人员的健康状态，发现健康方面存在的问题，采取适当的措施，在日常作业和生活方面给予指导和劝告，确保作业人员健康的管理。

健康管理是从医学的角度保障人的身体健康，如定期进行身体健康检查，发现潜在病症；在工地上设立体重、血压、视力检测装置甚至保健医生，随时检测作业人员身体状况；每天做早操（或午间操），保健强身。另外还要关心作业人员的个人生活，帮助作业人员解决一些生活上的问题，解除后顾之忧，使作业人员身心处于愉快正常状态。这些管理工作一方面保障了作业人员的身体健康，提高工作效率，更体现了现场组织管理者对作业人员生命安全、身体健康及生活的关心，可以在很大程度上融洽和加深管理者与作业人员之间的协作关系与感情，因此这是一项现场施工不可掉以轻心的管理工作。

8.5.3　防止施工公害

建筑施工公害是在建设活动中造成的大气污染、土壤污染、噪声、振动、地面下沉等对周围居民身体健康和生活环境产生的不利影响。常见的有：由于基坑大量排水造成地下水位下降，井水枯竭；起重机、打桩机等倾覆造成民房毁坏；大型起重运输车辆造成交通堵塞；由于管线施工造成停水停电和道路毁坏；现场施工造成树木、草地毁坏；污水四溢造成居民生活不便等。造成这些施工公害的责任当然应该由施工单位承担，因此在进行工程施工时，必须制订计划，采取相应的防止措施预防公害的发生。另外施工单位还要与当地的居民做好沟通工作，取得居民对施工的谅解和支持，这对工程施工的顺利进展是非常必要的。

针对产生的各种不同公害形式，可以采取的措施如下：

（1）做好周围居民的工作　在工程开工之前，施工单位要同建设单位一起和周围的居民代表举行工程说明会，向居民代表说明本工程的目的、内容、施工方法、使用的机械、工期、各种安全对策和公害防止对策等，通过充分的讲解，以求得居民对该工程施工的理解和支持。

（2）交通对策　工程施工占道必须得到有关城市建设管理部门和交通部门的许可；占道施工时必须设立明显的道路标示和交通指示，必要时配备交通引导员；施工现场出入口处要保持清洁，不堆放材料和机械，要有明显的标志，并设立车辆引导员；在道路上行驶的建筑材料与构配件运输车辆，要严格遵守交通管理条例。

（3）地下埋设管线对策　在进行地下施工前，必须要确认地下是否存在各种管线。如上水管道、下水管道、煤气管道、电气管线、通信管线等。根据管线有无确定采用的施工方法。在施工过程中，不要损毁这些管线。当挖土露出管线后，要确认管线的状态正常与否，做好管线的保护工作和清理工作，并及时通知有关部门做好出现意外事件（如水管破裂、煤气泄漏等）的应急准备工作。

（4）现场土方堆放对策　施工现场除留下需要的回填土外，其余土方均应及时运走，以免堵塞道路交通，影响居民正常出行和正常施工。土方应该集中堆放，保持湿润，既不尘土飞扬，到处散落，也不污水遍地。要改善施工方法，尽可能减少土方施工对周围环境的不利影响。

（5）防止无关者进入施工现场的对策　施工中要防止周围的居民，尤其是儿童进入施工现场。为此要在建筑物周围设立坚固而无空隙的围栏并加强看管；危险的机械和电气装置要设防护设施，防止儿童靠近；在休息日里要将各种机械设备关闭。另外要加强向周围居民的宣传教育工作，让家长看管好自己的孩子，自己也不要擅自进入施工现场。

（6）建筑垃圾的对策　建筑施工中产生的垃圾主要是残土、碎砖、混凝土碎块、沥青碎块、金属块和木屑，此外还有污泥、废油、废塑料、碎玻璃、碎陶瓷、包装盒等。这些垃坡对环境的污染程度没有化学工业、造纸业那样严重，只要有适当的地点堆放、填埋就可以了。因此建筑垃圾要在产生的过程中不断清理外运，并且一定要运到有关部门指定的地点堆放、填埋。

（7）粉尘、噪声、振动、强光、恶臭等的对策　施工中产生的粉尘、噪声、振动、强光、恶臭等无论对作业人员还是对周围居民的生活都有影响，因此必须在技术上、组织管理上加强对这些公害的防止和治理，保证工程的顺利实施。

复习思考题

1. 什么是建筑施工进度控制？其主要影响因素有哪些？
2. 施工项目施工进度比较常用的方法是什么？如何进行比较？
3. 什么是偏差控制法？实施步骤有哪些？
4. 什么是建筑工程成本？由哪几部分组成？
5. 什么是施工项目的成本分析？包括哪些内容？
6. 成本管理的程序是什么？
7. 什么是施工质量管理？其影响因素有哪些？
8. 建筑施工中常用的质量管理方法有哪几种？
9. 建筑施工中常见的安全事故有哪些？如何采取相应的预防措施？
10. 衡量作业环境优劣的指标有哪些？
11. 防止施工中出现公害的措施有哪些？

第9章
建筑施工生产要素管理

9.1 材料与采购管理

9.1.1 材料分类及材料采购与供应

1. 材料的分类

工程所需材料的数量大、品种多，并对工程造价、项目管理等具有重要影响。而且，按照不同的分类标准和目的，可以得出不同的材料分类结果。例如，按其作用和影响程度，可分为主要材料、一般材料、周转（工具性）材料、其他材料等；按其自然属性，可分为金属材料、木材、硅酸盐材料、五金材料、电器材料等；按其用途，可分为工程用材料、措施项目用材料、试验用材料、维修用材料、管理用材料等。

在实际工作中，施工承包企业通常依据"ABC分类法"的原理，按照"关键的少数、不关键的多数"的思路，进行材料的分类，见表9-1。

表9-1　材料分类

	A 类	B 类	C 类
材料名称	钢材，商品混凝土，水泥，木材，装饰材料，机电材料，工程机械设备等	防水材料、保温材料、地方材料、安全防护用具、租赁设备、化工、五金、大型工具等	油漆、小五金、杂品、小型工具、劳保用品等

2. 材料采购与供应

（1）企业物资部门　工程所需的主要材料和大宗材料，即表9-1中的A类材料，应由施工承包企业的物资部门负责订货或市场采购，并按计划供应给项目经理部。

（2）项目经理部　工程所需的特殊材料、零星材料，即表9-1中的B类、C类材料，经企业授权，由项目经理部负责采购或租赁。例如，工程所需的周转材料、大型工具等，可向企业物资部门（材料机构）或社会机构租赁；油漆、小型工具等，可在企业物资部门或社会采购。

因此，材料的采购权主要集中于施工承包企业（物资管理部门），项目经理部具有部分的材料采购权，进而建立起企业内部的材料市场，引入竞争机制，实现优化配置、动态平衡。

9.1.2 材料的计划管理

按计划保质、保量、及时地供应材料，进而降低工程成本、加速资金周转，是材料管理的重要目的，而科学编制并切实执行材料的需用计划、供应计划、采购计划、节约计划，以及相应的年度计划、季度计划、月度计划等，又是实现该目的的重要手段。

1. 材料需用计划

材料需用计划是根据工程项目有关合同、设计文件、材料消耗定额、施工组织设计及其施工方案、进度计划编制的，用以反映完成工程项目及相应计划期内所需材料品种、规格、数量和时间要求的文件。它是材料计划管理的基础。

（1）工程项目材料需用量的确定 对于整个工程项目而言，在确定材料需用量时，通常应根据不同的特点，用以下几种方法中确定：

1）定额计算法。首先，计算工程项目中各个分部、分项的工程量，并套取相应的材料消耗定额，求得相应的材料需用量；然后，汇总同类材料，求得整个项目的各种材料的总需用量。其中，某分部、分项工程对于某种材料需用量的计算公式为

$$某种材料需要量 = 某分部、分项工程量 \times 该种材料的定额消耗量 \qquad (9-1)$$

定额计算法作为一种直接计算的方法，其结果比较准确，但要求具有相应、适当的材料消耗定额。

2）动态分析法。也称比例计算法，其计算公式为

$$材料需用量 = 对比期材料实际耗用量 \times \frac{计划期工程量}{对比期实际完成工程量} \times 调整系数 \qquad (9-2)$$

式（9-2）中，调整系数一般可根据计划期与对比期有关施工技术与组织条件的对比分析，以及降低材料消耗的要求、采取节约措施后的效果等综合取定。

动态分析法简便、适用，但具有一定的误差，多用于缺少材料消耗定额、只有对比期材料消耗数据的情况，而且其结果的精度与两期数据的可比性关系密切。

3）类比计算法。也称同类工程对比法，它是参考类似工程的材料消耗定额，确定该工程或该工艺材料需用量的方法。其计算公式为

$$某种材料需用量 = 工程量 \times 类似工程的材料消耗定额 \times 调整系数 \qquad (9-3)$$

式（9-3）中，调整系数可根据该工程与类似工程有关质量、结构、工艺等差异的对比分析取定。

类比计算法的误差较大，多用于计算新工程、新工艺等对于某些材料的需用量。

4）经验估计法。它是由计划人员根据以往经验来估算材料需用量的方法。由于其对计划人员要求高、科学性差，经验估计法作为一种补充，主要用于不能采用其他方法的情况。

（2）计划期材料需用量的确定 作为组织材料采购、订货与供应的基础，在确定年度、季度、月度等计划期材料的需用量时，主要有以下两种方法：

1）定额计算法。根据施工进度计划中各个分部、分项工程在计划期的工程量、相应

的材料消耗定额，求得相应的材料需用量，然后通过汇总求得计划期内各种材料的总需用量。

2）卡段法。根据施工进度计划中的计划期的形象部位，从相应的材料计划中摘出与施工进度相对应部分的材料需用量，然后通过汇总求得计划期内各种材料的总需用量。

2. 材料供应计划

材料供应计划是根据材料需用计划、可供应货源编制的，用以反映工程项目所需材料来源的文件。

（1）材料供应数量的确定　材料的供应数量应在计划期材料需用量的基础上，预计各种材料的期初储存量、期末储备量，经过综合平衡后，加以确定。其计算公式为

$$\text{计划期内材料供应量} = \text{期内需用量} - \text{期初存储量} + \text{期末储备量} \tag{9-4}$$

式（9-4）中，某种材料的期末储备量需要考虑经常储备和保险储备，并主要取决于供应方式和现场条件，一般可按下式计算

$$\text{期末储备量} = \text{某种材料的日需用量} \times (\text{该材料的供应间隔天数} + \text{运输天数} + \tag{9-5}$$
$$\text{入库检验天数} + \text{生产前准备天数})$$

（2）材料供应计划的平衡　由于工程实际情况错综复杂、不断变化，在确定材料供应数量以后，应通过各种材料的数量、品种、时间等平衡，达到供应配套、施工均衡、动态平衡的目的。

其中，材料平衡的具体内容包括总需要量与资源总量的平衡、品种需要与配套供应的平衡、各种用料与各个工程的平衡、公司供应与项目经理部供应的平衡、材料需要量与资金的平衡等。而且，在材料供应计划执行过程中，应进行定期或不定期的检查；在涉及设计变更、工程变更时，必须做出相应的调整和修改，制定相应的措施，以书面形式及时通知有关部门，并妥善处理、积极解决材料的余缺问题。

3. 材料采购计划

材料采购计划是根据材料供应计划编制的，反映施工承包企业或项目经理部需要从外部采购材料的数量、时间等的文件。它是进行材料订货、采购的依据。

材料采购量可按下式计算

$$\text{材料采购量} = \text{材料需要量} + \text{期末库存量} - (\text{期初库存量} - \text{期内不合用数量}) - \tag{9-6}$$
$$\text{可利用资源总量}$$

式（9-6）中，某种材料的不合用数量是指在库存量中，由于材料规格、型号不符合任务需要而扣除的数量；可利用资源总量是指经加工改制的呆滞物资、可利用的废旧物资，以及采取技术措施可节约的材料等。

4. 材料节约计划

材料节约计划是根据材料的耗用量、生产管理水平及施工技术组织措施编制的，反映工程项目材料消耗或节约水平的文件。

节约材料的具体途径应当因企业、项目及项目经理部等具体情况而异，但根据科学合理的材料节约计划，借助 ABC 分类法原理把握重点材料，运用存储理论优化订购数量，通过技术、经济、组织等综合措施（如改进施工方案、研究材料代用等）往往可以取得较好的工作成效。

由于用量和价格变化均可导致材料费用的变化，因此，可用下式评价材料节约计划的执

行效果

$$材料成本降低额 =（材料计划用量 - 材料实际用量）× 材料价格 + \qquad (9\text{-}7)$$
$$（材料计划价格 - 材料实际价格）× 材料实际用量$$

式（9-7）中，前者反映了主要由于内部原因造成的材料消耗的"量差"带来的节约或超支；后者则反映了由于内部和市场原因造成的材料消耗的"价差"带来的节约或超支。因此，高水平的材料管理工作应贯穿于材料管理的所有环节。

9.1.3 材料的采购管理

1. 采购方式的选择

根据来源与交易方式的不同，材料采购的主要方式包括购买和租赁两类：前者通过支付全部款项实现了所有权的转移，并主要用于大宗材料的购买；后者通过支付租金取得了相应期限内的使用权，且主要用于周转材料和大中型工具。而且，从理论上讲，无论是购买还是租赁，均可通过以下三种方式实现交易。

（1）公开招标 公开招标属于无限竞争性招标方式。它是指招标人以公开发布招标公告的方式邀请不特定的、具备资格的投标人参加投标，并按《招标投标法》及相关法规的规定，择优选定中标人。

公开招标具有投标人竞争比较充分、招标人选择余地大，有利于保证采购质量、缩短供货期、节约费用等优点。但是，也存在着招标工作量大、组织复杂、费时较多，以及投入的人力、物力等社会资源较多等缺点。因此，在材料管理中，该方式主要适用于重大工程项目中使用的大宗材料的采购。

（2）邀请招标 邀请招标属于选择性或有限竞争性招标方式。它是指招标人以投标邀请书的方式邀请特定的、具备资格的投标人参加投标，并按《招标投标法》及相关法规的规定，择优选定中标人。而且，招标人采用该方式时，应当向三个以上具备承担招标项目的能力、资信良好的特定的法人发出投标邀请函。

邀请招标具有节省招标所需的费用、时间，较好地限制投标人串通抬价等优点。但同时具有竞争不充分、不利于招标人获得最优报价等不足。因此，在材料管理中，该方式主要适用于大中型项目中使用的、已经达到招标规模或标准的大宗材料的采购。

（3）协商议标 协商议标属于非竞争性或指定性招标。它是指招标人邀请一家投标人直接协商谈判，并在成功后直接签订合同的采购方式。

协商议标既具有节约时间的优点，也具有缺乏竞争性的缺点。根据我国现行规定，重要设备、材料等货物的采购，单项合同估算价在100万元人民币以上的，必须采用公开招标或邀请招标方式。因此，在材料管理中，该方式主要适用于未达到招标规模和标准的一般材料的购买或租赁。

2. 采购数量的确定

适宜的材料采购数量不仅可以避免资金大量积压、享受价格优惠，而且可以保证工程建设的需要。其有定量订购法、定期订购法可供选择。

（1）定量订购法 定量订购法是指当材料库存量消耗达到安全库存量之前的某一预定库存量水平时，按一定批量组织订货，以补充、控制库存的方法。在图9-1中，A 是预定的库存量水平，即订购点；B 是安全库存量；Q 是订购批量。

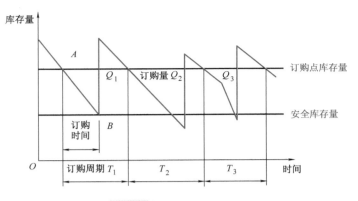

图 9-1　定量订购示意图

1）订购点的确定。一般来讲，某种材料的订购点（A）可按下式计算

$$订购点 = 日平均需要量 \times 最长订购时间 + 安全库存量 \tag{9-8}$$

式（9-8）中，最长订购时间是指从开始订购到验收入库为止所需的订货、运输、验收及可能的加工、准备时间；安全库存量（B）是为了防止缺货、停工待料风险而建立的库存，通常按材料平均日需要量与根据历史资料、到货误期可能性等估算的平均误期天数之积计算。

由于安全库存量对于材料采购具有重要影响，因此应综合考虑仓库保管费用和缺货损失费用而科学确定。例如，当安全库存量大时，缺货概率小、缺货损失费用小，但仓库保管费用增加；反之亦然。因此，当缺货损失费用期望值与仓库保管费用之和最小时，即为最优安全库存量。

2）经济订购批量的确定。经济订购批量（EOQ）是指某种材料订购费用和仓库保管费用之和为最低时的订购批量，其计算公式为

$$经济订购批量 = \sqrt{\frac{2 \times 年需要量 \times 每次订购费用}{材料单价 \times 仓库保管费率}} \tag{9-9}$$

式（9-9）中，订购费用是指每次订购材料运抵仓库之前所发生的一切费用，主要包括采购人员工资、差旅费、采购手续费、检验费等；仓库保管费率是指仓库保管费占库存平均费用的百分率。仓库保管费主要包括材料在库或在场所需的流动资金的占用利息、仓库的占用费用（折旧、修理费等）、仓库管理费、燃料动力费、采暖通风照明费、库存期间的损耗，以及防护、保险等一切费用。

由于订购时间不受限制、适应性强，定量订购法在材料需要量波动较大时，可根据库存情况考虑需要量变化趋势，随时组织订货、补充库存，适当减少安全库存量。但是，此法要求外部货源充足及对库存量的不间断盘点，而且当库存量达到订购点时及时组织订货，将会加大材料管理的工作量，以及订货、运输费用和采购价格。因此，该方法主要适用于高价物资；安全库存少、需严格控制、重点管理的材料；需要量波动大或难以估计的材料；不常用或因缺货造成经济损失较大的材料等。

（2）定期订购法　定期订购法是按事先确定的订购周期，例如每季、每月或每旬订购一次，到达订货日期即组织订货的方法。如图 9-2 所示，其订购周期相等，但每次订购数量不等。

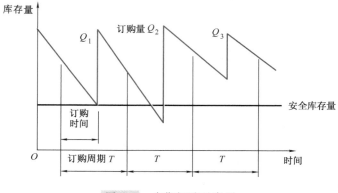

图 9-2　定期订购示意图

1）订购周期的确定。首先用材料的年需要量除以经济订购批量求得订购次数，然后再以 365 天除以订购次数可得订购周期。订购的具体日期，则应考虑提出订购时的实际库存量要高于安全库存量，即其保险储备必须满足供应间隔期和订购期的材料需要量。

2）订购数量的确定。每次订购的数量应根据在下次到货前材料的需用数量，减去订货时的实际库存量而定。其计算公式为

订购数量 =（订购天数 + 供应间隔天数）× 日平均需要量 + 安全库存量 − 实际库存量

$$(9\text{-}10)$$

式（9-10）中，供应间隔天数是指相邻两次到货之间的间隔天数。

由于通常是在固定的订货期间对各种材料统一组织订货，所以定期订购法无须不断盘点各种材料库存，可以简化订货组织工作，降低订货费用。而且，该方法可事先与供货方协商供应时间，有利于实现均衡、经济生产。但是，其保证程度相对较低，故定期订购法主要用于需要量波动不大的一般材料的采购。

3. 材料采购的程序

在材料的实际采购过程中，通常按以下程序开展工作：①明确材料采购的基本要求、采购分工及有关责任；②进行采购策划，编制采购计划；③进行市场调查、选择合格的产品供应单位，建立名录；④通过招标或协商议标等方式，进行评审并确定供应商；⑤签订采购合同；⑥运输、验收、移交采购材料；⑦处置不合格产品；⑧ 采购资料归档。

其中，材料采购计划应当包括采购工作范围、内容及管理要求，产品的数量、技术标准和质量要求等采购信息，检验方式和标准，采购控制目标及措施等；在评审时，应进行有关材料技术和商务部分的综合评审；在签订采购合同（订单）时，应注明采购物资的名称、规格型号、单位和数量、进场日期、质量标准、验收方式，以及发生质量问题时双方承担的责任、仲裁方式等。

9.1.4　材料的现场管理

1. 材料的进场（验收）管理

在材料进场前，应根据现场平面布置情况，认真做好材料堆放的准备和临时仓库的搭设，力求做到有利于材料的进出与存放，符合防火、防雨、防盗、防风、防变质的要求，方便施工、避免和减少场内二次搬运。

进入现场的材料应当具有生产厂家的材质证明（包括厂名、品种、出厂日期、出厂编号、试验报告等）和产品合格证。而且，在材料进场时，应严格根据进料计划、送料凭证、质量保证书或材质证明、产品合格证等，进行数量验收和质量确认，做好验收记录和标志。要求复检的材料须有取样送检证明报告；新材料未经试验鉴定，不得用于工程；现场配制的材料，应经试配，使用前须经认证。

进行材料验收时，要严格遵守质量验收规范和计量检测规定，严格执行验品种、验型号、验质量、验数量、验证件等制度。计量、检验设备必须经过具有资格的机构定期检验，确保满足计量所需要的精度，不合格的设备不允许使用。

不合格的材料，应更换、退货或让步接收（降级使用），严禁使用不合格的材料。在材料质量、数量验收无误后，应及时办理验收以及入库、登账、立卡等手续。

2. 材料的仓库管理

（1）材料的存储与保管　材料存储与保管的基本要求是合理存放，妥善维护，方便使用，账物相符。入库的材料须按型号、品种分区堆放，并分别编号、标识。易燃易爆、有毒等危险品，应设专库存放，专人负责保管，并有严格的安全措施。有防湿、防潮要求的材料，应采取防湿、防潮措施，并做好标志。有保质期的材料应定期检查，防止过期，并做好标志。易损材料应保护好外包装，防止损坏。

（2）材料的发放与领用　材料发放与领用的基本要求是按质、按量、齐备、准时、有序及先进先出，严格出库手续，保证工程需要。凡有定额的工程用料，要根据工程进度计划，严格执行限额领料/发料制度，坚持节约，预扣、余料退库；施工设施用料，以设施用料计划进行总控制，实行限额发料。发生超限额用料时，须事先办理手续，填制限额领料单，注明超耗原因，经项目经理部材料管理人员批准后方可实施。同时，建立领料/发料台账，记录领发和节超状况，收料/发料具要及时入账上卡，手续齐全。

（3）材料的回收　作业班组应回收余料，及时办理剩余材料退料手续，并在限额领料单中扣除登记。要做好回收、利用废旧材料工作，实行交旧（废）领新、包装回收、修旧利废。余料要造表上报，按有关部门的安排办理调拨和退料。设施用料、包装物及容器在使用周期结束后要立即组织回收，建立回收台账，记录节约或超领情况，并处理好相应的经济关系。

3. 材料的使用管理

（1）材料使用的监督管理　应实施材料使用监督管理制度，对材料使用情况进行有效的检查、监督，做到工完、料净、场清。其检查、监督的主要内容包括是否认真执行领发料手续，记录好材料使用台账；是否按施工场地平面图堆料，按要求的防护措施保护材料；是否按规定进行用料交底和工序交接；是否严格执行材料配合比，合理用料等。而且，每次检查都要做到情况有记录，原因有分析，明确责任，及时处理。

（2）周转材料的管理　项目经理部应根据工程进展情况、施工方案等编制周转材料的需用计划，提交企业相关部门或租赁单位，以便进行加工、购置，并及时签订合同、提供租赁。

周转材料进场后，须按规格分别码放整齐，垛间留有通道，并做好标识。露天堆放的周转材料应按规定限制高度，并有防水等措施。零配件要装入容器，按合同发放。

项目经理部须建立保管使用维修制度。对连续使用的周转材料，每次用完后应及时清理、除污、涂刷保护剂，分类码放，以备再用；如不再使用的，应及时回收、整理和退还，并办理退租手续；需报废时，应按规定进行报废处理。同时，建立周转材料核算台账，记录周转材料的规格、品种数量、使用时间、费用支出及班组结算情况等。

9.2 机械设备管理

9.2.1 机械设备的来源与选择

1. 机械设备的来源

从理论上讲，施工机械设备的来源可以有以下三种：一是从本企业专业机械租赁机构或社会出租机构租用的机械设备；二是分包单位自带的机械设备；三是企业为施工项目而购置的机械设备。但是，在实际工作中，租赁设备和自有设备更为常见。

（1）租赁设备 租赁设备是设备使用者（施工承包企业或项目经理部）按照合同规定，按期向设备所有者（本企业专业机械租赁机构或社会上的出租机构）支付一定费用（租金）而取得使用权的施工机械设备。它可具体分为融资租赁和经营租赁两种情况：前者，租赁双方承担确定时期的租让与付费义务，不得任意终止或取消租约；后者，任何一方可以在通知对方后，随时终止或取消租约。

对于施工承包企业而言，租赁设备的主要优点包括可以较少的资金获得生产急需的设备；可以获得良好的技术服务；可以避免通货膨胀和利率波动的冲击；设备租金可以在所得税前扣除，从而充分享受税收优惠。同时，租赁设备也具有设备权益不充分（只拥有使用权，缺乏所有权、处置权、抵押权等）及不利于扩大企业资产、提高企业信用等不足。

（2）自有设备 自有设备是施工承包企业按照合同规定的额度、时限与方式等，支付一定费用（购置费）从而取得所有权的施工机械设备。

对于施工承包企业而言，自有设备的主要优点包括企业拥有了设备的所有权、使用权等全部权益；可以扩大企业资产、改善企业形象、提高企业信用。同时，自有设备也具有资金占用量大，后期技术服务复杂，无法充分享受税收优惠，且可能要承担通货膨胀和利率波动风险等不足。

因此，设备租赁与设备购置各有利弊，应综合各种影响因素，做出科学决策。

2. 机械设备的选择

选择机械设备时，应当追求技术上先进、经济上合理、生产上适用。而且，对于项目经理部而言，向本企业专业机械租赁机构或社会上的出租机构租赁设备，通常属于其施工机械设备的最主要来源。

（1）综合评分法 综合评分法是指在多种机械设备的技术性能均可满足施工要求时，综合考虑各种机械的工作效率、工作质量、使用费和维修费、能源消耗量、需用人员、安全性、稳定性、对环境的影响等特性，通过分级打分的方法比较其优劣。当某一机械因影响因素较多，优劣倾向性不明显时，可采用简单评分法、加权评分法等定量方法算出其综合分值后，再行比较。

（2）单位工程量成本比较法 使用机械设备必然要消耗一定的费用，而且这些费用分为可变费用和固定费用两大类。其中，可变费用是指随着机械的工作时间而变化的费用，例如小修费、燃料动力费、人工费、直接材料费等；固定费用是不随机械的工作时间而变化，需按一定施工期限分摊的费用，例如折旧费、大修费、机械管理费、投资应付利息等。

因此，单位工程量成本比较法主要按单位工程量成本的高低评价机械设备的优劣。单位工程量成本可按下式计算

$$单位工程量成本 = \frac{操作时间固定费用 + 单位时间操作费 \times 操作时间}{单位时间产量 \times 操作时间} \tag{9-11}$$

（3）界限使用时间比较法　界限使用时间是指在单位工程量成本相等时，不同施工机械设备的临界工作时间。根据界限使用时间（T_0）判别设备方案，可使决策工作更加直观、可靠。

在图9-3中，如果A、B两种可供选择机械设备的固定费用为G_A和G_B，其单位时间的操作费用为P_A和P_B，且两种机械设备的单位时间产量相等，则通过推导可得其界限使用时间（T_0）为

$$T_0 = \frac{G_B - G_A}{P_A - P_B} \tag{9-12}$$

因此，在若干机械均能满足项目施工进度要求的前提下，应选择单位工程量成本较低的机械。即当预计的使用时间 $T < T_0$ 时，则A种机械为优；当预计的使用时间 $T > T_0$ 时，则B种机械为优。

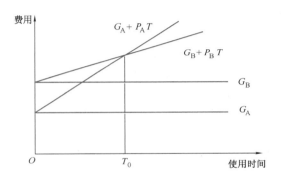

图9-3　界限使用时间比较法

（4）折算费用法　折算费用法又称等值成本比较法或年值法，它是针对购置机械设备时所涉及的原值（投资）、年使用费、残值，通过折现计算年均费用现值并进行比较的方法。折算费用法的计算公式为

$$年折算费用 = 年使用费 + （购置费 - 残值）\times 等额支付系列资金回收系数 \tag{9-13}$$

式（9-13）中，若折现率为i_c、机械设备使用年限为n，则等额支付系列资金回收系数 $(A/P, i, n)$ 为 $\dfrac{i(1 + i)^n}{(1 + i)^n - 1}$。

9.2.2　机械设备的使用管理

1. 机械设备的合理使用

只有合理地使用机械设备，才能发挥其正常的生产效率，降低使用费用，防止或减少事故发生。现就其相关事宜，举例说明如下：

1）贯彻"人机固定"原则，实行定人、定机、定岗位责任的"三定"制度。同时，通过技术、经济、组织等措施，将机械设备的使用效益与个人经济利益紧密联系起来。

2）机械设备操作人员实行持证上岗制度。专机的操作人员必须经过严格、系统的培训和统一考试，合格后方可持证上岗。

3）遵守操作规范和使用规定。坚持搞好机械设备的例行保养和强制保养；对新机械设备和经过大修、改造的机械设备在使用初期，必须经过运行磨合，以防止机件早期磨损，延

长机械使用寿命和修理周期。

4）建立健全设备档案制度。指定专人准确记录、及时整理机械设备从出厂到使用、报废全过程的技术状况，并为合理使用、适时维修等提供科学依据。

5）实现机械设备的综合利用。现场的施工机械设备应尽量做到一机多用，使其效率充分发挥。例如，在垂直运输机械闲置时，可兼作回转范围内的水平运输、装卸车等。

6）坚持机械设备的安全作业。项目经理部及有关人员在机械作业前，应向操作人员进行安全操作交底，使操作人员确切了解施工要求、场地环境、气候等安全生产要素，保障机械作业安全等。

2. 机械设备的保养与修理

根据阶段不同，机械设备磨损可依次分为使用初期的磨合磨损、使用中期的正常工作磨损及使用后期或大修之前的事故性磨损等三阶段。项目经理部及有关人员应当有针对性地施行相应的保养和修理。

（1）机械设备的保养 保养是定期、有目的地进行机械设备的清理、紧固、调整、检查、排除故障、更换已磨损或失效零件的系列活动。它可以保证机械设备处于良好的技术状态，提高运转的可靠性和安全性，延长使用寿命，提高机械设备的经济效益。

1）例行保养。例行保养也称日常保养，它作为正常的使用管理工作，由操作人员在机械运行的间隙进行，无须占用机械设备的运转时间。

2）强制保养。强制保养也称定期保养，它是在规定的间隔周期，占用机械设备运转时间并停工进行的保养。强制保养的周期通常根据机械设备的磨损规律、作业条件、操作水平及经济性等加以确定。而且，根据机械设备构造复杂程度和特性，由低到高、由易到难及保养范围由小到大，可划分为四个级别。

（2）机械设备的修理 修理是对机械设备的自然损耗进行修复，排除机械运行故障，对损坏的零部件进行更换、修复，旨在保证机械的使用效率、延长使用寿命的系列活动。

1）小修。小修是临时安排的，无计划的修理。其目的是消除操作人员无力排除的突然故障、个别零件损坏或一般事故性损坏等问题，并通常与保养相结合。

2）中修。中修是两次大修之间为解决设备主要总成的不平衡磨损所采取的修理措施。它是部分解体的修理，具有恢复性修理属性，需要列入并执行修理计划，进而达到整机状况平衡、延长大修间隔的目的。

3）大修。大修是对机械设备进行全面解体的检查修理，目的是保证各个零部件的质量与配合，尽可能恢复机械设备原有精度、性能和效率。它的工作内容包括设备全部解体，排除和清洗设备的全部零部件，修理、更换所有磨损及有缺陷的零部件，清洗、修理全部管路系统，更换全部润滑材料等。因此，大修需要列入并执行修理计划，进而实现良好的技术状态，延长机械设备的使用寿命。

9.3 分包与劳务管理

9.3.1 分包的必要性

随着工程项目施工日益复杂化、系统化、专业化，工程分包施工也随之迅速发展，总包商通常将承揽的工程分包给各种各样的专门工程公司。这种分包体系能够分散总包商的风险，并能确保有必要技术的工人和机器设备等，所以是有效的和经济的。随着建筑市场的发展与建筑技术的进步，国家有关产业政策已明确将建筑施工企业分成两大类，即具有独立承包资格的施工企业与分包施工企业，同时，《建筑法》就工程施工总承包与分包也做了相关的规定，为两种工程承包方式提供了法律支持。目前分包完成的合同额已占到总包合同额的50%～80%。

9.3.2　工程分包的分类

（1）按分包范围分类　按分包范围可分为：

1）一般性工程项目分包，适用于技术较为简单、劳动密集型工程项目，一般将分包商作为总包商施工力量或资源调配的补充。

2）专业项目分包，适用于技术含量较高、施工较复杂的工程项目。

（2）按分包方式分类　按发包方式可分为：

1）指定分包，业主在承包合同中规定的由指定承包商施工部分项目的分包方式。

2）协议分包，总包商与资质条件、施工能力适合于分包项目的分包商协商而达成的分包方式。

（3）按分包内容分类　按分包内容可分为：

1）综合施工分包，分包项目的整个施工过程及施工内容全部由分包商来完成，通常称为"包工、包料"承包方式。

2）劳务分包，分包商仅负责提供劳务，而材料、机具及技术管理等工作由总包商负责。

9.3.3　分包商的选择

总包商在决定对部分工程进行分包时应相当慎重，要特别注意选择有影响、有经济技术实力和资信可靠的分包商，并应该在共担风险的原则下强化经济制约手段。按照国际工程惯例，在选定分包商之前必须得到业主和监理工程师的书面批准。

9.3.4　分包合同

1. 分包合同的签订

分包合同签订前要先研究各种合同关系。分包合同一般多采用固定总价合同，为此在签订分包合同时，需按照固定总价合同的条件，认真进行合同的起草。要明确分包商的队伍情况，包括施工人员、相应的加工场地和合作伙伴等。分包商还有一项重要工作是材料的采购供应。材料、设备是大宗货物，占工程建设资金的比重很大，一般为60%～70%。大宗的材料采购，需要良好的材料商合作，以保证工程的进展。

2. 分包合同内容

1）明确所分包的工程范围、内容及为承建工程所承担的义务和权利，对于各专业的工程界面应有明确的划分和合理的搭接。要在合同内容中强调工种间的技术协调。各工种或各分包合同所定义的各专业工程（或工作）应能共同构成符合目标的工程技术系统。

2）明确分包工程技术与质量上的要求。

3）明确分包的价格。分包合同的签订一般是在总包合同签订后再签订的。在总包合同签订后，等于对分包合同有了总的制约。总包商通常要尽量压低分包商的价款，而分包商应在充分理解总包商的前提下，与总包商进行价款谈判，尽量与总包商合作，最后形成双方都满意的分包合同价款。

4）明确时间上的要求。分包合同要强调在与其他工种配合上的时间关系，明确各种原因造成工期延误的责任等。

5）明确工程设计变更等问题出现后的处理方法。

6）其他方面。建筑施工承包合同都具有风险。总包商在分析合同时，往往会将一些不利的施工风险分散于分包商。另外，在文明施工、安全保护、企业形象设计（CI）等方面也要在合同中有所体现。

3. 签订分包合同注意事项

1）分包合同签订前应得到业主批准，否则不得将承包工程的任何部分进行分包。分包商虽经业主批准，但并不免除总包商相对于业主的任何责任及义务。分承包商对总包商负责，总包商对业主负责，分包商与业主不存在直接的合同关系。

2）分包商应营业资料齐全，资质与分包工程相符。

3）分包合同应条款清晰，责权明确，内容齐全、严密、少留活口，价格、安全、质量、工期目标明确。当对格式条款的理解不一致时，应按不利于提供格式条款方的理解进行处理。

4）分包合同的签订人应为法人代表或法人代表委托人，合同内容合法，意见一致，否则合同无效。

5）分包合同应采用书面形式，双方应本着诚实守信原则，严格按合同条款办事。

6）为保障合同目标的实现，合同条款对分包商提出了较多约束，但总包商要加强为分包商的服务与指导，尽量为分包商创造施工条件，帮助分包商降低成本、实现效益，最终"双赢"，以顺利实现合同目标。

9.3.5 对分包的管理

（1）对分包的技术管理 总包商应该发挥自身的技术优势，为分包商提供技术支持。其内容包括向分包商进行施工组织设计和技术交底；帮助分包商研究确定工艺、技术、程序等施工方案；帮助解决分包商施工中遇到的问题，如各专业施工图矛盾、各分包商之间互相干扰等；统一指挥和协调各分包商之间水、电、道路、施工场地和材料设备堆场等的布置和使用。总包商还要要求分包商认真保管有关的技术和内业资料。

（2）对分包的质量管理 这是对分包管理的重点。总包商有专职质检员对分包商的施工质量进行监督与认可，要求各分包商应配备足够合格的现场质量管理人员；要求分包商对产品质量进行检查，并做好检查记录，凡达不到质量标准的，总包商不予以签证并促其整改，对一些成品与半成品的加工制作，总包商也将抽派人员赶赴加工现场进行检查验证，总包商检查合格后，报监理核验。加强对分包材料设备质量管理，分包商采购的材料、设备等的产地、规格、技术参数必须与设计及合同中规定的要求一致，不符合要求的材料、设备必须退场。加强对成品、半成品保护，已完成并形成系统功能的产品，经验收后，分包商即组织人力和相应的技术手段进行产品保护。

（3）对分包的进度管理 总包商要明确要求各分包商的施工总工期和节点工期须按合

同严格执行，要求分包商与总包商安排的施工节拍与区域一致。当情况有变化，需要调整进度计划时，必须经过双方协调，得到总包商的同意，并报监理和业主签证认可。

（4）对分包的文明施工与安全管理　各分包商要在总包商指导下，按照总包制定的统一的现场安全文明管理体系执行，建立健全各项工地安全施工和文明施工的管理制度；各分包商要加强对材料、设备、成品和半成品的看护，加强对本单位施工人员的安全生产监督管理。总包商也有专职安全员进行现场监督检查，发现隐患或违章将予以严肃处理。分包商必须遵守合同中有关文明施工的规定，做到工完场清，教育并监督现场施工人员遵纪守法。

9.3.6　建筑劳务的组织形式

随着我国建筑业的不断的改革和开放，建筑业产业结构也发生了深刻变化。其中，最为明显的是建筑施工企业管理层和劳务层的"两层分离"。"两层分离"使得大量的施工劳务从建筑施工企业里剥离出来。此外，大量的农村剩余劳动力涌进了城市的建筑施工行业，成为劳务层的主力。在目前我国近 4000 万的建筑大军中，劳务层人员占到 80% 以上。劳务分包人员大多数为农民工，他们的劳务组织结构较为松散，作业队伍规模普遍较小，人员流动性大，作业队伍不稳定，技术水平参差不齐，劳动者权益难以得到保证，不发、克扣、拖欠工资等现象较为严重，劳资纠纷经常发生，社会保险、意外伤害保险等难以落实，现已成为社会不稳定的一个因素。因此，科学、有效、规范地对建筑劳务进行管理，对于提高施工质量、技术水平、安全生产、劳务权益保护及社会稳定等具有重要意义。

施工劳务的组织有三种形式：①施工企业直接雇佣劳务，是指与施工企业签订有正式劳动合同的施工企业自有的劳务；②成建制的分包劳务，是指从施工总承包企业或专业承包企业那里分包劳务作业的分包企业，这种劳务形式使劳务能够以集体的、企业的形态进入二级建筑市场；③零散用工，一般是指建筑企业为完成某项目而临时雇佣的不成建制的施工劳务。

9.3.7　对建筑劳务的管理

对建筑劳务的管理涉及政府、行业、总包商和分包商等众多部门。从总包商角度，一方面要加强对建筑劳务的技术与质量管理，保证劳务能够按照设计要求完成合格的建筑产品；另一方面要给劳务以合理的报酬与待遇。要理顺总包商与劳务分包公司关系。总包商与劳务公司是合同关系，双方的责、权、利必须靠公平、详尽的合同来约束。具体的管理工作有以下几方面：

1）总包商要求劳务公司提供足够的、技术水平达到要求的、人员相对稳定的劳动力，并对现场作业的质量、工人的安全教育、工人的调配负责。总包商对现场的组织、技术方案的制定、工程进度的管理，材料供应及质量、设备投放，安全、文明施工设施的落实及管理等负全责。

2）总包商要关心劳务工人的生产和生活，要为劳务工人提供宿舍、食堂、娱乐用房等设施，否则应向劳务公司支付费用；劳务公司除自备工具及小型机械外，其余机械均由总包商提供。对因工程停工、窝工而给劳务公司造成的损失，分包合同应有明确约定。

3）总包商必须按月支付劳务公司的劳务费，最多拖欠的劳务费不得超过劳务公司注册资本的 1 倍，拖欠的劳务费必须在工程完工后半年内付清。劳务公司必须按月向工人支付工资，每月支付工资总量不得低于该工人完成工作量的 90% ，当年所欠薪金，必须在年底前结清。

9.4 资金管理

9.4.1 资金管理的含义

（1）项目资金的概念　项目的资金是项目生产要素重要组成部分之一，是项目经理部在项目实施阶段占用和支配其他要素的货币表现，是保证其他要素市场流通的手段，如工资的发放、材料的采购、施工机具的购置等均离不开资金的运行。因此，资金的管理直接关系到施工项目的顺利实施和经济效益的获得。

（2）项目资金管理的含义　项目资金管理是指项目经理部对项目资金的计划、使用、核算和防范风险和管理工作。施工项目资金管理的主要环节包括资金的收支预测与对比，资金筹措和资金使用管理等。

9.4.2 资金筹措

施工过程所需要的资金来源，一般是在承发包合同条件中规定了的，由发包方提供工程备料款和分期结算工程款。但有时该项资金不能及时到位或不足以保证施工需要，为了保证生产过程的正常进行，施工企业也可垫支部分自有资金，但在占用时间和数量方面必须严加控制，以免影响整个企业生产经营活动的正常进行。因此，施工项目资金来源的渠道是：

1）预收工程备料款。

2）已完施工价款结算。

3）银行贷款。

4）企业自有资金。

5）其他项目资金的调剂占用。

在筹措资金时应遵循以下原则：

1）充分利用自有资金，这样可以调度灵活，不需支付利息，成本低。

2）必须在经过收支对比后，按差额来筹措，以免造成浪费。

3）把利息的高低作为选择资金来源的主要标准，尽量利用低利率贷款。

9.4.3 项目资金需要量预测

项目资金需要量预测主要是通过项目资金的收入与支出的预测和对比分析工作，对项目资金的实际支出进行有效控制，确定资金需要量。

1. 项目资金收入预测

在施工项目实施过程中，首先要取得资金要素，然后再投入资金要素取得其他生产要素，这种资金要素的取得就是施工项目资金收入。项目资金收入一般是指预测收入。项目资金是按合同收取的，在实施项目合同过程中，应从收取预付款开始，每月按进度收取工程进度款，直到最后竣工结算。

施工项目的预测资金收入主要来源于：

1）按合同规定收取的工程预付款。

2）每月按进度收取的工程进度款。

3）各分部、分项、单位工程竣工验收合格和工程最终竣工验收合格后的竣工结算款。

4）自有资金的投入或为弥补资金缺口的需要而获得的有偿资金。

在实际获得项目资金收入时应注意以下几个问题：

1）资金预测收入在时间和数额上的准确性，要考虑到收款滞后的因素，要注意力争尽量缩短这个滞后期，以便为项目筹措资金，加快资金周转，合理安排资金使用打下良好的基础。

2）避免资金核算和结算工作中的失误和违约而造成的经济损失。

3）按合同约定，按时足额结算项目资金收入。

4）对补缺资金的获得采用经济评价的方法进行决策。

2. 项目资金支付预测

项目资金支付预测是在分析施工组织设计、成本控制计划和材料物资储备计划的基础上，用取得的资金再去获得其他生产要素，并把它们投入到施工项目的实施过程中，以达成项目目标。把资金以外其他生产要素的投入都计为项目资金的支付。项目资金支付应根据成本费用控制计划、施工组织设计和材料、设备等物资储备计划来完成预测工作，根据以上计划便可以预测出随工程进度每月预计的人工费、材料费、机械费等直接费和措施费、管理费等各项支付。

施工项目资金预测支付主要包括以下款项：

1）消耗人力资源的支付。

2）消耗材料及相关费用的支付。

3）消耗机械设备、工器具等的支付。

4）其他直接费和间接费用的支付。

5）其他施工措施费和按规定应缴纳的费用。

6）自有资金投入后利息的损失或投入有偿资金后利息的支付。

在进行资金支付预测时应注意以下问题：

1）从施工项目的运行实际出发，使资金预测支付计划更接近实际。

2）应考虑由于不确定性因素而引起资金支付变化的各种可能。

3）应考虑资金支出的时间价值。测算资金的支付是从筹措资金和合理安排调度资金的角度考虑的，故应从动态角度考虑资金的时间价值，同时考虑实施合同过程中不同阶段的资金需要。

3. 资金收支对比分析

资金收支对比分析是确定应筹措资金数量的主要依据。将施工项目资金收入预测累计结果和支出预测累计结果进行对比分析，相应时间收入与支出资金数之间差即应筹措的资金数量。

施工项目资金收支对比分析可以通过资金收入—支出曲线图分析。如图 9-4 所示，将施工项目资金收入预测累计结果和支出预测累计结果绘制在一个坐标图中，以纵坐标表示累计施工资金，横坐标表示工期进度。图 9-4 中曲线 A 表示项目资金预计收入曲线，曲线 B 表示项目预计资金支出曲线。

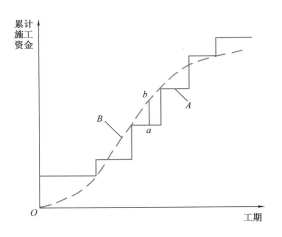

图9-4　施工资金收入—支出预测曲线

图中 A、B 曲线上的 a、b 值对应的是工程进度时点的资金收入与支出，可以看出资金支付需求大于资金的获得需求，说明资金处于短缺的状态，即应筹措的资金数量。

9.4.4　资金使用管理

1. 项目经理部资金管理

根据企业对项目经理部运行的管理规定，项目实施过程中所需资金的使用由项目经理部负责管理，项目经理部在资金运作全过程中都要接受企业内部银行的管理。企业内部银行本着对存款单位负责、谁的账户谁使用、不许企业透支、存款有息、借款付息、违规罚款的原则，实行金融市场化管理。

项目经理部以独立身份成为企业内部银行的客户，并在企业内部银行设立项目专用账户，包括存款账户和贷款账户。这样，项目经理部在施工项目所需资金的运作上具有相当的自主性。所以，项目经理部在项目资金管理方面，除了要重视资金的收支预测与支出控制外，还必须建立健全项目资金管理责任制。

2. 施工项目资金的计收规定

项目经理部的收款工作从承揽工程并签订合同开始，直到工程竣工验收、结算收入，以及保修一年期满收回工程尾款。主要包括以下内容：

1）新开工项目按工程施工合同收取的预付款。

2）根据月度统计报表送监理工程师审批的结算款。

3）根据工程变更记录和证明发包人违约的材料，计算的索赔金额，列入当期的工程结算款。

4）施工中实际发生的材料价差。

5）工期奖、质量奖、技术措施费、不可预见费及索赔款。

6）工程尾款应于保修期完成时取得保修完成单后及时回收。

3. 资金使用

项目经理部按公司下达的用款计划控制资金使用，以收定支，节约开支；按会计制度规定设立财务台账，记录资金支出情况，加强财务核算，及时盘点盈亏。具体包括以下内容：

1）确定由项目经理为理财中心的地位，哪个项目的资金，应主要由该项目支配。

2）项目经理部在企业内部银行开设独立账户，由内部银行办理项目资金的收、支、划、转，并由项目经理签字确认。

3）内部银行实行"有偿使用""存款计息""定额考核"等办法。项目资金不足时，应书面报项目经理审批追加，审批单交财务，做到支出有计划、追加按程序。

4）项目经理按月编制资金收支计划，由公司财务及总会计师批准，内部银行监督执行，并每月都要做出分析总结。

5）项目经理部要及时向发包方收取工程款，做好分期结算、增（减）账结算、竣工结算等工作，加快资金入账的步伐，不断提高资金管理水平和效益。

6）建设单位所提供的"三材"和设备也是项目资金的重要组成，经理部要设置台账，根据收料凭证及时入账，按月分析使用情况，反映"三材"收入及耗用动态，定期与交料单位核对，保证资料完整、准确，为及时做好各项结算创造先决条件。

7）项目经理部应每月定期召开请业主代表参加的分包商、供应商、生产商等单位的协调会，以便更好地处理配合关系，处理甲方提供资金、材料及向分包、供应商支付工程款等事宜。

复习思考题

1. 材料采购的方式有哪几种？采购数量是如何确定的？
2. 如何计算材料的经济订购批量？它对材料管理、项目管理有何意义？
3. 机械设备的来源有几种？如何对机械设备进行选择？
4. 如何进行机械设备的保养和修理？
5. 工程分包是如何分类的？对分包如何进行管理？
6. 施工劳务的组织有几种方式？如何进行劳务管理？
7. 如何进行项目资金的收入预测和支付预测？
8. 如何进行项目的资金使用管理？

第 10 章
施工现场技术与业务管理

在建筑施工过程中，为了实现施工企业工期短、质量好、成本低、效益高的目标，必须抓好施工现场管理的基础工作，把目标落到实处。本章主要介绍施工现场的各项技术管理工作（施工作业计划、技术交底、设计变更、洽商记录与现场签证、材料检验与试验等）、日常业务管理工作（隐蔽工程检查与验收、施工日志、现场文明施工等），以及竣工验收管理工作。

10.1 施工作业计划

施工作业计划是建筑安装企业基层施工单位为合理地组织单位工程在一定时期内实行多工种协作，共同完成施工任务而编制的具体实施性计划，是施工计划管理的重要组成部分。它既是保证企业年度或季度及单位工程施工组织设计所确定的总进度计划实施的必要手段，又是编制一定时期内劳动力、机械设备、预制混凝土构件及各种加工订货、主要材料等供应计划的依据。

10.1.1 施工作业计划的编制依据

1）上级下达的年、季度施工计划指标和工程合同的要求。
2）施工组织设计、施工图和工程预算资料。
3）上期计划的完成情况。
4）现场施工条件，包括自然状况和技术经济条件。
5）资源条件，包括人、机、料的供应情况。

10.1.2 施工作业计划的编制原则

1）确保年、季度计划的按期完成。计划安排贯彻日保旬、旬保月、月保季的精神，保证工程及时或提前交付使用。
2）严格遵守施工程序，要按照施工组织设计中确定的施工顺序或施工方法，不准随意改变。未经施工准备、不具备开工条件的工程，不准列入计划。

　　3）合理利用工作面，组织多工种均衡施工。

　　4）所制定各项指标必须建立在既积极又先进，实事求是，留有余地的基础之上。

10.1.3　施工作业计划的内容

　　施工作业计划分月度作业计划和旬作业计划。由于建筑施工企业规模不同，体制不一，各地区、各部门要求不同，作为计划文件，其内容也不尽相同。

　　（1）月度作业计划的内容　月度作业计划是基层施工单位计划管理的中心环节，现场的一切施工活动都是围绕保证月度作业计划的完成进行的。月度作业计划的主要内容有：

　　1）月度施工进度计划。其内容包括施工项目、作业内容、开竣工项目和日期、工程形象进度、主要实物工程量、建安工作量等。

　　2）各项资源需要量计划。其内容包括劳动力、机具、材料、预制构配件等需要量计划。

　　3）技术组织措施。其内容包括提高劳动生产率、降低成本、保证质量与安全及季节性施工所应采取的各项技术组织措施。这部分内容根据年、季度计划中的技术组织措施和单位工程施工组织设计中的技术组织措施，结合月度作业计划的具体情况编制。

　　4）月度作业计划完成各项指标汇总表。其内容包括完成工作量指标、人均劳动生产率指标、质量优良品率等各项指标。

　　月度施工进度计划采用表格和文本方式表达，内容繁简程度以满足施工需要和便于群众参加管理为原则。月度施工进度计划、各项资源需要量计划、月计划指标汇总表和成本降低措施表的格式见表 10-1～表 10-6。

表 10-1　月度施工进度计划

施工队：　　　　　　　　　　　　　　　　　　　　　　　　　　　年　　月　　日

单位工程名称	分部（项）工程名称	单位	工程量	时间定额	合计工日	进度日程						
						1	2	3		29	30	31

表 10-2　施工项目计划

年　　月　　日

单位工程名称	结构	层数	开工日期	竣工日期	面积/m²		上月末进度	本月末形象进度	工作量/万元	
					施工	竣工			总计	其中：自行完成

表 10-3　劳动力需要量计划

年　　月　　日

工种	计划工日数	计划工作天数	出勤率	作业率	计划人数	现有人数	余差人数（±）	备　注

表 10-4　材料需要量计划

年　　月　　日

单位工程名称	材料名称	型号规格	数量	单位	计划需要日期	平衡供应日期	备　注

表 10-5　月度施工进度计划指标汇总表

年　　月　　日

指标 单位	完成工作量/万元		劳动生产率/（元/人）		质量优良品率（%）	出勤率（%）	作业率（%）	开工工程		在施工工程		竣工工程	
	总计	其中：自行完成	全员	一线生产工人				单位工程名称	面积/m²	单位工程名称	面积/m²	单位工程名称	面积/m²

（2）旬作业计划　旬作业计划是月度作业计划的具体化，是为实现月度作业计划而下达给班组的工种工程旬分日计划。由于旬计划的时间比较短，因此必须简化编制手续，一般可只编制进度计划，其余计划如无特殊要求，均可省略。旬施工进度计划见表 10-7。

表 10-6　提高劳动生产率降低成本措施计划

年　　月　　日

措施项目名称	措施涉及的工种项目名称及工程数量	措施执行单位及负责人	措施的经济效果											备注
			降低材料费					降低基本工资		降低其他直接费用	降低管理费用	降低成本合计		
			钢材	水泥	木材	其他材料	小计	减少工日	金额					

表 10-7　旬施工进度计划

班组（车间）：　　　　　　　　　　　　　　　　　年　　月　　日

单位工程名称	分部工程名称	单位	工程量			时间定额	合计工日	旬前2天	本旬分日进度									旬后2天
			月计划量	至上旬完成量	本旬计划量													

10.1.4　施工作业计划的编制方法

1）根据季度计划的分月指标和合同要求，结合上月完成情况，制订月度施工项目计划初步指标。

2）根据施工组织设计单位工程施工进度计划、建筑工程预算以及月度作业计划初步指标，计算施工项目相应部位的实物工程量，建安工作量和劳动力、材料、设备等计划数量。

3）在核查施工图、劳动力、材料、预制构配件、机具、施工准备和技术经济条件的基础上，对初步指标进行反复平衡，确定月度施工项目进展部位的正式指标。

4）根据确定的月度作业计划指标和施工组织设计单位工程施工进度计划中的相应部位，编制月度施工进度计划，组织工地内的连续均衡施工。

5）编制月度人、材、机具需要量计划。

6）根据月度施工进度计划，编制旬施工进度计划，把月度作业计划的各项指标落实到专业施工队和班组。

7）编制技术组织措施计划，向班组签发施工任务书。

施工作业计划由指挥施工的领导者、专业计划人员和主要施工班组骨干相结合编制，具体编制程序如图 10-1 所示。

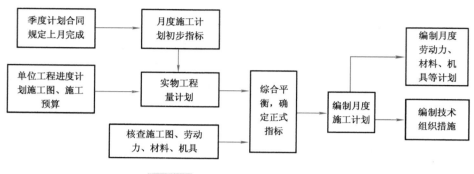

图 10-1　月度施工计划编制程序

10.1.5　施工作业计划的贯彻实施

施工作业计划的贯彻实施是施工管理的中心环节。其内容包括计划任务交底、作业条件准备和现场施工指挥与调度等工作。

1. 计划任务交底

施工现场技术与管理人员在组织班组施工时，务必做好交底工作，包括计划任务交底、技术措施交底、工程质量和安全交底等。这里重点介绍计划任务交底。其他各种交底详见有关章节。

计划任务交底的目的是把拟完成的计划任务交代给将要施工的班组操作工人，使班组和操作工人对计划任务心中有数，避免糊里糊涂推着干，影响工程进度、质量和成本。计划任务交底的内容包括工程项目、分部（项）工程内容，工程量，采用的劳动定额及其内容，分项工程工日数、总工日数、完成任务的时间要求，以及设备情况和材料限用量，工具、周转材料、劳动人员配备，工种之间的配合关系和操作方法等。在交底的同时，还常常提供必需的基础资料，如施工大样图（或施工详图）、砂浆混凝土的配合比、物资的配备情况等。

计划任务交底的形式有以下两种：

（1）口头形式　召集有关班组的全体人员，以口头形式进行详细的计划任务交底。

（2）施工任务书形式　施工任务书是贯彻月度作业计划，指导班组作业的计划文件，也是企业实行定额管理、贯彻按劳分配、实行班组核算的主要依据。通过施工任务书，可以把企业生产、技术、安全、质量、降低成本等各项指标分解落实到班组和个人，达到实现企业各项指标和按劳分配的要求。

施工任务书的内容包括以下几项：

1）施工任务书是班组进行施工的主要依据，内容有工程项目、工程量、劳动定额、计划天数、开交工日期、质量、安全要求等。

2）小组记工单是班组的考勤记录，也是班组分配计件工资或奖励工资的依据。

3）限额领料单是班组完成任务所必需的材料限额依据，也是班组领退材料和节约材料的凭证。施工任务书、限额领料单（卡）见表 10-8、表 10-9。

表 10-8　施工任务书

_____施工队_____组

单位工程名称_____　　　　　　年　　月　　日

定额编号	工程项目	单位	计划用工数			实际完成			工期
			工程量	时间定额	定额工日	工程量	耗用工日	完成定额（%）	
合　计									

定额编号	工程项目	单位	计划用工数			实际完成			工期
			工程量	时间定额	定额工日	工程量	耗用工日	完成定额（%）	

各指标完成情况	实际用工数		完成定额		%	出勤率		%
	质　量　评　定			安　全　评　定			限　额　用　料	

签发：　　　　　组长：　　　　　组成本员：　　　　　审核：　　　　　验收：

表 10-9　限额领料卡

　　　　　　年　　月　　日

材料名称	规格	计量单位	限额用量		领料记录						退料数量	执行情况	
			按计划工程量	按实际工程量	第一次		第二次		第三次			实际耗用量	节约或浪费（±）
					日/月	数量	日/月	数量	日/月	数量			

　　施工任务书一般在施工前 2 ~ 3 天签发，班组完成任务后应实事求是地填写完成情况，最后由劳资部门将经过验收的施工任务书回收登记，汇总核实完成情况，作为结算和奖惩依据。

2. 作业条件准备

作业条件准备是指直接为某一施工阶段或某分部（项）工程、某环节的施工作业而做的准备工作。它是开工前施工准备工作的继续和深化，是施工中的经常性工作，主要有以下几方面：

1）进行施工中的测量放线、复查等工作。

2）根据施工内容变化，检查和调整现场平面布置。

3）根据工程进度情况，及时调整机具、模板的需求，申请某些特殊材料、构件、设备的进场。

4）办理班组之间、上下工序之间的验收和交接手续。

5）针对设计错误、材料规格不符、施工差错等问题，及时主动地提请有关部门解决，以免影响工程的顺利进行。

6）冬、雨期施工要求的特殊准备工作。

作业条件准备工作贵在全面、及时、准确。

3. 现场施工指挥与调度

上述施工计划与准备工作为完成施工任务，实现建筑施工的整体目标创造了一个良好的条件。更为重要的是，在施工过程中做好现场施工的指挥与调度工作，按照施工组织设计和有关技术、经济文件的要求，围绕着质量、工期、成本等目标，在施工的每个阶段、每道工序，正确指挥施工开展，积极组织资源平衡，严格协调控制，使施工中的人、财、物和各种关系能够保持最好的结合，确保工程施工的顺利进行。

施工现场的组织领导者在施工阶段的组织管理工作中应根据不同情况，区分轻重缓急，把主要精力放在影响施工整体目标最薄弱的环节上去，发现偏离目标的倾向就及时采取补救措施。一般应抓好以下几个环节：

1）检查督促班组作业前的准备工作。

2）检查和调节劳动力、物资和机具供应工作。

3）检查外部供应条件、各专业协作施工、总分包协作配合关系。

4）检查工人班组能否按交底要求进入现场，掌握施工方法和操作要点。

5）对关键部位要组织有关人员加强监督检查，发现问题，及时解决。

6）随时纠正施工中的各种违章、违纪行为。

7）严格质量自检、互检、交接检制度，及时进行工程隐检、预检，做好分部（项）工程质量评定。

施工现场指挥调度应当做到准确、及时、果断、有效，并具有相当的预见性。管理人员应当深入现场，掌握第一手资料。在此基础上，通过调度指挥人员召开生产调度会议，协调各方面关系。施工队一般通过班前或班后碰头会及时解决问题。

10.2　技术交底

技术交底是施工企业极为重要的一项技术管理工作，由技术管理人员自上而下逐级传达，将工程的特点、设计意图、技术要求、施工工艺和应注意的问题最终下达给班组工人，使工人了解工程情况，掌握工程施工方法，贯彻执行各项技术组织措施，从而达到保质、保量、按期完成工程任务的目的。各级建筑施工企业应建立技术交底责任制，加强施工中的监督检查，从而提高施工质量。

10.2.1　技术交底的种类与要求

技术交底可分为设计交底和施工技术交底。这里只介绍施工技术交底。

施工技术交底是施工企业内部的技术交底，是由上至下逐级进行的。因此，施工技术交底受建筑施工企业管理体制、建筑项目规模和工程承包方式等影响，其种类有所不同。对于实行三级管理、承包某大型工程的企业，施工技术交底可分为公司技术负责人（总工程师）对工区技术交底、工区技术负责人（主任工程师）对施工队技术交底、施工队技术负责人（技术员）对班组工人技术交底三级。各级的交底内容与深度也不相同。对于一般性工程，两级交底就足够了。

在进行技术交底时，应注意以下要求：

1) 技术交底要贯彻设计意图和上级技术负责人的意图与要求。

2) 技术交底必须满足施工规范和技术操作规程的要求。

3) 对重点工程、重要部位、特殊工程和推广应用新技术、新工艺、新材料、新结构的工程，在技术交底时更应全面、具体、详细、准确。

4) 对易发生工程质量和安全事故的工种与工程部位，技术交底时应特别强调。

5) 技术交底必须在施工前的准备工作时进行。

6) 技术交底是一项技术性很强的工作，必须严肃、认真、全面、规范，所有技术交底均须列入工程技术档案。

10.2.2　技术交底的内容

1. 公司总工程师对工区的技术交底内容

1) 公司负责编制施工组织总设计。向工区有关人员介绍工程的概况、工程特点和设计意图、施工部署和主要工程项目的施工方法与施工机械、施工所在地的自然状况和技术经济条件、施工准备工作要求、施工中应注意的主要事项等。

2) 设计文件要点和设计变更协商情况。

3) 总包与分包协作的要求、土建与安装交叉作业的要求。

4) 国家、建设单位及公司对该工程建设的工期、质量、投资、成本、安全等要求。

5) 公司拟对该工程采取的技术组织措施。

2. 工区主任工程师对施工队的技术交底内容

1) 工区负责编制的单位工程施工组织设计。向施工队有关人员介绍单位工程的建筑、结构等概况，施工方案的主要内容，施工进度要求，各种资源需要情况和供应情况，保证工程质量和安全应采取的技术组织措施等。

2) 设计变更、洽商情况和设计文件要点。

3) 转达国家、建设单位和公司对工程的工期、质量、投资、成本、安全等方面的要求，提出工区对该工程的要求。

4) 工区拟对工程采取的技术组织管理措施。

3. 施工队技术员对班组工人的技术交底内容

上面两级交底对施工来说，交底的内容都是粗略的、纲领性的，主要是介绍工程情况和提出各种要求。施工队技术员对班组工人的技术交底是分项工程技术交底，作用是落实公司、工区和施工队对本工程的要求，因此，它是技术交底的核心。其主要内容如下：

1）施工图的具体要求。包括建筑、结构、给水排水、暖通、电气等专业的细节，如设计要求中的重点部位的尺寸、标高、轴线，预留孔洞、预埋件的位置、规格、大小、数量等，以及各专业、各专业施工图之间的相互关系。

2）施工方案实施的具体技术措施、施工方法。

3）所有材料的品种、规格、等级及质量要求。

4）混凝土、砂浆、防水、保温等材料或半成品的配合比和技术要求。

5）按照施工组织的有关事项，说明施工顺序、施工方法、工序搭接等。

6）落实工程的有关技术要求和技术指标。

7）提出质量、安全、节约的具体要求和措施。

8）设计修改、变更的具体内容和应注意的关键部位。

9）成品保护项目、种类、办法。

10）在特殊情况下，应知应会应注意的问题。

10.2.3 技术交底的方式

（1）书面交底　把交底的内容写成书面形式，向下一级有关人员交底。交底人与接受人在弄清交底内容以后，分别在交底书上签字，接受人根据此交底，再进一步向下一级落实交底内容。这种交底方式内容明确，责任到人，事后有据可查，因此，交底效果较好，是一般工地最常用的交底方式。

（2）会议交底　通过召集有关人员举行会议，向与会者传达交底的内容，对多工种同时交叉施工的项目，应将各工种有关人员同时集中参加会议，除各专业技术交底外，还要把施工组织者的组织部署和协作意图交代给与会者。会议交底除了会议主持人能够把交底内容向与会者交底外，与会者也可以通过讨论、问答等方式对技术交底的内容予以补充、修改、完善。

（3）口头交底　适用于人员较少，操作时间短，工作内容较简单的项目。

（4）挂牌交底　将交底的内容、质量要求写在标牌上，挂在施工场所。这种方式适用于操作内容固定、操作人员固定的分项工程。如混凝土搅拌站，常将各种材料的用量写在标牌上。这种挂牌交底方式，可使操作者抬头可见，时刻注意。

（5）样板交底　对于有些质量和外观感觉要求较高的项目，为使操作者对质量指标要求和操作方法、外观要求有直观的感性认识，可组织操作水平较高的工人先做样板，其他工人现场观摩，待样板做成且达到质量和外观要求后，其他工人以此为样板施工。这种交底方式通常在高级装饰质量和外观要求较高的项目上采用。

（6）模型交底　对于技术较复杂的设备基础或建筑构件，为使操作者加深理解，常做成模型进行交底。

以上几种交底方式各具特点，实际中可灵活运用，采用一种或几种同时并用。

10.2.4　技术交底举例

技术交底实例记录见表10-10。

表 10-10　技术交底实例记录

工程名称	某大学生宿舍楼	交底项目	五、六层顶板安装
工程编号	98－273	交底日期	2019 年 5 月 14 日

内容：1. 构件进场必须有出厂合格证

2. 构件数量及规格：160BL21、6、9—2，293YKBⅡ36.6A—3，32YKBⅢ36、9A—4，13YKBⅢ45、6B—3，2YKBⅢ45、9B—2

3. 构件支承处用 1:2.5 水泥砂浆找平

4. 构件安装时混凝土强度不小于设计强度的 70%

5. 板端支承长度：支承于梁上不小于 80mm，支承于墙上不小于 100mm

6. 板缝 3～5cm

7. 相邻两板下表面平整度允许偏差为 5mm

8. 拉结筋放置

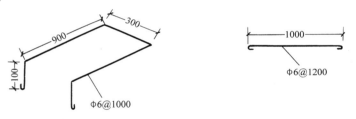

接受人：×××　　　　　　　　　　交底人：×××

10.3　设计变更、洽商记录与现场签证

10.3.1　设计变更

1. 设计变更的原因

1）图纸会审后，设计单位根据图纸会审纪要与施工单位提出的施工图错误、建议、要求，对设计进行变更修正。

2）在施工过程中，发现施工图错误，通过工作联系单，由建设单位转交设计单位，设计单位对设计进行修正。

3）建设单位在施工前或施工中，根据情况对设计提出新的要求，如增加建筑面积、提高建筑和装修标准、改变房间使用功能等，设计单位按照这些新要求，对设计进行修改。

4）因施工本身原因，如施工设备问题、施工工艺、工程质量问题等，需设计单位协助解决问题，设计单位在允许的条件下，对设计进行变更。

5）施工中发现某些设计条件与实际不符，此时必须根据实际情况对设计进行修正。如某些基础施工常出现这种情形。

2．设计变更的办理手续

所有设计变更均须由设计单位或设计单位代表签字（或盖章），通过建设单位提交给施工单位。施工单位直接接受设计变更是不合适的。

3．设计变更的处理办法

1）对于变更较少的设计，设计单位可以通过变更通知单，由施工单位自行修改，在修改的地方加盖图章，注明设计变更编号。若变更较大，则需设计单位附加变更施工图，或由设计单位另行设计图。

2）设计变更若与以前洽商记录有关，要进行对照，看是否存在矛盾或不符之处。

3）若施工中的设计变更对施工产生直接影响，如施工方案、施工机具、施工工期、进度安排、施工材料，或提高建筑标准、增加建筑面积等，均涉及工程造价与施工预算，应及时与建设单位联系，根据承包合同和国家有关规定，商讨解决办法。

4）设计变更与分包单位有关，应及时将设计变更有关文件交给分包施工单位。

5）设计变更的有关内容应在施工日志上记录清楚，设计变更的文本应登记、复印后存入技术档案。

10.3.2　洽商记录

在施工中，建设、施工、设计三方应经常举行会晤，解决施工中出现的各种问题，对于会晤洽谈的内容应以洽商记录方式记录下来。

1）洽商记录应填写工程名称、洽商日期、地点、参加人数、各方参加者的姓名。

2）在洽商记录中，应详细记述洽谈协商的内容及达成的协议或结论。

3）若洽商与分包商有关，应及时通知分包商参加会议，并参加洽商会签。

4）凡涉及其他专业时，应请有关专业技术人员会签，并发给该专业技术人员洽商单，注意专业之间的影响。

5）原洽商条文在施工中因情况变化需再次修改时，必须另行办理洽商变更手续。

6）洽商中凡涉及增加施工费用，应追加预算的内容，建设单位应给予承认。

7）洽商记录均应由施工现场技术人员负责保管，作为竣工验收的技术档案资料。

10.3.3　现场签证

现场签证是指在工程预算、工期和工程合同（协议）中未包括，而在实际施工中发生的，由各方（尤其是建设单位）会签认可的一种凭证，属于工程合同的延伸。施工过程中，由于设计及其他原因，经常会发生一些意外的事件而造成人力、物力和时间的消耗，给施工单位造成额外的损失。施工单位在现场向建设单位办理签证手续，使建设单位认可这些损失，从而可以此为凭证，要求建设单位对施工单位的损失给予补偿。

现场签证关系到企业的切身经济利益和重大责任，因此，施工现场技术与管理人员对此一定要严肃认真对待，切不可掉以轻心。

现场签证涉及的内容很多，常见的有变更签证、工料签证、工期签证等。

（1）变更签证　施工现场由于客观条件变化，使施工难于按照施工图或工程合同规定的内容进行。若变动较小，不会对工程产生大的影响，此时无须修改设计和合同，而是由建设单位（或其驻工地代表）签发变更签证，认可变更，并以此作为施工变更的依据。需办理变更签证的项目一般有以下几种：

1）设计上出现的小错误或对设计进行小的改动，若此改动不对工程产生大的影响，此时无须修改设计和合同，而是由建设单位直接签发变更签证而不必进行设计变更。

2）不同种类、规格的材料代换，在保证强度、刚度等的前提下，仍要取得建设单位的签证认可。

3）由于施工条件变化，施工单位必须对经建设单位审核同意的施工方案、进度安排进行调整，制订新的计划，这也需要建设单位签证认可。

4）凡非施工单位原因而造成的现场停工、窝工、返工质量、安全等事故，都要由建设单位现场签发证明，以作为追究原因、补偿损失的依据。

变更签证常常是工料签证和工期签证的基础。

（2）工料签证　凡非施工原因而额外发生的一切涉及人工、材料和机具的问题，均需办理签证手续。需办签证项目一般有以下几种：

1）建设单位供水、供电发生故障，致使施工现场断电停水的损失费。

2）因设计原因而造成的施工单位停工、返工损失费及由此而产生的相关费用。

3）因建设单位提供的设备、材料不及时，或因规格和质量不符合设计要求而发生的调换、试验加工等所造成的损失费用。

4）材料代换和材料价差的增加费用。

5）由于设计不同，未预留孔洞而造成的凿洞及修补的工料费用。

6）因建设单位调整工程项目，或未按合同规定时间创造施工条件而造成的施工准备和停工、窝工的损失费。

7）非施工单位原因造成的二次搬运费、现场临时设施搬迁损失费。

8）其他。

工料签证在施工中应及时办理，作为追加预算决算的依据。工料签证单可参考表 10-11。

表 10-11　工料签证单

工程名称：　　　　　　　　　　　　　　　　　　　　　　　　　　　　年　　月　　日

签证内容	发生日期		工作内容	人工				材料（机械）					
	月	日		等级	工日数	日工资	金额	名称	规格	单位	数量	单价	金额
核准意见	施工单位：　　　　　　　　　　　　　　　　　　　　　　　　　　经办人：												
	建设单位意见：　　　　　　　　　　　　　　　　　　　　　　　　经办人：												

（3）工期签证　工程合同中都规定有合同工期，并且有些合同中明确规定了工期提前或拖后奖罚条款。在施工中，对于来自外部的各种因素所造成的工期延长，必须通过工期签证予以扣除。工期签证常常也涉及工料问题，故也需要办理工料签证。通常需办理工期签证的有以下情形：

1）由于不可抗拒的自然灾害（地震、洪水、台风等自然现象）和社会政治原因（战争、骚乱、罢工等），使工程难以进行的时间。

2）建设单位不按合同规定日期供应施工图、材料、设备等，造成停工、窝工的时间。

3）由于设计变更或设备变更的返工时间。

4）基础施工中，遇到不可预见的障碍物后停止施工、进行处理的时间。

5）由于建设单位所提供的水源、电源中断而造成的停工时间。

6）由建设单位调整工程项目而造成的中途停工时间。

7）其他。

10.4　材料、构件的试验与检验

10.4.1　材料、构件试验与检验的意义和要求

在建筑施工中，工程质量的好坏，除了与施工工艺和技术水平有很大关系外，建筑材料与构件的质量也是最基本的条件。由于建筑材料与构件具有消耗量大、品种规格多、产品生产厂家多（不少是乡镇小厂）、供应渠道多等特点，因此，只有对进场材料和构件进行试验与检验，严把质量关，才能保证工程质量，防止质量与安全事故的发生。

国家对材料、构件的试验与检验有明确规定，要求"无出厂合格证明和没有按规定复试的材料，一律不准使用""不合格的构件或无出厂合格证明的构件，一律不准出厂和使用"；要求施工企业建立健全试验、检验机构，并配备一定数量的称职人员和必需的仪器设备，施工技术人员必须按要求进行试验与检验工作，并在施工中经常检查各种材料与构件的质量和使用情况。

10.4.2　材料进场的质量检验与试验

（1）对水泥的检验　水泥的检验项目主要是强度等级，另外还有安定性和凝结时间等。

1）水泥进场必须有质量合格证书，并对照其品种、规格、牌号、出厂日期等进行检查验收。国产水泥自出厂日起3个月内（快硬水泥为1个月）为有效期，超过有效期或对水泥质量有怀疑时要做复查试验，进口水泥使用前必须做复查试验，并按复查试验结果确定的强度等级使用。

2）若水泥质量合格证上无28天强度数据，应做快测试验，作为使用依据。

3）水泥试验报告单上，必须做28天抗压、抗折强度试验，根据需要还可做细度、凝结时间、安定性、水化热、膨胀率等试验，同时注明试验日期、代表批量、评定意见结论等。使用过期而强度不够的水泥，需要有建设单位和设计单位明确的使用意见。

水泥试验报告单见表10-12。

表 10-12 水泥试验报告单

委托单位		单位地址		委托日期		
水泥名称		强度等级		来样收到日期		
生产厂家		出厂日期		出厂试验编号		
来样重量		试验日期		试验报告编号		
1. 细度： 2. 标准稠度： 3. 凝结时间： 　　初凝：　　　终凝： 4. 安定性： 5. 强度： 试验结论： 报告日期：　　年　月　日		龄期类别	3d	7d	28d	
		抗压强度 /MPa				
		抗折强度 /MPa				

（2）对钢材的检验

1）凡为结构用钢材，均应有质量证明，并写明产地、炉号、品种、规格、批量、力学性能、化学成分等。钢材进场后要重做力学性能试验，内容包括屈服点、抗拉强度、伸长率、冷弯。若钢材有焊接要求，还需做焊接性能的试验。

2）一般情况下，可不进行化学成分的分析。但规范规定在钢筋加工过程中，若发生脆断、焊接性能不良和力学性能显著不正常时，则应进行化学成分或其他专项检验。

3）钢材力学性能检验应按规定抽样检验。

4）钢材在进场时要进行外观检验，其表面不得有裂缝、结疤、夹层和锈蚀，表面的压痕及局部的凸块、凹坑、麻面的深度或高度不得大于 0.2mm。

5）进口钢材应有出厂质量证书和相应技术资料。外贸部门与物资供应部门将进口钢材提供给使用单位时，应随货提供钢材出厂质量证书和技术资料复印件。凡使用进口钢材，应严格遵守先试验、后使用的原则，严禁未经试验盲目使用。

（3）对砖的检验　黏土砖检验时，首先在砖堆上随机取样，然后进行外观检查，包括尺寸、缺棱掉角、裂纹、弯凹等项目，最后做抗压强度、抗折强度、抗冻试验，并对该批黏土砖做出质量评定。另外，生产厂家在供应时，必须提出质量证书。

（4）对砂石等骨料的检验

1）根据进场砂石的不同用途，按照标准规定，测定砂石的各项质量指标。一般混凝土工程所用砂石的质量指标有：密度、颗粒级配、含泥率、含水率、干密度、空隙率、坚固性、软弱颗粒及有机物含量等。

2）骨料试验项目有：颗粒级配、松散密度、粗骨料吸水率、粗骨料的抗压强度。

（5）对防水材料的检验

1）石油沥青的检验项目有：软化点、伸长率、大气稳定性、闪光点、溶解度、含水率、耐热性；煤沥青的检验项目有：不溶物测定、软化点、密度、黏度等项目。

2）油毡与油纸首先要进行外观检验，然后检验其不透水性、吸水性、拉力、耐热度、柔度等指标。

3）建筑防水沥青嵌缝油膏试验项目有：耐热度、黏结性、挥发率、低温柔性等指标。

4）屋面防水涂料试验项目有：耐热性、黏结性、不透水性、低温柔韧性、耐裂性和耐久性。

（6）对保温材料的检验　保温材料的试验项目包括密度、含水率、热导率等。

（7）对电焊条的检验　结构用焊接焊条要有焊条材质的合格证明，所用焊条应与设计或规范要求相符。对质量有怀疑的应做复查试验。

（8）对其他材料的检验　凡是设计对材质有要求的其他材料，均应具备符合设计与有关规定的出厂质量证明。

10.4.3　构件进场的质量检验

1）进场的构件必须有出厂合格证明，不合格的构件或无出厂合格证明的构件不得使用。

2）必须有出厂合格证明的构件主要包括钢门窗、木门窗、各种金属构件与木构件、各种预制钢筋混凝土构件、石膏与塑料制品、非标准构件及设备。

3）构件进场应进行检验并在施工日志上记录：构件名称、规格、尺寸、数量；生产厂家及质量合格证书；堆放和使用部位；外观检查情况，包括表面是否有蜂窝、麻面、裂缝，是否有露筋或活筋，预埋件位置尺寸，是否有扭翘、硬伤、掉角等。

4）钢筋混凝土构件、预应力钢筋混凝土构件等主要承重构件，均必须按规定抽样检验。

5）若对进场钢筋混凝土构件的质量有怀疑时，应进行荷载试验，测定该构件的结构性能是否满足设计要求。

10.4.4　成品、半成品的施工试验

为确保工程质量，对施工中形成的成品、半成品也要按规定进行试验，如砂浆、混凝土的配合比与强度试验等，试验结果形成试验报告。成品、半成品的施工试验项目和内容主要有以下几方面：

（1）土工试验　土工试验一般是指各种回填土（包括素土、灰土、砂、砂夹石），试验的主要项目是回填土的干密度、含水率和孔隙率。土工试验要与施工同时进行，在分层夯实回填时分层取样，取样数量见表10-13。

表 10-13　回填土试验取样数量

项次	项目	单位	取点范围（每层）		限制数量
			回填土	灰土	
1	基坑	m²	30～100 取一点	30～100 取一点	不少于一点
2	基槽	m²	30～50 取一点	30～50 取一点	不少于一点
3	房心回填	m²	30～100 取一点	30～100 取一点	不少于一点
4	其他回填	m²	100～400 取一点	30～100 取一点	不少于一点

（2）砂浆配合比与强度试验

1）砂浆可分为砌筑砂浆、抹灰砂浆、防水砂浆等，应按不同使用用途配制和试验。

2）砂浆配合比均应由试验室提出砂浆配合比通知单，并对原材料质量和施工注意事项提出要求。

3）砂浆试验项目包括砂浆的稠度、密度、抗压强度、抗渗性等，根据设计要求及施工现场的情况而定。

4）砂浆试块按有关规范随机抽样制作，在标准养护条件下养护 28 天，送到试验室试压。

5）砂浆试块强度报告单上，要写明试件尺寸、配合比、材料品种、成型日期、养护方法、代表的工程部位、设计要求强度、单块试件强度和按规范算得的强度代表值，要求结论明确、签章齐全。

（3）混凝土配合比与强度试验

1）配制混凝土的原材料要满足有关质量要求，不清楚者应做鉴定试验。

2）混凝土配合比与强度试验包括混凝土配合比设计试验、混凝土拌和物性能试验、混凝土力学性能试验。混凝土的配合比应满足结构物的强度要求并具有良好的和易性，砂石级配合理，并考虑泵送混凝土、抗渗混凝土等特殊要求；混凝土的拌和物应满足坍落度、稠度、含水量、水灰比、凝结时间等要求；混凝土的力学性能通过预留试块，养护 28 天后做试块抗压强度测定。

3）混凝土力学性能试验时，按照规定随机抽样制作混凝土试块。混凝土试块强度报告单上应写明试块尺寸、配合比、成型日期、养护方法、代表的工程部位、设计要求强度、单块试件强度和按规范算得的强度代表值，要求结论明确、签章齐备。

4）必要时可制作试块，做耐久性和抗冻性、抗渗性等项试验。

10.5　隐蔽工程检查与验收

隐蔽工程检查与验收是指本工序操作完成以后将被下道工序掩埋、包裹而无法再检查的工程项目，在隐蔽之前所进行的检查与验收。它是建筑工程施工中必不可少的重要程序，是对施工人员是否认真执行施工验收规范和工艺标准的具体鉴定，是衡量施工质量的重要尺度，也是工程技术资料的重要组成部分，工程交工使用后又是工程检修、改建的依据。

10.5.1　隐蔽工程检查与验收的项目和内容

1. 土建工程

1）地槽的隐蔽验收：槽底钎探、地质情况、基槽几何尺寸、标高，古墓、枯井及软弱地基处理方式等。

2）基础的隐蔽验收：基础垫层、钢筋、基础砌体、沉降缝、伸缩缝、防震缝、防潮层。

3）钢筋工程：钢筋混凝土结构中的钢筋，要检查钢筋的品种、位置、尺寸、形状、规格、数量、接头位置、搭接长度、预埋件与焊件，以及除锈、代换等情况；砌体结构中的钢筋，包括抗震拉结筋、连接筋、钢筋网等，检查钢筋品种、数量、规格、质量等。

4）焊接：检查焊条品种、焊口规格、焊缝长度、焊接外观与质量等。

5）防水工程：包括屋面、地下室、水下结构、外墙板。检查防水材料质量、层数、细部做法、接缝处理等。

6）其他完工后无法检查的工种，重要结构部位和有特殊要求的隐蔽工程部位。

2．给水排水与暖通工程

1）暗管道工程：检查水暖暗管道的位置、标高、坡度、直径、试压、闭水试验、防锈、保温及预埋件的情况。

2）检查消防系统中消火栓、水泵接合器等设备的安装与试用情况。

3）锅炉工程：在保温前检查胀管、焊缝、接口、螺栓固定及打泵试验等。

3．电气工程

1）电气工程暗配线应进行分层分段的隐蔽检查，包括隐蔽内线走向与位置、规格、标高，弯接头及焊接跨接地线，防腐，管盒固定，管口处理。

2）电缆检查与验收时，要进行绝缘试验；对于地线、防雷针等，还要进行电阻试验等。

3）在配合结构施工时，暗管线施工应与结构或装修同时进行，应做隐蔽验收与自检；在调试过程中，每一段试运行须有验收记录。

10.5.2 隐蔽工程检查与验收的组织方法和注意事项

（1）隐蔽工程检查与验收的组织方法 隐蔽工程检查验收应在班组自检的基础上，由施工队技术负责人组织，工长、班组长和质量检查员参加，进行施工单位内部检验。检查符合要求后，几方共同签字。再请设计单位、建设单位正式检查验收，签署意见，然后列入工程档案。

（2）注意事项

1）在隐蔽工程隐蔽之前，必须由单位工程负责人通知各方有关人员参加，在组织施工时应留出一定的隐蔽工程检查验收时间。

2）隐蔽工程的检查与验收，只有检查合格后方可办理验收签字。不合格的工程，要进行返工，复查合格后，方可办理隐蔽工程检查验收签字。不得留有未了事项。

3）未经隐蔽工程检查与验收的隐蔽工程，不允许进行下道工序施工。施工技术负责人要严格按规定要求及时办理隐蔽工程的检查与验收。

10.5.3 隐蔽工程检查验收记录

经检查合格的工程，应及时办理验收记录，隐蔽工程检查验收记录内容如下：

1）单位工程名称及编号；检验日期。

2）施工单位名称。

3）验收项目的名称，在建筑物中的部位，对应施工图的编号。

4）隐蔽工程检查验收的内容、说明或附图。

5）材料、构件及施工试验的报告编号。

6）检查验收意见。

　　7）各方代表及负责人签字，包括建设单位、施工单位及质量监督管理和设计部门等。

　　隐蔽工程检查记录由施工技术员或单位工程技术负责人填写，必须严肃、认真、正规、全面，不得漏项、缺项。隐蔽工程检查与验收记录实例见表 10-14。

表 10-14　隐蔽工程检查与验收记录实例

工程名称	某学生宿舍	图纸编号	G4 – 6
工程编号	2019 – 273	验收日期	2019 年 11 月 13 日
验收项目	承台混凝土垫层	隐蔽时间	2019 年 11 月 13 日

说明或附件	1. 按 G4-5 平面布置 2. 设计 Z 类承台下设 C10 素混凝土垫层，四周宽出 100mm，厚 100mm，底标高 – 5.400m ~ – 3.600m 3. C10 配合比 1∶3.24∶5.52∶0.6，坍落度 3cm，每立方米分四罐，每罐包括：小岭水泥 56.25kg；中砂 182.5kg；2.4 碎石 310.75kg 4. 按冬期施工要求，水加热不大于 80℃，砂加热不大于 40℃；按水泥用量的 5% 加 JA—Ⅱ型防冻剂，每罐 2.8kg 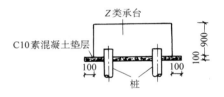
检查内容	小岭水泥合格证：0437954，复试报告：93—50 中砂合格证：93 – 90，2 – 4 碎石：93—101 混凝土强度报告：93—1753，1968 号
验收意见	经查验：平面布置、密实度、厚度、配合比、外加剂等，均符合设计及规范要求，同意验收

质量部门	建设单位	施工单位
代　表：	代　表：	代　表：

10.6　施工日志与工程施工记录

10.6.1　施工日志与工程施工记录的概念和作用

　　施工日志和工程施工记录都是工程技术档案的重要组成部分。施工日志是建筑工程施工过程中每天各项施工活动（包括施工技术与施工组织管理）和现场情况变化的综合性记录，是施工现场管理的重要内容之一。它是施工现场管理人员处理施工问题的不可缺少的备忘录和总结施工经验的基本素材。通过查阅施工日志，可以比较全面地了解到当时施工的实况，同时也是工程投入使用后维修和加固的重要依据。施工日志在工程竣工后，由施工单位列入工程技术档案保存。

工程施工记录简称"施工记录"，是指工程施工及验收规范中规定的各种记录，是检验施工操作和工程施工质量是否符合设计要求的原始资料。作为技术资料，在工程完工后将施工记录提交给建设单位，由其列入工程技术档案保存。

10.6.2　施工日志的内容和填写要求

施工日志的内容应视工程的具体情况而定，没有千篇一律的标准，一般应包括以下内容：

1）日期、时间、气候、温度。

2）施工部位名称、施工现场负责人和各工种负责人姓名及现场人员变动、调度情况。

3）施工各班组工作内容、实际完成情况。

4）施工现场操作人员数量及变动情况。

5）施工任务交底、技术交底和安全操作交底情况。

6）施工中涉及的特殊措施和施工方法，新技术、新材料的推广应用情况。

7）施工进度是否满足施工组织设计与计划调度部门的要求。

8）建筑材料、构件进场及检验情况。

9）施工机械进场、退场及故障修理情况。

10）质量检查情况、质量事故原因及处理方法。

11）安全防火检查中发现的问题与改正措施及有关记录。

12）施工现场文明施工、场容管理存在的问题及其处理情况。

13）停工情况及原因。

14）总分包之间、土建与专业工种之间配合施工情况，存在哪些需要进一步协调的问题。

15）收到各种施工技术及管理性文件情况。

16）施工现场召开的各种会议主要内容、参加人员和达成协议记录。

17）施工现场接待外来人员情况，包括建设单位、设计单位的代表对施工现场与工程质量的意见与建议；兄弟单位到施工现场参加学习的情况；上级领导或市政职能部门（如市建筑工程质量监督站）到现场视察指导情况等。

18）班组活动情况。

19）冬、雨期施工准备及措施执行情况。

20）其他。

施工日志应该按照单位工程填写，从开工日起到竣工交验为止，逐日记载，不许中断。在工作中若发生人员调动，应进行施工日志的交接，以保持施工日志的连续性、完整性。施工日志一般均采用表格形式，以便于记录。

某工程施工日志举例见表10-15。

表 10-15　某工程施工日志举例

工程内容	×××学生宿舍	气象	晴，有时多云
日期	××××年 5 月 20 日	气温	11～21℃

内容：（1）今天起施工五层楼板，预计明天上午铺完

　　　（2）进小岭水泥 15t，PO42.5，入库，验收完毕

　　　（3）昨夜下雨，今早上现场较泥泞，中午后渐干

　　　（4）清理现场东侧的积土，在上面堆放门窗

　　　（5）午后进砖 3 车

　　　（6）中午停电 2h，后经交涉又送电

　　　（7）上午监理来现场，督促进度与质量

　　　（8）公司副总到现场检查，对工程质量表示满意，鼓励大家努力争取优质工程

　　　（9）要注意的问题：

　　　　　1）楼梯模板与混凝土施工

　　　　　2）楼板板缝要灌注密实

　　　　　3）上楼板时务必注意安全

　　　　　4）加强进场材料的质量检验

　　　　　5）水暖电施工与土建配合进行

技术负责人：×××　　　　　　工长：×××　　　　　　记录：×××

10.6.3　施工记录的内容和填写要求

工程施工记录在工程施工及验收规范中有明确的规定，一般有如下内容：

1）混凝土工程、钢筋混凝土工程的施工记录。

2）桩、承台及各种灌注桩基础记录。

3）预应力混凝土工程的预应力钢筋冷拉记录、千斤顶张拉记录、电热法施加预应力记录。

4）基础勘探记录（附有钎探编号平面图）。

5）冬期施工测温记录。

6）建筑物、构筑物沉降观测记录（附沉降观测点布置图）。

7）各种测量记录。

8）水暖工程中各种水、气管线和设备的水压、气压密闭性和真空度试验记录。

9）照明、动力配线记录等。

工程施工记录和隐蔽工程验收记录一样，是检验衡量建筑工程施工质量的关键性技术资料，因此，现场施工技术负责人员必须严肃认真，随着工程施工进度及时地、实事求是地按规定表格逐项填写。有些记录，还应附有机具、仪表检验和试验证明资料，并经有关人员签证后方可生效。

施工记录的表格形式，参见有关施工及验收规范。对于新技术、新材料、新结构的工程项目，国家尚无统一的记录格式时，可根据具体情况，自行设计表格形式并详细填写记录。

某工程施工现场混凝土工程施工记录见表 10-16。

表 10-16　某工程施工现场混凝土工程施工记录

工程名称	××学生宿舍	施工日期	2019 年 5 月 27 日
工程编号	2018—373	气温气候	5～19℃
结构名称	七层圈梁、六层楼梯	混凝土量	30m³
浇筑部位	圈梁、楼梯斜梁	浇筑数量	30m³/班

设计强度等级：C20　　　　　　　　　　配制强度等级：C20

混凝土配合比设计报告编号：

<table>
<tr><td rowspan="5">配合比</td><td>材料
　　　　　
项目</td><td>水泥</td><td>砂</td><td>石</td><td>水</td><td colspan="2">外加剂名称及数量</td><td colspan="2">外掺混合料
名称及数量</td></tr>
<tr><td>配合比</td><td>1</td><td>2.38</td><td>4.05</td><td>0.6</td><td></td><td></td><td></td><td></td></tr>
<tr><td>kg/m²</td><td>300</td><td>714</td><td>1216</td><td>180</td><td></td><td></td><td></td><td></td></tr>
<tr><td>kg/m²</td><td>75</td><td>178.5</td><td>304</td><td>45</td><td></td><td></td><td></td><td></td></tr>
<tr><td>材料报告编号</td><td>94—20</td><td>94-52</td><td>94-27</td><td></td><td></td><td></td><td></td><td></td></tr>
</table>

捣实方法：振动棒　　　　　　　　　　拆模时间：6 月 20 日以后

<table>
<tr><td rowspan="6">试块</td><td>养护方法</td><td>留置组数</td><td colspan="2"></td></tr>
<tr><td rowspan="3">同条件</td><td></td><td>试块编号</td><td></td></tr>
<tr><td></td><td>送样编号</td><td></td></tr>
<tr><td></td><td>报告编号</td><td></td></tr>
<tr><td rowspan="2">标　养</td><td rowspan="2">1</td><td>试块编号</td><td>5271</td></tr>
<tr><td>送样编号</td><td>5271</td></tr>
</table>

试块	标　养	1	报告编号	94—715

备注：PO42.5 水泥，中砂 2～4 碎石，坍落度 3～5cm，浇水养护

技术负责人：　　　　　　　　工长：　　　　　　　　记录：

10.7　现场文明施工

10.7.1　现场文明施工的概念

　　现场文明施工是指施工中保持场地卫生、整洁，施工组织科学，施工程序合理的一种施工现象。文明施工的现场有整套的施工组织设计（或施工方案），有健全的施工指挥系统和岗位责任制，工序交叉衔接合理，交接责任明确，各种临时设施和材料、构件、半成品按平面位置堆放整齐，施工现场场地平整，道路通畅，排水设施得当，水电线路整齐，机具设备状况良好，使用合理，施工作业标准规范，符合消防和安全要求，对外界的干扰和影响较小等。一个工地的文明施工水平是该工地乃至所在企业各项管理工作水平的综合体现，也可从一个侧面反映建设者的文化素质和精神风貌。

10.7.2　现场文明施工的要求

　　现场文明施工的要求并无统一的条例，各地区、各企业按照实际需要均制定自己的规

章，一般有以下几方面的要求：

1. 现场场容管理方面

1）工地主要入口处要设置简朴方正的大门，门旁必须设立明显的标牌，标明工程建设的基本情况和施工现场平面简图。

2）现场围墙与钢丝网必须整齐规矩，并符合地方政府的要求。

3）建立文明施工责任制，划分区域，明确各自分担责任，及时清除杂物，保持现场整洁。

4）施工现场场地平整，道路通畅坚实，有排水措施，基础、地下管道施工完后要及时回填平整，清除积土。

5）现场中的各种临时设施，包括办公、生活用房，仓库、材料与构件堆场，临时水电管线，要严格按照施工组织设计确定的施工平面图来布置，搭设或埋设整齐，不准乱堆乱放。

6）现场水电要有专人管理，不得有长流水、长明灯。

7）工人操作地点和周围必须清洁整齐，要做到边干活边清理，活完料净场清。

8）各种材料、半成品在场内运输过程中，要做到不洒、不漏、不剩，洒落漏掉时要及时清理。

9）要有严格的成品保护措施，严禁损坏污染成品、堵塞管道。

10）建筑施工中清除的垃圾残土，要通过楼梯间或施工机械向下清理，严禁从窗口、阳台向窗外抛掷。

11）施工现场的残土和垃圾要适当设置临时堆放点，并及时外运。

12）针对现场情况设置宣传标语和黑板报，并适时更换内容，起到宣传自己、鼓舞士气、表扬先进的作用。

2. 现场材料、机具管理方面

1）现场各种材料要按照施工平面图中规定的位置堆放，堆放场地坚实平整，并有排水措施，材料堆放按照品种、规格分类堆放，要求堆放整齐，易于保管和使用。

2）怕潮、怕淋晒的材料要有防潮和苫盖措施，易失小件和贵重物品应入库保管。

3）现场使用的机械设备要按施工组织设计规定的位置定点安放，机身经常保持清洁，安全装置必须可靠，机棚内外干净整齐，视线良好。

4）塔式起重机轨道要按规定铺设整齐，轨道要封闭，石子不外溢。

3. 现场安全、消防、保卫方面

1）在生产中，要严格遵守安全技术操作规程，安全设施齐全，安全措施可靠，坚持使用安全"三件宝"，提升设备要有安全装置。

2）现场要有明显的安全施工、防火的宣传标牌、标语，设置足够的消防器材，保持消防道路通畅，严禁吸烟。

3）现场用火要经工地负责人批准，易燃、易爆和剧毒物品的使用与保管，要严格按规定执行。

4）高层建筑，尤其是临街的高层建筑施工，要严防物体坠落。

5）上下人的楼梯和马道要及时清扫，避免跌滑。

6）现场应有专门的保卫和值班人员，坚持昼夜巡视，仓库的门窗要牢固，窗有插销，门要上锁,严防材料、机具丢失被盗。

4. 现场施工对外界的干扰、影响方面

1)施工中应尽量减少对周围居民生活的影响和对环境造成污染。

2)施工时少占或不占道路,施工时产生的污水和地面积土尽量不要影响居民的出入。

3)施工中尽量减少噪声、粉尘、振动、烟雾和强光等对周围居民日常生活的干扰。

4)施工中尽量减少对绿地、树木、城市公共设施的破坏,或者对损坏的设施应尽快修复,恢复其使用。

5)施工不可避免地影响周围居民正常生活时,施工单位应以标语或标牌等宣传方式,向群众解释清楚,以求得到谅解、协作与支持。

5. 现场施工操作规范化、标准化方面

1)施工现场各种操作规范、组织机构齐全,施工前向工人班组交底内容全面、清楚。

2)工人施工操作能够遵守各种操作规程,严禁不顾安全和设备的"野蛮施工"。

3)各种周转性材料(模板、脚手架杆)在拆除时应轻拿递送,以免损坏或缩短使用周期,各种施工机械严禁超负荷使用,杜绝"要钱不要命"的现象。

4)各种制品、构件运输装卸时,应轻拿轻放,严禁"野蛮装卸"、损坏物品。

6. 现场生活卫生管理方面

1)施工现场办公室、宿舍、食堂等临时房屋要经常清扫,保持卫生清洁,并在竣工交用后及时拆除或清退。

2)施工现场要按规定设置临时厕所,经常打扫保持清洁,并定期消毒。

3)施工现场和拟建工程严禁随处便溺。

4)竣工项目要做到"五净",即建筑物入口处和周围要扫净,地面、楼梯要洁净,门窗玻璃要擦净,垃圾筒内要清净,卫生设备要洗净。

上述各项条例为文明施工的基本要求,事实上,文明施工作为体现施工技术与管理水平的综合指标,其含义远非如此。在实际工作中可以根据各地区、各工地的具体情况,制定文明施工的具体条例,不必照搬以上各项要求。

为了推动建筑施工现场的文明施工,一些企业和地区建设管理部门定期对各工地的文明施工情况进行检查、评定。对优秀的工地授予文明工地称号,对不合格的工地,督促其限期整改,甚至给予适当的经济处罚。

10.8 建筑工程竣工验收

10.8.1 建筑工程竣工验收概述

建筑工程的竣工是指房屋建筑通过施工单位的施工建设,业已完成了设计图或合同中规定的全部工程内容,达到建设单位的使用要求,标志着工程建设任务的全面完成。

建筑工程竣工验收是施工单位将竣工的建筑产品和有关资料移交给建设单位,同时接受对产品质量和技术资料审查验收的一系列工作,它是建筑施工与管理的最后环节。通过竣工验收,甲、乙双方核定技术标准与经济指标。如果达到竣工验收要求,则验收后甲、乙双方可以结束合同的履行,解除各自承担的经济与法律责任。

1. 竣工验收的依据

1）上级有关部门批准的计划任务书，城市建设规划部门批准的建设许可证和其他有关的文件。

2）工程项目可行性研究报告，整套的设计资料（包括技术设计和施工图设计）、设计变更、设备技术说明书和上级有关部门的文件与规定。

3）建设单位与施工单位签订的工程施工承包合同。

4）国家现行的工程施工与验收规范、建筑工程质量评定标准，以及各种省市规定的技术标准。

5）从国外引进的新技术或成套设备项目，还应按照签订的合同和国外提供的设计文件等资料进行验收。

6）建筑工程竣工验收技术资料。

2. 竣工验收的标准

1）交付竣工验收的工种，已按施工图和合同规定的要求施工完毕，并达到国家规定的质量标准，能够满足生产和使用要求。

2）室内上下水、采暖通风、电气照明及线路安装敷设工程，经过试验达到设计与使用要求。

3）交工工程达到窗明、地净、水通、灯亮。

4）建筑物周围 4m 范围内场地清理完毕，施工残余渣土全部运出现场。

5）设备安装工程（包括其中的土建工程）施工完毕，经调试、试运转达到设计与质量要求。

6）与竣工验收项目相关的室外管线工程施工完毕并达到设计要求。

7）应交付建设单位的竣工图和其他技术资料齐全。

10.8.2　工程技术档案与交工资料

1. 工程技术档案及其作用

工程技术档案是指反映建筑工程的施工过程、技术、质量、经济效益、交付使用等有关的技术经济文件和资料。工程技术档案源于工程技术资料，是工程技术管理人员在施工过程中记载、收集、积累起来的。工程竣工后，这些资料经过整理，移交给技术档案管理部门汇集、复印，立案存档。其中一部分作为交工资料移交给建设单位归入基本建设档案。

工程技术档案是施工企业总结施工经验，分析查找工程质量事故原因，提高企业施工技术管理水平的重要基础工作；同时，交工档案也可为建设单位日后进行工程的扩建、改建、加固、维修提供必要的依据。

2. 工程技术档案的内容

工程技术档案的内容包括施工依据性资料，施工指导性文件，施工过程中形成的文件资料，竣工文件资料，优质工程验收评审资料，工程保修、回访资料六个方面。

（1）施工依据性资料

1）申请报告及批准文件。

2）工程承包合同（协议书）、施工执照。

（2）施工指导性文件

1）施工组织设计和施工方案。

2）施工准备工作计划。

3）施工作业计划。

4）技术交底。

（3）施工过程中形成的文件资料

1）洽商记录。包括图纸会审纪要，施工中的设计变更通知单、技术核定通知单、材料代用通知单、工程变更洽商单等。

2）材料试验记录。施工中主要材料的质量证明。

3）施工试验记录。包括各种成品、半成品的试验记录。

4）各种半成品、构件的出厂证明书。

5）隐蔽工程检查验收记录、预检复核记录、结构检查验收证明。

6）中间交接记录。复杂结构施工过程中，相邻施工工序或总包与分包之间应办理的中间交接记录。

7）施工记录。包括地基处理记录、混凝土施工记录、预应力构件吊装记录、工程质量事故及处理记录、冬雨期施工记录、沉降观测记录等。

8）单位施工日志。

9）已完分部（项）工程和整个单位工程的质量评定资料。

10）施工总结和技术总结。

（4）竣工文件资料

1）竣工工程技术经济资料。包括竣工测量、竣工图、竣工项目一览表、工程预决算与经济分析等。

2）竣工验收资料。包括竣工验收证明、竣工报告、竣工验收报告、竣工验收会议文件等。

（5）优质工程验收评审材料　若工程交付使用并且被国家评为优质工程，则工程档案中还应包括优质工程申报、验评、审批的有关资料。

（6）工程保修、回访资料　从以上内容可以看出，工程技术档案并不限于工程竣工之前的资料，还包括工程竣工之后一定时期内的各种相关资料。

3. 交工资料及其内容

交工资料是工程竣工时施工单位移交给建设单位的有关工程建设情况、建筑产品基本情况的资料。交工资料不同于施工单位的工种技术档案，它只是工程技术档案的一部分，目的是保证各项工程的合理使用，并为维护、改造、扩建提供依据。交工资料包括以下两部分：

（1）竣工文件资料

1）竣工图。竣工图是真实地记录已完建筑物或构筑物地上地下全部情况的资料。若竣工工程是按图施工，没有任何变化的，则可以施工图作为竣工图；若施工中发生变更，则视变化情况，在原图上修改、说明后，作为竣工图，或者重新绘制竣工图。

2）竣工工程项目一览表。包括工程项目名称、位置、结构类型、面积、附属设备等。

3）竣工验收报告及工程决算书。

（2）施工过程中形成的资料

1）图纸会审记录，设计变更洽商记录。

2）材料、构件、设备的质量合格证明。

3）隐蔽工程检查验收记录（包括打桩、试桩、吊装记录）。

4）施工记录。包括必要的试验检验记录、施工测量记录和建筑物沉降变形观测的记录。

5）中间交接记录与证明。

6）工程质量事故发生和处理记录。

7）由施工单位和设计单位提出的建筑物、构筑物使用注意事项文件。

8）其他的有关该项工程的技术决定和技术资料。

10.8.3　工程竣工验收工作实施步骤

为了加强对竣工验收工作的领导，一般在竣工之前，根据项目的性质、规模，成立由生产单位、建设单位、设计单位和建设银行等有关部门组成的竣工验收委员会。某些重要的大型建筑项目，应报国家发改委组成验收委员会。

1）竣工验收准备工作。在竣工验收之前，建设单位、生产单位和施工单位均应进行验收准备工作。其中包括：

① 收集、整理工程技术资料、分类立卷。

② 核实已完工程量和未完工程量。

③ 工程试投产或工程使用前的准备工作。

④ 编写竣工决算分析。

2）预验收。施工单位在单位工程交工之前，由施工企业的技术管理部门组织有关技术人员对工程进行企业内部预验收，检查有关的工种技术档案资料是否齐备，检查工程质量按国家验收规范标准是否合格，发现问题及时处理，为正式验收做好准备。

3）工程质量检验。根据国家颁布的《建筑工程质量管理条例》的规定，由质量监督站进行工程质量检验。质量不合格或未经质量监督站检验合格的工程，不得交付使用。

4）正式竣工验收。由各方组成的竣工验收委员会对工程进行正式验收。首先听取并讨论预验收报告，核验各项工程技术档案资料，然后进行工程实体的现场复查，最后讨论竣工验收报告和竣工鉴定书，合格后在工程竣工验收书上签字盖章。

5）施工单位向建设单位移交工程交工档案资料进行竣工决算，拨付清工程款。

由于各地区竣工验收的规定不尽相同，实际工作中按照本地区的具体规定执行。

10.8.4　施工总结和工程保修、回访

竣工验收之后，施工单位还有两项工作要做，就是施工总结和工程保修、回访。

1. 施工总结

施工结束后，施工单位应该认真总结本工程施工的经验和教训，以提高技术和管理水平。施工总结包括技术、经济与管理几方面：

（1）技术方面　主要总结施工中采用的新材料、新技术和新工艺及相应的技术措施。

（2）经济方面　考核工程的总造价、成本降低率、全员劳动生产率、设备利用率和完

好率、工程质量优良品率等指标。

（3）管理方面　施工中采用的先进管理方式、管理手段，产生的良好效果等。

2. 交工后保修、回访

工程交工后，施工单位还要依照国家规定，在一定时期内对施工建设的工程进行保修，以保证工程的正常使用，体现企业为用户服务的思想，树立企业的良好形象。国家对保修期的规定是：

1）基础设施工程、房屋建筑的地基基础工程和主体结构工程，为设计文件规定的该工程的合理使用年限。

2）屋面防水工程、有防水要求的卫生间、房间和外墙面的防渗漏为5年。

3）供暖与供冷系统为2个供暖期、供冷期。

4）电气管线、给水排水管道、设备安装和装修工程为2年。建设工程的保修期，自竣工验收合格之日起计算。

在工程保修期内，施工单位应该定期回访用户，听取用户对工程质量与使用的意见，发现由施工造成的质量事故和质量缺陷，应及时采取措施进行保修。

复习思考题

1. 施工作业计划的内容有哪些？如何贯彻实施？

2. 什么是施工技术交底？编制要求有哪些？

3. 技术交底包括哪些内容？要求有哪些？

4. 现场签证的内容主要有哪些？

5. 对几种主要材料如何进行进场检验？

6. 隐蔽工程需要检查和验收的项目有哪些？具体内容是什么？

7. 施工日志和施工记录的内容有哪些？如何填写？

8. 施工现场文明施工的内容有哪些？

9. 建筑工程竣工验收的依据和标准是什么？

11

第 11 章
建筑施工商务管理

11.1　建筑施工中的沟通管理

建筑施工中的沟通管理就是要保证施工项目信息及时、正确地提取、收集、传播、存储及最终进行处置，保证施工项目团队内部的信息畅通。团队内部信息的沟通直接关系到团队的目标、功能和组织结构，对于项目的成功有着重要的意义。在建设项目中，沟通是不可忽视的。项目经理最重要的工作之一就是沟通，通常花在这方面的时间应该占到全部工作的 75%～90%。良好的交流才能获取足够的信息、发现潜在的问题、控制好项目的各个方面。

11.1.1　建筑施工中的沟通管理概述

1. 建筑施工中沟通管理的定义及特征

（1）建筑施工中的沟通管理　建筑施工中的沟通管理就是为了确保施工项目信息合理收集和传输，对施工项目的内容、信息传递的方式、信息传递的过程等所进行的全面的管理活动。建筑施工中沟通的对象应是项目所涉及的内部和外部有关组织和个人，包括建设单位和勘察设计、监理、咨询服务等单位，以及其他相关组织。

（2）建筑施工中沟通管理的特征

1）复杂性。建筑施工过程中，项目管理的参与方众多，包括建设单位、监理单位、勘察单位、设计单位及建筑材料、构配件及设备生产或供应单位。为确保项目团队按照设计图和相关文件，在建设场地上将设计的意图付诸实践的测量、作业、检验等形成工程实体的各项活动顺利实施，项目团队必须与项目管理的各参与方进行沟通。另外，建筑施工过程是由特意为其建立的项目团队实施的，具有临时性。因此，项目沟通管理必须协调各部门及部门与部门之间的关系，才能确保项目顺利实施。

2）系统性。施工项目是开放的复杂系统。施工项目的确立将全部或局部地涉及社会政治、经济、文化等诸多方面，对生态环境、能源将产生或大或小的影响，这就决定了项目沟通管理应从整体利益出发，运用系统的思想和分析方法，全过程、全方位地进行有效的管理。

（3）建筑施工中沟通管理的重要性　对于施工项目来说，要科学地组织、指挥、协调和控制施工项目的实施过程，就必须进行信息沟通。没有良好的信息沟通，对施工项目的发展和人际关系的改善，都会存在着制约作用。

1）决策和计划的基础。施工项目经理部要想做出正确的决策，必须以准确、完整、及时的信息作为基础。

2）组织和控制管理过程的依据和手段。只有通过信息沟通，掌握施工项目经理部内的各方面情况，才能为科学管理提供依据，才能有效地提高施工项目经理部的组织效能。

3）建立和改善人际关系是必不可少的条件。信息沟通，意见交流，将许多独立的个人、团体、组织贯通起来，成为一个整体。畅通的信息沟通可以减少人与人的冲突，改善人与人、人与施工项目经理部之间的关系。

4）施工项目经理成功领导的重要手段。施工项目经理是通过各种途径将意图传递给下级人员并使下级人员理解和执行的。如果沟通不畅，下级人员就不能正确理解和执行领导意图，施工项目就不能按项目经理的意图进行，最终导致项目混乱甚至项目失败。

2. 建筑施工中沟通管理的原则

在施工项目中，很多人也知道去沟通，可效果却不明显，似乎总是不到位，由此引起的问题也层出不穷。其实要达到有效的沟通，有很多要点和原则需要掌握，"尽早沟通、主动沟通"就是其中的两个原则。

尽早沟通要求施工项目经理要有前瞻性，定期与施工项目的各参与方及项目团队成员建立沟通，不仅容易发现当前存在的问题，很多潜在问题也能暴露出来。在施工项目中出现问题并不可怕，可怕的是问题没被发现。沟通得越晚，暴露得越迟，带来的损失越大。沟通是人与人之间交流的方式。主动沟通说到底是对沟通的一种态度。在建筑施工中，应极力提倡主动沟通，尤其是当已经明确了必须要去沟通的时候。施工项目经理面对项目的各参与方、上级及团队成员，主动沟通不仅能建立紧密的联系，更能表明项目团队对项目的重视和参与，会使沟通的另一方满意度大大提高，对整个项目非常有利。

3. 建筑施工中沟通管理的方法

（1）施工项目内部沟通　施工项目内部沟通应包括施工项目经理部与施工单位组织管理层、施工项目经理部内部的各部门和相关成员之间的沟通与协调。内部沟通应依据施工项目沟通计划、规章制度、项目管理目标责任书、控制目标等进行。内部沟通可采用授权、会议、文件、培训、检查、项目进展报告、思想教育、考核与激励及电子媒体等方式。

（2）施工项目外部沟通　施工项目外部沟通应由组织与项目各参与方进行沟通。外部沟通应依据施工项目沟通计划、有关合同和合同变更资料、相关法律法规、伦理道德、社会责任和项目具体情况等进行。外部沟通可采用电话、传真、召开会议、联合检查、宣传媒体和施工项目进展报告等方式。

11.1.2　建筑施工中的沟通程序和内容

1. 建筑施工中沟通程序

1）施工项目经理部根据项目实际需要及可能出现的矛盾和问题，制订沟通与协调计划，明确原则、内容、对象、方式、途径、手段和所要达到的目标。

2）施工项目经理部针对不同阶段出现的矛盾和问题，调整沟通计划。

　　3）施工项目经理部应运用计算机处理技术，进行项目信息收集、汇总、处理、传输与应用，进行信息沟通与协调，形成档案资料。

　　2. 建筑施工中沟通的内容

　　沟通与协调的内容应涉及与施工项目实施有关的信息，包括项目各参与方共享的核心信息、项目内部和项目相关组织产生的有关信息。它主要包括：

　　（1）施工项目经理部与业主的沟通　　业主代表项目的所有者，对施工项目承担全部责任，行使项目的最高权力。而施工项目经理部作为由企业授权，并代表企业履行工程承包合同，进行项目管理的工作班子，要取得项目的成功必须服从业主的决策、指令和对建设项目实施阶段的干预。因此，施工项目经理部要做好与业主的沟通，理解业主的意图，并使业主理解项目经理部的工作，从而获得业主的支持。

　　（2）施工项目经理部与施工项目各参与方的沟通　　这里的施工项目各参与方是指工程的分包商、监理单位、勘察单位、设计单位及建筑材料、构配件及设备生产或供应单位。施工项目经理部作为项目的具体实施者，为使工程项目顺利实施，应让各分包商理解项目的总目标、各阶段目标、项目的实施方案，以及各分包商的工作目标、工作任务和职责，从而增强项目的透明度，减少对抗，消除争执。这就需要施工项目经理部做好与施工项目各参与方的沟通工作，使他们接受施工项目经理部的领导、组织、协调和监督。

　　（3）施工项目经理部内部的沟通　　施工项目经理部是项目组织的领导核心，其组成人员直接控制资源，完成具体工作。而项目经理部成员特别是矩阵制项目组织的成员，来源和角色复杂，专业目标和兴趣不同，如不做好沟通，会给项目的实施带来许多麻烦。以墙体砌筑阶段智能建筑的预埋管施工为例，其所有的工作都需要与土建专业进行协作，如必须在浇筑混凝土之前完工，在混凝土未凝固之前对管路畅通进行检查和整改，这就需要建筑施工人员与土建施工人员积极配合、密切沟通，否则出现问题，就要开槽放管、敲墙安装相关箱体，对于工期、成本都造成浪费。因此，为使项目顺利实施，必须做好施工项目经理部内部的沟通，建立完备的项目管理系统，明确划分各自的工作职责，设计完备的管理工作流程，明确规定项目中正式沟通的方式、渠道和时间，使项目经理部按程序、按规则办事。

　　（4）施工项目经理部与企业各职能部门的沟通　　施工项目经理部与企业各职能部门之间的沟通也是十分重要的。在企业组织设置中，项目经理部与职能部门之间的权利和利益的平衡存在着许多内在的矛盾。项目的许多目标与职能管理目标差别很大，项目的每个决策和行动都必须跨过此界面来完成。只有通过沟通，获得各职能部门对项目提供持续的资源和管理工作的支持，项目才能获得成功。因此，施工项目经理部与企业各职能部门的沟通是建筑施工沟通管理中必不可少的工作。

11.1.3　施工项目沟通计划

　　施工项目沟通计划是针对施工项目的各参与方的沟通需要进行分析，从而确定谁需要什么信息（或从谁那里获取什么信息）、什么时候需要这些信息及采取何种方式将信息提供（获取）等。虽然所有的项目都需要信息沟通，但是信息需求和信息传递的方式差别很大。因此，确定项目参与方的信息需求（获取）的方式是施工项目成功的关键。施工项目沟通计划应由施工项目经理负责编制。

1. 施工项目沟通计划的编制依据

1）合同文件。

2）项目各参与方组织的信息需求。

3）项目的实际情况。

4）项目的组织结构。

5）沟通方案的约束条件、假设，以及使用的沟通技术。

2. 编制沟通计划时应注意的问题

1）项目沟通计划应与项目管理的其他各类计划相协调。

2）项目沟通计划应包括信息沟通方式和途径、信息收集归档、信息的发布与使用权限、沟通管理计划的调整，以及约束条件和假设等内容。

3）施工项目经理部应定期对项目沟通计划进行检查、评价和调整。

11.2 建筑施工合同管理

11.2.1 概述

建筑工程施工合同即建筑安装工程承包合同，是发包人与承包人之间为完成商定的建设工程项目，确定双方权利和义务的协议。

（1）施工合同分类　　按工程承包付款方式，施工合同的分类见表 11-1。

（2）施工合同文件构成　　各施工合同文件应该能够相互解释和补充。除另有约定外，其组成和解释顺序如下：

1）《建设工程施工协议合同条款》及其附录。

2）中标函。

表 11-1　施工合同的分类

合同名称	说　明
固定总价合同（又称总包干合同）	承包企业与业主通过招标投标确定合同总价，中标者按合同总价签约包干、业主按合同总价结算 合同总价应为项目的材料费、人工费、设备费、运输费、分包费、税费、利润、保险费、保函费、管理费、不可预见费等费用总和 当工程条件变化不超过合同规定范围时，总价不能有任何增加 无论承包商获利多少，业主都必须按合同规定分期付款 承包商承担工程量、单价双重风险，风险较大，因而总价较高，但投资有保证，手续简单
单价合同（又称固定单价合同、工程量清单合同）	承包企业与业主根据招标投标或协商共同确认的工作内容及其单价（每平方米造价、每立方米造价、每延长米造价等），按实际完成工程量计算费用、签订合同 合同总价应为详列的工程量清单和确定的单价，再加上各项间接费用和临时费用的总和 一般情况下，单价不予调整，但有些合同规定当工程量增加或减少到一定限度，原单价不合理时，承包商有权提出调价 这类合同引起合同纠纷较多，索赔纠纷较多

（续）

合同名称	说　明
成本加酬金合同	承包企业与业主按工程实际发生的成本，加上确定的酬金来确定工程造价而签订的合同 其中成本包括人工费、材料费、机械费、其他直接费、施工管理费，而不含企业管理费和所得税 酬金为施工企业的总管理费、利润、奖金和应纳税费
最高限价担保合同	在招标过程中确定了该工程的最高成本金额，避免工程成本无限增长 合同中规定了按节约额支付给承包人的相应固定金或按比例提取分成 承包人在施工中因管理不善，使实际成本超过最高成本金额时，其超过部分全部由承包人承担 承包人在施工中的实际成本低于最高成本金额，可按合同规定获得相应固定金，或获得节约额分成

3）投标书。

4）《建设工程施工合同条件》。

5）洽商、变更等明确双方权利义务的纪要、协议。

6）招标承包工程的中标通知书、投标书和招标文件。

7）工程量清单或确定工程造价的工程预算书和设计施工图。

8）标准、规范和其他有关技术资料、技术要求。

（3）施工合同内容　施工合同的正式成立是以双方共同签署《建设工程施工合同协议条款》为标志的，其主要内容有：

1）工程概况。

2）合同文件组成及解释顺序。

3）合同文件使用的语言文字，运用的法律、法规、标准和规范。

4）甲、乙双方的一般责任。

5）施工组织设计和工期。

6）质量与验收。

7）合同价款及其支付。

8）材料设备供应。

9）设计变更。

10）竣工验收、结算和保修。

11）争议、违约和索赔。

12）安全、保险和其他。

13）缔约双方当事人。

11.2.2　施工合同签约管理

（1）施工合同文本审查　由于建筑工程特点及施工合同的作用，工程施工合同文本应达到以下基本要求：

1）内容齐全，条款完整而且不能漏项。合同对工程实施过程中的各种可能情况都要做预测说明和规定。

2）定义清楚准确。双方工程责任的定义和界限要有明确说明，不能含混不清。

3）规定要具体详细，忌笼统性的文字。

4）合同应体现双方责权利的平衡，防止各种欺诈行为。

合同审查应集中在下列方面：

1）检查合同内容的完整性，某些必需条款是否遗漏。

2）分析评价每一合同条文执行的法律后果。

3）是否有合同条款间的矛盾性，即不同条款对同一具体问题规定得不一致。

4）是否有对承包方不利、甚至有害的条款，如过于苛刻、责权利不平衡、单方面约束性条款等。

5）隐含着较大风险的条款。

6）是否有内容含糊、概念不清、不能完全理解的条款。

对于重大工程或者合同关系和合同文本很复杂的工程，应请律师或合同法律专家来进行合同审查，以防止合同中出现不利的条款。

（2）合同风险分析　承包商应在合同签订前对风险做全面分析和预测，如果合同中包含的风险较大，则承包商应考虑修改合同条款，或在报价中加大风险费。施工合同风险的种类有以下几种：

1）合同中明确规定的承包商应承担的风险。

2）合同条文不全面、不完整，没有将合同双方的责权利关系全面表达清楚的风险。

3）合同条文不清楚、不细致、不严密的风险。

4）发包商为了转嫁风险提出单方面约束性的、过于苛刻的、责权利不平衡的合同条款的风险。

（3）施工合同谈判　业主确定中标者并发出中标函以后，业主和中标者还要就合同协议书进行最后的谈判。业主和中标者在对价格和合同条款达成充分一致的基础上，签订合同协议书。

（4）施工合同的订立　订立施工合同应具备以下条件：

1）初步设计已经批准。

2）工程项目已经列入年度建设计划。

3）有能够满足施工需要的设计文件和有关技术资格。

4）建设资金和主要建筑材料设备来源已经落实。

5）招标投标工程，中标通知书已经下达。

11.2.3　施工过程中的合同管理

工程施工过程就是施工合同的实施过程。在这一阶段，承包商的主要任务就是按合同圆满地施工。在工程施工过程中，合同管理的主要工作有：

（1）建立合同管理体系　建立合同实施的保证体系，确定其构成和人员，以保证合同实施过程中的一切正常事务性工作有秩序地进行，以使工程项目的全部合同事件处于控制中，保证合同目标的实现。

（2）监控与协调管理　监督工程技术、管理人员、采购人员及分包商等按合同施工或工作，并努力协调控制各方面对合同的实施，同时协助业主和监理工程师完成他们的合同责任，以保证工程顺利进行。合同管理及其有关人员对合同实施情况进行跟踪，收集合同实施的信息，收集各种工程资料，并做出相应的处理。

（3）合同变更管理　进行合同变更管理，主要包括参与变更谈判，对合同变更进行事务性处理。

（4）索赔管理　处理日常的索赔和反索赔，包括与业主之间的索赔和反索赔，与分包商之间的索赔和反索赔。

11.2.4　施工合同纠纷处理

合同纠纷也称合同争端，是指在合同履行过程中，合同当事人对各自的权利、义务和责任有不同的主张和要求而引起的争端。解决争端通常有以下不同的途径：

1）向协议条款约定的主管单位（人员）要求调解。

2）向有管辖权的经济合同仲裁机关申请仲裁。

3）向有管辖权的人民法院起诉。

11.3　建筑施工索赔

11.3.1　概述

（1）施工索赔的概念　施工索赔是当事人在合同实施过程中，根据法律、合同规定及惯例，对并非由于自己的过错，而是属于应由合同对方承担责任的情况造成，而且实际已经造成了损失，向对方提出给予补偿的要求。索赔事件的发生，可以是一定行为造成，也可以由不可抗力引起，可以是合同当事人一方引起的，也可以是任何第三方行为引起的。索赔的性质属于经济补偿行为，是合同一方的一种"维权"要求，而不是惩罚。在土木工程建设中，索赔经常发生，它是维护施工合同签约者合法利益的一项措施。索赔原因主要有合同缺陷、合同理解差异、业主或承包商违约、风险分担不均、工程变更、施工条件变化、工程延期、工程所在国法令法规变化、土木工程特殊的技术经济特点，以及工程参与单位多、关系复杂和物价波动等。

（2）施工索赔的分类　施工索赔的分类见表 11-2。

表 11-2　施工索赔的分类

分类标准	索赔类别	说　　明
按索赔的目的分	工期延长索赔	非承包商原因造成工程延期，承包商向业主提出的推迟竣工的索赔
	费用损失索赔	承包商向业主提出的，要求补偿因索赔事件发生而引起的额外开支和费用损失的索赔
按索赔的合同依据分	条款明示的索赔	索赔依据可在合同条款找到明文规定的索赔 这类索赔争议少，监理工程师即可全权处理

（续）

分类标准	索赔类别	说　明
按索赔的合同依据分	条款默示的索赔	索赔权利在合同条款内很难找到直接依据，但可来自普通法律或道义，承包商须有丰富的索赔经验方能实现 索赔多为违约或违反担保造成 此项索赔由业主决定是否成立，监理工程师无权决定
按索赔处理方式分	单项索赔	在一项索赔事件发生时或发生后的有效期间内，立即进行的索赔 索赔原因单一、责任单一、处理容易
	总索赔（又称"一揽子索赔"）	承包商在竣工之前，就施工中未解决的单项索赔，综合起来提出的总索赔 总索赔中的各单项索赔常常是因为较复杂而遗留下来的，加之各单项索赔事件相互影响，使总索赔处理难度大，金额也大

（3）施工索赔的依据　为了达到成功索赔的目的，承包商必须进行大量的索赔取证工作，以大量的证据来证明自己拥有索赔的权利和应得的索赔款额。索赔依据见表 11-3。

表 11-3　索赔依据

来自合同的依据	来自施工记录	来自财务记载
（1）政策法规文件 （2）招标文件、合同文本及附件 （3）施工合同协议书及附属文件	（1）施工日志 （2）施工检查员报告 （3）逐月分项施工纪要 （4）施工工长日报 （5）每日工时记录 （6）同业主代表的往来信函及文件 （7）施工进度及特殊问题的照片或录像带 （8）会议记录或会议纪要 （9）施工图 （10）业主或其代表的电话记录 （11）投标时的施工进度表 （12）修正后的施工进度表 （13）施工质量检查记录 （14）施工设备使用记录 （15）施工材料使用记录 （16）气象报告 （17）验收报告和技术鉴定报告	（1）施工进度款支付申请单 （2）工人劳动计时卡 （3）工人分布记录 （4）材料、设备、配件等的采购单 （5）工人工资单 （6）付款收据 （7）收款单据 （8）标书中财务部分的章节 （9）工程施工预算 （10）工程开支报告 （11）会计日报表 （12）会计总账 （13）批准的财务报告 （14）会计往来信函及文件 （15）通用货币汇率变化表 （16）官方的物价指数、工资指数

11.3.2　工程索赔的程序

（1）提出索赔意向通知　按照我国《建设工程施工合同（示范文本）》的规定，在索赔事件发生后 28 天之内，向工程师发出索赔意向通知。索赔通知书要指明合同依据；说明索赔事件发生的时间、地点，事件发生的原因、性质、责任；承包商在事件发生后所采取的控制事件进一步发展的措施；说明索赔事件的发生已经给承包商带来的后果，如工期的延长、费用的增加；并申明保留索赔的权利。

（2）报送索赔资料和索赔报告　按照规定，发出索赔意向通知后 28 天内，向工程师提出延长工期和（或）补偿经济损失的索赔报告及有关资料；工程师在收到承包人送交的索赔报告和有关资料后，于 28 天内给予答复或要求承包人进一步补充索赔理由和证据；当该索赔事件持续进行时，承包商人应当阶段性向工程师发出索赔意向，在索赔事件终了后 28 天内，向工程师送交索赔的有关资料和最终索赔报告。

（3）协商解决索赔问题　工程师在收到承包人送交的索赔报告和有关资料后 28 天内未予答复或未对承包人做进一步要求，视为该项索赔已经认可。如果不能直接解决，需要将未解决的索赔问题列为会议协商的专题，提交会议协商解决。

（4）第三方调解　按照我国《建设工程施工合同（示范文本）》的规定，发包人、承包人在履行合同时发生争议，可以和解或者要求有关主管部门调解。

（5）仲裁或诉讼　按照规定，对于索赔事件当事人不愿和解、调解或者和解、调解不成的，双方可以在专用条款内约定仲裁或诉讼的方式解决索赔争端。

11.3.3　索赔分析

1. 索赔责任分析

施工索赔是允许承包商获得不是由于承包商的原因而造成的损失补偿。所以，要通过合同分析确定索赔事项的发生是否是承包商的责任或风险。

2. 经济索赔分析

经济索赔是承包商向业主要求补偿不应该由承包商自己承担的经济损失或额外开支，取得合理的经济补偿。

（1）合同分析　承包商要论证自己的经济索赔要求，最重要的就是要在合同条件中寻找相应的合同依据，并据此判断承包商有索赔权。

1）条款明示的索赔。条款明示的索赔是指承包商所提出的索赔要求，在该工程项目的合同文件中有明确的文字依据，承包商可以据此提出索赔要求，取得经济补偿。这些合同条款称为"明示条款"或"明文条款"，是承包进行索赔的最直接的依据。

2）条款隐含的索赔。条款隐含的索赔是指承包商的索赔要求虽然在工程项目的合同条件中没有专门的文字叙述，但可以根据该合同条件的某些条款的含义推论出承包商有索赔权，有权得到相应的经济补偿。这种有经济补偿含义的合同条款称为"默示条款"或者"隐含条款"。

3）工程所在国的法律或规定。由于工程项目的合同文件适用于工程所在国的法律，所以该国的法律、命令、规定中有关承包商索赔的条文都可以引用来证明自己的索赔权。所以承包商必须熟悉工程所在国的有关法律规定，善于利用它来确定自己的索赔权。

（2）常用费用索赔分析　见表 11-4。

3. 工期索赔分析

承包商进行工期索赔的目的，一个是弥补工期拖延造成的费用损失，另一个是免去自己对已经形成的工期延长的合同责任，使自己不必支付或尽可能少支付工期延长的违约金（误期损害赔偿金）。按照工期拖延的原因不同，通常可以把工期延误分成如下两大类。

表 11-4　常用费用索赔分析

索赔费用	简要描述
工程变更	承包人按照工程师发出的变更通知及有关要求进行下列需要的变更： 1）更改工程有关部分的标高、基线、位置和尺寸 2）增减合同中约定的工程量 3）改变有关工程的施工时间和顺序 4）其他有关工程变更需要的附加工作
施工条件变化	如果在施工过程中，承包商遇到了"不可预见的物质条件"，承包商为完成合同规定的工作要用超出原定的时间和花费计划外的额外开支，有权提出索赔要求
加速施工	如果工程项目的施工计划进度受到非承包商原因的干扰而导致进度拖延，业主要求加速施工，承包商可提出索赔要求
可补偿延误	如果是由于业主方面的原因引起的工期延长，就属于可原谅和应予补偿的拖期
不可抗力与业主风险	一般不可抗力造成的影响是属于雇主承担的风险
物价变化	由于工程所在国物价变化，对于工期在一年以上的工程项目，就应该在合同条件中考虑物价变化的价格调整问题
业主拖期付款	发包人超过约定支付时间不支付工程款，承包人可向发包人要求付款并支付拖期付款的利息
由承包商暂停和终止	如果工程师未能按照合同规定确认并签发付款证书，雇主未能按合同规定的付款时间进行付款，承包商有权暂停施工和终止合同
政府法令变更	从递交投标书截止日期前 28 天开始以后工程所在国的法律或对此类法律的司法或政府解释有改变，使承包商履行合同规定的义务产生影响的，合同价格应考虑上述改变导致的任何费用增减，进行调整
施工效率降低	在施工过程中，尤其是土建工程施工过程中，经常会受到各种意外的干扰因素的影响，使施工效率降低，并引起工程成本的增加，承包商可以提出索赔

（1）可原谅的拖期　对于承包商来说，可原谅的拖期是指不是由于承包商的责任造成的工期延误。下列情况一般是属于可原谅的拖期：

1）业主未能按照合同规定的时间向承包商提供施工现场或施工道路。

2）工程师未能按照合同规定的施工进度提供施工图或发出必要的指令。

3）施工中遇到了不可预见的自然条件。

4）业主要求暂停施工或由于业主的原因造成被迫的暂停施工。

5）业主和工程师发出工程变更指令，而该指令所述的工程是超出合同范围的工作。

6）由于业主风险或者不可抗力引起工期延误或工程损害。

7）由于业主过多干涉施工进展，使施工受到了干扰或阻碍等。

对于可原谅的拖期，如果责任者是业主或工程师，则承包商不仅可以得到工期延长，还可以得到相应的经济补偿；如果拖期的责任者不是业主或工程师，而是由于客观原因造成的，则承包商可以得到工期延长，但不能得到经济补偿。

（2）不可原谅的拖期　如果工期拖延的责任者是承包商，而不是业主方或客观的原因，则承包商不但不能得到工期的延长和经济补偿，还应支付工期延长的违约金。

11.3.4　索赔的计算

1. 工期索赔计算

施工过程中，很多因素都能导致工期拖延，工期索赔的目的就是从中找出可以索赔的事件，从而取得业主对于合理延长工期的合法性的确认。常用的计算索赔工期的方法有以下几种：

（1）网络分析法　网络分析法是通过分析索赔事件发生前后网络计划工期的差异计算索赔的工期，这种方法用于各类工期索赔。

（2）对比分析法　对比分析法比较简单，适用于索赔事件仅影响单位工程或分部分项工程的工期，由此而计算出对总工期的影响。计算公式为

$$总工期索赔 = 原合同总工期 \times \frac{额外或新增工程价格}{原合同总价} \tag{11-1}$$

（3）劳动生产率降低计算法　在索赔事件干扰正常施工导致劳动生产率降低，使工期拖延时，可按下式计算

$$索赔工期 = 计划工期 \times \frac{预期劳动生产率 - 实际劳动生产率}{预期劳动生产率} \tag{11-2}$$

（4）列举汇总法　在工程施工过程中，因恶劣气候、停水、停电及意外风险等因素造成全面停工而导致工期拖延时，可一一列举各种原因引起的停工天数，累计汇总成总的索赔工期。

2. 经济索赔计算

（1）费用索赔及其构成　费用索赔是施工索赔的主要内容。承包商通过费用索赔要求业主对索赔事件引起的直接和间接损失给予合理的经济补偿。计算索赔额时，一般是先计算与事件有关的直接费，然后计算应摊到的管理费。表 11-5 中列出了各种类型索赔事件的费用项目的构成示例。

表 11-5　索赔事件的费用项目构成示例

索赔事件	可能的费用损失项目	示　　例
工期延长	（1）人工费增加	包括工资上涨，现场停工、窝工、生产效率降低，不合理使用劳动力的损失
	（2）材料费增加	因工期延长，材料价格上涨
	（3）施工机械设备停置费	设备因延期所引起的折旧费、保养费或租赁费等
	（4）现场管理费增加	包括现场管理人员的工资及其附加支出、生活补贴、现场办公设施支出、交通费用等
	（5）因工期延长和通货膨胀使原工程成本增加	
	（6）相应保险费、保函费用增加	
	（7）分包商索赔	分包商因延期向承包商提出的费用索赔
	（8）总部管理费分摊	因延期造成公司总部管理费增加
	（9）推迟支付引起的兑换率损失	工程延期引起支付延迟
	（10）银行手续费和利息支出	

（续）

索赔事件	可能的费用损失项目	示　例
业主指令工程加速	（1）人工费增加	因业主指令工程加速造成增加劳动力投入，不经济地使用劳动力，生产率降低和损失等
	（2）材料费增加	不经济地使用材料，材料提前交货的费用补偿，材料运输费增加
	（3）机械使用费增加	增加机械投入，不经济地使用机械
	（4）因加速增加现场管理人员的费用	
	（5）总部管理费增加	费用增加和支出提前引起负现金流量所支付的利息
	（6）资金成本增加	
工程中断	（1）人工费	如留守人员工资、人员的遣返和重新招雇费、对工人的赔偿金等
	（2）机械使用费	如设备停置费、额外的进出场费、租赁机械的费用损失等
	（3）保函、保险费、银行手续费	
	（4）货款利息	
	（5）总部管理费	如停工、复工所产生的额外费用，工地重新整理费用等
	（6）其他额外费用	
工程量增加或附加工程	（1）工程量增加所引起的索赔额，其构成与合同报价组成相似	工程量增加小于合同总额的5%，为合同规定的承包商应承担的风险，不予补偿
	（2）附加工程的索赔额，其构成与合同报价组成相似	工程量增加超过合同规定的范围，承包商可要求调整单价，否则合同单价不变

（2）费用索赔额的计算

1）总索赔额的计算方法。

① 总费用法。总费用法是以承包商的额外增加成本为基础，加上管理费、利息及利润作为总索赔值的计算方法。

② 分项法。分项法是对每个引起损失的索赔事件和各费用项目单独分析计算，并最终求和。这种方法能反映实际情况，虽然计算复杂，但仍被广泛采用。

2）人工费索赔额的计算方法。计算各项索赔费用的方法与工程报价时计算方法基本相同，其中人工费索赔额计算有两种情况，分述如下：

① 由增加或损失工时计算。计算方法如下

$$额外劳务人员雇用、加班人工费索赔额 = 增加工时 \times 投标时人工单价 \qquad (11\text{-}3)$$

$$闲置人员人工费索赔额 = 闲置工时 \times 投标时人工单价 \times 折扣系数（一般为 0.75）$$

$$\qquad (11\text{-}4)$$

② 由劳动生产率降低额外支出人工费的索赔计算。实际成本和预算成本比较法用受干扰后的实际成本与合同中的预算成本比较，计算出由于劳动效率降低造成的损失金额。计算时需要详细的施工记录和合理的估价体系，只要两种成本的计算准确，而且成本增加确系业主原因时，索赔成功的把握性很大。

正常施工期与受影响施工期比较法是分别计算出正常施工期内和受干扰时施工期内的平均劳动生产率，求出劳动生产率降低值，而后按下式计算索赔额

$$人工费索赔额 = \frac{计划工时 \times 劳动生产率降低值}{正常情况下平均劳动生产率} \times 相应人工单价 \qquad (11-5)$$

3）费用索赔中管理费的计算。

① 工地管理费。工地管理费是按照人工费、材料费、施工机械使用费之和的一定百分比计算确定的，所以当承包商完成额外工程或者附加工程时，索赔的工地管理费也是按照同样的比例计取的。但是如果是其他非承包商原因导致现场施工工期延长，由此增加的工地管理费，可以按原报价中的工地管理费平均计取，即

$$索赔的工地管理费总额 = \frac{合同价中工地管理费总额}{合同总工期} \times 工程延期的天数 \qquad (11-6)$$

② 总部管理费。总部管理费的计算，一般可以有以下几种计算方法：

按照投标书中总部管理费的比例计算，即

$$总部管理费 = 合同中总部管理费率 \times (直接费索赔款 + 工地管理费索赔款) \qquad (11-7)$$

按照原合同价中的总部管理费平均计取，即

$$总部管理费 = \frac{合同价中总部管理费总额}{合同总工期} \times 工程延期的天数 \qquad (11-8)$$

4）利润的计算。索赔利润款额的计算通常是与原中标合同价中的利润率保持一致，即

$$利润索赔额 = 合同价中的利润率 \times (直接费索赔额 + 工地管理费索赔额 + \qquad (11-9)$$
$$总部管理费索赔额)$$

5）利息的计算。无论是业主拖付工程款和索赔款，或者是工程变更和工期延误引起的承包商的投资增加，还是业主的错误扣款，都会引起承包商的融资成本增加。

承包商对利息索赔额可以采用以下方法计算：

① 按当时的银行贷款利率计算。

② 按当时的银行透支利率计算。

③ 按合同双方协议的利率计算。

无论采用哪一种具体利率，都应在合同文件的专用条款或者投标书附录中加以明确。

11.4　工程商务谈判

谈判是人们为了协调彼此之间的关系，满足各自的需要，通过协商争取达到意见一致的行为和过程。谈判不可能是单方面的行为，而必须要通过协商、不断调整各自的需要而相互接近、最终达成一致的过程。在谈判过程中，双方都有自己的需求，而谈判就是双方合作和对立的统一。在制定谈判方针、选择和应用谈判策略时，应当在保持双方合作的基础上追求自己的利益最大化，同时也能够使对方通过谈判也有所收获。而谈判双方所得利益的确定，取决于双方的实力、谈判的环境因素和谈判的技巧。

谈判是工程施工中不可缺少的环节。投标签约、合同管理、索赔、付款等大量的业务中都需要通过有效的谈判来实现自身的利益，因此对项目管理者是一项非常重要的商务能力。

11.4.1　成功商务谈判的标准

判断谈判成功与否有如下标准：

（1）谈判目标的实现程度　成功的谈判应当是既成了协议，又尽可能接近本方预先制定的最佳目标。这是评价谈判是否成功的首要标准。

（2）谈判效率的高低　谈判的效率就是指谈判实际收益与谈判成本之间的比率。谈判的成本包括三项：一是谈判桌上的成本；二是谈判过程的直接成本；三是谈判的机会成本。成功的谈判应当是效率高的谈判。谈判追求的是效率，最好能速战速决，除非万不得已，不要拖延时间。

（3）互惠关系的维护程度　互惠关系的维护是谈判的一个更长远的目标。精明的谈判者往往具有长远眼光，良好的信誉、融洽的关系是企业得以发展的重要标志，在谈判过程中要重视建立和维护双方的互惠合作关系。

11.4.2　成功商务谈判的原则

（1）双赢原则　在谈判过程中处理好"舍"与"得"的关系，不"舍"就不能"得"，主动提出建设性的方案，不要等到对方提出要求时，才不得不给予让步。通过成本收益分析，在保证自己利益的前提下让利于对方，避免与对方"兵戎相见"。掌握主动权，以小的损失换取大的利益。同时要让对方感受到我们是最佳的合作搭档。

（2）诚信原则。诚信是桥梁、是纽带，是工程谈判的基本前提和基础。谈判是一种竞争，要竞争就自然离不开竞争的手段。坦诚也并不是毫无遮掩地把自己的全部底牌都告诉别人，有些属于商业机密的事宜是不能让对方知道的。竞争中的坦诚、坦诚中的竞争是相对而言的，如果在谈判中能使对方信任你，对方必然会与您坦诚相待。有了这种相互依赖的基础，就为争取谈判的成功创造了条件。

（3）求同存异原则　求同存异是指在双方总体上、原则上一致的前提下，对小的分歧做出让步，最终实现双方共同的最大利益。谈判中双方在客观上存在差异和分歧，如果一味采取自我本位，势必导致谈判失败。所以要做到欲取先予，就要做到明智、正确的让步。双方在谈判前观点和利益有分歧，所以寻求双方的共识很重要。

（4）利益最大化原则　谈判在很大程度上取决于能不能把蛋糕做大，通过双方的努力，降低成本，增大合作范围。实际操作中，项目越大，越复杂，把蛋糕做大的可能性就越大。

11.4.3　商务谈判的程序

谈判的内容不同，种类繁多，因此谈判的过程也各不相同。一般来讲，各种类型的谈判都要经过一些相同的基本步骤，所有成功的谈判也有相同的模式可循。多数谈判都可以划分为五个阶段。

（1）准备阶段　谈判准备阶段的工作十分重要，如果准备不成功，在谈判过程中就会完全处于被动的地位，甚至直接导致谈判的失败。谈判之前要做全面的沟通和信息、资料收集工作。

（2）开局阶段　主要是指谈判双方进入具体的谈判内容之前，见面、互相介绍、寒暄，以及就谈判内容以外的话题进行交谈的一段时间。从时间上看，它只占整个谈判的很小一段时间，但开局阶段往往能营造谈判气氛，为整个谈判奠定基调。在开局阶段一般要做好两项工作：第一，营造良好的开局气氛；第二，确定谈判议程。

（3）互换提案　双方明确提出各自的要求或主张，并试图弄清对方的立场以及可能的让步程度，它是整个谈判是否能够继续下去的基础。所以在这一阶段，如何提出一个合适的最初方案，以及如何针对对方的最初提案做出适时而正确的反应，都显得十分重要。

（4）讨价还价　这是谈判最活跃的部分，谈判人员要为自己的立场辩护，并迫使对方让步，从而向最终协议靠近。一般可分为三个过程：相互激烈的讨价还价；相互让步，打破僵局；最终向协议迈进。

（5）达成协议　双方签订协议，一般要经过成交和签约两个过程。

11.4.4　工程商务谈判的技巧

谈判是智慧与实力的较量，是谋略与技巧的角逐。一位跨国公司的 CEO 曾经说过："商务活动成功与否，并不取决于经理人员的专业技术，而取决于管理者的谈判技巧。"在商务谈判中起决定作用的除资金实力和技术水平外，更重要的是谈判桌上充满智慧的应变能力及其所繁衍的策略与技巧。

（1）开局技巧　谈判双方接触的第一印象十分重要，专业形象能帮你取得谈判优势，要尽可能地创造出友好、轻松的谈判气氛。一般而言，大多数的谈判都希望"达成和谐共识"，为此目的，谈判气氛须具有以下特点：真诚、配合、和谐、认真。取得相互合作的洽谈气氛需要有一定的时间，因此不能在谈判刚开始不久就进入实质性谈判。首先要花足够的时间，使双方协调一致。因此，谈判开始时的话题最好是轻松的。

（2）谈判中沟通和交流的技巧　谈判双方都担负着两个最基本的任务即"说"和"听"。"说"是为了对方的"听"，"听"又促成了对方的"说"。所以在"说"和"听"的轮回中要注意以下几点：

第一，倾听回应。要对对方所说的内容做出回应。

第二，提示问题。在听的过程中，可以揭示一些问题。

第三，重复内容。在听的过程中可以不断重复对方所述的内容，但重复的内容一定是自己认为很重要的内容，目的是强化对方所说的内容，加深问题在对方的印象。

第四，归纳总结。把对方提出的问题和建议进行归纳和总结，然后得到对方的确认。

第五，表达感受。不要带着有色的眼镜听对方说话，而一定要完全融入对方所描述的场景之中，而且一定要真情流露，千万不要装假。获得信息之后，要进行信息的确认。因为面对大量的信息，不知道哪些信息有用，哪些没用。因此要对信息进行相应的确认，反过来与客户沟通，这样有利于得到更准确的信息，而且在谈判场中被对方确认的信息，一经确认便不再悔改，因为多人谈判的场景下，对方很难做出悔改的表现。

谈判中常运用发问作为了解对方需要的手段，一般包括三个决定因素，即问什么问题、如何问、何时问。问话对于对方的影响也是很重要的。

（3）让步的技巧　让步是一种智慧，既然是谈判，没有让步的过程，那不是一场明智的谈判。为什么让步、什么时间让步、多大程度的让步可处处体现智慧。做好这一点的前提条件是：知己知彼、求大同存小异。适当的让步，可以提高谈判成功的期望。在同对方谈判的时候，应该避免出现下述让步上的失误：

第一，开始就接近最后的目标。

第二，接受对方最初的条件。

第三，在未搞清对方所有要求前做出让步。

第四，轻易让步。

（4）破解僵局的技巧　在谈判中，谈判双方时常会为一些合作事项互不相让，使谈判陷入僵局。面对僵局，要运用各种有效的谈判技巧，找出能重新赢得契机的谈判方法，使谈判走出僵局的误区，走进和谐的氛围，达成双方都能接受的协议。破解僵局可以采取以下方法：主动改变协议类型、变换谈判方式和谈判话题、改变谈判的时间表、适当的让步、给对方一个"下台阶"的机会。

（5）促成交易的技巧　在谈判的后期，要将谈判的成果写入协议，这也是谈判进入到最关键的时刻，所以一定要步步谨慎，不可出错，要能够准确地识别出成交的信号。所谓的成交信号就是对方通过语言、行为、表情等表露出来的购买意图的信息。有些成交信号是有意表示出来的，有些则是无意流露出来的，后者更需要及时发现。而且当成交信号发出时，要及时捕捉，并迅速提出成交的要求。

11.5　建筑工程施工阶段的风险与防范

在任何经济活动中，要想取得盈利，必然要承担相应的风险。这里的风险是指经济活动中的不确定性，它如果发生就会导致经济损失。

11.5.1　工程承包的风险

工程过程中常见的风险有如下四类。

1. 工程的技术、经济、法律等方面的风险

1）现代工程规模大，功能要求高，需要新技术、特殊工艺等，有高难风险。

2）现场条件复杂，干扰因素多，风险多。

3）承包商的技术力量、施工力量、装备水平及工程管理水平等的不同，要承担不同风险。

4）承包商资金供应不足、周转困难而承受资金利息和延误工程的风险。

5）分包与劳务的技术管理不足造成工程质量安全事故的风险。

6）国际工程中对应用的法律、规范不熟悉等，而有不确定性风险。

2. 业主资信风险

1）业主的经济情况变化的风险。

2）业主的信誉差、不诚实、有意拖欠工程款的风险。

3）业主为达到不支付或少支付工程款的目的，在工程中苛刻刁难承包商，滥用权力，施行罚款或扣款。

4）业主经常改变主意，打乱工程施工秩序，但又不愿意给承包商以补偿等。

3. 外界环境的风险

1）经济环境的变化，如通货膨胀、汇率调整、工资和物价上涨。物价和货币风险在承包工程中经常出现，而且影响非常大。

2）合同所依据的法律的变化，如有新的法律颁布、国家调整税率或增加新的税种、新的外汇管制政策等。

3）自然环境的变化，如洪水、地震、台风等，以及工程水文、地质条件的不确定性。

4）在国际工程中，工程所在国政治环境的变化，如发生战争、禁运、罢工、社会动乱等造成工程中断或终止。

4. 合同风险

工程承包合同中包含风险条款和一些明显的或隐含着的对承包商不利的条款。

11.5.2　工程承包风险的防范

1. 对拖欠工程款的防范

1）施工项目招标前，招标投标管理部门严格审查招标条件，凡资金不落实的工程项目，一律不允许招标。

2）承包商在做出投标决策之前，对招标单位的资信应做认真的调查，确认资信可靠，招标项目资金落实。有关银行应提供这方面的信息服务。

3）合同管理部门加强对施工承包合同的审查，要求工程款的支付时间、支付办法及延期付款的责任等都有明确具体的规定，如业主负责延期付款利息和罚款，以防扯皮。对要求承包商垫付资金的条款，应予禁止。

4）承包商要有自我保护意识，加强合同观念，签订合同要经常检查合同的执行情况，如发现发包方有不按期付款现象，立即追索，必要时可依合同规定（如有），采取停工或减缓施工进度等措施，促使发包方偿付欠款。

2. 对分包单位造成损失的防范

1）总包单位在选择专业分包单位之前，应对候选单位的资质、业绩及其项目经理的资历做认真的考察，把资质合格及业绩、信誉良好作为首选标准，不能仅看分包报价。

2）不得违法转包工程。

3）随时加强对分包单位的工程质量的监督检查，及时发现并纠正违反质量要求的事件，不要等形成质量事故时才去纠正，更不能以包代管，放任自流。

3. 对不可抗力风险因素的防范

1）在投标之前对招标项目的自然条件做充分的调查研究，了解历史上某些自然灾害的发生频率及造成损害的情况，在施工方案中考虑可行的预防措施，并在报价中适当反映。如果为了降低标价，在报价中有意不计入此项不一定发生的费用，也可在投标书中声明，一旦发生某种自然灾害造成损失应如何处理，中标后将灾害损失处理办法在合同中做出明确规定。

2）在施工过程中，特别是在某种自然灾害（如洪水、台风、暴风雪）多发季节，应特别重视气象和灾害预报，根据工程实际情况，做好防灾准备，万一灾害发生，也可减少损失。此外，工程保险也是减少此类损失的好方法。

3）根据合同条件，灾害造成工程本身的损害由发包方承担，承包方的机械设备损坏及停工等损失由承包方承担，人员伤亡由其所属单位分别负责，并承担相应费用；但灾害造成损失后所需的清理与修复工作的责任和费用的承担，应由承发包双方另签补充协议约定。遇到这种情况，承包商应以认真负责的态度，提出切实可行、节省费用的清理方案，同时仔细研究已订合同和将要签订的协议条款，明确责任范围，保护自己的正当权益不受损害。

复习思考题

1. 建筑施工中沟通的程序和内容是什么？沟通的常用方法有哪些？

2. 施工合同如何分类？施工过程中的合同管理包括哪些内容？

3. 什么是建筑施工索赔？如何分类？索赔的主要依据有哪些？

4. 施工索赔的程序是什么？

5. 如何进行施工中的经济索赔？

6. 工程商务谈判的成功标准和原则是什么？如何提高商务谈判的技巧？

7. 工程承包施工的风险有哪些？如何有效防范？

12.1　信息技术与建筑施工管理

计算机技术应用于建筑业——特别是在工程进度安排和成本概预算方面的时间已经很长。计算机性能的提高、因特网的兴起、无线和移动计算技术的发展，为信息技术在施工管理中的应用提供了更大的空间。

12.1.1　信息技术在建筑业的应用现状

随着信息技术应用的增加，劳动生产率将会随之提高。但是建筑行业采用信息技术的进展还非常缓慢，主要原因如下：

1）建筑业部分人士缺少对信息技术的了解和掌握。通常，建筑业人士多忙于项目管理工作，没有时间了解和掌握最新的信息技术。

2）建筑行业高度分散，适用于大型项目的信息技术并不适用小项目。

3）大型建筑承包商有雄厚的资金实力，因而愿意投资于复杂的信息技术，如门户网站。但对于小承包商而言，投资信息技术则过于复杂和昂贵，而且短期内效益不显著，因而不愿意投资，造成了信息孤岛的存在。

12.1.2　建筑施工中应用信息技术的必要性

在传统的建筑施工管理模式中，项目中各种信息的存储，主要是基于表格或单据等纸面形式，信息的加工和整理完全由大量的手工计算来完成；信息的交流，绝大部分是通过人与人之间的手工传递甚至口头传递；信息的检索，则完全依赖于对文档资料的翻阅和查看。信息从它的产生、整理、加工、传递到检索和利用，都是以一种缓慢的速度在运行，这容易影响信息作用的及时发挥而造成项目管理工作的失误。随着现代工程建设项目规模的不断扩大，施工技术的难度与质量的要求不断提高，各部门和单位交互的信息量不断扩大，信息的交往与传递变得越来越频繁，建筑施工管理的复杂程度和难度越来越突出。由此可见，传统的项目管理模式在速度、可靠性及经济可行性等方面，已明显地限制了施工企业在市场经济激烈竞争中的生存和可持续发展。

近年来，一些具备一定实力的建筑施工企业，率先应用先进的计算机技术来辅助参与某些项目管理工作。例如，使用概预算软件编制施工概预算，使用网络计划软件安排施工进度，使用 AutoCAD 图形软件绘制竣工图等。通过这些软件的使用，建筑施工管理的质量和效率有了显著改善和提高。这说明在建筑施工中应用信息技术是非常必要的。

1）基于信息技术提供的可能性，对管理过程中需要处理的所有信息进行高效的采集、加工、传递和实时共享，减少部门之间对信息处理的重复工作，共享的信息为管理服务、为项目决策提供可靠的依据。

2）使监督检查等控制及信息反馈变得更为及时有效，使以生产计划和物资计划为典型代表的计划工作能够依据已有工程的计划经验而变得更为先进合理，使建筑施工活动及项目管理活动流程的组织更加科学化，并正确引导项目管理活动的开展，以提高施工管理的自动化水平。

12.1.3　建筑施工管理应用信息技术的现状

在复杂项目上应用信息技术，会对管理有极大帮助，同时大型建筑工程公司中拥有应用复杂信息技术的资源，因此往往成为新技术的尝试者和使用者。通过对信息技术应用的调查结果表明：尽管许多小型建筑工程公司也可以从信息技术的应用中获利，但是由于资金限制或者认为在应用新技术时会存在困难，他们还没有真正地应用信息技术。由于施工企业的信息化水平差别显著，承包商应用计算机的能力也有着很大的不同：有的公司只能运用一些简单的技术，有的则使用基于网络系统和移动计算技术。

12.1.4　信息技术在建筑公司内部应用的推动力

有时在投标时，业主会要求承包商使用某些信息技术。目前由于部分业主要求使用门户网站或 BIM 技术，许多承包商已经开始使用这些技术。随着基于网络系统的持续发展，新技术的不断出现，会促进各种类型和规模的建筑工程公司采用新的信息技术。如果承包商在其同行们采用新的信息技术之前率先采用了此项新技术，就会在中标和提高生产效率上拥有优势，为企业带来更多的发展机会。

如果公司的高层管理者充分理解信息技术对工程建设的重要性，并且提倡技术进步，那么这些公司采用新技术时更易于取得成功，这也体现了信息系统开发与应用中的"一把手"原则。提供足够的资源，包括资金、人力和培训等，这对于在公司中成功运用新信息技术也是十分重要的。通常，应用新的信息技术失败的原因主要是人们重视程度不够，或是忙于其他工作，或是没有进行足够的培训，很难发挥新系统的优势。

12.1.5　信息技术在工程项目中的主要应用

建筑工程公司在决定是否运用信息技术时，必须考虑以下三个主要问题：

1）建筑业中曾经使用过的信息技术有哪些？

2）现在有什么新的技术可以应用在建筑业中？

3）不久的将来建筑业会采用哪些计算机技术？

图 12-1 列出了一系列应用在建筑业中的信息技术。左边是传统信息技术，右边是新兴的信息技术。计算机最初在建筑行业仅仅用于进度安排和项目计划，进行概预算及产生会计报表。而现在已有许多更先进的软件来完成更多的工作。

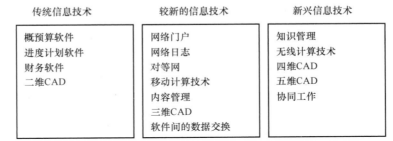

传统信息技术	较新的信息技术	新兴信息技术
概预算软件 进度计划软件 财务软件 二维CAD	网络门户 网络日志 对等网 移动计算技术 内容管理 三维CAD 软件间的数据交换	知识管理 无线计算技术 四维CAD 五维CAD 协同工作

图 12-1　建筑业应用信息技术的发展

随着互联网的兴起，万维网（World Wide Web）的应用逐渐增多。万维网的一个主要优势是有效发布并有效管理具有跨平台能力的软件。尤其是通过使用基于网络的软件技术，很多复杂的计算机软件不再要求在每台计算机上逐个安装，从而减少了信息孤岛的存在。

移动计算技术在建筑业中的应用才刚刚起步，但是已经涌现出一些很好的案例。下一步是随着无线网络技术的发展，在偏远的施工现场的人员也可以通过无线网络使用因特网。

CAD 在建筑业中的应用十分广泛。三维 CAD 技术可用于碰撞检查，在设施安装之间进行模拟检视。利用四维 CAD 的成品软件已经出现。四维 CAD 技术利用三维空间来模拟设施如何随着时间发展而变化。这项技术将不断演化，在将来会有更大的用途。建筑施工设备自动化也有了一些独特的进展。一些施工设备制造商已经利用地理信息系统和计算机技术来控制平整和压实设备。这种趋势将继续发展演化。

12.1.6　信息技术应用方案

建筑工程公司也可以根据自己的工作内容及性质来决定采用何种类型的信息技术。表 12-1 总结了建筑企业的主要工作内容及可以运用的信息技术。公司的高层管理者对财务状况比较关心，通过追踪在建项目的进展情况来检查成本支出和进度状况。管理高层需要用财务软件来生成公司的财务报表，并监督在建项目的成本支出情况。高层管理者必须与现场人员进行沟通，并经常使用门户网站或者公司内部的内容管理系统。

如上所述，概预算软件和网络进度计划软件是最早应用在工程项目中的信息技术，已经使用了很多年。大多数公司都有专门负责概预算和进度计划的人员，这方面的软件已经日渐复杂，诸如无纸化工程量计算之类的新技术已经成为现实。

另外，许多进度计划和概预算软件之间能够进行信息交换，减少了输入数据所需的时间及数据错误。基于网络的项目门户网站能够实现项目通信、文件管理和文件交换，对大型项目的管理产生了较大的影响。无线计算技术已经成为现实，在现场应用无线网络技术可以获得最新的项目信息。

表 12-1　企业职能部门运用的信息技术的方案

管理职能	高层管理	概预算	进度计划与规划	项目管理	操作管理
典型任务	（1）公司财务管理　（2）项目和客户之间的信息交换	（1）项目成本概预算　（2）投标	（1）项目进度安排　（2）冲突识别	（1）成本控制和进度控制　（2）信息交换　（3）现场数据收集	（1）施工操作控制　（2）技术规范指标检查
可应用的信息技术	会计软件	概预算软件	工程计划软件	工程计划软件	知识管理
	门户网站	自动工程量计算	蒙特卡罗模拟	财务软件	电子书
		与CAD文件的互操作性	三维CAD	门户网站	便携式计算机
		四维CAD	便携式计算机　文件管理　内容管理　无线计算技术	内容管理　无线计算技术

12.1.7　信息技术开发项目的计划和实施

对于大型建筑工程公司或设计机构而言，应用信息技术是一个复杂的过程。在很多行业里，未能成功运用信息技术或者其应用没有达到用户目标的例子频繁出现。能够成功运用信息技术的项目必须要进行周密的计划。许多信息技术开发项目的成功需要建筑工程公司与设计公司的管理层与信息技术专家紧密配合。为了使信息系统适应项目经理的实际工作，需要将信息技术人员的工作和施工企业的需要与计划统一规划。信息技术的实施计划必须成为企业的战略规划的一部分。

公司的信息技术专家与管理者之间的良好沟通是计划信息技术开发项目的必要因素，并能够确保信息技术的成功运用。

12.2　信息技术在建筑施工管理中的传统应用

12.2.1　信息技术在概预算中的应用

建筑产品具有结构和形体各异、施工中劳动力和物资消耗不同、生产的流动性大和周期长的特点。因此，建筑产品的计价定价与其他工业产品相比较有其特殊性，它必须根据设计要求和国家有关编制概预算的具体规定和政策，进行各项计算，编制建筑工程概预算书，确定工程造价，控制投资等。为此，能迅速、准确做好概预算工作，是搞好工程建设的重要环节。随着建筑业的发展与改革的深化，企业在生产和经营活动方面对信息的采集、更新需求量不断加大，而且质量要求高，特别是当前实行的招标投标承包制和各种形式的承包，对概预算工作的可靠性、准确性、相关性和时间性等方面要求更高，必须及时地为企业领导和有关部门提供可靠的决策依据和信息。因此，必须采用先进的信息技术和科学的管理方法，以提高企业的技术和管理水平，提高企业市场竞争能力。

1. 概预算软件基本功能

从数据处理的角度看，概预算工作是以单位工程为对象，按照有关文档资料（定额资料及主管部门的政策规定等），以及各管理层次上的用户需求，对工程数据加工处理的一种数据处理系统。概预算软件基本工作模型如图 12-2 所示。

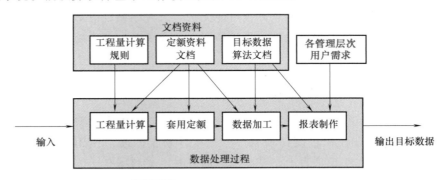

图 12-2　概预算软件基本工作模型

概预算软件的主要功能包括工程量计算、套用定额、数据加工及报表制作四部分功能。具体如下：

（1）工程量计算　目前大多数概预算软件都可以进行数据集成，通常都能够与 Microsoft Excel 交换数据。电子表格在概预算中的应用十分普遍。多数软件都能够利用企业现有的标准概预算数据表进行概预算编制。还有一些概预算软件，包含有能够从 CAD 文件中自动计算工程量的内置模块，能够实现工程量计算的无纸化（多数软件也具有钢筋算量的功能）。大多数软件都可以向 P3、P6 和 Microsoft Project 软件输出数据。

（2）套用定额　套用定额就是用已经计算出来的工程量乘以定额资料文档中相应定额子目单价、工料机耗量。通常在套定额中会出现定额子目的换算，或子目的加减运算，或对某些工程图要求的新工艺、新材料制作补充定额等。

（3）数据加工　套用定额后的数据不是最终的目标数据，而是一种有结构的中间数据，即一张按定额结构组织起来的二维表。一切最终的目标数据均是由这张二维表中的数据进行再加工、再处理产生的。目标数据通常是在对这张二维表进行纵横向的各种统计汇总基础上，再按照一定的计算步骤和算法获得的。

（4）报表制作　可以根据各管理层次上用户的需求，以不同的形式输出所需的目标数据。不同地区、不同专业的用户对报表的形式和报表的种类有不同的要求。要求概预算软件有灵活的报表输出功能。

2. 概预算软件发展趋势

目前，用于工程项目概预算的软件包很多。有几种发展趋势比较引人注目。首先，是将概预算、财务和项目管理结合在一起的集成化软件。另一个发展趋势是实现各种概预算软件与其他不同用途的软件之间的数据交换与共享。例如，多种概预算程序都能够与其他常用的进度计划软件交换数据。此类集成软件不仅将成本单项和进度计划中的工作联系起来，而且只需要输入一次项目数据，不需要重复输入，从而减少了数据输入的时间和错误。

最令人可喜的是概预算计算过程的自动化。目前可以利用 CAD 文件的互操作性能够自动生成概预算数据。CAD 文件中可以通过编码的方式储存每一个项目构件的详细信息，可以直接将其转入概预算程序包中。另外，一些程序可以利用电子表格的形式进行自动工程量计算。这样就实现了概预算过程"无纸化"，从而减少打印费用和手动输入数据的时间。

概预算软件程序包的种类很多，价格差异也很大。有许多软件包是为小型工程项目和小型公司开发的。通常这些用于小项目的软件没有高级的数据转换能力，也无法与那些用于大型项目的软件进行集成。另外，这些软件包可能无法生成大型项目中需要使用的复杂项目编码方案。但是，由于这些软件价格低廉、易学易用，适合用于小型项目，是小型项目公司的理想选择。

12.2.2　信息技术在进度计划中的应用

进度计划软件是建筑行业应用最早、也是最基本的信息技术应用软件。随着个人计算机的问世，各个承包商都在使用进度计划软件。进度计划软件通常使用关键路径法（CPM）进行进度规划和管理。在小型项目上，某些承包商有时也会利用电子数据表生成的简单的条形图进行进度管理。在建筑行业可以使用的 CPM 进度计划软件有很多，主要包括 MS Project、P6 等。

1. 建筑行业对进度计划 CPM 软件的认可

建筑行业普遍认为，利用计算机进行进度计划与管理十分重要。一项在 ENR 前 400 名承包商中进行的 CPM 软件应用情况的调查研究发现，这些大承包商都认为 CPM 对于企业的成功能够起到至关重要的作用。调查结果显示：

1）在被调查的企业中有 98% 的企业认为 CPM 软件是非常有效的管理工具。

2）有 80% 的企业认为该软件可以增进企业与员工之间、员工与员工之间的有效沟通。

3）这些承包商在工程建设开始之前就利用 CPM 软件进行项目计划，在工程建设过程中利用 CPM 软件定期更新进度计划。

4）在概预算和投标阶段，承包商对 CPM 软件的应用也在逐渐增加，用来加强他们对于将要实施的项目活动之间逻辑关系的理解。

2. 利用计算机进行关键路径进度计划

迄今为止，关键路径法（CPM）是在安排工程进度计划时最常用的工具。关键路径法（CPM）在建筑业中的应用十分普遍。随着可应用于 PC 机的优秀的进度计划软件的出现，进度软件在建筑业得到广泛应用。

CPM 方法在 PC 机上的应用使得对复杂项目进行有效的进度规划和管理成为了可能。在 PC 机上运用 CPM 方法相关软件，可以充分考虑活动之间的相互关系及如何安排有限的资源，可以在有限资源的情况下对施工活动进行优化。由于可用于 PC 机的 CPM 方法软件相对价格低廉，因此目前大多数的承包商都在使用这些软件进行施工进度规划和管理。

在计算机上应用 CPM 方法有很多优点。随着现代工程项目的复杂程度日益提高，仅仅依靠手工计算很难使用 CPM 方法制订项目进度计划。另外，复杂的项目更易于产生变更和延误，利用计算机可以迅速更改和更新 CPM 进度计划，并对项目的相关活动做出迅速调整。

3. CPM 软件的功能

CPM 软件的基本核心功能是计算项目工期、识别关键工作及确定非关键工作的总时差。更重要的是，随着计算机制图和印刷技术的不断进步，CPM 软件能够输出不同类型的报表，提供更清晰的进度计划，更便于各种类型的用户使用，如横道图、网络图等。现在，多数进度计划软件都能够使用彩色横道图、时标网络图和表格报表形式输出进度信息。而且可以为不同类型的用户输出不同的信息，比如简单的横道图易于理解，通常送给现场施工人员查看，而向高层管理人员则需要提交工程进展报告。

（1）CPM 软件的基本功能

1）在表格中为活动命名和编码，输入活动的持续时间及活动之间的关系。

2）计算项目总工期。CPM 软件可以计算出项目的完工日期。

3）确定关键工作并加以标示。通常用户在输出的报表中可以清晰地识别出关键工作。

4）计算非关键工作的时差，识别非关键工作。用户可以利用时差控制何时开始非关键工作（如最早开始或最迟开始）。

5）日程管理，包括扣除周末和节假日等工作间歇，以及使用多个日程表的功能。

6）生成高质量报表和图表来发布进度计划的相关信息，如条形图，以及其他类型的报表。这些软件通常还可以打印彩色的条形图及其他高质量的项目网络图。

7）用户可以更新活动并重新计算进度计划。CPM 软件通常可以保留不同"版本"的进度计划，以便将原始的项目计划和实际的进度计划进行对比。

（2）CPM 软件的扩展功能　进度计划软件可以提供许多高级功能。尤其是将成本信息和活动进度联系起来，能够改善工程建设过程中的成本控制。另外，进度计划软件可以在计算进度时考虑资源限制，并进行资源平衡。高水平的用户在使用进度计划软件时，可以利用以下的重要功能：

1）能够产生带有成本信息的进度计划，每项活动都有一个成本数额。

2）将施工预算和实际费用进行对比。

3）通常，CPM 软件可以生成项目支出 S 形曲线。

4）可以将项目资源（如人力和设备等）与每一项活动的进度联系起来。

5）进度计划软件可以平衡多种资源的使用，并减少资源使用峰值的出现。

6）大型进度计划软件利用紧前工作关系来建立网络图（节点网络图），活动之间的关系可以有多种，而不仅限于结束—开始的关系。

7）活动之间可能存在各种关系，如开始—开始、结束—开始和开始—结束等。

8）可以定义超前和滞后。

9）在确定进度计划时能够利用不同的进度逻辑，从而增加了计划的灵活性。但是也可能使计划难于理解。

10）可以给活动设定各种各样的编码，从而将活动分组。

11）通常情况下将活动按职责、区域、阶段等进行编码分类，用户也可以给活动设定其他附加代码。

12）可以将相关的项目合并到一个主项目中。

13）可以将项目的不同阶段视为子项目来安排进度计划，也可以将工程中发生在不同地点的工作统一进行进度安排，每个地点的工作可以被视为独立的子项目。

14）可以将所有资源集中管理，供同时在建的多个项目共同使用，这样就可以在制订进度计划时准确地表述资源限制状况。

15）可以进行赢得值分析。赢得值分析通过分析预算支出、已完工工程量和工程的原始预算，来衡量项目的完成状况。

16）可以和其他类型的软件尤其是概预算软件进行数据交换。这样在不需要二次输入信息的情况下，就可以从概预算软件中下载信息并直接载入进度计划中，避免重复输入数据。

12.2.3　工程财务管理与项目费用控制软件

由于建设项目的复杂性，建筑工程公司的财务管理非常复杂。即使是非常小的公司，也可以通过计算机进行财务管理而受益。大型工程公司对财务软件的功能要求非常多，不但要显示公司管理的大量工程项目的财务绩效，还要能够监视整个公司的财务状况。目前利用计算机进行工程财务管理和项目费用控制已经非常广泛。

建筑业由于其生产管理的特殊性需要特制的财务软件。由于在建筑行业中的建筑公司的规模有大有小，他们对财务软件的要求也不尽相同。住宅建造商与小型承包商可以采用比较简单的财务软件。相反，大型承包商需要根据他们的要求定制功能齐全的网络版财务软件。另外，在工程领域，很多大型承包商已经意识到软件集成的重要性，开始把财务系统与概预算软件、项目控制系统、项目进度软件相整合，以及时了解公司财务状况和工程费用绩效。

工程财务软件通常有两个不同的管理目标：

1）能够确定单个工程项目的利润率及控制单个工程项目的成本（从项目角度）。

2）能够评估整个公司的财务状况，计算利润率，并且能够生成所要求的财务报告，比如资产负债表和损益表等（从公司角度）。

现场数据收集是工程财务软件应用必需的环节，大部分工程财务软件都只需要一次性输入现场数据，这些数据就可通用于财务管理和费用控制两个功能模块。通过输入项目费用信息，费用控制系统就可以得到项目的预算支出计划。费用控制系统的主要功能是，计算单个工程项目的利润率，识别哪个分项工程发生了费用偏差，马上采取纠偏措施，以避免整个项目亏损，从而避免公司的损失。财务管理模块的主要功能是，评估公司整体的财务状况，管理公司的现金流。建筑工程公司通常需要财务软件具备以下几项基本的财务管理功能：

1）能够生成基本的财务报表，比如资产负债表和损益表。

2）能够建立并管理一整套会计系统，包括应收账款、应付账款等。

3）在项目结束时进行成本结算。

4）计算项目预收款与预付款情况。因为工程以项目为基础，一个项目有可能不是刚好在会计期末完成，项目有可能会有预收或者预付款，这时要进行核算，以确保反映正确的财务信息。

5）控制单个项目成本。

6）分析不同项目的利润率。

7）制订上级管理费用预算，并随时跟踪。

8）分析公司不同部门的利润率。

9）控制施工设备费用与贬值。

10）管理工程公司的现金流，以确保其能满足新上项目和支付到期债务的需要。

12.3 建筑信息模型及其在建筑施工管理中的应用

12.3.1 建筑信息模型 BIM 介绍

1. BIM 的含义

BIM 的英文全称是 Building Information Modeling，国内较为一致的中文翻译为"建筑信息模型"。

美国国家 BIM 标准（NBIMS）对 BIM 的定义由三部分组成：

1）BIM 是一个设施（建设项目）物理和功能特性的数字表达。

2）BIM 是一个共享的知识资源，是一个分享有关这个设施的信息，为该设施从概念到拆除的全生命周期中的所有决策提供可靠依据的过程。

3）在项目的不同阶段，不同利益相关方通过在 BIM 中插入、提取、更新和修改信息，以支持和反映其各自职责的协同作业。

国内有专家认为，BIM 技术是一种应用于工程设计建造管理的数据化工具，通过参数模型整合各种项目的相关信息，在项目策划、运行和维护的全生命周期过程中进行共享和传递，使工程技术人员对各种建筑信息做出正确理解和高效应对，为设计团队及包括建筑运营单位在内的各方建设主体提供协同工作的基础，在提高生产效率、降低成本和缩短工期方面发挥重要作用。

包含建筑信息的数据在 BIM 中的存储，主要以各种数字技术为依托，从而以这个数字信息模型作为各个建筑项目的基础，去进行各个相关工作。建筑工程与之相关的工作都可以从这个建筑信息模型中取出各自需要的信息，既可指导相应工作，又能将相应工作的信息反馈到模型中。BIM 模型应用如图 12-3 所示。

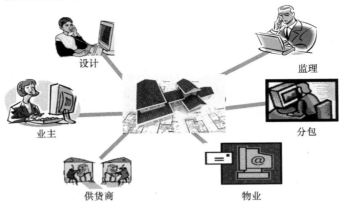

图 12-3 BIM 模型应用

建筑信息模型不是简单地将数字信息进行集成，还是一种数字信息的应用，并可以用于设计、建造、管理的数字化方法，这种方法支持建筑工程的集成管理环境，可以使建筑工程在其整个进程中显著提高效率、大量减少不确定性和风险。

在建筑工程整个生命周期中，建筑信息模型可以成为集成管理的重要支撑，这一模型既包括建筑物的信息模型，同时又包括建筑工程管理行为的模型，将建筑物的信息模型同建筑工程的管理行为模型进行完美的组合。因此在一定范围内，建筑信息模型可以模拟实际的建筑工程建设行为，例如建筑物的日照、外部围护结构的传热状态等。

同时 BIM 可以四维模拟实际施工，便于在早期设计阶段就发现后期真正施工阶段可能会出现的各种问题，进行预处理，为后期工程活动打下坚实的基础。同时，在后期施工时能作为工程施工的实际指导，以提供合理的施工方案及人员、材料使用的合理配置，从而实现资源合理运用。

2. BIM 的特点

BIM 有以下五个特点。

（1）可视化　可视化即"所见所得"的形式。对于建筑行业来说，可视化的运用对建筑业作用巨大。例如，传统的施工图只是各个构件的信息在图纸上绘制表达出来，但是其真正的构造形式就需要施工人员去想象。对于简单的建筑，这种想象也未尝不可。但是近几年建筑业的建筑形式各异，复杂造型在不断地推出，那么仅靠人脑就未免有点不太现实了。所以 BIM 提供了可视化的思路，将以往线条式的构件以三维立体实物图的形式展示在人们面前。虽然以往也可以通过出效果图的方式表达设计结果，但是这种效果图是由专业的制作团队通过识读设计图线条式的信息制作出来的，并不是通过构件的信息自动生成的，缺少了同构件之间的互动性和反馈性。而 BIM 的运用能够实现同构件之间互动性和反馈性的形成。在 BIM 中，由于整个过程都是可视化的，所以可视化的结果不仅可以用来进行效果图的展示及报表的生成，更重要的是，项目设计、建造、运营过程中的沟通、讨论、决策都能在可视化的状态下进行。

（2）协调性　协调性是建筑项目管理的重点内容，不管施工单位还是业主及设计单位，在整个项目运营中无不在做着协调及配合的工作。一旦项目的实施过程中遇到了问题，就要将各有关人士组织起来开协调会，找出施工问题发生的原因，然后做出变更，寻求补救措施来解决问题。在设计时，往往由于各专业设计师之间的沟通不到位，而出现各种专业之间的碰撞问题，例如，由于各专业施工图是各自绘制的，施工过程中，可能遇到结构（专业）设计的梁等构件妨碍暖通（专业）管线的布置，这也是施工中的常见问题，像这样的碰撞问题的协调解决往往只能在问题出现之后。利用 BIM 建筑信息模型可在建筑物建造前期对各专业的碰撞问题进行检查，生成协调数据。当然 BIM 的协调作用也并不仅限于解决各专业间的碰撞问题，它还可以解决电梯井布置与其他设计布置及净空要求的协调，防火分区与其他设计布置的协调，地下排水布置与其他设计布置的协调等问题。

（3）模拟性　模拟性并不是只能模拟设计出的建筑物模型，还可以模拟不能够在真实世界中进行操作的事物。在设计阶段，BIM 可以对设计进行模拟试验，如节能模拟、紧急疏散模拟、日照模拟、热能传导模拟等；在招标投标和施工阶段可以进行 4D 模拟（三维模型加项目的发展时间），也就是根据施工组织设计模拟实际施工，从而来确定合理的施工方案以指导施工；同时还可以进行 5D 模拟（基于 3D 模型的造价控制），从而实现成本控制；后期运营阶段可以模拟日常紧急情况的处理方式，例如地震人员逃生模拟及消防人员疏散模拟等。

（4）优化性　事实上，整个设计、施工、运营的过程就是一个不断优化的过程。当然优化和 BIM 也不存在实质性的必然联系，但在 BIM 的基础上可以进行更好的优化。优化受三种条件制约：信息、复杂程度和时间。没有准确的信息不可能做出合理的优化结果。BIM 模型提供了建筑物的实际存在的信息，包括几何信息、物理信息、规则信息，还提供了建筑物变化以后的实际存在。当复杂到一定程度，参与人员本身的能力将无法掌握所有的信息，必须借助一定的科学技术和设备的帮助。现代建筑物的复杂程度大多超过参与人员本身的能力极限，BIM 及与其配套的各种优化工具提供了对复杂项目进行优化的可能。基于 BIM 的优化可以做下面的工作：

1）项目方案优化。把项目设计和投资分析结合起来，设计变化对投资的影响可以实时计算，这样业主对设计方案的选择就不会主要停留在对形状的评价上，帮助业主了解、明确有利于自身需求的项目设计方案。

2）特殊项目的设计优化。例如裙楼、幕墙、屋顶、大空间等，这些异型设计占整个建筑设计的比例不大，但是占用投资和工作量较多，而且通常也是施工难度大、施工问题多的地方。对这些内容的设计施工方案进行优化，可以带来显著的工期和造价改进。

（5）可出图性　BIM 并不是针对建筑设计院所出的建筑设计图及一些构件的加工图，而是通过对建筑物进行了可视化展示、协调、模拟、优化以后，帮助业主输出以下工程图或文件：

1）综合管线图（经过碰撞检查和设计修改，消除了相应错误以后）。

2）综合结构留洞图（预埋套管图）。

3）碰撞检查侦错报告和建议改进方案。

3. 常用的 BIM 软件

根据实际应用不同，可以将 BIM 软件划分为核心建模、方案设计、结构分析、可视化、综合碰撞检查、造价管理和运营等几大类。

（1）BIM 核心建模软件　这类软件英文通常为 "BIM Authoring Software"，是 BIM 的基础。换句话说，正是因为有了这些软件才有了 BIM，也是从事 BIM 人员首先碰到的 BIM 软件。因此称之为 "BIM 核心建模软件"。常用的 BIM 核心建模软件如图 12-4 所示。

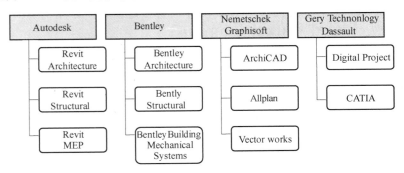

图 12-4　常用的 BIM 核心建模软件

（2）BIM 方案设计软件　BIM 方案设计软件应用在设计初期，其主要功能是把业主设计任务书里面基于数字的项目要求转化成基于几何形体的建筑方案，此方案用于业主和设计师之间的沟通和方案研究论证。BIM 方案设计软件可以帮助设计师验证设计方案与业主设计任务书中的项目要求是否相匹配。BIM 方案设计软件的成果可以转换到 BIM 核心建模软件里面进行设计深化，并继续验证满足业主要求的情况，目前主要的 BIM 方案软件有 Onuma Planning System 和 Affinity 等。

（3）BIM 结构分析软件　结构分析软件是目前与 BIM 核心建模软件集成度比较高的产品，基本上两者之间可以实现双向信息交换，即结构分析软件可以使用 BIM 核心建模软件的信息进行结构分析，分析结果对结构的调整又可以反馈回到 BIM 核心建模软件中去，自动更新 BIM 模型。ETABS、STAAD、Robot 等国外软件及 PKPM 等国内软件都可以与 BIM 核心建模软件配合使用。

（4）BIM 可视化软件　有了 BIM 模型以后，使用可视化软件可以减少可视化建模的工作量，提高模型的精度和与设计（实物）的吻合度，在项目的不同阶段及各种变化情况下可以快速产生可视化效果。常用的可视化软件包括 3DS Max、Artlantis、AccuRender 和 Lightscape 等。

（5）BIM 模型综合碰撞检查软件　模型综合碰撞检查软件的基本功能包括集成各种三维软件（包括 BIM 软件、三维工厂设计软件、三维机械设计软件等）创建的模型，进行 3D 协调、4D 计划、可视化、动态模拟等，属于项目评估、审核软件的一种。常见的模型综合碰撞检查软件有鲁班软件、Autodesk Navisworks、Bentley Projectwise Navigator 和 Solibri Model Checker 等。

（6）BIM 造价管理软件　造价管理软件利用 BIM 模型提供的信息进行工程量统计和造价分析。由于 BIM 模型结构化数据的支持，基于 BIM 技术的造价管理软件可以根据工程施工计划动态提供造价管理需要的数据，这就是所谓 BIM 技术的 5D 应用。常用的 BIM 造价管理软件有 Innovaya、Solibri、广联达、鲁班、斯维尔等。

（7）BIM 运营软件　根据美国国家 BIM 标准委员会的资料，一个建筑物生命周期 75% 的成本发生在运营阶段（使用阶段），而建设阶段（设计、施工）的成本只占项目生命周期成本的 25%。BIM 模型为建筑物的运营管理阶段服务是 BIM 应用重要的推动力和工作目标，在这方面美国运营管理软件 ArchiBUS 是最有市场影响力的软件之一。

4. 常用的 BIM 硬件

BIM 不仅有丰富的软件，还可以和许多硬件设备一起使用。常用的 BIM 相关硬件设备有 BIM 放样机器人、三维激光扫描仪和 3D 打印机。

（1）BIM 放样机器人　传统机电管线施工，借助 CAD 图使用卷尺等工具在施工现场纯人工放样，存在放样误差大、无法保证施工精度、工效低等缺点。BIM 放样机器人将 BIM 模型中的数据直接转化为现场的精准点位，具有快速、精准、智能、操作简便、劳动力需求少的优势。目前提供 BIM 放样机器人的厂商并不多，天宝 RTS 系列放样机器人能够帮助施工人员高效地执行放样操作，比传统机械系统辅助住宅和建筑施工要简单、高效。天宝 RTS 系列放样机器人专为混凝土、MEP 和普通建筑承包商设计，能够提供具体的施工功能并实现单人放样操作，以最大的灵活性执行所有的施工放样和测量任务，并最大限度地节约成本。产品如图 12-5a 所示。

（2）三维激光扫描仪　三维激光扫描仪是一种可以用来采集和获取物体表面三维数据的扫描仪器。它用来侦测并分析现实世界中物体的外观数据，收集到的数据常被用来进行三维重建计算，在虚拟世界中创建实际物体的数字模型。通过手握三维激光扫描仪的把柄，对着目标平滑移动，即时采集三维物体的表面数据。扫描完的数据可以自动消除重叠的部分，极大地节省了三维数据的建模时间。这些数据可以保存成标准的点云图形格式，应用在其他软件程序中。目前市场可提供的高精度三维激光扫描仪品种较多。例如，Trimble GX 3D 扫描仪，使用高速激光和摄像机捕获坐标和图像信息；FARO Laser Scanner Focus 350 扫描仪（图 12-5b）能够在恶劣环境下完成扫描，通过更高的距离精度和角精度获取逼真的扫描数据。这些设备所提供的格式都能被常见的 BIM 软件如 Revit 等导入后进行处理和使用。

（3）3D 打印机　3D 打印（3 Dimensional Printing）是一种以数字模型文件为基础，运用可黏合材料通过逐层打印的方式来构造物体的技术（图 12-5c）。3D 打印在复杂构件制作、微缩模型（方案展示模型、风洞模拟模型、沙盘等）制作等方面均有应用，利用 3D 打印机打印整体的房屋也有实验性应用。在装配式建筑中，采用 BIM 技术与 3D 打印集成应用，在设计完成后利用 3D 打印技术打印出预制外墙板、内墙板、预制阳台、叠合梁、叠合板等预制构件，用等比例缩小的实物展现构件的设计细节，提前发现设计中的“错漏碰缺”等问题。利用 3D 打印技术还可以打印 BIM 沙盘，放在会议室作为对施工现场的布置进行部署、规划、演练和调整的工具，可以更加直观、深刻地反映项目场地布置和 CI 设计情况，实时反映施工现场的最新动态，帮助找出最优施工方案。

a)

b)

c)

3D 打印房屋施工

图 12-5　BIM 硬件设备

a）BIM 放样机器人　b）三维激光扫描仪　c）3D 打印机

12.3.2　建筑信息模型在施工管理中的应用

建立以 BIM 应用为载体的项目管理信息化体系，可以提升项目生产效率，提高建筑质量，缩短工期，降低建造成本。具体体现在以下几方面。

（1）三维渲染，宣传展示　三维渲染动画，给人以真实感和直接的视觉冲击。建好的 BIM 模型可以作为二次渲染开发的模型基础，大大提高了三维渲染效果的精度与效率，给业主更为直观的宣传介绍，提升中标几率。

（2）快速算量，精度提升　BIM 数据库的创建，通过建立 6D 关联数据库，可以准确快速计算工程量，提升施工预算的精度与效率。由于 BIM 数据库的数据粒度达到构件级，可以快速提供支撑项目各条线管理所需的数据信息，有效提升了施工管理效率。

（3）精确计划，减少浪费　施工企业精细化管理很难实现的根本原因在于，海量的工程数据无法快速准确获取以支持资源计划，致使经验主义盛行。而 BIM 的出现可以让相关管理工作快速准确地获得工程基础数据，为施工企业制订精确人工、材料计划提供有效支撑，大大减少了资源、物流和仓储环节的浪费，为实现限额领料、消耗控制提供技术支持。

（4）多算对比，有效管控　管理的支撑是数据，项目管理的基础就是工程基础数据的管理，及时、准确地获取相关工程数据就是项目管理的核心竞争力。BIM 数据库可以实现任一时点上工程基础信息的快速获取，通过合同、计划与实际施工的消耗量、分项单价、分项合价等数据的多算对比，可以有效了解项目运营是盈是亏，消耗量有无超标，进货分包单价有无失控等问题，实现对项目成本风险的有效管控。

（5）虚拟施工，有效协同　三维可视化功能再加上时间维度，可以进行虚拟施工。随时随地直观快速地将施工计划与实际进展进行对比，同时进行有效协同，施工方、监理方、甚至非工程行业出身的业主，都可对工程项目的各种问题和情况了如指掌。这样，通过 BIM 技术结合施工方案、施工模拟和现场视频监测，大大减少建筑质量问题、安全问题，减少返工和整改。

（6）碰撞检查，减少返工　BIM 最直观的特点在于三维可视化，利用 BIM 的三维技术在前期可以进行碰撞检查，优化工程设计，减少在建筑施工阶段可能存在的错误损失和返工的可能性，并可优化净空，优化管线排布方案。最后施工人员可以利用碰撞优化后的三维管线方案，进行施工交底、施工模拟，提高施工质量，同时也提高了与业主沟通的能力。

（7）冲突调用，决策支持　BIM 数据库中的数据具有可计量的特点，大量工程相关的信息可以为工程提供数据后台的巨大支撑。BIM 中的项目基础数据可以在各管理部门进行协同和共享，工程量信息可以根据时空维度、构件类型等进行汇总、拆分、对比分析等，保证工程基础数据及时、准确地提供，为决策者制定工程造价项目群管理、进度款管理等方面的决策提供依据。

12.4　建筑施工管理的信息交流工具

12.4.1　适用于小型公司与小型项目使用的网络工具

目前在建筑业中使用的网络技术，主要是用于大型项目的信息交换及文件管理。小型承包商通常没有能力或者资源来有效地利用这些网络信息技术，如复杂的门户网站等。另外，许多工程项目的规模太小，也没有必要投资使用门户网站系统。基于网络的软件和网络技术的最新发展，使得工程管理人员有可能在工程管理中使用价格低廉的网络技术。这些网络信息技术的不断发展，会加速信息技术在建筑业的应用，而且 IT 的应用会进一步提高更多企业（包括那些缺乏 IT 经验的小型建筑工程公司）的效率。常用的工具主要包括网络日志、维基、对等网和 QQ 等。

1. 网络日志（Weblog）

网络日志（也称"博客"）实际上是由简单的、按时间顺序排列的并且经常更新的帖子组成。在网络日志上发布信息不需要任何的编程知识或网页设计知识，同时也不需要特殊的软件，只需要接入网络和安装相关的网络浏览器即可。

网络日志上的帖子通常可以自动存档，方便所有人随时查看。这也是网络日志与电子邮件相比而言更具有优势的地方。由于网络日志简单易用的特点，因此比较适合于在建筑业的小型公司使用。

网络日志也是一种可以增进各方合作的方式。其实有很多方式使用网络日志系统提供的功能。第一种方式，由于很多网络日志系统都提供评论功能，由一个人或者实体发布所有的帖子，这样其他用户就可以对已发表的帖子进行评论，并添加到日志上。另外一种方式是设置多个发帖人，这样用户之间就可以随时发帖从而进行会话。网络日志简单易用、费用低廉，是实现小型项目上各方合作的比较理想的方式。在各种类型的项目中使用网络日志，可以实现那些以前只能由复杂系统提供的合作功能。

2. 维基（Wiki）

与网络日志相比，维基是另一个正在兴起的网络工具。即便没有任何关于网页设计的知识，利用它也可以建立复杂的网站。

维基能够为信息管理、知识管理和合作提供一个简单易用的环境。维基是一个可自由扩展的互联的网页集合。维基既可以作为超文本（Hypertext）系统来存储和修改信息，也可以作为存储网页的数据库。在此数据库中，利用免费的网络浏览器就可以很容易编辑网页。用户不需要在计算机上安装任何特殊软件，只需要浏览器就可以利用维基在网站上创建和编辑任何网页。

维基软件有很多种，大多是开放源代码软件。软件装在网络服务器上，用户端不需要安装任何软件。大多数维基软件包需要在网络服务器上运行 PHP 和 MySQL 程序。也可以使用维基主机服务，SeedWiki 网站就是这样的例子，用户可以在网站上免费建立维基主页。

维基用户只需要使用有限的几个命令就可以在已有的网页上输入文本，也可以建立新的链接页。这就使那些没有网页设计知识或网页编程知识的用户也可以轻松编辑网页内容。维基的一个不足是，大多数维基在运行时都只限于文本信息，而不能向维基网页中添加图表和照片。

在维基网站中，用户利用网络浏览器就可以编辑网页或者建立新的网页。用户端不需要安装任何软件，用户可以向维基网页中输入或者粘贴文本，利用维基软件也可以自动建立新的链接页。通常维基软件都内置有搜索功能，可以搜索数据库中包含的任何词语。

3. 对等网（Peer to Peer）

对等网为小型项目的团队成员提供了一种相互联系的电子方式，而不需要那些在复杂的计算机系统中所必需的基础设施。对等网是一种不需要中心服务器或者应用服务供应商的数据交换方式（不同于客户机/服务器模式），因此对于小型建筑工程公司来说是一种不错的选择。

与客户机/服务器网络相比，对等网是一种每台计算机都有平等的权利和责任的网络，因此对等网涉及一个权衡的问题。在客户机/服务器环境下，只需要网络浏览器就可以使用基于网络的软件。然而，必须要有一台计算机作为服务器，或者订购服务（如门户网站服务）来维护计算机基础设施。利用对等网时，用户通常必须购买对等网软件安装在对等网络中的每台计算机上，但是不需要花费任何其他设备（硬件）费用。

对等网系统的典型特点包括系统中的计算机扮演了客户机和服务器双重角色，所用的软件容易使用和集成，系统提供可供用户创建内容的支持工具，并提供与其他的用户的连接。

12.4.2　适用于大型复杂项目的门户网站

在当今社会中，项目越来越复杂，项目规模也越来越大，往往在大型工程项目中，项目参与方之间可能会交换数以千计的文件。网络日志或维基方法不足以处理这样更复杂、更大量的工作，因此业主、设计师、承包商和分包商就需要一种可以控制、规范和修改项目文件的新方法，于是门户网站应运而生。

1. 门户网站的定义

门户网站（有时被称为项目外部网）是一种能够在工程项目中实现多方合作和文件交换的网上服务。项目门户网站就是运用基于网络的系统和适当的工程项目管理技术，通过更好的沟通和工作流程管理，实现在线适时合作。通过使用门户网站，可以有效地进行信息交换，从而有助于项目实施的成功，最后实现工程的顺利移交。门户网站为工程项目提供了一个门户网页，用户可以通过它获得相关的项目文件，并通过门户网站传递消息，实现彼此之间项目信息的合作。工程项目各参与方通过项目门户网站交流的示意图如图 12-6 所示。

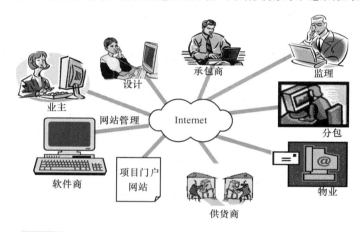

图 12-6　工程项目各参与方通过项目门户网站交流的示意图

2. 使用门户网站的优点

使用门户网站的重要原因是能够增进项目参与方之间的信息沟通。通过使用门户网站，可以使所有的项目参与方都可以获得关键的项目信息。如果门户网站使用得当，同时可以为各个项目参与方提供项目进展状况的最新信息。使用门户网站的另一个优点是减少纸质文件的数量。项目各参与方可以通过门户网站获得电子版的项目文件，而不需要全部打印出来，从而降低项目的沟通成本。

在典型的工程项目中，各种类型的文件都要进行交换，在大型项目中会产生数以千计、乃至万计的各种类型文件。而通过门户网站可以交换各种类型的文件，如包含项目规划的 CAD 文件、变更令、会议记录、信息请求、检查报告和施工图等。

项目的门户网站提供了一个供所有的项目参与方使用的平台。项目的合同各方包括业主、设计师、总包商、监理方和分包商都可以使用该门户网站。如果没有门户网站，项目的各参与方之间只能通过电话、电子邮件、信件和传真等传统方式进行沟通和文件交换，这样的沟通会比较混乱和零碎，沟通成本也比较高。门户网站为所有项目文件提供了一个存储库，有利于项目各方及时获得相关的信息。

门户网站的另一个主要优点是能够跟踪文件。通常情况下，门户网站可以追踪出谁何时查看过、修改过文件。在复杂项目管理中，为了不影响项目的实施进度，能够快速及时地核实项目变更和问题的状况，有时有必要同时追踪上百个变更令和信息请求。

门户网站还能够加强项目全生命周期（包括项目规划、设计和工程建设过程）的集成化管理。在项目的设计阶段就可以建立项目门户网站，通过门户网站发布所有的项目信息。在工程建设过程中，可以通过门户网站对设计变更等问题进行有效追踪，从而促进设计师和承包商之间的沟通，比传统的以纸质文件沟通的方式快很多，减少工期延误的可能性，也有利于提高项目的施工质量。

3. 提供门户网站服务的厂商

建筑公司使用门户网站可以有两种方式：可以购买或租用门户网站软件安装在公司自己的服务器上。然而，许多承包商采用租用门户网站公司提供的在线服务方式。这种情况下，承包商不需要投资昂贵的计算机基础设施（如服务器、服务器软件等）就可以在网络上使用高级的门户网站软件。鉴于在复杂项目中使用门户网站的多种好处，建设项目业主常常要求在工程中使用某一个特定的门户网站系统。值得注意的是，大型建筑承包商可能需要同时购买多个门户网站服务，因为在合同中业主可能要求在项目中使用某一特定的门户网站系统。

目前，提供门户网站服务的厂商有很多，包括 Primavera、Prolog、Constructware 和 Buzzsaw 等。在建筑业中的一些门户网站服务，基本上是由一些著名公司提供的：Expedition 是由开发进度计划软件 Primavera Project Planner 的 Primavera 公司提供的；Buzzsaw 是由开发 AutoCAD 的 AutoDesk 公司提供的。

12.5　建筑施工项目信息管理系统

建筑施工项目信息系统是为了达到对建筑施工项目管理的目的，以计算机网络通信、数据库作为技术支持，对整个施工过程中产生的各种数据，及时、正确、高效地进行集成化管理，为施工项目的各类人员提供必要的、高质量的信息服务的系统。施工项目信息系统的运行，可以完善设计信息沟通渠道，建立信息管理的有效组织和管理制度。施工项目信息系统针对涉及项目成本、进度和实施方向等方面的信息进行加工工作，同时分析出有助于决策的有用信息，最后给出与资源的利用或问题的解决有关的指令。施工项目信息系统拥有集中统一数据，有预测和控制能力，能从全局出发辅助决策。计算机和网络技术的发展大大推进了施工项目信息系统的发展。

基于互联网的工程建设项目信息管理系统不是某一个具体的软件产品或信息系统，而是国际上工程建设领域基于 Internet 技术标准的项目信息沟通系统或远程协同工作系统的总称。该系统可以在项目实施的全过程中，通过共用的文档系统和共享的项目数据库，对项目参与各方产生的信息和知识进行集中式管理，主要是项目信息的共享和传递，而不是对信息进行加工和处理。项目参与各方可以在其权限内，通过互联网浏览、更新或创建统一存放于中央数据库的各种项目信息。因此，它是一个信息管理系统，而不是一个管理信息系统，其基本功能包括文档信息和数据信息的分类、存储、查询。该系统通过信息的集中管理和门户设置，为项目各参与方提供一个开放、协同、个性化的信息沟通环境。

12.5.1　基于互联网的工程建设项目信息管理系统的特点

1）以 Extranet 作为信息交换工作的平台，其基本形式是项目主题网。与一般的网站相比，它对信息的安全性有较高的要求。

2）采用 B/S 结构，用户在客户端只需要安装一台浏览器即可。浏览器界面是通往全部项目授权信息的唯一入口，项目参与各方可以不受时间和空间的限制，通过定制来获得所需的项目信息。

3）系统的核心功能是项目信息的共享和传递，而不是对信息进行加工、处理。但这方面的功能，可通过与项目信息处理系统或项目管理软件系统的有效集成来实现。

4）该系统不是一个简单的文档管理系统和群件系统，它可以通过信息的集中管理和门户设置，为项目参与各方提供一个开放、协同、个性化的信息沟通环境。

12.5.2 系统的逻辑结构

一个完整的基于互联网的建设工程信息管理系统的逻辑结构应具有八个层次，从数据源到信息浏览界面分别为：

1）基于 Internet 的项目信息集成平台，可以对来自不同信息源的各种异构信息进行有效集成。

2）项目信息分类层，对信息进行有效的分类编目，以便于项目各参与方利用信息。

3）项目信息搜索层，为项目各参与方提供方便的信息检索服务。

4）项目信息发布与传递层，支持信息内容的网上发布。

5）工作流支持层，使项目各参与方通过项目信息门户完成一些工程项目的日常工作流程。

6）项目协同工作层，使用同步或异步手段使项目各参与方结合一定的工作流程进行协作和沟通。

7）个性化设置层，使项目各参与方实现个性化界面设置。

8）数据安全层，通过安全保证措施，用户一次登录就可以访问所有的信息源。

12.5.3 系统的功能结构

基于互联网的建设工程信息管理系统的功能分为基本功能和拓展功能两部分。基本功能是大部分商业和应用服务所具备的功能，是核心功能；拓展功能是部分应用服务商在其应用平台上所提供的服务，如基于工程项目的 B to B 电子商务，这些服务代表了未来的发展趋势。基于互联网的建设工程信息管理系统的功能结构如图 12-7 所示。在应用中应结合工程实际情况进行适当的选择和扩展。

12.5.4 基于互联网的工程项目信息管理系统的实现方式

基于互联网的工程项目信息管理系统主要有如下三种实现方式：

（1）自行开发 用户聘请咨询公司和软件公司针对项目的特点自行开发，完全承担系统的设计、开发及维护工作。

（2）直接购买 业主或总包商等项目的主要参与方出资购买（一般还需要二次开发）商品化的项目管理软件，安装在公司的内部服务器上，并供所有的项目参与方共同使用。

（3）租用服务 即 ASP 模式。租用 ASP 服务供应商已完全开发好的项目信息管理系统，通常按租用时间、项目数、用户数、数据占用空间大小收费。

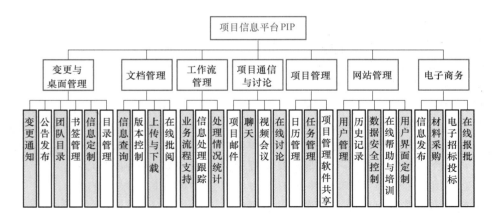

图 12-7　基于互联网的建设工程信息管理系统的功能结构

基于互联网的建设工程信息管理系统在工程实践中有着十分广泛的应用，国外有的研究机构将其列为未来几年建筑业的发展趋势之一。在工程项目中应用基于互联网的建设工程信息管理系统，可以降低工程项目实施的成本、缩短项目建设时间、降低项目实施的风险、提高业主的满意度。图 12-8 所示为一个实际项目管理信息系统的使用界面截图。

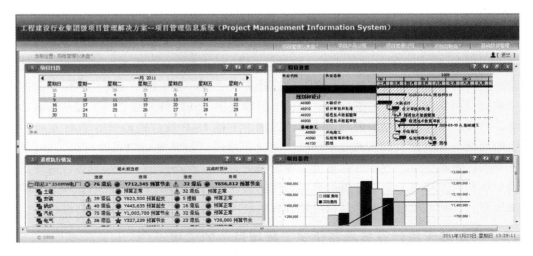

图 12-8　某项目管理信息系统的使用界面截图

12.6　新兴信息技术的应用与发展

12.6.1　三维、四维、五维 CAD 软件在建筑工程项目中的应用

新的信息技术的出现，可能会给工程项目的规划和实施带来巨大的变革。目前为工程项目建立的复杂的三维视图模型可以与进度、费用信息相整合。四维、五维 CAD 模型在工程项目的设计、规划、进度安排等领域的应用得到了广泛关注。

计算机辅助设计（CAD）程序一般用于绘制二维视图。三维 CAD 软件可以生成三维视图。四维 CAD 软件可以将三维视图与进度时间信息相结合，对建筑过程进行全程模拟。五维 CAD 软件现在已经出现，它可以将工程的三维模型与进度、费用信息相整合。

1. 三维 CAD 软件

目前，有许多著名的公司开发的不同的 CAD 软件包可用于建筑和结构设计。现在最流行的 CAD 软件如 AutoCAD 和 Micro Station 一般用于绘制二维视图。承包商和设计师使用这些软件在计算机上绘制工程图。但二维视图有许多局限性，如不形象、不直观，要求使用者具备一定的专业知识才能阅读。这也促进了三维 CAD 软件在工程中的应用。随着信息技术的发展，CAD 软件在近些年已经有了相当大的发展。

某学院八角楼
3D 设计

应用三维 CAD 软件可以生成三维图和效果图。从初步设计到建筑施工都可以使用三维视图。三维 CAD 软件可以帮助设计师和工程师使工程图形象化及识别设计冲突。三维视图在工程建设过程中也可以帮助承包商诠释复杂的设计。三维绘图的优点主要包括：①检查净空及通路；②从不同视角观察工程细部；③在工程会议中作为参考模型使用；④可建造性评价；⑤减少冲突；⑥减少返工等。其中碰撞检查在复杂的工业设计中已经得到了广泛的应用，可以克服二维视图很难识别管道网络冲突的缺点。三维视图模型通常主要用于工业设施及复杂商业建筑的设计。现在三维视图的应用已经扩展到基础设施设计，比如公路和铁路。

2. 四维、五维 CAD 软件

四维、五维 CAD 软件的出现引起了建筑业中工程规划及进度计划技术的重大变革。四维 CAD 软件将工程的三维模型与进度计划信息相整合，其中一些软件已经可以在修改三维模型设计的同时，自动修改进度计划和二维设计图及文件。五维模型则可将三维模型的修改直接反映到费用变化上。新的模型不仅提供了三维视图，还将许多独立的工程软件的功能集成起来，形成一个完整的建筑模型。另外，四维、五维 CAD 软件能够显示项目随时间推移而产生的变化，能够在项目实施前进行模拟施工，增进项目各方对项目的理解，加强业主、设计者与承包商的合作，所以也给建筑工程公司进行项目规划提供了新的方法。另外，在包括从设计规划到工程竣工全项目周期都可以使用。在设计规划时设计者可以比较不同的设计方案对预算的影响。承包商也可以在建设过程中对不同的建造顺序的可建造性进行评价。

12.6.2 移动与无线计算技术在建筑工程项目中的应用

近些年，移动通信和无线计算技术的应用发展非常快。随着 PC 机和 PDA 的便携程度的提高，基于无线网络的计算机设备开始在工程现场也得以广泛应用。

1. 在施工现场使用计算机

以前，工程项目的承包商通常在施工现场的办公室里使用个人计算机。以前没有无线网络，便携式计算机在现场起初只应用在收集数据资料方面。现在，无线网络技术使得现场的计算机不但可以通过网络互联，还可以接入因特网。使用者可以在现场使用各类工程软件，还可以向门户网站和知识管理系统实时上传数据。现场施工人员还可以通过研究网站上关于如何施工的案例直接获得知识和经验，有利于指导如何进行更好的施工。

2. 移动计算技术的优点

移动计算技术最大的优点就是快速、便捷地在施工现场与办公室之间传递项目信息和文件。另外，利用移动计算技术使得施工现场的数据和信息可以更及时地输入计算机系统中，管理者可以根据这些数据准确及时地确定发生问题的位置。

3. 移动计算技术的硬件

随着计算机硬件技术的发展，在现场使用的具有移动计算功能的硬件越来越多，目前主要有：

（1）笔记本电脑　随着笔记本电脑的性价比的逐渐提高，其在工程现场应用越来越普遍。

（2）平板电脑　像 iPad 之类的平板电脑可以通过触摸屏进行手写输入，可以有效快速地收集现场数据。

（3）手机　手机的价格相对便宜，可以满足人手一台，计算机的许多功能正在逐步移植到手机上，使其功能越来越强大。而且手机体积小、重量轻，很适合现场使用，是移动计算的最佳设备。

由于施工现场的复杂性和环境的恶劣性，为了适应施工现场使用的需要而购买的移动计算设备必须坚固耐用。移动计算设备可以让项目人员将项目资料文件轻松带到施工现场。管理人员还可以以电子格式分类组织整理资料，以便于快速查找。由于移动计算设备可以运行各种工程软件，还可以接入因特网收发电子邮件，因此在工程项目上使用便携式计算机和 PDA 的潜力非常巨大。

4. 无线网络

无线网络是通过无线电波进行数据的传输和接收，它的应用是移动数据通信技术（如 4G、5G）和无线宽带技术（如 WiFi、Wimax 等）发展的结果，在建筑业具有广阔的发展前景。如支持 4G 的 iPhone 类的智能手机应用无线网络，已经具备了笔记本电脑、PDA 和平板电脑的大部分功能，在工程中应用也越来越普遍。现场工作人员可以通过无线网络与便携式计算机在现场使用基于网络的软件。无线网络的使用使得现场与办公室之间传递项目信息和文件更加方便、快捷、低成本，使得现场的管理人员可以花费更多的时间在现场从事管理工作。典型的工程现场 WiFi 网络如图 12-9 所示。

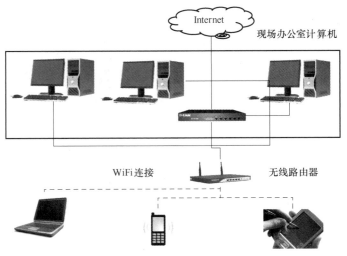

图 12-9　典型的工程现场 WiFi 网络图

12.6.3　电子标签与传感器设备

随着电子技术的发展，现在可以将非常小的装置安装在建筑材料上以追踪其位置及状况。除此之外，还可以将感应装置安装在施工现场周围和工程设备上。和机器人技术不同的是，这些技术更加容易实施，很快会得到广泛的应用。

1. RFID 电子标签

RFID 即无线电频率识别。RFID 标签就是一个电子小标签，可以用来标记建筑材料，对建筑材料进行追踪、分类和识别。RFID 标签已广泛应用于某些供应链管理。一个 RFID 系统包括三个组成部分：标签、读取器（图 12-10）和处理与翻译接收数据的软件。

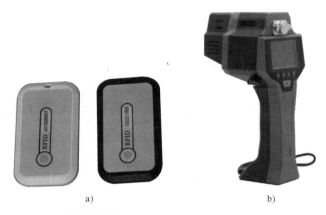

a)　　　　　　　　　　　　　　　　　　b)

图 12-10　RFID 电子标签及读取设备

a）RFID 标签　b）RFID 标签读取器

RFID 标签是附着在材料上的独特识别装置。标签读取器发出无线电信号，标签回复自我识别的无线电信号。读取器将收到的无线电信号转化为数据，然后把这些数据传到计算机系统中，对标志信息进行分析归类，最终采取相应的行动。识别标签由一个集成块，一根天线和外包装组成，体积非常小并且可以根据实际需要做成不同的形状。

RFID 标签可以应用于很多领域，包括库存管理、材料追踪和发送、质量控制和检查。

在建筑施工领域使用 RFID 标签有许多优势，包括有助于更好地计划决策，可以实现从制造场地到运送至施工现场持续追踪可能影响工程关键路径的重要建筑材料，通过追踪材料可以保证施工现场及时收到所需的材料，提高生产率。

2. 传感器

电子传感器在建筑工程领域中有多种用途。当前传感器主要用于测量建筑物的结构性能。通常情况下，传感器主要用来测量建筑物的长期性能和老化进程。也有一些传感器是专用于整个设施生命周期的施工阶段。传感器的最新发展趋势是用于测量建筑材料的质量。

传感器技术与无线网络技术的合并使用已成为在施工现场自动收集信息的一种新方法。目前在工程设备上及建筑工地周围安装使用小型的、成本低廉的传感器已经成为了可能。

使用传感器可以实现各种不同的功能，包括温度和湿度测量、加速度追踪、移动物体监控等。

无线电通信技术的发展会使传感器网络的安装和使用变得更为容易，可以相信在不久的将来将会出现许多传感器的新用途。

3. 网络摄像机

如今通过因特网不在现场的用户也可以看到现场图片以及媒体录像。使用网络摄像机有很多优点，主要包括：

1）项目管理者可以在现场之外的任何地点掌握工程现场正在实施的项目进展及相关信息。

2）可以以直观方式记录工程进度、工程活动以及重要事件。

3）方便向业主、设计方、承包商以及公众展示工程图片和视频，促进工程参与方之间的交流。

4）不仅可以作为工程参与人员交流的工具，而且还是公众了解工程进展的途径。

5）可以作为营销的工具为潜在的客户展示以前的工程绩效。

使用这项技术必须拥有一部摄像机和高速的网络连接（有线或无线）。用户可以控制摄像机，通过专用的监控器或者计算机显示器观看建筑施工现场实际情况，并且可以旋转、移动、放大用户感兴趣的区域，如图 12-11 所示。

图 12-11　用户通过监视器观测建筑施工现场情况

4. 无人机

无人机（图 12-12）具有小型轻便、高效机动、智能化、可选择视角、拍摄影像清晰、可实时传送的优点，可以减少监督管理人员的安全风险，效率更高，费用更低，适用于远程、高处、危险、难于达到地点的图像信息采集，对于工程质量检查、安全监控、设备运行情况检查等具有独到的优势。在施工阶段，无人机可以辅助放线工作，收集信息计算工程量，可以提供施工现场的实时影像及位置信息，及时排查危险源；在运维阶段，无人机可以辅助维修维护、日常安全巡视和应急处理等工作。

12.6.4　自动化技术与机器人技术在建筑施工中的应用

建筑施工是典型的劳动密集型生产过程，需要大量的劳动力，而建筑施工过程苦脏累险的基本属性使得很多人并不愿意进入本行业长期工作。近年来建筑业逐渐显现出劳动力短

图 12-12 用于建筑施工现场实时监控的无人机

缺、工资快速上涨，工人技术水平下降的问题，这将对未来建筑业发展产生重大的影响。这种情形 30 多年前在日本已经发生了。因此，我国建筑业要想持续发展，必须要改变生产方式和管理方式，推进工业化进程，积极研究开发省力化的技术设备，并推进工业化向自动化和智能化方向发展。而将自动化技术和机器人技术应用于建筑行业一直是建筑业人士的梦想，也一直有个别机构和学者在进行这方面的研究和尝试。

目前自动化在许多领域得到了应用，特别是在制造业中应用得最成功。在建筑业中实现工程建设过程自动化，可以缩短操作周期，提高生产率，提高质量，提高安全性并有利于降低施工成本。如何推进建筑业的工业化进程并向自动化和智能化方向发展是今后相当长时期必须研究解决的问题。

1. 自动化技术

自动化技术在建筑施工中的应用是分阶段进行的，不同的发展阶段可以实现不同的自动化程度。在初始阶段，可以在建筑机械上加载装置，提供机械操作人员相关信息；第二阶段，使用计算机自动操控建筑机械设备，不需要或很少需要机械操作人员的干预；最后，使用机器人实现完全自动化操作。

与房建工程中常见的劳动力密集的工序相比，交通市政工程的施工已应用了很多自动化技术，施工设备的自动化操作，大大减轻了操作人员的工作强度。实践证明，自动化技术在交通市政工程领域的发展进程超过了房建工程。这是因为，在房屋施工中建筑工人需要使用各种工具以及技术在建筑物中安装零碎的部件，而交通市政工程中的地面找平、挖掘、铺砌、沥青摊铺（图 12-13）等工序（工作）都可

图 12-13 国产 SP 系列大型沥青混凝土摊铺机

以应用自动化技术进行施工，也就是说，在土方工程中搬运大量建筑材料之类的活动中实现自动化要比在房屋建设工程中的很多活动要容易得多。

2. 机器人技术

机器人技术具备如下特征：①机器人必须具备一定程度的移动能力；②可以通过编制程序使机器人完成各种不同的工作；③程序编制完成以后机器人就可以自动操作。

机器人技术在制造业中的应用已经非常广泛，机器人可以长期安装在流水线上而不用移动。而在建筑施工中，由于建筑产品生产具有流动性和单件性的特点（非流水线生产标准化生产），机器人必须被移动到各个工程项目地点，并且在项目现场也需要移动（比如在高层建筑的楼层间移动）。同时机器人的高成本及其技术复杂性也成为其在建筑领域应用的最大障碍。目前，世界发达国家都投入大量资金和人力进行建筑机器人的研究与开发。图 12-14 所示为苏黎世联邦理工学院的工作人员正在使用一个机器人手臂为纽约街头交通岛砌砖的场景。

机器人砌砖

图 12-14　机器人手臂为纽约街头交通岛砌砖的场景

12.7　建筑施工管理常用软件简介

12.7.1　MS Project 软件

Microsoft Project 2016 是一款由微软开发的通用型项目管理软件。软件产品主要用于新产品研发、IT、房地产、工程、大型活动等多种项目研究策划。在 Project 2016 版本中，软件拥有更简单的视图自定义，更合理的用户控制的日程排定，能够更轻松地进行多方协作，并且包含了经典的项目管理思想和技术及全球众多企业的项目管理实践，在提升项目管理人员能力的同时也实现了项目管理专业化与规范化。

Project Server 2016 将以 Share Point Server 2016 作为基础平台，并在此结构化的执行力基础之上呈现出各种功能强大的业务协作平台服务，帮助您打造各种灵活的工作管理解决方案。Project Server 2016 将对项目和项目组合实现一体化管理，进而帮助组织根据战略层面的优先级排序，来协调资源和投资行为，对所有类型的工作实现全面掌控，以及利用强大的仪表板直观显示绩效信息。

1. 一体化项目与项目组合管理

Microsoft Office Project Portfolio Server 2007 中精典的项目组合管理技术将被保留并合并到 Project Server 2016 中，以便通过一台具有直观用户界面的单独服务器，就可以提供用以支撑整个项目生命周期的所有必备工具。通过综合利用自上而下的项目组合管理技术和自下而上的项目管理功能，Project Server 2016 可帮助组织识别和甄选最优的项目组合，并将其成功地转化为最终成果。

2. 利用管理工作流来实现权责分明和控制力

Project Server 2016 的工作流功能将帮助组织定义正确的管理流程，进而有效控制各种类型的工作、项目和业务，并贯穿于整个工作生命周期的始终。通过在流程中设置检查点，并针对个体采用恰当的权限，将有助于推动权责明确、提高责任感及为所有投资决策提供可审核的记录信息。全新的提案状态页面（Proposal Status Page）将帮助项目管理部门（PMO，Project Management Office）有效落实各种管理流程，并教育员工快速适应、习惯和以身作则。

3. 实现项目活动的标准化和简约化

Project Server 2016 提供一站式的需求管理门户，帮助组织在项目开始就实现各种类型工作的简单化和标准化。通过将项目和业务活动集中于中央系统中，就可以让组织清楚地看到所有请求和正在进行的活动，这样很容易发现重复请求，而且可以快速评估对可用资源有何影响。Project Server 2016 的这种灵活性将帮助 PMO 为各个部门提供某种层面的自我管理。同时，通过对数据集的标准化，发挥企业报表的价值。

4. 选择符合战略要求的恰当项目组合

在过去，项目会按照先进先出的顺序得到资金。Project Server 2016 包含最具实用价值的项目组合选择技术。因此，只有价值最优（符合战略要求及资源利用要求）的项目会得到许可，这将帮助组织在投资方向的选择上进行理智的思考，而不是一时冲动。全新的项目组合管理和分析功能，将帮助执行层的人员在付出更少劳动的前提下，根据战略的优先级来理性地使用投资。

（1）有效评估和传导企业战略　Project Server 2016 帮助执行层的人员将战略拆解成可执行的、可度量的、分散的各个业务驱动因素。直观的对比评估将有助于确保组织有目的地考量各个业务驱动因素的优先级，在执行层面达成共识，以及得出一个相应的范围，以便衡量各种互斥请求分别在战略层面有何种积极贡献。

（2）在各种限制条件下执行假设分析　Project Server 2016 帮助组织从多个维度（战略价值、财务价值、风险）对项目进行优先级评估，从而提供客观的、证据确切的对比结果。直观的成本限制分析（Cost Constraint Analysis）视图帮助分析人员快速对各种不同的预算限制进行建模，并使用专业的优化算法来提出建议的项目组合，以便最佳匹配企业战略。Efficient Frontier、Strategic Alignment 和 Compare Scenario 视图提供强大的洞察力，帮助执行层找到均衡点，并评估和优化项目组合的选择。

（3）掌握重新编排计划的主动权，最大化资源利用率　Project Server 2016 中的负载规划功能将帮助分析人员预先评估出既定项目组合对资源池的影响，并通过对各种应用场景的建模，来提高整个规划周期内的资源利用率。强大的资源限制分析（Resource Constraint Analysis）视图将提供一个完整的门户，帮助组织直观地发现资源短缺或利用率不足的情况，调整项目开始日期以更好地利用可用的员工，以及决定所需的员工数量并采用最优化的雇佣策略。

5. 轻松构建 Web 项目计划

Project Server 2016 将 Microsoft Project Professional 2016 的功能扩展到浏览器，实现基于 Web 的项目计划，进而方便移动工作者使用。由此，项目经理可以充分利用各种强大的诊断功能，例如突出显示修订和多级撤销，而不必每次都要启动 Project Professional 2016 程序。基于 Web 的计划功能将为兼职和专职的项目经理提供这种灵活性，他们可以随处通过 Internet 快速在线构建简单和复杂的计划，并便捷地编辑该计划。

6. 直观地提交时间和任务更新

各种组织都需要集中获取时间、简化流程、自动化任务管理，以及提高项目预估的准确性。Project Server 2016 将为这些组织提供这种灵活性。Project Server 2016 已对时间报告功能进行进一步增强，以提供一种全新的单点输入模式（Single Entry Mode），旨在统一管理时间和任务状态更新。用于时间表输入和任务管理的 Web 用户界面已被标准化，目的是加快学习速度和增强用户体验。Project Server 2016 通过与 Microsoft Exchange Server 2016 连接在一起，就可以确保团队成员能够直接在 Microsoft Outlook 2016 和 Outlook Web App 中便捷地接收和更新自己的项目任务。

7. 通过报表和仪表板实现可见性和控制力

Project Server 2016 将提供一种功能强大的报表基础架构，并将其与各种灵活的商业智能工具加以组合，进而有助于确保组织预先获取对所有项目组合的可见性，这样就可以快速采取应对措施，并生成自定义报表。Project Server 2016 采用 Microsoft 商业智能平台，其中包含 Excel Services、Performance Point Services、Visio Services、SQL Reporting Services 等，这些将为组织提供一种全面的、可随组织的报表需求而成长的解决方案。该解决方案将为非技术资源提供一系列熟悉的工具，以便轻松创建报表和配置面向目标受众的、功能强大的仪表板，同时，还将为技术资源提供更多专业级功能来创建各种复杂的视图。

8. 简约型管理及其灵活性

Project Server 2016 将变得极具灵活性，而且可被快速配置为满足任意组织的独特需求和业务流程。Project Server 2016 将通过一个综合了项目和项目组合管理功能的改进型控制台来实现简化管理的目的，包括用户代理和项目权限在内的诸多新功能，将通过赋予用户操作权限来降低管理员的工作负担。Project Server 2016 将有助于确保 PMO 和管理员在管理系统上耗费更少的时间，而将更多的时间用在项目和项目组合的交付和绩效上。

9. 从 Microsoft 平台中获取更多价值

Project Server 2016 可以连接到其他的 Microsoft 相关技术中，例如，Share Point Server 2016、Microsoft Office 2016 及 Exchange Server 2016，从而提供一种功能强大而易于使用的工作管理平台，有助于确保团队成员可以选用自己偏好的生产工具，来轻松接收任务并向项目负责人提交状态更新，而且只需付出最少的工作量和承担最低的管理负担。这种灵活性将促进生产率提升，并确保项目经理和 PMO 可以有效熟悉所需的数据，来推行企业信息呈报机制和资源管理策略。

10. 可扩展和可编程的平台

Project Server 2016 将提供一种开放式的、可扩展的和可编程的平台，以确保组织可以轻松开发自定义解决方案，并有效集成为无线系统。由于 Project Server 2016 构建在 Share Point Server 2016 基础之上，开发人员可以充分利用一种一致而强劲的平台及其中的各种熟悉的工具和服务来快速构建和部署各种解决方案，其中包括 Windows Communication Foundation、Business Connectivity Services、Microsoft Visual Studio 2016，以及 Microsoft Share Point Designer 2016、Project Professional 2016，将面向有效管理大范围、多种类的项目和方案提供多种强大而直观的手段。从满足重要的限制日期到合理选择资源和激发团队工作热情，Project Server 2016 可提供更加简便、更加直观的使用体验，帮助提高生产力，并实现惊人的收获。

12.7.2 Oracle Primavera P6 软件

P6 是原美国 Primavera System Inc. 公司研发的项目管理软件 Primavera 6.0 的缩写，暨 Primavera 公司项目管理系列软件的最新注册商标，于 2008 年被 ORACLE 公司收购，对外统一称作 Oracle Primavera P6。

Oracle Primavera P6 EPPM 荟萃了 P3 软件 20 年的项目管理精髓和经验，采用最新的 IT 技术，在大型关系数据库 Oracle 和 MS SQL Server 上构架起企业级的、包涵现代项目管理知识体系的、具有高度灵活性和开放性的、以计划—协同—跟踪—控制—积累为主线的工程项目管理软件，是项目管理理论演变为实用技术的经典之作。P6 软件可以使企业在优化有限的、共享的资源（包括人、材、机等）的前提下来对多项目进行预算、确定项目的优先级、编制项目的计划，并且对多个项目进行管理。它可以给企业的各个管理层次提供广泛的信息，各个管理层次都可以分析、记录和交流这些可靠的信息，并及时做出有充分依据的符合公司目标的决定。P6 包含进行企业级项目管理的一组软件，可以在同一时间跨专业、跨部门，在企业的不同层次上对不同地点的项目进行管理。

Oracle Primavera P6 是一个综合的项目组合管理（PPM）解决方案，包括各种特定角色工具，以满足每位团队成员的需求、责任和技能。P6 套件采用标准 Windows 界面、客户端/服务器架构、网络支持技术，以及独立的（Oracle XE）或基于网络的（Oracle 和 Microsoft SQL Server）数据库。Oracle Primavera P6 的核心模块是 Project Management（PM）。

Project Management 模块供用户跟踪与分析执行情况。该模块是一个具有进度时间安排与资源控制功能的多用户、多项目系统，支持多层项目分层结构、角色与技能导向的资源安排、记录实际数据、自定义视图及自定义数据。

对于需要在某个部门内或整个组织内同时管理多个项目并支持多用户访问的组织来说，该模块是理想的选择。它支持企业项目结构（EPS），该结构具有无限数量的项目、作业、目标计划、资源、工作分解结构（WBS）、组织分解结构（OBS）、自定义分类码、关键路径法（CPM）、计算与平衡资源。如果在整个企业范围内大规模实施项目组合管理，则需配合采用 Oracle 或 SQL 服务器作为项目数据库。如果是小规模应用，则可以使用 SQL Server Express。

PM 模块还提供集中式资源管理。这包括资源工时单批准以及与使用 Progress Reporter 模块的项目资源部门进行沟通。此外，该模块还提供集成风险管理、问题跟踪和临界值管理。用户可通过跟踪功能执行动态的跨项目费用、进度和赢得值汇总，可以将项目工作产品和文档分配至作业，并进行集中管理。通过"报表向导"创建自定义报表，此报表从其数据库中提取特定数据。

1. 强大的进度计划管理

进度是项目管理的核心要素之一，是管理者非常关心的一个核心业务，进度管理的好坏直接关系到项目是否能按期完工、项目成本是否在预算之内。进度计划管理主要包括施工进度管理、设计交付进度、设备交付安装调试进度、相关施工图资料提交进度、资源费用优化平衡等，其中施工进度管理是最重要的。设计交付、设备交付安装与施工图资料的提交也可以看作是一项工程，它的进度管理与施工进度管理在管理思想上、管理方式上是类似的。

2. 强大的资源与费用管理

随着目前工程项目平均利润率不断降低，加强施工过程的成本控制越来越被企业所重视。资源与费用的管理历来是 P6 的强项。角色的加入、资源分类码的加入，使得整个管理能力更加如虎添翼。此外，运用 P6 软件可以使用户对费用的管理视角更加开阔，让用户在投资与收益的管理、投资回报率始终在掌控之中。

12.7.3　斯维尔系列软件

深圳市斯维尔科技有限公司是一家专业致力于工程设计、工程造价、工程管理、电子政务等建设领域行业软件的开发和推广应用的高新技术公司。斯维尔建设行业软件产品线涵盖领域全，能够提供建设工程全生命周期 BIM 解决方案，形成了具有自身鲜明技术特点的BIM 产品线。

斯维尔产品线按照分布式 BIM 的技术要求进行规划和要求，按生产分工要求进行产品功能划分，按有利于生产作业进行的方式进行功能集成。三大系列软件集成关系如图 12-15所示。

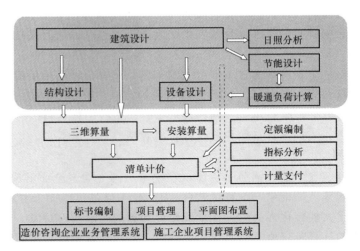

图 12-15　三大系列软件集成关系

施工阶段是建设工程生命周期最重要的阶段，涉及的问题最多，包括施工前的招标投标活动、施工进度计划制订、双代号网络图的编制、施工平面图的制作、施工过程中合同变更、工程量变更、施工材料的采购、出入库管理及材料款支付，斯维尔 BIM 系列都有相应的软件支持。

1. 项目管理类软件

在项目施工前期阶段要进行招标投标，通过招标投标确定施工单位。斯维尔 TH-BDC标书编制软件可以快速制作并导出 Word 格式标准标书。TH-BDC 标书编制软件是一款支持多媒体标书的编制与组织集成软件。可在标书里包含视频、声音、flash、dwg、Word、Excel等文档，以及多达20多种图形格式，可通过各种表现手段向专家及招标单位展示本单位的实力和想法。标书编制软件中可以包含清单计价软件产生的经济标投标报表，使技术标商务标作为一个整体来进行管理和投寄。并且在软件里有添加附件的功能，可以将项目管理软件与平面图布置软件生成的文件导入标书编制里，使标书看起来更完整，更有利于中标。

在施工前需要制订详细的施工进度计划和横道图等，这时可以使用斯维尔项目管理软件TH-PM。该软件将网络计划及优化技术应用于建设项目的实际管理中，以国内建设行业普遍采用的横道图和双代号时标网络图作为项目进度管理与控制的主要工具，通过挂接各类工程定额实现对项目资源、成本的精确分析与计算。不仅能从宏观上控制工期、成本，还能从微观上协调人力、设备、材料的具体使用。系统内图表类型丰富实用，可提供拟人化操作模式，制作网络图快速精美，智能生成施工横道图、单代号网络图、双代号时标网络图、资源管理曲线等各类图表，并且生成的施工横道图和平面布置图可以一起导入标书编制里。

斯维尔 TH-ID 平面图布置软件操作简便，可从容应对准备时间短、对文档要求高的投标，以及满足高水平施工组织设计中施工平面图设计的要求。软件提供丰富的基本图形组件及其综合操作，通过组合和编辑可生成各种工程图形组件；图元库包含标准的建筑图形，所绘制图形可保存到图元库中备用。图片、剪贴画、Word 文档等任意文档均可插入图样进行美化，图样可存为 BMP、EMF 等格式便于交流。

斯维尔 TH-CM 合同管理软件是为建筑施工企业提供的施工合同计算机管理系统，它实现了建筑企业对施工合同管理的科学化、规范化，从而提高施工合同管理效率和管理质量，并及时为现场施工、工程收款、工程付款和索赔收款提供信息，进而提高建筑企业的施工效率和经济效益。

材料的管理也是一个很麻烦而且工作量大的工作，只有合理运用正确的辅助软件才可以事半功倍。斯维尔材料管理软件 TH-MM 根据用户的需求，将材料的进、销、存、退、盘、调等业务融于其中。软件能够在单机及网络环境中轻松运行，将材料的进、销、存和材料成本的核算集结为一体，实现了真正的集成化计算机管理。

2. 造价软件系列

斯维尔造价软件包含土建、钢筋、装饰、安装等不同专业，全面解决项目预决算问题，并且提供造价咨询服务。斯维尔三维算量软件 THS-3DA 通过三维图形建模，直接识别设计院电子文档，把电子文档转化为面向工程量及套价计算的图形构件对象，以面向图形的方法直观地解决工程量的计算及套价问题，提高了建设工程量计算速度与精确度。

斯维尔清单计价软件 THS-BQ 主要适用于发包方、承包方、咨询方、监理方等单位管理建设工程造价计算，编制工程预、决算，以及满足招标投标需求。该系统具有通用性，可实现多种计价方法，挂接多套定额，能满足不同地区及不同定额专业计价的特殊需求，操作方便，界面简洁，报表设计和输出灵活。

斯维尔安装算量软件 THS-3DM 是基于 AutoCAD 平台的三维设备算量软件。软件支持清单算量、定额算量两种方式。与三维算量软件建模紧密结合，利用三维可视化技术，进行真实的三维建模，生成的模型更加符合工程实际，算量也更加准确。计算过程透明，可以灵活地设定计算规则，对工程的局部进行统计，并配合强大的检查机制。同时软件采用自定义对象核心技术，符合设备算量软件的发展趋势。

12.7.4　鲁班系列软件

上海鲁班软件集团是国内率先推出 BIM 软件和解决方案的提供商之一，已经由主推算量软件的技术型软件公司向互联网、向服务转型。软件主要分为四大产品线，包括算量系列软件、互联网功能、非算量的 BIM 应用和企业基础数据系统，采用先进的"云 + 端"模式，突破了单机软件功能的局限，使算量软件有了更大的创新空间。

针对项目管理不同过程的需要，按照不同的目的，鲁班系列四类软件分别支撑不同的管理过程：①建模、算量、造价，创建 BIM 模型；②BIM 维护、更新，设计阶段进行量指标分析；③招标投标阶段对量进行分析并评估策略方案；④项目管理全过程数据提供；⑤各专业碰撞检查、钢筋翻样；⑥现场服务；⑦工程资料录入，建立基于 BIM 的工程档案到现场提供数据。根据不同阶段的需求，共同实现了鲁班软件 PDPS（Project Data Providing Service）项目数据全过程提供服务体系。鲁班系列软件贯穿于整个建设项目全过程，不同的阶段有不同的技术支持。

1. 鲁班算量系列软件（LubanCal）

鲁班算量系列软件主要是在建设项目施工的前期招标投标、施工过程工程量及竣工结算三大阶段应用较多的软件产品，支持造价管理全过程。这一系列的软件按照不同的专业分为鲁班土建、鲁班安装、鲁班钢筋预算、鲁班钢筋施工、鲁班总体、鲁班钢构和鲁班造价共七个部分，共同组成了鲁班算量软件系列产品线。

1）鲁班土建与鲁班安装可以实现基于 AutoCAD 图形平台进行工程量的自动计算。

2）鲁班钢筋预算与施工软件基于国家规范和平法标准图集，采用 CAD 转化建模、绘图建模、辅以表格输入等多种方式，整体考虑构件之间的扣减关系，解决造价工程师在招标投标、施工过程钢筋工程量控制和结算阶段钢筋工程量的计算问题。鲁班钢筋预算与施工软件主要功能包括：①完全开放计算，施工版还支持 3D 中修改钢筋参数、图形，并与报表联动；②内置加工断料组合系统，大幅降低钢筋加工损耗；③报表功能极为强大，可输出施工下料单及加工单；④彻底改变了钢筋下料的工作流程，极大地提高了钢筋下料工作人员的工作效率。

3）鲁班总体软件涵盖了从场地平整、道路、绿化到水电安装各部分的全面内容。

4）钢结构软件方便建立各种复杂钢结构的三维模型。

5）鲁班造价软件是国内首款可视化造价产品，完全兼容鲁班算量工程生成文件；可以通过二维、三维图形的选择生成预算书；该造价软件可以利用强大的实时远程数据库支持以及鲁班通、实物计算数据、企业定额、造价指标进行造价测算、组价；细致的项目群管理功能，对多标段、单项工程、单位工程指标数据查询、管理；全面的过程管理等功能，对工程的招标投标、施工、结算进行统一管理。

鲁班算量系列软件充分考虑了我国工程造价模式的特点及未来造价模式的发展变化。软件通过三维立体建模的方式，配合内置的全国各地定额及计算规则，通过强大的报表功能，可以输出各种形式的工程量数据以满足不同的需求。

2. 云应用功能（iLuban）

云功能主要是围绕算量软件而存在的一种精确建模的云端服务，是算量强有力的支持，通过云功能可以提高工作效率，创造更大价值，避免经济损失。主要包括云模型检查、云指标检查、云指标库、云构件库、云自动套、云资源库及企业账号。

1）云模型检查为工程实时把脉，目前三个专业的检查项目约400类近3600项，检查项目相较本地检查数量更多，优化更及时，并且主动提供依据，还拥有强大定位反查和修复功能。可支持设置信任规则，进一步提高检查效率。另外还有云模型检查模板将想要的检查项目、检查条件存储在云端，方便随时调用及云模型检查错误的分级，且更加直观。

2）云指标检查通过云指标库能够快速判断指标结果合理性，并将新做工程结果与自己的指标库、企业指标库、鲁班指标库、好友共享的指标库的相似工程进行对比分析，快速判断、检查计算结果的合理性，提供分析结果报告。个人用户可以积累自己的指标库，企业用户可以形成企业内部的指标库，供内部参考对比。

3）云构件库可以搜索并快速完成零星节点和复杂断面的定义，节省30%以上零星构件及复杂断面的定义时间，并能够轻松定义复杂组合构件共700多个。

4）云自动套功能即利用专家预设的自动套模板，自动根据断面、标高、混凝土强度等级等条件套取相应清单定额。企业用户可以利用此功能自制企业清单定额套用标准，供全公司共享。这一应用不仅能够提高高达30%以上的建模效率，还能够保证套取清单定额的准确性。

5）云资源库包括全国各地清单库、定额库、清单计算规则、定额计算规则，并有鲁班专家实时维护更新，可随时随地下载升级。

6）企业账号包括管理员账号、管理企业内子账号，Luban MC授权和Luban BE授权以及云存储空间价值。企业级云服务实现存储、共享、远程调用和分析数据等功能。

云系列功能是鲁班软件向用户提供的可自由选择是否使用的增值应用，是基于互联网平台以辅助鲁班算量系列软件更好利用而存在的。

3. 工程基础数据解决方案

工程基础数据解决方案LubanEDS（企业基础数据管理系统）包括LubanPDS（基础数据分析系统）、LubanMC（管理驾驶舱）、LubanBE（BIM浏览器）和LubanExpress（企业级材价解决方案）共同构成的以BIM技术为依托的工程成本数据平台及一些前端应用。

鲁班企业基础数据管理系统（LubanEDS）可以使企业轻松进行软件资产管理，增加删除子账号和软件内部授权简捷方便。所有过程数据留在企业数据服务器中，不再担心因人员流动造成工程数据丢失。知识积累和共享、建立企业标准，让企业中的每位员工都能成为行业专家，大幅提升团队专业水平。轻松建立基于BIM的企业级项目基础数据库，实现BIM图形数据、报表数据共享，实现产值统计、生产计划、材料用量分析、成本分析等多项企业应用，提升项目和企业协同能力。

鲁班基础数据分析系统（Luban PDS）是一个以BIM技术为依托，将最前沿的BIM技术应用到了建筑行业的成本管理当中的系统。只要将包含成本信息的BIM模型上传到系统服务器，系统就会自动对文件进行解析，同时将海量的成本数据进行分类和整理，形成一个多维度的、多层次的、包含三维图形的成本数据库。通过互联网技术，系统将不同的数据发送给不同的人。例如，企业总经理可以看到项目资金使用情况，项目经理可以看到造价指标信息，材料员可以查询下月材料使用量，不同岗位人员各取所需、共同受益，从而对建筑企业的成本精细化管控和信息化建设产生重大作用。

鲁班管理驾驶舱（Luban Management Cockpit）可用于集团公司多项目集中管理、查看、统计和分析，以及单个项目不同阶段的多算对比，主要由集团总部管理人员应用。将工程信息模型汇总到企业总部，形成一个汇总的企业级项目基础数据库，企业不同岗位都可以进行数据的查询和分析，为总部管理和决策提供依据，为项目部的成本管理提供依据。

建筑信息模型浏览器（LubanBE）可以使工程项目管理人员随时随地查询管理基础数据，操作简单方便，实现按时间、区域多维度检索与统计数据。在项目全过程管理中，使材料采购流程、资金审批流程、限额领料流程、分包管理、成本核算、资源调配计划等及时准确地获得基础数据的支撑。

鲁班通（Luban Express）主要应用于采购询价与报价、材料价格信息数据的积累与管理、材料价格咨询的浏览与发布等领域。

4. BIM 应用（Building Information Modeling）

BIM 应用涉及的领域比较广，包含建筑物从规划设计、施工到运营管理整个项目生命周期。鲁班 BIM 技术的主要应用有：

1）建造阶段碰撞检查：定位于建造阶段应用，结合深化设计和施工方案，根据结构实测和深化设计查找碰撞点，以辅助施工班组优化，完整体现施工方案。

2）材料过程控制：获取准确实物量，制订采购计划，进行限额领料，控制飞单。

3）对外造价管理：区域造价统计，进度款项确认，产值精确核算，建安费用审核。

4）内部成本控制：模型分区优化，实时多算对比，全过程成本管控。

5）基于 BIM 的指标管理：快速判断指标结果合理性，累积自己的工作指标，形成企业自己的指标库，参考更多专家指标。

6）虚拟施工指导：施工难点提前反映，施工方案 3D 虚拟，展现施工工艺流程，优化施工过程管理，施工动画制作。

7）钢筋下料优化：降低钢筋损耗，优化断料组合，钢筋翻样测算。

8）工程档案管理：构件、资料的对应，应用、查找方便，统一存档，不易丢失。

9）设备（部品）库管理：模拟复杂节点，模拟重要设备。

10）建立企业定额库：建立企业统一成本核算标准，通过云推送实时更新，成本和造价统一汇总、统计、分析。

12.7.5　PKPM 系列软件

PKPM 是中国建筑科学研究院建筑工程软件研究所开发的建筑工程系列软件，PKPM 有结构、建筑、施工、造价、节能、信息化等系列软件。PKPM 软件是国内最早的施工软件之一，其中 PKPM 投标系列软件、PKPM 安全设施计算软件、工程资料软件在国内有较高的市场占有率。PKPM 投标系列软件主要分造价类、施工类、信息化类、房产管理系列。

这里主要介绍造价类和施工类软件。造价类软件主要包括工程量计算、钢筋计算、概预算软件和计价分析软件；施工类软件主要包括投标系列、工程资料系列、管理系列、施工技术系列、安全计算系列。

1. 工程量计算软件

工程量计算软件是中国建筑科学研究院建筑工程软件研究所在自主研发的 CFG 图形平台基础上开发的，依托 PKPM 结构设计软件的技术优势，可适用于建筑工程的工程量计算，尤其是对于有 PKPM 结构设计数据的用户，可省去模型建立的工作，快速统计出工程量。

功能介绍：

1）提供 PKPM 成熟的三维图形设计技术，方便快速录入建筑、结构、基础模型。

2）可直接读取 PKPM 结构设计软件的设计数据，省去重新录入模型的工作量。

3）可在自主的平台上直接将 AutoCAD 设计图形转化成概预算模型数据，快速统计工程量。

4）独到的三维模型立体显示，便于审查校核。

5）基础模型可在任意楼层上布置，解决了建筑物底层标高不同的难题。

6）灵活的异型构件处理功能，用户可单独绘制或在楼层中绘出异型构件，提取计算结果并能任意组合工程量表达式。

7）真正的三维扣减计算，准确的计算结果，并同时提供计算式的反查功能。

8）依据构件的属性自动套取定额子目，同时也可以人工手动给构件套定额，提供构件信息的导入和导出功能。

9）提供装修做法、预制构件等标准图集。

10）提供 30 多个省市的计算规则库，依据不同地区的计算规则，可实现一模多算。

11）多种统计方式，可按定额模式或工程量清单模式统计工程量。

2. 钢筋自动统计软件

钢筋自动统计软件是围绕所建立的模型，在已经布置好的建筑构件上进行钢筋布置。用户只需输入相应的钢筋参数，程序就可把用户输入的钢筋参数在构件模板内自动展开布置，依据模型尺寸算出每根钢筋的详细尺寸和数量，从而达到快速、自动、准确统计的目的。

功能介绍：

1）直接读取 PKPM 结构设计数据，程序自动统计钢筋工程量；可读取平法标注的 AutoCAD 钢筋图形，自动获取集中标注、原位标注的信息。

2）提供平法输入、梁表法输入、直接输入、参数输入等多种输入方法。

3）自动处理钢筋搭接、锚固、弯钩、构造、定尺长度等，用户也可以根据实际情况对这些参数进行修改。

4）构件钢筋的三维显示，按构件配筋的实际情况显示出来，可清晰显示钢筋的锚固、搭接及箍筋加密，方便用户的校核。

5）板钢筋完全采用 11G101—1 现浇板平法图集的表示和计算方法。

6）简便准确的板放射筋、圆弧筋的布置和统计。

7）详细的工程量计算表达式，便于用户校核。

简单方便的钢筋校核功能，快速、准确地校核所布置的钢筋并列出钢筋校核图和校核表。

在剪力墙中对于复杂翼柱支持画纵筋和画箍筋的形式，并配以镜像复制钢筋等功能，达到各种形式的完全处理。能够灵活处理剪力墙中交叉暗撑构造和斜向交叉钢筋构造及洞口补强构造。

3. 概预算软件

该软件突破了传统概预算软件的范畴，不仅可以使用户非常轻松地完成定额计价、工程量清单计价及审计审核等投标报价工作，而且还能最大限度地利用投标报价生成的数据，为成本、进度、物资等管理提供有力参考。

1）分级分专业管理。可以同一个操作界面实现结算预算对比、不同工程的对比。一个界面可以实现 N 个分项工程的预结算，可以实现不同的取费方式，不同的市场价，以及生成不同的报表。

2）纠错功能。可以实现撤销、返回十次。消除了由于操作失误引起的数据的不准确性。同时，在清单输入和报表中，小数点的位数可以根据需要调整，而不是目前流行的只保留两位小数，最大限度地保证了实际工程量的准确。

3）一套软件，多种功能。该软件可将定额计价、清单计价、审核、对比分析、洽商索赔、进度结算等工作轻松搞定。

4）能方便进行工程洽商变更及索赔的计算与管理。该软件具有开放、灵活的费用计算模式，非常便利地同步显示、打印各级目录项下的子目表、取费表、工料机表等。

5）轻松地实现数据交流。

能读入各种形式（清单或定额）的 Excel 文件；能读取 PKPM 算量、钢筋软件生成的工程量和钢筋统计结果文件；能轻松实现清单转定额模式或定额转清单模式；导入或组合拼装其他 PKPM 工程预算文件；注重用户自身数据的积累，可不断对企业定额和人、材、机价格库进行扩充、完善。补充材料、补充定额、历史价格信息及块文件都存放在"我的定额库"中，升级时只需将此文件拷出，升级后再放回原处，可保证这部分劳动成果不会丢失；报表输出方式与 Excel 类似，用户不仅可以在报表中任意修改（可撤销、恢复），还可以根据实际需要自己编制不同类型的报表表格。

4. 计价分析软件

PKPM 计价分析软件的功能紧贴国家标准《建设工程工程量清单计价规范》的规则和要求，与各地造价的特殊需求和当地造价管理部门的相关规定保持一致，其操作风格与方法与 MS Office 系列软件类似，具有功能完备、便捷高效、操作简易等诸多特点。

该软件由主功能程序和通用的报表引擎模块（REFERPS）组成。主功能程序是在 PKPM 新一代计价软件基础架构之上，结合国内工程计价的特点设计的。除具备一般计价软件所实现的通用功能外，软件还集成了如下一些特色功能和特性，能够满足不同专业和不同类型工程全方位的计价需要。

1）全国通用的软件功能与地区特殊的功能相分离。采用先进的架构设计理念，将计价工程中的通用部分和地区部分分开，可更好地处理各地区计价特殊要求，每个地区配备相应的地区模块、定额库、取费模板和报表模板等，并可同时打开不同地区的多个文件。

2）便捷高效的 Excel 格式计价文件导入功能。提供更便捷、更易于使用的导入 Excel 格式工程量清单文件、定额计价文件、清单组价（清单和定额混合）文件等功能，可以节省大量的数据重复录入时间，在用户的干预下保证导入数据的准确性和完整性。

3）完备的变量体系有助于更好地满足特殊的计价需求。软件除了提供一般意义上的变量计算功能外，还提供了参数式变量、自定义表达式变量及自定义规则变量等功能，可以很好地满足一些地区特殊的计价需求（如某些省在计价取费表中有变量别名需求、报表中生成计算表达式需求，以及其他地区一些不常用资源的指标信息提取等）。

4）实用便捷的数据查找与标记功能。提供满足用户不同需求的多种数据查找方式，用户可按清单的编码、名称、单位等信息进行模糊查询，并用指定的图标将符合条件的记录标记出来，同时提供数据行的即时标记及在多个记录之间顺序跳转的功能。

5）图形计算功能使得工程量的计算得心应手。软件在工程量的辅助计算功能上采用图形计算公式的形式来实现，同时提供了使用便捷的"图形参数原位输入"的功能，使得图形计算参数的录入更直观、操作更得心应手。

6）清晰易懂的定额子目换算记录功能。用户在针对清单进行定额组织时，需要进行各种换算操作。此软件提供了"换算记录"功能，使用户对于每条定额子目相对于原始定额的调整换算一目了然。

7）自主知识产权的基于数据分组技术的报表引擎。报表引擎 REFERPS 是 PKPM 自主研发的基于数据分组技术的新一代计价软件报表设计与展示通用组件，是在对中国式复杂报表格式整体总结和提炼的基础之上，结合工程计价的特点，运用先进的软件实现技术开发完成，能够方便快捷地设计并生成各种类型的复杂报表。

8）万无一失的数据安全策略。软件提供了工程文件的自动保存机制，可设置自动保存文件的时间间隔，同时提供可选的工程文件自动备份功能，用户可以选择在打开文件时自动备份，可以选择在文件的编辑过程中按指定的时间间隔自动进行数据的备份，还可以随时手动进行数据备份。

9）满足不同用户应用需求的数据分析功能。软件提供标准版和高级版两个程序版本，分别针对不同层次用户的计价分析需求。现阶段软件版本主要提供工料机来源分析、信息价分析、造价指标分析、自定义分析、对比答疑的清单 Excel 文件、不平衡报价策略、报价调整策略等功能。

5. 投标系列软件

（1）标书制作与管理　提供近 200 套最新的施工组织设计和专项施工方案范例。提供了 8 大类 60 余万字的素材库（包括施工工艺标准、质量安全预控及防止措施、优质建筑工程质量评价标准、各工种操作规程、安全交底、常用法规、新型建筑材料施工工艺），能通过网络实时更新和增加最新的标书模板。智能生成人、材、机计划表及组织机构图。可快速完成标书的制作、管理、查询、存档，并可对标书模板进行授权管理。

（2）网络计划编制　按照《工程网络计划技术规程》（建标〔1999〕198 号）进行编制，可快捷、方便地直接绘制双代号网络图、横道图和单代号网络图，同时还提供了多种自动生成工程进度计划的方法，并能进行任意修改。软件提供三种图形之间真正的自由切换，能够快速生成投标、施工阶段所需的各种进度计划图、进度计划对比图和各种资源图、统计表。图形输出灵活多样，能够满足施工单位投标的严格需求。软件通过前锋线功能动态跟踪实际进度情况，方便及时发现进度偏差，并采取纠偏措施，是施工单位非常实用、有效的施工管理工具。

（3）现场平面图制作　利用系统丰富的图库资源，快捷、方便地将建筑、道路、围墙、临时设施及设备等合理地布置在平面图上，并自动生成图例。软件同时还提供了临时供电、供水等计算，为投标及施工提供详细的图文并茂的计算书。软件提供基于自主知识产权的 CFG 图形平台版本，同时提供基于 AutoCAD 平台的版本，充分满足客户的使用习惯。

（4）施工方案图库　提供了施工组织设计、施工专项方案编制、技术交底及工程资料填写所需的大量施工详图、大样图、构造图及相关图集，用户还可对图库进行增加、修改等维护管理。该软件也是设计单位绘制施工图的好助手。

（5）三维现场平面图　三维施工现场平面设计软件结合国内外通用图形平台的优点，

能快速布置施工现场实物的三维造型，如围墙、大门、道路、基坑、建筑楼体、脚手架、护栏、建筑机械、材料等构件。软件提供了强大的渲染功能，并可以从任意方位真实地展现施工现场三维实景图。软件还提供了丰富的图库，并且能够与 DWG 文件、3DS 文件、PKPM 软件系列文件等实现无缝对接。

6. 工程资料系列软件

（1）建筑工程资料　工程资料管理软件是依据各地区《建筑工程技术资料管理规程》编制的一套工程资料软件。软件提供了快捷、方便的智能输入方式，可完成施工所需的各种资料图表并自动进行评定、计算。软件内置了目前最新的施工技术交底资料模版，此外软件内嵌了丰富翔实的工程资料实例，以方便用户在编制资料过程中使用。软件具有完善的施工技术资料数据统计及管理功能，实现了从原始数据录入到信息检索、汇总、维护一体化管理。

（2）工程质量验收　依据《建筑工程施工质量验收统一标准》以及与其配套的各专业验收规范编制而成，该软件可简单、方便地录入用户所需各种质量验收表格，并可进行智能计算和评定，并提供了多种不同的打印、输出功能。

（3）安全资料管理　安全资料管理软件通过简便的录入方式和智能检查，自动评分、汇总方式，为企业严格执行相关法律、法规、标准提供了信息化的管理环境和手段，使施工安全管理工作标准化、规范化。同时更方便施工企业安全资料的电子文档归档、查询、备案管理。

7. 管理系列软件

（1）项目管理　本软件除了具有网络计划软件的所有功能外，可以导入国际大型项目管理软件 P3 数据；用户可以增加工序扩展信息，利用扩展信息对工序进行分组、排序、过滤等，实现多角度多种方式的查看；可以导入导出子网，实现逐步细化的多级管理；可进行合同、计划、实际三种时间的动态比较。系统还提供了多种优化，可通过前锋线功能动态跟踪与调整实际进度，及时发现偏差并采取纠偏措施；系统可通过“三算”对比和利用国际上通行的赢得值原理（EVA）进行成本的跟踪和控制，从而实现进度、成本、质量、安全的过程控制。

（2）形象进度　软件通过建筑模型与工程进度计划的有机结合，实现施工现场实际进度情况的三维动态展示，为企业、施工管理者和技术人员提供了一套快速、方便而且有效的制订施工进度计划、掌握施工现场情况的工具。软件采用横道图与流水段设置相结合的方法，快速制作三维形象进度展示图。

8. 施工技术系列软件

（1）脚手架专业设计软件　可建立圆锥、棱锥、球体、多立柱等多种实体及其组合形式的脚手架三维模型，生成脚手架立面图、脚手架施工图和节点详图；准确统计出立杆、大小横杆及各种扣件的重量和数量，并生成用量统计表；可进行落地式脚手架、型钢悬挑脚手架带联梁、钢管悬挑脚手架、悬挑架阳角型钢、落地式卸料平台、悬挑式卸料平台、梁模板支架、落地式楼板模板支架、满堂楼板模板支架等脚手架形式的规范计算；同时提供复杂扣件架支撑、碗扣脚手架结构、悬挑脚手架结构等复杂类型计算；并提供多种脚手架施工方案模板。

（2）模板设计软件　该软件是集各种模板设计于一体的通用性工具，适用于大模板、组合模板、胶合板和木模板的墙、梁、柱、楼板的设计、布置及计算。能够完成各种模板的配板设计、支撑系统计算、配板详图、统计用表及提供丰富的节点构造详图。

（3）塔式起重机基础设计软件　各种形式的塔式起重机基础计算、塔式起重机附着计算、塔式起重机稳定性验算和边坡桩基倾覆验算。

（4）钢筋下料单软件　替代纸质下料单，能自动生成钢筋简图与料牌；同时能分构件、分批、分楼层汇总和统计相关信息。

（5）结构计算工具箱　主要完成连续梁、规则框架、桁架、门式刚架等复杂的平面杆系结构的内力和配筋计算，矩形板、异形楼板的内力和配筋计算。

（6）冬期施工软件　提供冬施各种热工计算。

9. 施工安全系列软件

（1）建筑施工安全设施计算　PKPM施工现场安全设施计算软件以相关施工及结构规范为依据，提供大量的计算参数用表，供用户参考，计算方便准确，计算书详细；同时提供了脚手架、模板工程、塔式起重机基础、结构吊装、降排水及基坑方案模型和强大的绘图功能，并且可以将计算书和绘制的详图直接插入方案中，形成完整的Word格式的施工专项方案。主要内容如下：

1）脚手架。依据用户输入的各项参数，自动计算落地式及各种悬挑式脚手架支撑、落地及悬挑式卸料平台、门架、竹木脚手架和格构式型钢井架形式的脚手架；同时可以将计算书直接插入方案中。

2）模板。提供丰富的计算模型，依据用户输入的各项参数，自动计算梁、板、墙、柱模板、大梁侧模的多种支撑形式是否满足要求，对竹、木、组合小钢模面板强度和刚度进行验算。同时可以将计算书直接插入到方案中。

3）塔式起重机基础。对施工中常用的重要机械（塔式起重机），根据其型号自动读取其基本参数，进行塔式起重机基础的计算。包括：天然基础的计算，四桩、三柱、单桩基础的计算，十字梁基础及塔式起重机的附着计算，塔式起重机稳定性验算和边坡桩基倾覆计算；同时可以将计算书直接插入方案中。

4）结构吊装工程。吊绳、吊装工具、滑车和滑车组、卷扬机牵引力及锚固压重、锚碇计算。同时可以将计算书直接插入方案中。

5）大体积混凝土。汇集了施工现场浇筑大体积混凝土时涉及的重要问题：自约束裂缝控制、浇筑前裂缝控制、浇筑后裂缝控制、温度控制、伸缩缝间距、结构位移值等一系列常用数据的计算。

6）混凝土。软件提供各种混凝土理论配合比及根据粗细骨料的含水率自动输出施工配合比的计算结果，同时还可以计算泵送混凝土的最大水平、垂直运距，混凝土泵车所需台数、现场混凝土投料量计算等。

7）临时设施工程。工地临时供水、供热及工地材料储备计算。

8）钢筋工程。底板上层钢筋及厚度较大的板上层钢筋支架计算。

（2）施工安全设施计算监理审核软件　软件操作简便，只要输入关键性参数即可进行计算，并以文字及图表方式输出符合要求的计算书供使用和存档。计算书中列明计算公式，主要参数及计算结果，方便人工审核及查阅。另外，软件还附有国家相关强制性标准要求，方便查询使用。主要功能包括：

1）脚手架工程设计验算。落地式钢管脚手架设计验算、悬挑式钢管脚手架设计验算（包括带联梁和无联梁形式）、落地式和悬挑式卸料平台设计验算、格构式型钢井架验算、竹木脚手架验算，并提供扣件式钢管脚手架构造要求。

2）模板工程支撑体系设计验算。满堂楼板模板支架、落地式楼板模板支架、梁模板支架、门式梁模板板架、门式板模板架。

3）模板工程设计验算。包括中小断面柱模板、大断面柱模板、梁模板、大梁侧模板、墙模板。

4）起重吊装工程设计验算。塔式起重机工程设计验算包括天然基础、四桩基础、三桩基础、单桩基础、十字交叉梁桩基础、十字交叉梁板基础、塔式起重机三附着、塔式起重机四附着、塔式起重机稳定性、边坡桩基倾覆、格构柱稳定性；结构吊装工程设计验算包括吊绳、吊装工具、滑车和滑车组、卷扬机牵引力及锚固压重、锚碇、柱绑扎吊点位置。

5）临时用电设计。依据《施工现场临时用电安全技术规范》的有关规定，验算施工临时用电负荷的大小、变压器的型号、各主干线和支线的导线大小、总配电箱和分配箱内的电气设备的选择、临时供电系统图的绘制等是否满足要求，并提供大量最新的安全用电技术措施及安全用电防火措施的文档。

6）基坑支护方案验算。基坑放坡、排桩设计、钢板桩设计、地下连续墙设计、水泥土墙设计、土钉墙设计、SMW 工法设计及组合支护设计。

（3）临时用电方案　按照《施工现场临时用电安全技术规范》"三相五线制"要求，对工程的有关内容（工程环境、导线的设置形式、照明设备和动力设备的选择）进行设置、程序自动计算用电负荷，并根据计算结果程序自动选择变压器、总箱的进线截面及进线开关；各分线路上的导线截面及分配箱、开关箱内电气设备，最后绘制临时用电施工系统图；生成完整详细的 Word 格式施工方案。

（4）市政施工计算　包括临时围堰工程计算、市政模板设计工程计算、梁式桥扣件式和碗扣式模板承重架计算、梁式桥型钢和钢桁架架立柱计算、缆索吊装工程计算、天然及桩基础沉降计算、边坡工程计算、爆破工程计算、隧道工程计算、明挖法计算、井点降水计算、碗扣式脚手架结构计算、桁架支撑结构计算。

复习思考题

1. 建筑施工中为什么要应用计算机和信息技术？这些技术有哪些优点？

2. 信息技术在建筑施工中的应用主要在哪些方面？

3. 工程概预算软件的工作原理是什么？主要有哪些功能？

4. 进度计划软件主要有哪些？有哪些主要功能？

5. 什么是建筑信息模型 BIM？有哪些特点？常用的 BIM 软件有哪些？

6. 应用 BIM 可以完成哪些工作？

7. 适用于小型公司与小型项目使用的网络工具有哪些？

8. 什么是门户网站？有哪些优点？

9. 什么是施工项目信息系统？为什么要建立这样一套系统？

10. 什么是四维、五维 CAD 软件？

11. 移动通信和无线计算技术在工程施工现场应用的优点和硬件有哪些？

12. 什么是 RFID？在建筑施工中如何应用？

参 考 文 献

[1] 建筑施工手册编写组. 建筑施工手册 ［M］. 5 版. 北京：中国建筑工业出版社，2012.

[2] 彭圣浩. 建筑工程施工组织设计实例应用手册 ［M］. 3 版. 北京：中国建筑工业出版社，2000.

[3] 关柯，李忠富，刘志才. 住宅建设施工管理手册 ［M］. 北京：中国计划出版社，1999.

[4] DANIEL W H, RONALD W W. 建筑管理 ［M］. 关柯，李小冬，关为泓，等译. 北京：中国建筑工业出版社，2004.

[5] 成虎，陈群. 工程项目管理 ［M］. 4 版. 北京：中国建筑工业出版社，2015.

[6] 李忠富，杨晓林，等. 现代建筑生产管理理论 ［M］. 北京：中国建筑工业出版社，2012.

[7] 吴涛，丛培经. 建设工程项目管理规范实施手册 ［M］. 北京：中国建筑工业出版社，2002.

[8] 吉多，克莱门斯. 成功的项目管理 ［M］. 张金成，等译. 北京：机械工业出版社，1999.

[9] 马士华，林鸣. 工程项目管理实务 ［M］. 北京：电子工业出版社，2003.

[10] 邱菀华，沈建明，杨爱华，等. 现代项目管理导论 ［M］. 北京：机械工业出版社，2002.

[11] 李晓东，张德群，孙立新. 建设工程信息管理 ［M］. 2 版. 北京：机械工业出版社，2008.

[12] 杜训，陆惠民. 建筑施工企业现场管理 ［M］. 北京：中国建筑工业出版社，1997.

[13] 任强，等. 施工项目资源管理 ［M］. 北京：中国建筑工业出版社，2004.

[14] 曹吉鸣. 工程施工管理学 ［M］. 北京：中国建筑工业出版社，2010.

[15] 威廉姆斯. 现代信息技术在工程建设项目管理中的应用 ［M］. 陈勇强，卢欢庆，等译. 北京：中国建筑工业出版社，2008.

[16] 丛培经. 工程项目管理 ［M］. 4 版. 北京：中国建筑工业出版社，2002.

[17] 赖宇阳. 中文 Microsoft Project 2000 教程 ［M］. 北京：希望电子出版社，2001.

[18] 王卓甫，杨高升. 工程项目管理：原理与案例 ［M］. 2 版. 北京：中国水利水电出版社，2009.

[19] 全国一级建造师执业资格考试用书编写委员会. 建设工程项目管理 ［M］. 北京：中国建筑工业出版社，2020.